U0275279

IT 工程师宝典·通信

实用射频测试和测量

（第 3 版）

Practical RF Test & Measurement, Third Edition

朱辉 冯云 郭锋 史业清 著

電子工業出版社

Publishing House of Electronics Industry

北京·BEIJING

内 容 简 介

本书基于作者多年来从事射频测试和测量的经验和实验结果，从工程应用的角度，深入探讨了各种射频器件和射频系统的测试和测量问题，并列举了一些典型的测试案例。全书分为15章：第1～6章（器件篇）介绍了应用于射频测试和测量的各种无源和有源器件，包括电缆、连接器、衰减器、负载、功率分配/合成器、定向耦合器、滤波器、环流器、隔离器、低噪声放大器和功率放大器；第7～15章（系统篇）介绍了射频功率、大信号 *S* 参数、天馈系统、互调、杂散以及功率放大器的测量，并就频谱分析仪测量原理和性能指标、电磁环境测试以及射频测量的不确定度展开讨论。

本书适合从事射频测试和测量的工程师们阅读，也可作为高等学校相关专业师生的参考书。

图书在版编目（CIP）数据

实用射频测试和测量 / 朱辉等著. —3版. —北京：电子工业出版社，2016.2
（IT工程师宝典. 通信）
ISBN 978-7-121-27694-1

Ⅰ. ①实… Ⅱ. ①朱… Ⅲ. ①无线电信号－射频－信号检测②无线电信号－射频－微波测量 Ⅳ. ①TN911.23

中国版本图书馆CIP数据核字（2015）第284197号

责任编辑：张来盛（zhangls@phei.com.cn）
印　　刷：北京七彩京通数码快印有限公司
装　　订：北京七彩京通数码快印有限公司
出版发行：电子工业出版社
　　　　　北京市海淀区万寿路173信箱　邮编　100036
开　　本：787×980　1/16　印张：21.25　字数：476千字
版　　次：2010年1月第1版
　　　　　2016年2月第3版
印　　次：2025年2月第26次印刷
定　　价：58.00元

凡所购买电子工业出版社图书有缺损问题，请向购买书店调换。若书店售缺，请与本社发行部联系，联系电话：（010）88254888。

质量投诉请发邮件至zlts@phei.com.cn，盗版侵权举报请发邮件至dbqq@phei.com.cn。

服务热线：（010）88258888。

前　言

人类科技的发展速度与时间之间呈非线性关系，21 世纪头 15 年的科技进步要超过上一世纪的总和，这种现象可以用“加速回报定律”来描述。即使在射频和微波测试技术这样的传统领域，从《实用射频测试和测量》第二版出版至今短短两年多的时间，笔者也感觉到这个领域的一些明显变化。

各种射频和微波自动化测试系统发展迅速，从测量放大器、接收机和发射机的射频性能指标，到更为复杂的电磁环境测试，人们更多地依赖集成化的测试系统和自动化测试软件来完成：一方面，仪表厂商开始重视各种模块化的测试仪器，系统集成商则采用这些模块化的仪表来开发针对性极强的自动化测试系统；另一方面，最终到了应用环节，使用者只需输入一些测试条件，然后轻点“开始测试”的按钮，系统就会自动输出测试结果。

随之产生的一种现象是，年轻一代的从业者开始不重视传统仪表（如频谱分析仪）复杂烦琐的操作而更加注重测试结果。这一点笔者也有所体会：在以往和用户的交流中，经常会讨论如何设定频谱仪的分辨率带宽或者测量带宽等参数，以保证获得更加精确的测试值；而近年来用户则更加关注如何更加快速、有效地获得他们所关心的最终测试结果。

再举一个器件的例子——“混频器”。我们知道，混频器是用在接收机前端的重要器件。在以往，接收机的设计者需要仔细研究混频器的特性后再决定周边电路的参数，如本振频率和功率的设置、输入功率的控制、输出中频的设置、谐波抑制措施，等等。随着器件集成化程度的提高，混频器被越来越多地集成到接收机电路中。如此一来，混频器这种电路逐渐从一部分人的视线中“消失”了，有一部分人“不需要”接触混频器了，还有一部分人则“接触不到”混频器了。

更有甚者，笔者在最近的一次用户拜访中了解到，现在的大功率放大器居然也能集成到整个基站电路中去！而传统思维中，像功率放大器这样会产生热量的大功率部件必然是一个独立的部件。

开始有人担忧这种现象会造成新一代从业者业务能力的下降。笔者听到过这样的观点：“按照这样的趋势，若干年后，我们单位就没有懂射频的人了。”

那么我们需要为之担心吗？

到底是因为先有用户要求的快速、高效的测试解决方案，还是测试系统的开发者为了市场竞争而提出的“一键式”自动化测试系统，这很难考证。作为测试系统的开发者，如果你站在使用者的角度看，要测量一个 2～50 GHz 放大器的性能，在没有网络分析仪的前提下，你是愿意用传统的信号源和频谱分析仪，花上一天时间采用点测的方式每 100 MHz

取一个测试点，再人工生成最终的测试曲线的方法；还是采用自动化测试系统，花半小时以每1 MHz（只要你愿意，任意取样密度都可以）取一个测试点，并自动生成测试曲线的方式？从这个角度看，笔者认为上述现象只是行业的发展趋势所导致的结果，就像我们并不懂汽车的内部构造也会开车一样，不懂频谱分析仪操作的人也可以准确地完成射频测量任务。

那么读者看到这里，或许会产生疑问：既然这样，我们还需要学习射频技术吗？答案是肯定的，前面的描述恰恰是笔者希望出版本书第3版的原因。

相对于计算机和人工智能技术而言，射频和微波技术依然属于传统行业。这个行业数十年来的发展主要体现在材料和工艺方面，如采用场效应管放大器替代参量放大器，采用高介电常数的介质材料以缩小电路的体积。绝大部分射频和微波器件遵循传统理论并无革命性的突破，比如：天线的尺寸与其工作波长有关；射频衰减器遵循能量守恒定律，材料的导热性能好，才能缩小其体积；等等。这类例子不胜枚举。

另一方面，即使射频和微波测试系统的集成化程度越来越高，但是连接被测器件（DUT）和测试系统的测试电缆组件依然需要由测试者来操作连接，至少到目前为止，尚无任何迹象表明射频连接器件会产生革命性的变革。如果你所从事的工作是射频测试和测量，则无论是哪个细分领域，本书中所描述的器件对你来说存在两种意义——一类是必须了解的，每天都要直接面对的器件，如测试电缆组件和转接器、天线、衰减器、滤波器、放大器等；另一类可能你不会直接面对，但是在你的测试系统内部起着重要的作用的器件，如定向耦合器和功率分配器、隔离器和环流器等，了解这些器件的属性可以让你对测试系统有更深的理解，从而更好地完成你的测试任务。而本书中所描述的测试应用部分，即可在你有了相关的自动化测试系统，了解了测试原理后就可以帮助你更好地理解和使用这些测试系统。

第3版所增加的内容

在第3版的编写工作中，我邀请了三位长期从事无线电测试和测量的专业人士冯云、郭锋和史业清参与编写，他们具有丰富的无线电频谱和射频测量的实际工作经验，弥补了我在这方面的不足。借助于大家的努力，第3版增加了“电磁环境测试”、“频谱分析仪基本原理及应用”、“射频测量的不确定度分析和评估”三章内容：

（1）对于频谱分析仪，第13章描述其基本工作原理，并穿插讨论一些应用技巧。

（2）第 14 章以漫谈的形式讨论电磁环境测试中的若干问题，包括测试原理、环境和条件、系统部件（天线、自动化控制云台、滤波器、低噪声放大器、频谱分析仪）的选择、测试方法等。

（3）确定度是一个与测量结果相关联的参数，它和测量结果如影随形，被用以表征合理地赋予被测量之值的分散性。它来源于人们对误差的认识，又与传统的测量误差相区别；它可以用于分析影响测量结果的主要因素和评价分析测试方法，但也带有主观鉴别的成分。第15章对不确定度进行分析。

本书特点和读者对象

本书是写给在第一线从事测量和研制工作的射频工程师们看的，因为笔者从事的就是这项工作，本书是经验积累。对那些希望成为顾问型销售的市场人员来说，本书也有很好的参考价值，今天，用户更加希望销售人员可以为他们提供完整的解决方案；笔者也曾经参与过射频产品的销售工作，深知顾问型销售模式的重要性、魅力以及乐趣所在。而对于在校的大学生，在毕业实习阶段，本书将对你有所帮助，你可以将这本书作为连接学校和工作岗位的桥梁，因为这些内容你即将会遇到，如果你想从事微波和射频这个行业的话。

如果你已经有了本书第一版或第二版，要是感觉第三版中新增的内容可能对你有所帮助，也不妨再买一本；因为书大概是当今最便宜的商品了，更何况知识是无价的。

由于水平有限，本书中一定存在错误，敬请读者批评指正。

（笔者联系方式：zh@bxt-technologies.cn）

朱　辉

2015年10月29日于福州

目　　录

绪　论

就如何提高射频和微波测量的精度展开讨论，并介绍本书的结构框架和各章内容安排。

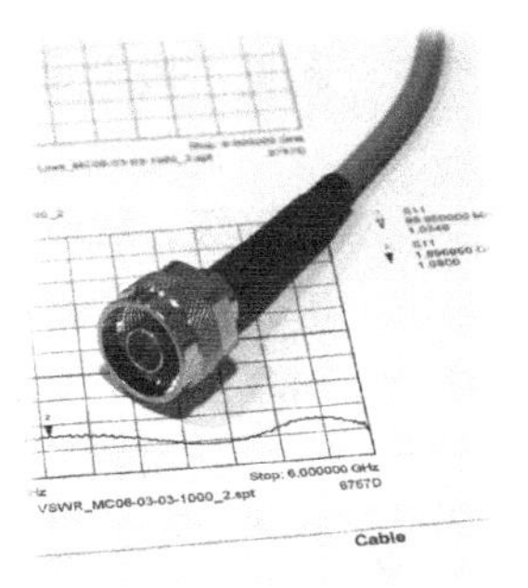

射频和微波测量的内容可谓丰富多彩。虽然被测对象从器件角度来分可以简单地分为无源和有源器件两大类，整机则可以简单地分为发射机和接收机，但是由于测量环境和条件的不同，测量要求的不同，甚至测试者对测量方法的理解不同，得出的结果也不尽相同，这就给射频和微波测量带来了挑战。通过对射频和微波测量的深入研究，不但可以掌握测量结果的准确性，而且你会发现射频和微波测量并不是一件枯燥无味的工作，恰恰相反，而是充满了挑战和乐趣。

要完成一次准确的射频和微波测量，最主要的秘诀就是从系统角度来考虑问题。这种系统性的思维方式并非一日之功，而是需要在日常工作中的不断积累。下面从系统角度，从 DUT（被测器件）、测试仪器、测试系统和附件等各方面考虑，综合分析如何保证射频和微波测量的准确性。

从系统角度来看待射频和微波测量

一个典型的射频和微波测量系统是由被测器件（DUT）、测试路径、测试仪器和测试环境四大要素组成的。下面我们从一个简单的射频功率测量系统（见图 0.1）着手，讨论一个完整的射频和微波测量系统是如何组成的。

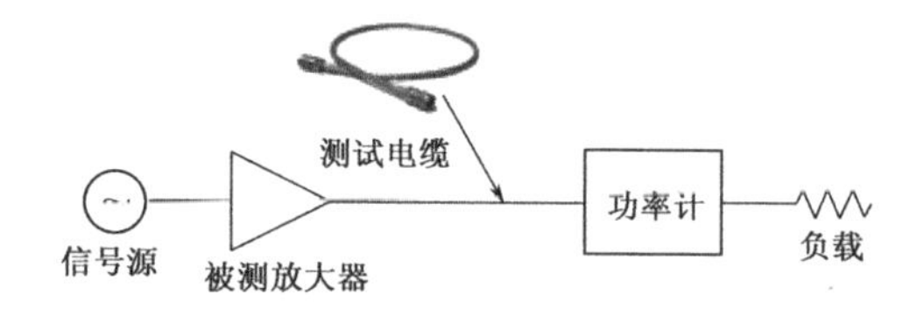

图 0.1　典型的功率测量系统

图 0.1 中包含了组成一个完整的射频和微波测量系统的四大要素，包括被测放大器（AUT）、测试路径（测试电缆）、测试仪器（功率计），当然不能忽略的还有测试系统所处的环境；测量目标是放大器的真平均功率。为了分析问题简单起见，假设系统中没有加入任何射频转接器。

首先我们来分析被测放大器的输出信号特性，最容易想到的就是发射机的功率等级、载频频率，这是任何测试者都会的。然而接下来的问题并非人人都会考虑到：放大器输出信号的调制类型是什么？调制带宽是多少？峰值功率和平均值功率的比值（峰均功率比）是多少？所有这些都会影响到最终测量结果的准确性。

其次我们再来看看如何选择功率计。当然，功率测量范围和频率范围是首先要考虑的，进一步要考虑的是：功率计是否支持被测信号的调制类型？是否适合宽带调制的功率测量？如果是二极管检波的功率计，其线性范围是多少？能否适应高峰均功率比的功率测量？

选择好了功率计以后，最后来看看那条测试电缆，这往往是最容易被忽略的环节，而恰恰就是这个看似最简单的环节，会大大影响测量结果的准确性！除了选择与 AUT 相对应的频率和功率范围以外，驻波比是在任何测量系统中都要十分强调的，在本案例中也不例外。在功率测量中，失配误差是最终测量误差的主要组成部分；测试电缆还存在插入损耗，这个插入损耗必须在最终测量结果中加以校准。在有些功率计中，补偿（Offset）功能可以将电缆的插入损耗加以补偿，就好像把测试点从电缆端口直接移到发射机输出口一样，如果没有这项功能，则必须人为地加以修正。

到此为止，我们已经考虑了各项相关的因素，这些因素足够保证测量结果的准确性了吗？答案是否定的。还要考虑到测试电缆的幅度稳定性，因为在这种测试环境下，通常采用柔性测试电缆，也就是编织电缆。电缆在不同的弯曲半径时，插入损耗是有所变化的。此外，还要考虑测试环境，有没有大功率的干扰信号从各个环节串入测量系统。可能在工程测量中，某些因素可以忽略不计，但是我们在分析一个测量系统是否完善时，所有问题都必须考虑到。

在以上的分析中，我们已经大致了解了射频和微波测量系统，下面我们将针对测量系统中的四大要素进行逐一分析。

被测器件（DUT）

虽然被测器件可以简单地分为无源和有源两大类，但是在测量之前必须对被测器件的各项本质和特性进行仔细的审视。

无源器件又可以分为路由器件和调控器件。路由器件的主要功能是提供射频和微波通路，如电缆、连接器、功率分配器、开关等；调控器件则是控制射频和微波信号的幅度大小，如定向耦合器、衰减器等。

无源器件比较容易处理，在整个工作频率范围内和容许的最大输入功率条件下，无源器件的插入损耗和相位偏移都是比较稳定的。需要特别注意的是，所有的无源器件在被注入两个以上大功率信号时都会产生无源互调产物，这个问题在近年来越来越受到重视。无源互调产物会落入本系统的接收或发射频段，有时也会落入到其他通信系统的工作频段内，从而严重影响到通信系统的正常工作。无源互调产生的原因很多，如采用镍和铁材料、表面接触不良等。有关无源互调的问题，将在第 10 章中详细讨论。此外，有些调控器件（如大功率衰减器）则需要考虑功率系数和温度系数，这些指标意味着在不同的功率和温度条件下，衰减量会发生一定的变化，这些变化将会影响到放大器的输出功率和增益的测量精度，所以在测量中应该予以充分考虑并加以修正。

当被测器件是有源器件时，需要格外小心谨慎。有源器件（如放大器）具有一定的线性工作范围，对输入功率非常敏感，在不同的输出电平下，会产生不同的测量结果。通常对放大器的输出电平定义为 1 dB 压缩点功率。为了将放大器的电平调控到检测仪器（如频谱分析仪）的适合输入电平，需要增加一个衰减器或者定向耦合器。至于衰减器的衰减量或者定向耦合器的耦合度大小，则需要从频谱分析仪的线性输入电平加以考虑；而衰减器的功率容量的选择则需要考虑其功率系数和温度系数指标。此外，衰减器自身的无源互调性能也是需要考虑的重要因素。

可见，要正确完成一项射频和微波测量，各项因素环环相扣，任何一个环节的不合理设置都会直接影响到最终测量结果的准确性，这和生活中的木桶原理有着异曲同工之妙。

收发信机的测量则与器件有很大的不同，整机和器件的测量有着不同的观察角度。在整机中，各种器件的性能指标以及系统的互联已经被调节到最佳状态，而测试者主要关心的是整机指标而不是器件指标。以无线电监测站为例，其中所配置的仪表基本上是基于整机测量考虑的，如宽带的信号发生器和频谱分析仪等；而器件制造商则主要以矢量网络分析仪为主。

测试路径（测试附件和系统）

任何一个被测器件都位于信号发生器和分析仪之间，而连接被测器件和仪器之间的桥梁就是测试附件或测试系统。千万不要忽视这些测试附件，有条件时最好能固化这些测试附件，使之成为一个标准化的测量系统。仪器供应商在提供整机时，最多会提供与仪器的最高工作频率相符的测试电缆。而在真正的测试过程中，会遇到各种不同的情况而需要采用不同的附件，所有这些附件都会影响到测量结果的准确性，这就需要测试者对相关的测试附件有深入的了解。常用的测试附件也有路由器件和调控器件两大类。

选择正确的测试电缆和连接器

在选择测试系统中电缆的规格时，除了要考虑插入损耗和 VSWR 以外，电缆的稳定性一定要好。在射频和微波频段，常用的电缆有半刚性电缆、半柔性电缆和柔性编织电缆等。

半刚性电缆不容易被轻易弯曲成形，其外导体采用铝管或铜管制成，射频泄漏非常小（至 18 GHz 时小于−120 dB），在测试系统中造成的信号串扰可以忽略不计，而且无源互调特性也非常理想，因而在标准化的测试系统中被大量采用。

半柔性电缆的性能指标接近于半刚性电缆，而且可以手工成形，但其稳定性略差。由于这种电缆很容易成形，也就容易变形，尤其是在长期使用的情况下。

绝大部分测试电缆采用柔性电缆，其成本也较为昂贵。柔性电缆要易于多次弯曲而且还能保持性能，这是作为测试电缆的最基本要求。

柔性电缆必须保持在弯曲条件下幅度和相位的稳定。通常，单股内导体的电缆有利于幅度的稳定，多股内导体的电缆有利于相位的稳定，可见仅这两项指标就难以两全了。无论弯曲性能多好，电缆制造商总是不希望使用者在过度弯曲的情况下使用柔性测试电缆；在电缆的手册上，通常会给出静态和动态的弯曲半径，如果使用者不能确定电缆的弯曲半径，通常在动态应用时推荐的弯曲半径不应该小于电缆直径的 10 倍。

柔性电缆的设计从某种程度上违背了低无源互调的设计原则，所以柔性电缆很少有低无源互调型号的。此外，过度弯曲也会导致其无源互调指标的更加恶化。

为了便于弯曲，柔性电缆采用编织层作为外导体，在这种结构下，电磁波会从缝隙中泄漏出来，虽然有些高端的微波测试电缆采用箔状材料作为外导体，其射频泄漏指标仍然不如半刚性电缆。不过作为射频和微波测量应用，–90 dB 到 –100 dB 的泄漏指标已经足够了，大部分微波电缆都可以做到这个水平。

为了降低电缆的插入损耗和提高截止频率，高端的微波电缆几乎都采用低密度的聚四氟乙烯介质，这也是影响电缆成本的原因之一。由于加工的原因，可以发现并不是每一批次出厂的电缆的介电常数都是一致的。不过笔者认为，在选择测试电缆时，并不需要一味地追求低损耗，因为测试电缆的损耗是可以被校准的，很多仪器都有补偿功能，可以直接将电缆的插入损耗输入仪器，即使没有，用人工方法也很容易做到这一点。倒是有一点需要注意，在宽带或者自动化测试场合，电缆的频响特性会直接影响到测试结果的幅度精度，有条件和必要时可以采用均衡技术加以补偿，或者在自动化测试软件中逐个频点加以补偿。

要注意观察接头和电缆连接部位的工艺，这会影响到电缆的使用寿命。在这个部位，电缆和接头之间有一个硬接触点，很容易造成电缆的断裂。这并不是简单采用普通的热缩套管就可以解决问题的。接头的材料也是决定测试电缆寿命的主要因素，一般来说，采用铜外导体接头的使用寿命小于不锈钢材料。在满足规定力矩的前提下，前者的寿命是 500 次，后者是 1 000 次。这项指标的定义是在到了寿命后，接头的出厂指标开始下降，而不是说这个接头就要报废了。正常情况下，电缆接头的寿命要远大于上述指标。笔者做过试验，当连接器插拔 2 400 次时，其插入损耗和 VSWR 指标仍在出厂指标规定的范围内（详见第 1 章）。

总的来说，柔性测试电缆的各项指标都要考虑到，选择一条柔性测试电缆要兼顾频率、损耗、VSWR、接头材料、使用寿命、射频泄漏、无源互调和成本等诸方面因素，而不是单纯从价格来考虑。随着材料和工艺的改进以及市场竞争的加剧，微波测试电缆的成本也在逐步降低。

并不是每条测试电缆组件都能适合被测器件的接口，所以经常需要用到射频转接器来完成转接。通常，VSWR 指标是射频转接器选择的主要依据，无论怎样强调射频转接器的 VSWR 指标都不为过。以 *S* 参数测量为例，当一个矢量网络分析仪经过校准后，通常可以将内置定向电桥的方向性校准到 40 dB 以上。在测试时，如果在仪器和被测器件之间插入一个 VSWR=1.06 的转接器，则系统的方向性会降低到 28 dB。如果被测器件的真实 VSWR=1.5，则最终测试结果可能在 1.378～1.638 之间。这个例子可以充分说明射频转接器的重要性。

用衰减器和放大器来修正测试通路

在射频和微波测量中，衰减器可能是除了电缆以外应用最广泛的器件之一了。在前面，我们已经提到了固定衰减器的一些应用。为了精确控制信号幅度的大小，可调衰减器是一种比较理想的选择。可调衰减器分为手动步进衰减器和可编程衰减器两种。手动步进衰减器的步进量是 0.1 dB，0.5 dB，1 dB 和 10 dB，功率容量通常可以做到 2 W，衰减量范围可做到 0～110 dB，可以满足大动态范围的测量。而可编程衰减器的功率比较小，采用 PIN 二极管转换型的可编程衰减器的线性也不如手动步进衰减器。需要特别说明的是，可调衰减器的功率容量通常都比较小，这是因为在转换衰减量程时，衰减器处于失配状态，发射机的保护电路往往会由此而触发。当然，大功率的可调衰减器也并非不能实现，可以采用大功率“热”开关和负载及固定衰减器来组合实现；但是这种大功率衰减器的造价较高，这成为了推广应用的瓶颈。通常推荐采用固定和可调衰减器配合使用的方法，而在自动化测量系统中，则需要采用可编程衰减器。

与衰减器相反，在某些微弱信号的检测场合（如微波电磁环境测量）中，需要用低噪声放大器来提高被测信号的电平。在低噪声放大器的选择和应用中要考虑工作频率及带宽、噪声系数、增益及平坦度、输出、VSWR 和 OIP3 等指标。

放大器的工作频率和带宽要视具体测试目标而定，通用的测试（如电磁环境测量）尽可能选择宽带放大器以扩展频谱观察的视角，一个超宽带低噪声放大器的工作频率可覆盖 0.1～40 GHz。

噪声系数是低噪声放大器的重要指标，通常认为噪声系数越低越好，但这项指标与成本和带宽有关，需要综合考虑。

低噪声放大器的 VSWR 指标不佳，为了补偿这方面的不足，可以在放大器的输出端接一个小衰减量的衰减器。注意尽量不要将衰减器接在放大器的输入端，那样会使其噪声系数恶化。

要选择三阶截获点（OIP3）指标高的放大器作为测量放大器，同时要注意最大工作电平在 1 dB 压缩点以下，这样有利于降低放大器的谐波和杂散。

通常可将各种滤波器与低噪声放大器配合使用，以提高系统的动态范围和测试结果的可信度。

正确理解和使用测试滤波器

在测试和测量中，滤波器的基本作用是保留需要的信号，滤除不需要的信号。

从发射端来看，滤波器可以保证输出信号的频谱纯度，如滤除信号源或放大器的输出谐波和杂散；而从接收端来看，滤波器可以滤除不需要的信号，从而提高测试设备（如频谱分析仪）的动态范围，保证其工作在最佳的输入电平下。根据不同的测试要求，可以采用低通、高通、带通或带阻滤波器来完成。

与其他无源器件不同的是，滤波器在阻带频段内是失谐的，其 VSWR 的理论值为无穷大，所以在使用时要特别小心，尤其是在大功率状态下。首先要注意的是假设滤波器直接接在发射机输出端时，需要在滤波器和发射机之间采取匹配措施，因为假设发射机工作在滤波器的阻带范围内时，会引起发射机的失配保护。如果要在一个很宽的频率范围内测量传导杂散，最好是先用网络分析仪校准一下测试范围内的 S_{21} 参数，因为滤波器的设计中，由于分布参数频率相关的周期性，使得在设计通带一定距离处又产生了通带（与通带中心频率呈整倍数关系），这就是所谓的滤波器的寄生通带。一般来说，寄生通带所产生的响应与主通带的相差甚远，无需特别考虑，但如果需测量的频率正好落在寄生通带内，则需特别考虑。不正确的理解认为带阻滤波器在阻带以外的响应都是平坦的，这会导致传导杂散的测量误差。

如果要在频谱分析仪前面采用可调滤波器（这种方法因为有很大的灵活性而被广泛使用），一定要注意频谱分析仪的安全电平，以免由于误动作而造成频谱分析仪的故障。

测试仪器

常用的射频和微波测量仪器有信号发生器、功率计、频谱分析仪和网络分析仪等。

信号发生器分为连续波信号发生器和矢量信号发生器，视测试需要选择。信号发生器的主要指标有相位噪声、输出信号的幅度精度、频谱纯度和频率精度等。

功率计分为通过式和终端式两大类，前者可以在线测量大功率 VSWR，但是精度却不如终端式功率计，通过式功率计的精度通常为±5%，而终端式功率计则可以达到±1%的精度。所以，通常用终端式功率计来校准信号发生器和频谱分析仪，以提高系统的测量精度；而通过式功率计则常常用于工程测量。

频谱分析仪的幅度测量精度目前已经可以做到±0.5 dB，但即使如此，要准确测量发射机的输出功率还是要由终端式功率计来完成，频谱分析仪的幅度测量精度与其参数（如 RBW、SPAN、ATTEN、Detecter 等）的设置有关，也与被测信号的大小有关。频谱分析仪的指标很多，其中一项重要的衡量指标就是显示平均噪声电平（DANL），它决定了频谱分析仪测量微弱信号的能力。

有关测试仪器的选择可以参照相关制造商的产品目录，在此不再赘述。

测试环境

前面从被测器件、测试路径和测试仪器的本质和特性方面谈到了如何保证射频和微波测量的准确性，仅仅掌握这些还不足以完成一项正确的射频和微波测量，测试环境也是需要考虑的因素。这里所说的测试环境是指测试中的电磁兼容性、测试通路的设计和具体的连接操作这几方面。

测试通路的设计要考虑三个问题：从哪里取被测信号？取多大幅度的信号？取样信号的带宽又是多少？以蜂窝基站测试为例，对于运营商而言，他们最关心的是频道内和频带内的指标，所以，在每个发射机的输出口，通常都接有一个定向耦合器，这个耦合器必然是窄带的，成本和测试目标决定了这个取样耦合器的设计性能。但是这个测试点对于无线电监测站则并不适用，他们所关心的是从 9 kHz 到 12.75 GHz 这么宽的频率范围的传导杂散指标，要做到这一点需要付出不菲的代价。首先，必须从主馈线中取出测试信号，因为传导杂散就是从这条通路上辐射出去的；其次，要取出这么宽的信号必须采用宽带的定向耦合器或者宽带的衰减器，同样测试电缆和连接器也必须是宽带的；最后，要计算取样信号的幅度大小以适应频谱分析仪的要求，如果需要检测微弱信号，还可能要增加滤波器和低噪声放大器来配合完成测试。

测试系统的连接操作决定了被测器件的位置、各器件之间的隔离、接头的连接力矩等因素。当测试系统中存在大功率时，大功率通路最好远离检测出来的小信号通路，接头的连接最好借助力矩扳手来完成。

采用测试系统进行测试

当然，要完成准确的射频和微波测量，最佳的方法是将测试系统加以固化。如果你经常在实验室搭建射频测试电路，你会发现即使一个看上去并不复杂的测试系统（如放大器的互调测量），各种器件也会摊满一桌子！而在整个测试过程中，你还要小心翼翼地保持每个器件都处于静止状态。即使这样，下一次你再重复同样的测试时，结果已经与上次不同了。

在一个理想的测试系统中，所有的测试器件都被固化在一个机箱内，整个系统只有被测器件的输入和输出两条柔性电缆，而系统的所有插入损耗均已经用网络分析仪进行测试并已经被自动化测试软件校准。在固化的测试系统中，可以采取高隔离的半刚性电缆，不用担心器件之间的互相串扰；同样，器件之间的连接也由力矩扳手一次完成，这样就大大提高了测试的可重复性和保持测试结果的一致性。

本书内容导读

如果将射频和微波器件比喻为砖瓦，则射频和微波测试系统就是建筑物，对器件的属性了解越深，相当于拥有更多的砖瓦并灵活加以运用，可以建造出牢固而美观的建筑，也就是可以搭建出各种实用的测试系统。当笔者设计出一套新的测试系统并实现了预期的测试目标时，常常体会某种乐趣，就像音响发烧友自行组建成一套高保真音响时的那种乐趣一样。在本书中，这种思路贯穿始末。

本书分为上、下两篇（见图 0.2）：上篇（第 1～6 章）为器件篇，介绍测试和测量应用的各种射频和微波器件；下篇（第 7～15 章）为应用篇，讨论各种射频测试和测量方法。

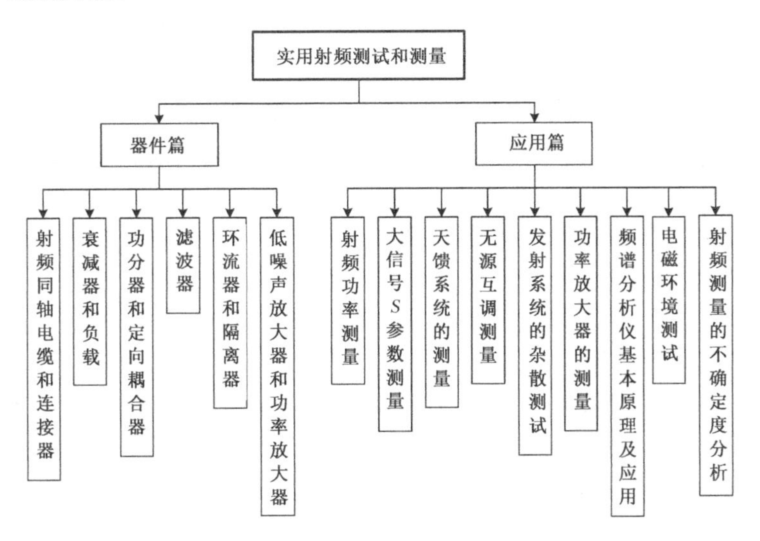

图 0.2　本书的结构框架

第 1 章介绍各种射频同轴电缆和连接器的结构、技术指标和特点，以及一些如何正确使用测试电缆组件和连接器的经验，通过两个实验分别描述常用射频转接器的插拔寿命和同轴电缆的弯曲寿命。在第 3 版中，增加了 4.3-10 型连接器，这种新型连接器出现于 2013 年。

第 2 章介绍射频衰减器和负载的指标、分类和应用；还较为详细地描述衰减器的功率系数问题，这有助于提高大功率测量的精度。

第 3 章介绍定向耦合器和 Wilkinson 功率分配/合成器的指标、类型和应用，还描述定向耦合器的方向性对反射测量精度的影响。

第 4 章介绍滤波器的指标、特性、类型和应用。其中有关滤波器应用方法的描述对于各种发射机的杂散测试具有实用价值。

第 5 章介绍铁氧体环流器和隔离器的指标及应用，重点描述环流器和隔离器的非线性特性，即无源互调特性。

第 6 章介绍低噪声放大器和功率放大器的指标以及它们在测试和测量中的应用。

第 7 章讨论大功率在线测量技术，重点讨论定向耦合器的方向性指标对于反射功率测量精度的影响。定向耦合器是大功率在线测量技术的核心器件，对这种器件的充分了解有助于对大功率在线测量技术的理解。

第 8 章讨论在大功率条件下测量放大器或无源器件标量 S 参数的方法。

第 9 章主要讨论发射天线的测量，包括输入驻波、故障点定位、无源互调和隔离度的测量。

第 10 章从工程应用的角度较为详细地讨论无源互调的定义、类型、对通信系统的危害以及测量方法，还对一些新的无源互调问题（如多载频、反向互调的测量）进行更进一步的讨论，最后分析无源互调的测量精度。无源互调是近些年来的新话题；这一章或许是当前描述无源互调技术的较为详细的文章，对工程应用具有实用意义。

第 11 章讨论发射系统的杂散产生原因、对通信系统的影响和测量方法，与第 10 章（无源互调测量）有些关联性。

第 12 章简要讨论功率放大器的测量问题，包括谐波、杂散、反向互调和输出匹配的测量。

第 13 章是第 3 版新增的内容，讨论频谱分析仪的基本工作原理和应用。

第 14 章以漫谈的形式讨论电磁环境测试的基本原理和方法，这项复杂的测试项目近年来已越来越受到重视。这是第 3 版新增的内容。

第 15 章也是第 3 版新增的内容，针对射频测试中的不确定度进行分析和评估。

射频和微波测量是富于挑战性和充满乐趣的工作，其涉及的内容非常广泛，在以后的章节中，将围绕着上述几个问题展开讨论，希望得到广大同行的批评指导。

第1章 射频同轴电缆和连接器

本章介绍各种射频同轴电缆和连接器的结构、技术指标和特点等。通过两个实验分别描述常用射频转接器的插拔寿命和同轴电缆的弯曲寿命。同时，介绍一些如何正确使用测试电缆组件和连接器的经验，即保证测量精度的一些重要措施。

1.1 射频同轴电缆

射频和微波传输线有很多种形式，如微带线、带状线、同轴电缆和波导等。它们的共同特点都是用来传输射频和微波信号能量的。从短波频段一直到 110 GHz，射频同轴电缆无疑是应用最为广泛的信号传输载体。射频同轴电缆是一种分布参数电路，其电长度是物理长度和传输速度的函数，这一点和低频电路有着本质的区别。

射频同轴电缆既可用于测试和测量，也可用于设备之间的互联。同样是射频同轴电缆，在不同的应用中，考虑问题的角度却大不相同。在本章中将主要从测试和测量角度来讨论射频同轴电缆及其组件。

1.1.1 性能和指标

特性阻抗

在射频同轴电缆中，电磁波的传播模式是 TEM 模，即电场和磁场方向均与传播方向垂直。同轴电缆由内导体、介质、外导体和护套组成，见图 1.1。

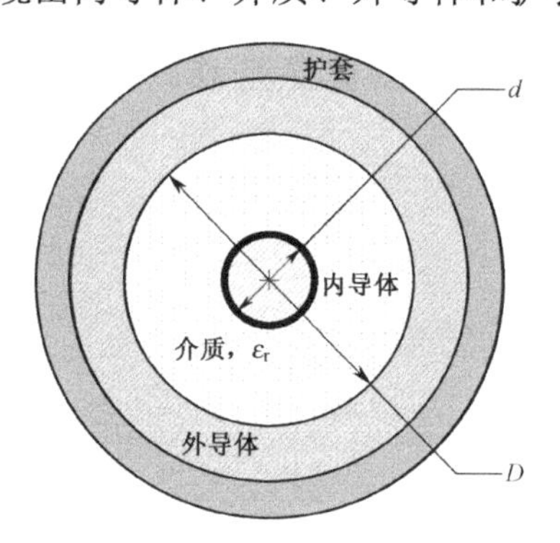

图 1.1　射频同轴电缆的结构

“特性阻抗”是射频同轴电缆最常被提到的指标之一。最大功率传输、最小信号反射都取决于电缆的特性阻抗和系统中其他部件的匹配。如果阻抗完全匹配，则电缆的损耗只有传输线的衰减，而不存在反射损耗。电缆的特性阻抗（Z_0）与其内外导体的尺寸之比有关，同时也和填充介质的介电常数有关。由于射频能量在导体的传输过程中存在“趋肤效应”，所以与阻抗相关的重要尺寸是电缆内导体的外径和外导体的内径：

$$Z_0(\Omega)=\frac{138}{\sqrt{\varepsilon_r}}\times \lg\frac{D}{d\times k_s} \tag{1.1}$$

或

$$Z_0(\Omega)=\frac{60}{\sqrt{\varepsilon_r}}\times \ln\frac{D}{d\times k_s} \tag{1.2}$$

式中，Z_0为同轴电缆的特性阻抗（Ω）；ε_r为内部填充介质的相对介电常数；D为外导体内径（mm）；d为内导体外径（mm）；k_s为内导体系数，和内导体的结构有关：单股内导体 k_s=1，7 芯内导体 k_s = 0.939，19 芯内导体 k_s = 0.97。

以 Huber+Suhner 公司出品的 EZ141-AL-TP/M17 半刚性同轴电缆为例，从产品手册上可以查到其内导体外径 d = 0.92 mm，介质的外径（即外导体内径）D = 2.99 mm；介质材料为 PTFE（聚四氟乙烯），取ε_r值为 2；由于其内导体为单股结构，故取 k_s = 1；根据式（1.1）可以计算出电缆的阻抗为 49.95 Ω。

特性阻抗的偏差

我们知道，大部分射频同轴电缆都采用 50 Ω 特性阻抗，上述例子中的 EZ141-AL-TP/M17 也是 50 Ω阻抗，但是其计算值却并不恰好为 50 Ω，这是什么原因呢？

式（1.1）或式（1.2）表明，同轴电缆的特性阻抗与外导体内径 D，内导体外径 d 和介电常数ε_r这三个参数有关，要保证电缆阻抗的准确，必须精确地控制这三个参数。在电缆的制造过程中，物理尺寸 D 和 d 的公差更容易控制；而不同批次介质的介电常数ε_r相对来说更难控制。比如，聚四氟乙烯（PTFE）材料的介电常数通常在 2.0～2.1 之间，依然参照 EZ141-AL-TP/M17 的物理尺寸，可以计算出其特性阻抗是 49.95～48.75 Ω。图 1.2 显示了在给定外导体内径 D 和内导体外径 d 尺寸的条件下，介电常数与特性阻抗之间的关系。

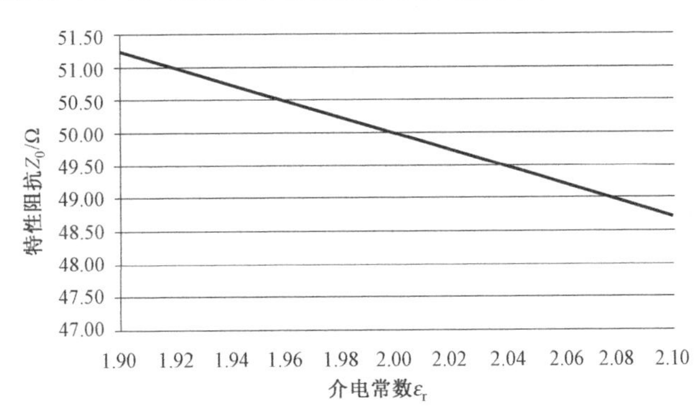

图 1.2　给定尺寸条件下同轴电缆的阻抗和介电常数的关系

通常，在射频同轴电缆的手册中，会给出特性阻抗的偏差范围（如EZ141-AL-TP/M17 的阻抗为 50 Ω ±1 Ω），而对于介质，则只给出使用的材料而并不提供介电常数值。

为什么采用 50 Ω特性阻抗？

同轴电缆的阻抗有 25 Ω、50 Ω、75 Ω、93 Ω等，但在绝大多数场合，都采用 50 Ω作为标准，这是为什么呢？

通常认为导体的截面积越大损耗就越低，但事实并非完全如此。同轴电缆的每单位长度的损耗是 D/d 的函数，也就是说和电缆的特性阻抗有关。式（1.3）为电缆损耗的计算公式：

$$\alpha(\mathrm{dB/100ft}) = \frac{0.4343}{Z_0 \times D}\left(\frac{D}{d \times k_s} + F_{\mathrm{bd}}\right)\sqrt{F} + \frac{2.78 \times d_f \times F}{V_p} \tag{1.3}$$

表 1.1 表示了式（1.3）中各个参数的定义，并列举了一个阻抗和损耗关系的实际案例。假设有一条空气介质、固态屏蔽的同轴电缆，其外导体内径保持 0.39 in 不变(1 in=2.54 cm)，内导体外径从 0.01 in 至 0.28 in 变化时，根据式(1.3)可以计算出电缆的单位长度插入损耗随特性阻抗的变化关系。

表 1.1　同轴电缆的特性阻抗与损耗的关系

参数	单　位	描　　述	举　例	备　　注
α	dB/100 ft①	电缆损耗值		
Z_0	Ω	特性阻抗	变量	$Z_0(\Omega)=\frac{138}{\sqrt{\varepsilon_r}}\times\lg\frac{D}{d\times k_s}$
D	in②	外导体内径	0.39	此参数保持不变
d	in②	内导体外径	0.01～0.28	变化范围
k_s		内导体系数	1	单股内导体
F_{bd}		编织层系数	1	固态屏蔽
F	MHz	工作频率	1 000	
d_f		耗散因子（介质损耗角）	0	空气介质
V_p	%	相速度	100	空气介质

注：①1ft=0.304 8 m；②1in=2.54 cm。

经过计算，我们发现同轴电缆单位长度的最低损耗并非出现在内导体外径 d 最大时，而是出现在外导体内径与内导体外径之比（D/d）为 3.6 时，此时电缆的特性阻抗为 77 Ω，图 1.3 呈现了同轴电缆单位长度的损耗与其特性阻抗的关系。

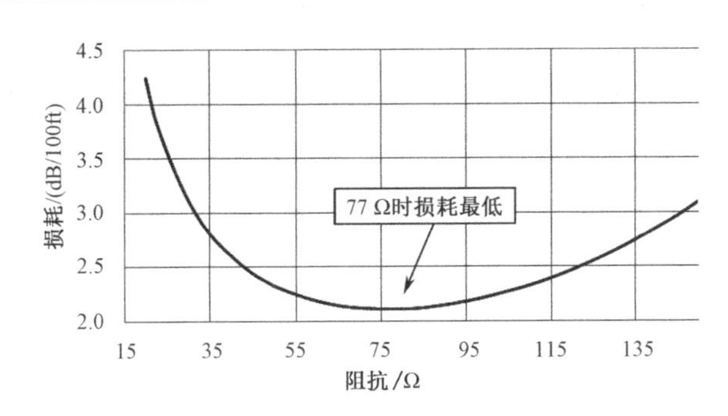

图 1.3　同轴电缆的损耗与阻抗的关系

对于同轴电缆的最大承受功率，通常认为内外导体的间距越大，则同轴电缆可承受的电压越高，即承受功率越大，但实际上也不完全准确。同轴电缆的最大承受功率同样与其特性阻抗有关。式（1.4）给出了电缆的最大峰值功率 $P_{\max}$[1]：

$$P_{\max}=\frac{E_{\mathrm{m}}^2}{480}\times D^2\times\frac{\ln(D/d)}{(D/d)^2} \tag{1.4}$$

可以发现，$P_{\max}$ 与损耗一样也是 D/d 的函数。

在空气介质的同轴电缆中，当最大电场强度 E_{m} 达到约 2.9×10^4 V/cm 时，就会发生击穿。由式（1.4）可以计算出当同轴电缆的外导体内径与内导体外径（D/d）之比为 1.65 时，其承受的功率最大，此时对应的特性阻抗为 30 Ω。图 1.4 呈现了同轴电缆的最大承受功率与其特性阻抗的关系。

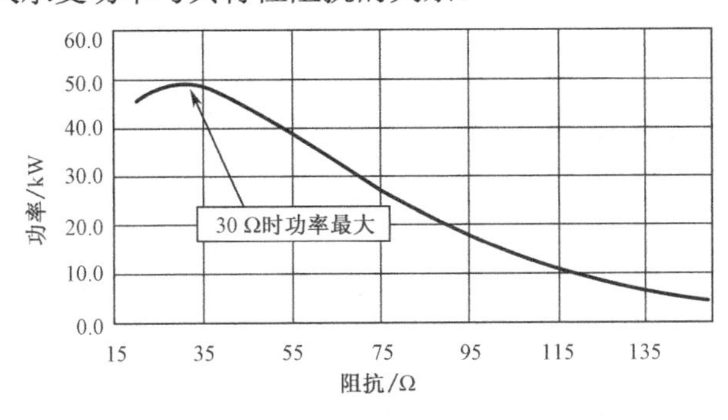

图 1.4　同轴电缆的承受功率与阻抗的关系

为了兼顾最小的损耗和最大的功率容量，应该在 77 Ω和 30 Ω之间找一个适当的数值。二者的算术平均值为 53.5 Ω，而几何平均值为 48.06 Ω；之所以选取 50 Ω的特性阻抗，是为了做到二者兼顾。此外，50 Ω阻抗的射频连接器也更加容易设计和加工。

绝大部分应用于通信领域的射频电缆的特性阻抗是 50 Ω，在广播电视中则用到 75 Ω的电缆。

大部分的测试仪器都是 50 Ω的阻抗，如果要测量 75 Ω阻抗的器件，可以通过一个 50 Ω / 75 Ω的阻抗变换器来进行阻抗匹配，但是需要注意这种阻抗变换器有约 5.7 dB 的插入损耗。

电容和电感

和特性阻抗相似，单位长度电容（C）和电感（L）的大小取决于内外导体尺寸之比（D/d）和介电常数（ε_r），计算公式如下：

$$C(\mathrm{pF/m})=\frac{24.13\times\varepsilon_\mathrm{r}}{\lg\left(\frac{D}{d}\right)} \tag{1.5}$$

$$L(\mathrm{nH/m})=460.6\times\lg\left(\frac{D}{d}\right) \tag{1.6}$$

通过电容和电感，也可以计算出电缆的特性阻抗：

$$Z_0(\Omega)=\sqrt{\frac{L}{C}} \tag{1.7}$$

驻波比（VSWR）/回波损耗

在射频和微波系统中，最大功率传输和最小信号反射取决于射频电缆的特性阻抗和系统中其他部件的匹配。射频电缆的阻抗变化将会引起信号的反射，这种反射会导致入射波能量的损失。

反射的大小可以用电压驻波比（VSWR）来表达，其定义是入射和反射电压之比。VSWR 的计算公式如下：

$$\mathrm{VSWR}=\frac{1+\sqrt{P_\mathrm{r}/P_\mathrm{i}}}{1-\sqrt{P_\mathrm{r}/P_\mathrm{i}}} \tag{1.8}$$

式中，P_r为反射功率，P_i为入射功率。

VSWR 的等效参数是回波损耗、反射系数、失配损耗和匹配效率（见附录 A.1），换算关系如下：

$$L_\mathrm{R}(\mathrm{dB})=-20\lg\frac{\mathrm{VSWR}-1}{\mathrm{VSWR}+1} \tag{1.9}$$

$$\mathrm{VSWR}=\frac{1+\varGamma}{1-\varGamma} \tag{1.10}$$

$$L_M(\mathrm{dB}) = -10\lg\left[1-\left(\frac{\mathrm{VSWR}-1}{\mathrm{VSWR}+1}\right)^2\right] \tag{1.11}$$

$$\eta_M(\%) = \left[1-\left(\frac{\mathrm{VSWR}-1}{\mathrm{VSWR}+1}\right)^2\right]\times 100\% \tag{1.12}$$

式中，L_R为回波损耗，Γ为反射系数，L_M为失配损耗，η_M为匹配效率。

同轴电缆组件的 VSWR 指标取决于电缆，连接器及其加工工艺。一条测试电缆组件的典型 VSWR 值小于 1.15，换算成回波损耗为 23 dB，即入射功率的匹配（传输）效率为 99.5%。对于传输（即 S_{21}参数）测试，一条 VSWR<1.2 的测试电缆可以满足要求了；而作为反射（S_{11}参数）测试应用时，对测试电缆的 VSWR 要求更高些。一般来说，测试系统的回波损耗应该比被测器件高 10 dB。当然，除了选用精密的测试电缆以外，还可以巧妙地结合精密衰减器来改善系统的失配损耗（详情将在 2.1 节进行讨论）。

从电缆组件类型来看，半刚性和半柔性电缆有着比较良好的 VSWR 表现。一条普通的 0.141" 或 0.086"电缆在 DC 至 18 GHz 范围内可以做到小于 1.2 的 VSWR，而并不需要花费太高的成本，当然加工和焊接工艺是保证 VSWR 指标的重要因素。

而柔性电缆要实现低的 VSWR 指标却并非易事。要求电缆在弯曲的条件下仍能保持良好的性能，这二者存在一定的矛盾。为了平衡这种矛盾，也就是得到一条既柔软又有良好的射频指标的柔性测试电缆，往往需要付出更多的成本代价。

有经验的射频工程师在用网络分析仪测量柔性测试电缆组件时，往往会在 S_{11}的测量状态下轻微地抖动电缆，并观察其 VSWR 指标是否随着电缆的抖动而变化，从而来评估测试电缆组件的性能。

通常，柔性测试电缆组件可分为 3 GHz、6 GHz、13 GHz、18 GHz、26.5 GHz、40 GHz 和 50 GHz 等几种。图 1.5 是一条 6 GHz 测试电缆（BXT MC06-03-03-1000，Nm-Nm）的典型 VSWR 指标，在 6 GHz 以下，其 VSWR 有着非常良好的表现，这种低成本的测试电缆组件完全可以满足常规的移动通信测试要求。

而当需要在更高的频率下使用时，则需要采用微波测试电缆组件，这也就意味着用户要花费更高的成本。这是因为微波电缆的设计和制造理念与常规电缆的不同所致，如微波电缆通常采用多层屏蔽和低密度的聚四氟乙烯材料（LD-PTFE）作为介质，这种材料的介电常数要比普通的实心聚乙烯（PE）和聚四氟乙烯（PTFE）更低，在 1.38～1.73 之间，其相速度（电磁波在电缆中的相对于空气的传播速度）超过 80%，也就是说更加接近于空气的介质特性。

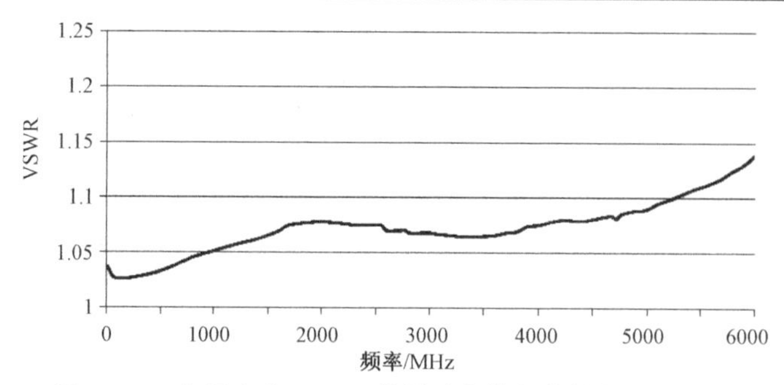

图 1.5　工作频率为 6 GHz 的测试电缆组件的典型 VSWR

随着技术的发展，微波测试电缆组件的成本也在降低，如 BXT 的 TC13 系列。TC13 是为满足到 12.75 GHz 测量而开发的低成本微波测试电缆组件，采用了不锈钢材料的不开槽 N 型连接器，在 13 GHz 以内的 VSWR 可以做到 1.2 以下。外加的不锈钢铠装护套则用来延长电缆组件的使用寿命。图 1.6 是 TC13 的典型 VSWR 指标，在 13 GHz 以下，TC13 的 VSWR 指标基本上在 1.12 以下。

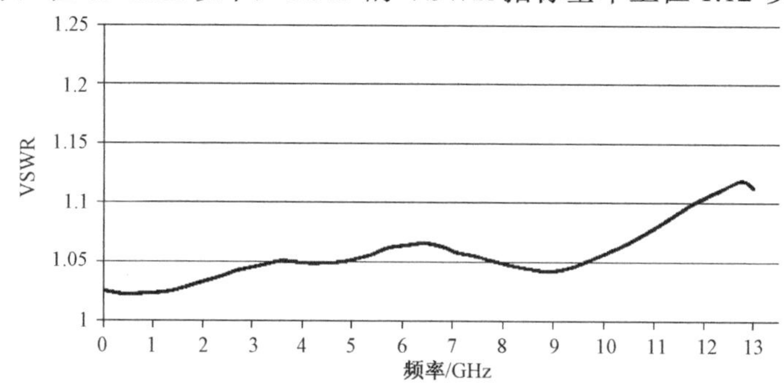

图 1.6　工作频率达 13 GHz 测试电缆组件的典型 VSWR

屏蔽

同轴电缆的屏蔽效果取决于其外导体结构。通常有图 1.7 所示的几种屏蔽方式。

单层编织屏蔽（见图 1.7（a））由一层编织层组成，其覆盖率为 70%～95%，典型产品有美军标（MIL-C-17）中的 RG58、RG316 和国标的 SYV-50-7 等。其屏蔽效果约为–50 dB。单层屏蔽电缆常用于 1 GHz 以下。在射频测试和测量中，不建议采用单层屏蔽的同轴电缆。曾经有人在大功率测量中采用了单层屏蔽的测试电缆组件，结果因为电磁泄漏而导致功率计读数的不稳定，换成双层屏蔽电缆后，不稳定现象立即消失了。

双层编织屏蔽（见图 1.7（b））由两层编织层组成，其屏蔽效果为–75 dB～

–85 dB，典型应用可以达到 6 GHz。在通用射频测试中，双层屏蔽电缆可能是应用最为广泛的，常见产品有美军标（MIL-C-17）中的 RG223、RG142 和 RG214 等。

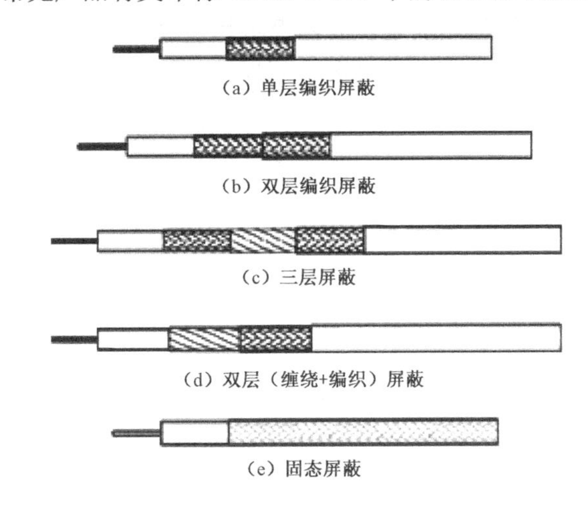

图 1.7　同轴电缆的屏蔽方式

三层屏蔽（见图 1.7（c））由两层编织屏蔽中间再加一层箔状屏蔽组成，也有的第一层采用缠绕的铜带。其屏蔽效果可达到–90～–100 dB。一些 EMC 测试应用的电缆和微波电缆采用这种结构，如 Harbour 的 LL 系列低损耗微波电缆。

双层（缠绕+编织）屏蔽（见图 1.7（d））的内层屏蔽采用缠绕的镀银铜带，外层屏蔽采用编织。覆盖率为 100%，屏蔽效果可达到–100 dB。很多微波电缆采用这种结构，如 Micro-coax 的 UTiFLEX 系列电缆，其工作频率高达 40 GHz。

固态屏蔽（见图 1.7（e））由铝管或铜管制成，覆盖率为 100%，达到了完美的屏蔽效果（优于–120 dB@18 GHz）。典型产品如 Suhner EZ141 半刚性同轴电缆，这种电缆只能一次弯曲成形，常用于设备内部的互联，设计走线时不需要考虑电缆间的互相干扰，哪怕是对系统屏蔽要求十分苛刻的无源互调测量系统。另外一种可以归入固态屏蔽的电缆是波纹管电缆，相对来说更容易弯曲，这种电缆常被用于天馈系统中。

衰减（插入损耗）

同轴电缆的衰减是表示其有效传输射频信号的能力，它由导体损耗、介质损耗和辐射损耗三部分组成。导体损耗是由导体的趋肤效应所引起的，随频率的增加呈平方根关系。介质损耗是介质材料对传导电流的电阻所引起的，随频率的增加呈线性关系。辐射损耗是由泄漏引起的，除了专用的开槽泄漏电缆以外，这部分损耗非常小。大部分的损耗转换为热能。在选定的工作频率下，导体的尺寸越大，损耗越小；而频率越高，则介质损耗越大。在总损耗中，介质损耗的比例更大。另外，温度的增加会使导体电阻和介质功率因素的增加，因此也会导致损耗的增加。几种主要损耗的计算公式如下：

$$L_{\mathrm{i}}(\mathrm{dB}/100\mathrm{ft})=\frac{0.435\times\sqrt{f}}{Z_0\times d} \tag{1.13}$$

$$L_{\mathrm{o}}(\mathrm{dB}/100\mathrm{ft})=\frac{0.435\times\sqrt{f}}{Z_0\times D} \tag{1.14}$$

$$L_{\mathrm{d}}(\mathrm{dB}/100\mathrm{ft})=2.78\times\rho\times\sqrt{\varepsilon_{\mathrm{r}}}\times f \tag{1.15}$$

式中，L_{i}为内导体损耗，L_{o}为外导体损耗，L_{d}为介质损耗；d为内导体外径（in），D为外导体内径（in）；f为工作频率（MHz）；Z_0为特性阻抗（Ω）；ρ为介质损耗角，当介质的介电常数$\varepsilon_{\mathrm{r}}=2.1$时$\rho=0.000\ 16$，当$\varepsilon_{\mathrm{r}}=1.6$时$\rho=0.000\ 05$。

忽略辐射损耗，电缆的总损耗为：

$$L=L_{\mathrm{i}}+L_{\mathrm{o}}+L_{\mathrm{d}} \tag{1.16}$$

对于测试电缆组件而言，其总的插入损耗是接头损耗、电缆损耗和失配损耗的总和。总体的表现是频率越高，损耗越大。图 1.8 表示了一条典型的 3 GHz 测试电缆组件（长度为 1 m，外径为 5 mm）的插入损耗与频率的关系。

在测试和测量应用时，虽然说一条电缆组件的 VSWR 指标怎么追求都不过分，但如果过分地追求低损耗，有时会得不偿失。因为要做到低损耗，需要采用外径更大的电缆和更低密度的介质（如 LD-PTFE），显然这会增加成本。

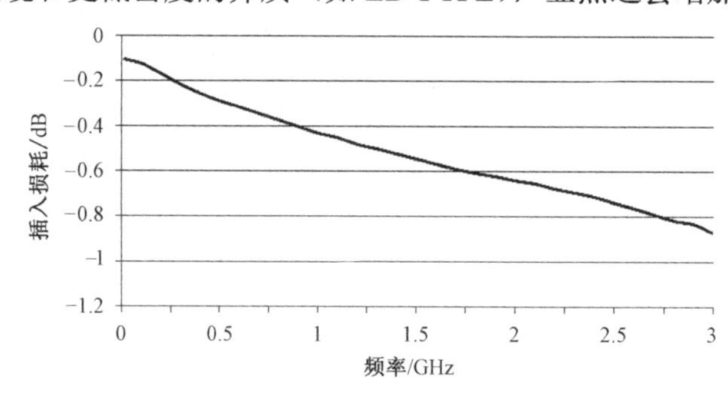

图 1.8　3 GHz 测试电缆组件的插入损耗与频率的关系

在 S 参数测量中，测试电缆的损耗是可以被校准的，有时为了改善信号源的匹配，还在信号源的输出端接一个适当衰减量的衰减器（详见第 2 章）；而在功率测量中，则需要低损耗的测试电缆以减小测试误差；不过很多功率计都具有补偿功能，测试者可将已知的测试电缆组件的损耗输入仪器并加以修正。

在选择电缆组件时，应先确定系统最高频率时可接受的损耗值，然后再根据这个损耗值来选择尺寸最小的电缆。

功率容量

在电缆的应用中，功率容量是射频工程师们所关心的问题之一。同轴电缆的功率容量分为峰值功率容量和平均功率容量。峰值功率容量取决于电缆可承受传输信号的最大电压的能力，而平均功率容量则是指电缆消耗由电阻和介质损耗所产生的热能的能力。电缆的散热取决于其热阻，而热阻则与电缆的表面积、表面温度、环境温度、热传导率和气流有关。

对于电缆而言，介质的最高承受温度决定了电缆的功率容量，因为大部分的热量是从电缆的内导体所产生的。同时，电缆的功率容量还与海拔高度有关：

$$P_{\mathrm{a}} = P_{\mathrm{avg}} \times F_t \times F_{\mathrm{a}} \tag{1.17}$$

式中，P_{a}为电缆的有效功率，P_{avg}为电缆的额定平均功率，F_t为温度系数，F_{a}为高度系数。

表 1.2 和表 1.3 分别列出了射频功率的温度系数和高度系数。

表 1.2　射频平均功率的温度系数

温度/℃	温度系数 F_t
25	1
50	0.83
85	0.66
100	0.58
125	0.43
150	0.28
200	0.15

表 1.3　射频功率的高度系数

高度/m	高度系数 F_{a}（平均值）	高度系数 F_{a}（峰值）
海平面	1	1
3 048	0.90	0.50
6 096	0.79	0.20
9 144	0.68	0.14
12 192	0.58	0.10
15 240	0.48	0.08
18 288	0.38	0.06

举例：RG393 电缆，在 400 MHz、25 ℃、海平面条件下的平均功率容量为 2 800 W；而在同样温度下，在海拔 3 048 m 的高度时，平均功率容量降为 2 800 × 1 × 0.9 = 2 520 W。在进行高山大功率发射机测试，或者在航天器上应用时，需要考虑电缆的上述特性。

射频功率经常用 dBm 来表示，其好处是给计算带来的很大的方便，附录 A.2 表示了 dBm 和功率单位之间的互换关系。

传播速度

电缆的传播速度又称为相速度，是指射频和微波信号在电缆中传输的速度和光速的比值，和介质的介电常数的根号呈反比关系：

$$V_{\mathrm{p}}(\%)=\frac{1}{\sqrt{\varepsilon_{\mathrm{r}}}}\times 100\% \tag{1.18}$$

由式（1.18）可见，介电常数（ε_{r}）越小，则传播速度（V_{p}）越接近光速，所以低密度介质电缆的插入损耗更低。表 1.4 是一些常见不同介质中电缆的相速度。

表 1.4　不同介质中电缆的相速度

介 质 材 料	介电常数 ε_{r}	相速度 V_{p}/%
固态聚乙烯（PE）	2.3	65.90
固态聚四氟乙烯（PTFE）	2.07	69.50
发泡 PE	1.29～1.64	83.00
低密度 PTFE	1.38～1.74	80.00

电缆的相速度指标对于射频测试工程师的意义在于，除了可以了解电缆的损耗以外，还可以通过 DTF（故障定位）测量技术在远端测量长电缆的故障点。具有 DTF 测量功能的仪器有 Bird Electronic 的 SA 系列天线和电缆分析仪，以及 Wiltron 的 Site Master 系列传输线和天线分析仪，这类手持式仪表中内置了信号源，可以向电缆发送一个信号，当信号沿着电缆传输并遇到故障（不匹配）点时，一部分信号会向仪器方向反射回来，仪器根据信号的来回传输时间计算出故障点的位置。在测试前，必须将电缆的介电常数，也就是信号在电缆中的传播速度输入到仪器中，这样才能得出准确的测试结果。图 1.9 是一个蜂窝基站天馈系统故障定位测试的实例。图中 X 轴的起点是发射机和电缆分析仪所在的位置，其中 0 ft（1 ft = 0.304 8 m）位置是馈线输入端，其 VSWR = 1.05；约 9 ft 位置是跳线与

主馈线的连接点，其 VSWR = 1.012；100 ft 位置是天线的输入端，其 VSWR = 1.06。约在 34 ft 和 42 ft 处，有两个突出的驻波点，虽然 VSWR 并不大，但这两个点有可能是故障隐患，其原因或许是接地夹过紧而导致外导体变形、电缆介质渗水、绝缘层损坏导致外导体腐蚀等。

有关电缆故障点测试的详情，将在后续章节中讨论。

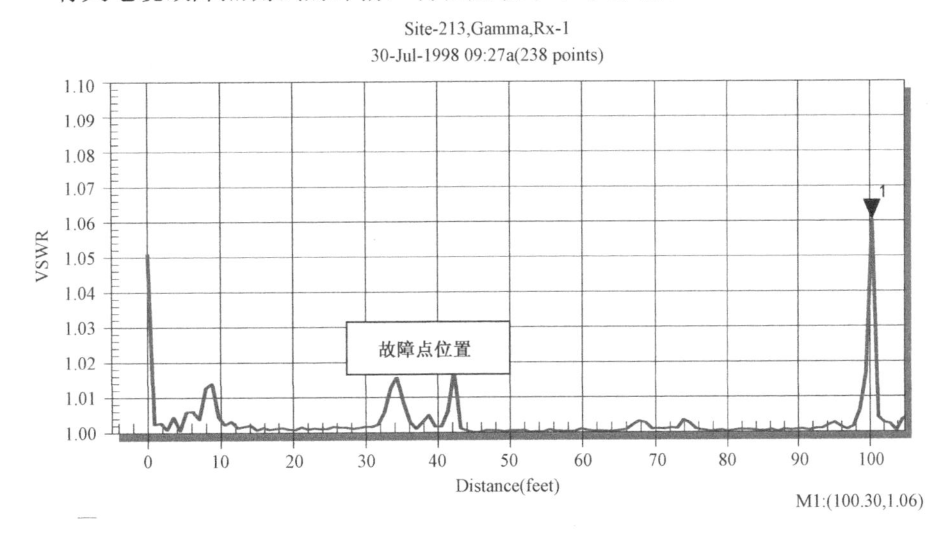

图 1.9　电缆的 DTF（故障定位）测试（由 Bird Electronic 提供）

电长度

了解了传播速度后，就容易理解电缆的电长度的概念了。电磁波在空气中，以接近光速的速度传播，而在电缆介质中传播时，其速度要低于光速。所以，电缆的电长度要大于其物理长度：

$$电长度=\frac{物理长度}{V_p(\%)} \tag{1.19}$$

在一些阵列天线中，会通过很多射频电缆组件将馈源信号送至天线振子，这些电缆组件具有严格的电长度要求，否则将会导致天线方向性的畸变。

电长度又有很多其他的表达方式，除了前述的传播速度（相速度）以外，还有传播延时、插入相位、时延、线长度、介质波长等。

电长度（相位）的稳定性和温度有关，聚四氟乙烯（PTFE）介质电缆的相位稳定性要优于聚乙烯（PE）电缆。

电缆的弯曲特性

作为射频测试电缆组件，其弯曲特性对于保证测试精度有着重要意义，因为电缆的弯曲会导致驻波比、损耗和相位的变化。

每种同轴电缆都有最小弯曲半径的要求，最小弯曲半径又分为静态和动态两种。比如，MIL-C-17 标准中外径为 5.4 mm 的 RG223/U 电缆，其允许最小静态弯曲半径为 30 mm，最小动态弯曲半径则为 54 mm[2]。在实际测试应用中，建议电缆的最小弯曲半径不要小于其直径的 10 倍。

在测试电缆组件中，接头与电缆连接部位的工艺在很大程度上影响到整条电缆组件的 VSWR 和插入损耗的稳定性。从这个角度看，接头和电缆根部的防弯曲工艺是衡量和选择一条射频测试电缆组件的重要依据。常见的热缩套管并不能很好的起到防止弯曲的作用，较好的方法是采用硬性护套（见图 1.10（a））或者不锈钢铠装护套外加热缩套管（见图 1.10（b））。采用硬性护套可以很好地保护连接器和电缆的连接部位，防止电缆的过度弯曲。试验发现，采用该措施的电缆组件，经过长期使用后，即使连接器磨损，电缆根部依然完好。

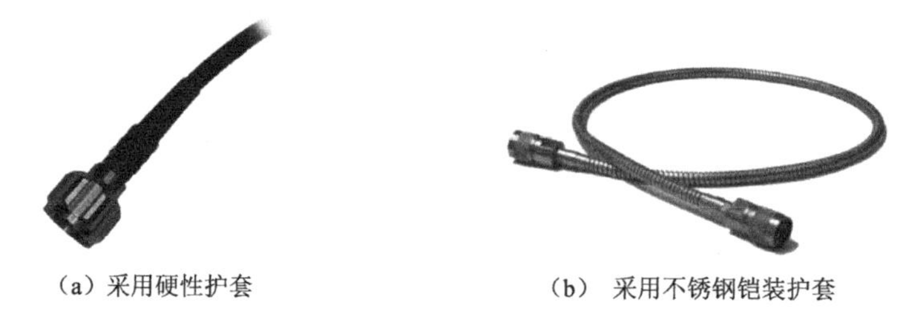

（a）采用硬性护套　　（b） 采用不锈钢铠装护套

图 1.10　为防止电缆的过度弯曲采取的措施

在一些微波测试场合，要求测试电缆组件在弯曲时具有很小的相位变化量，即所谓的“稳相电缆”。一般来说，微孔介质电缆的相位稳定性会明显优于实心介质电缆，而多股内导体电缆的相位稳定性优于单股内导体。在某些场合，弯曲时的相位稳定性是衡量微波电缆性能的重要指标，常见的外径约为 5 mm 的微波电缆在弯曲直径为 50 mm 时，其相位变化在 2°～5° 之间。

同轴电缆的无源互调特性

电缆的无源互调失真是由其内部的非线性因素引起的。在一个理想的线性系统中，输出信号的特性与输入信号是完全一致的；而在非线性系统中，输出信号和输入信号相比产生了幅度失真。

如果有两个或更多的信号同时输入一个非线性系统，由于互调失真的存在，将会在其输出端产生新的频率分量。在现代通信系统中，工程师们最关心的是三阶互调产物（$2f_1-f_2$ 或 $2f_2-f_1$），因为这些无用的频率分量往往会落入接收频段或者发射频段而对系统的正常通信产生干扰。

同轴电缆组件通常被视为线性器件。但是，纯线性器件是不存在的。在接头和电缆之间总有些非线性因素存在，这些非线性因素通常是由于趋肤效应，表面氧化层或者接触不良所造成的。以下的通用设计原则可以尽量减小无源互调失真：

（1）在设备中，采用半钢电缆或者半柔电缆代替柔性电缆；

（2）保证电缆导体表面镀层有足够的厚度；

（3）用单股内导体的电缆；

（4）用表面平滑的高质量接头；

（5）采用足够厚度和均匀镀层的接头；

（6）采用尺寸尽可能大的接头（如 DIN7-16 型的互调特性优于 N 型，而 N 型则优于 SMA 型）；

（7）保证接头之间良好的接触；

（8）使用非磁性材料的接头。

在常用的射频同轴电缆中，半刚性和半柔性电缆有着较好的无源互调表现，可以达到–163 dBc（@2×43 dBm）甚至更好，可以达到同样指标还有波纹管电缆，而普通编织电缆的典型指标仅为–140 dBc 以下。要制造出高指标的低互调测试电缆并非易事，而要保证低互调电缆的使用寿命，除了电缆自身的性能之外，应用过程中正确操作也至关重要。

1.1.2　同轴电缆的分类和选择

射频同轴电缆分为半刚性、半柔性、柔性和波纹管电缆，不同的应用场合应选择不同类型的电缆。半刚性和半柔性电缆一般用于设备内部的互联；而在测试和测量领域，多采用柔性电缆；波纹管电缆则常用于天馈系统中。

半刚性电缆

顾名思义，这种电缆不容易被轻易弯曲成形，其外导体是采用铝管或者铜管制成（见图 1.11），其射频泄漏非常小（小于–120 dB），在系统中造成的信号串扰可以忽略不计。这种电缆的无源互调特性也是非常理想的。如果要弯曲到某种形状，需要专用的成形机或者手工的模具来完成。如此麻烦的加工工艺换来的是非常稳定的性能，半刚性电缆通常采用固态的聚四氟乙烯材料作为填充介质，这种材料具有非常稳定的温度特性，尤其在高温条件下，具有非常良好的相位稳定性。

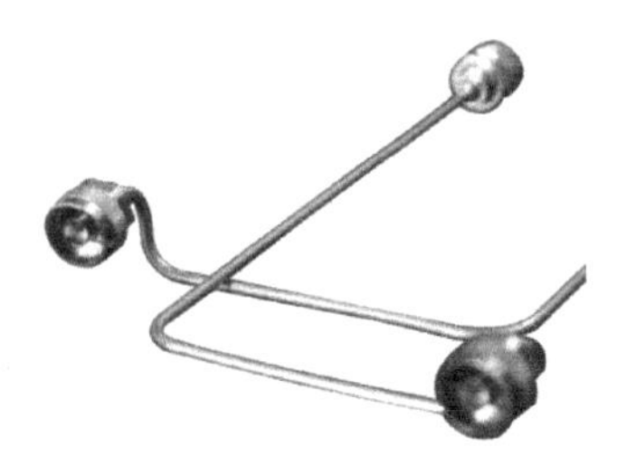

图 1.11　半刚性电缆

半刚性电缆的成本高于半柔性电缆，大量应用于各种射频和微波系统中。

半柔性电缆

在某些场合，半柔性电缆是半刚性电缆的替代品，这种电缆的性能指标接近于半刚性电缆，而且可以手工成形。但是其稳定性比半刚性电缆略差些，由于它可以很容易成形，同样也就容易变形，尤其是在长期使用的情况下。

柔性（编织）电缆

“测试级”的电缆组件大多采用柔性电缆（见图 1.12）。相对于半刚性和半柔性的电缆，柔性电缆的成本十分昂贵，这是因为柔性电缆在设计时要顾及的因素更多。柔性电缆要能够多次弯曲而且还要保持性能，这是作为测试电缆的最基本要求。柔软度和良好的电指标是一对矛盾体，也是导致造价昂贵的主要原因。

图 1.12　柔性（编织）测试电缆组件

柔性射频电缆组件的选择要同时考虑各种因素，而这些因素之间有些是相互矛盾的，如单股内导体的同轴电缆比多股的具有更低的插入损耗和弯曲时的幅度稳定性，但是相位稳定性能就不如后者。所以一条电缆组件的选择，除了频率范围、驻波比、插入损耗等因素外，还应考虑电缆的机械特性、使用环境和应用要求。另外，成本也是一个永远不变的因素。

波纹管电缆

波纹管电缆的外导体为波纹状的铜管，近年来也出现了铝管，这种电缆采用了低损耗设计，常常用于天馈系统中。

波纹状的外导体设计，其优点是易于弯曲和运输，同时还具有良好的抗拉伸性能，以便电缆的竖直悬挂应用。

1.1.3 同轴电缆的执行标准

同轴电缆的使用并不是孤立的，除了要满足阻抗标准以外，还有一个重要的制约因素，就是和连接器的配合。经过几十年的发展，通用射频电缆的主流标准已经趋向于美军标 MIL-C-17，主流的连接器制造商也大多按照符合 MIL-C-17 标准的 RG 系列电缆设计相应的连接器。在中国，通常采用原电子工业部（四机部）的 SJ1563、SJ1132 等标准来设计和生产射频同轴电缆，这个标准中的某些参数接近 MIL-C-17 标准，目前国内的主流电缆厂仍在按照这些标准生产。表 1.5 是两种常用电缆的参数比较。

表 1.5 同轴电缆参数比较

参 数 名 称	SJ1132 标准 （电缆型号：SYV-50-3）	MIL-C-17 标准 （电缆型号：RG223/U）
内导体根数/（直径/mm）	1/0.90	1/0.88
绝缘介质外径/mm	3.00	2.95
电缆外径/mm	5.00	5.40±0.15
介质材料	实芯聚乙烯（PE）	PE

从表 1.5 可以发现两种标准的微小差别，为了达到电缆组件的最佳 VSWR 性能，最好采用按照对应标准生产的连接器。随着全球经济的一体化趋势，市场行为将决定标准的统一。

低损耗射频同轴电缆

在大功率信号传输的场合，降低电缆的损耗要比提高发射功率划算得多。因此电缆的设计者在不断的改进电缆的参数，以期达到更低的损耗。要降低电缆的损耗，最有效的措施是降低填充介质的介电常数。一个极限情况就是常见于广播电视发射系统的馈管，这种传输线采用了空气介质，通过一些 PTFE 的支撑杆来固定内导体，其介电常数接近 1。

在移动通信应用的领域，常采用物理发泡的聚乙烯（PE）材料作为填充介质，其介电常数为1.29～1.64。介电常数降低后，如何保证电缆的特性阻抗仍为50 Ω？从式（1.1）可见，当ε_r降低时，必须同时减小 lg（D/d）。常见的方法是增加 d，也就是内导体的外径。但随之而来的问题是，常用的连接器不能适合这种低损耗的电缆，于是，又出现了许多新的射频电缆和连接器系列。

关于低损耗同轴电缆，目前并没有一个通用的标准，而基本上是市场主导。典型产品有 Times Microwave Systems 的 LMR 系列电缆、Andrew 公司的 LDF 系列和 RFS 公司的 LCF 系列等。

微波同轴电缆

18 GHz 以上的微波电缆更无统一的标准可循。这个领域，可以用“八仙过海，各显神通”来描述。几乎每个微波电缆制造商都按照自己的企业标准来生产微波电缆。为了保证在更高频率时信号的传输效率，绝大多数微波电缆采用了低密度的 PTFE 介质，其介电常数为 1.38～1.73。因此在外导体相当的前提下，微波电缆的内导体要大于普通的 RG 电缆。几乎没有哪家微波电缆制造商在其产品目录中公开其电缆内外导体的尺寸。

1.1.4　小结——测试电缆组件的选择

根据上述讨论，我们来总结一下测试电缆组件的选择原则。

够用原则

测试电缆的选择以够用为前提，没有必要盲目追求高性能。比如，测量蜂窝移动通信设备的带内指标，采用工作频率到 3 GHz 的测试电缆组件就足够了；要测量至 12.75 GHz 的传导杂散，可以采用至 13 GHz 的测试电缆组件，而不必选择 18 GHz 的。常规的器件 S_{11} 和 S_{21} 测量时，采用聚乙烯（PE）或实芯聚四氟乙烯（PTFE）介质的射频电缆即可，不需要选择低密度聚四氟乙烯（LD-PTFE）介质的微波电缆。测量铁氧体器件的无源互调，用 RG142 即可，而不需要专用的低互调电缆。

平衡柔软度和电性能指标的矛盾

很多测试工程师都喜欢用柔软度作为采购测试电缆的标准之一，但这样可能会以更高的成本为代价。一般来说，射频测试电缆组件既要保证其柔软度，同时还要保证指标，在介质方面，不能采用实芯的介质材料，如实芯聚乙烯（PE）和实芯聚四氟乙烯（PTFE），而要采用以低密度聚四氟乙烯（LD-PTFE）为介质材料的电缆；同时，在编织层和护套方面也要有相应的措施来保证，种种努力都会提高成本。要选择低互调测试电缆组件，其柔软度就更加不能兼顾了。

常用的外径在 5 mm 以下的实芯 PE 和 PTFE 介质电缆的柔软度是完全可以接受的。

关于 VSWR

VSWR 指标非常重要，使用者希望越低越好，但是因为这项指标存在一定的随机性，所以通常制造者不愿意承诺过高的指标。为了平衡这一点，通常可以同时提供保证值和典型值，让使用者在选择测试电缆时获得足够的信息，如保证值为 1.25，典型实测值可能小于 1.1。

关于插入损耗

作为测试电缆，在大多数场合，损耗是可以被校准的，除了个别场合（如大功率传输）以外，不必过分追求低损耗。损耗与成本的关系较大，而且低损耗电缆的外径通常较大，与其柔软度又会产生矛盾。

关于测试电缆组件的使用寿命

测试电缆组件需要反复使用，其寿命主要取决于连接器的插拔次数。以 N 型连接器为例，在 MIL-39012 标准中规定了其插拔寿命为 500 次，但实际的插拔寿命会大大超过 500 次。笔者曾做过试验，在插拔 2 000 次后，插入损耗增加不到 0.2 dB，而 VSWR 指标几乎没有变化。在 1.2 节中，将详细讨论射频连接器的寿命问题。

为便于读者查阅，在附录 A.3 中，列举了一些常用的射频同轴电缆的主要性能。

1.2 射频同轴连接器

射频和微波连接器的发明要追溯到第二次世界大战期间的 20 世纪 40 年代，随着雷达和各种无线电通信设备的诞生，最早出现了 N 和 BNC 等连接器。有一种说法是 N 型连接器取自 Navy 的第一个字头，另外一种说法是 N 取自其发明者贝尔实验室的 Paul Neil 的名字。我们暂且不去考证哪种说法是正确的，但是得感谢那位杰出的工程师为射频和微波的未来发展创造了桥梁。而出现在 N 型连接器之前的 UHF 型同轴连接器因为使用频率很低（200 MHz 以下），严格来说不能被称为射频连接器。为了快速插拔，出现了卡口式的 BNC（Bayonet Navy Connector）型连接器。在后来的 60 多年的发展中，经过各国专家的努力，射频和微波连接器已经形成了完善的标准体系，其重要的里程碑就是 1964 年出台的美国军用标准 MIL-C-39012《射频同轴连接器总规范》。随着技术的发展，近年来也不断有新型的射频连接器问世。如 QN 和 QMA 型连接器，这两种连接器的性能分别与 N 和 SMA 接近，其显著优点是减小了安装空间和缩短了安装时间；随着环保意识的增强，还出现了采用塑料外壳的 DIN7-16 型连接器。

在本节中，将对射频和微波连接器的基本结构和指标进行讨论，并详细介绍各种型号的连接器。

绝大部分射频/微波传输线和连接器采用 50 Ω 特性阻抗，也有部分系统采用 75 Ω 特性阻抗。在本书中，除非特别说明，均指 50 Ω 特性阻抗。

1.2.1 射频同轴连接器的基本结构

从结构上，同轴连接器可以分为有极性、无极性和反极性三大类。

绝大多数同轴连接器都是有极性的，其基本结构如图 1.13 所示。有极性连接器总是由完全匹配的一对插头（Male，也称为阳头）和插座（Female，也称为阴头）组成。注意连接器的属性仅针对内导体而言，而非外导体。其中插头呈针状，而插座则呈孔状。

无极性连接器的典型产品是 7 mm 连接器，又称为 APC7 或者“平接头”。这种连接器没有插头和插座之分，其外导体靠螺纹配合，可以前后伸缩，既可定义为插头，也可定义为插座；而内导体则是靠其顶端的平面接触完成连接。

还有一类叫作反极性连接器，其内导体的属性与我们的常规思维刚好相反，即定义为插头的一端呈孔状，而定义为插座的一端呈针状。在一些主流的射频连接器生产厂的产品目录中时常可以发现这类连接器。FCC（Federal Communications

Commission，美国联邦通信委员会）规定了在扩频无线通信系统中可以采用反极性接头，据说是为了不让未经授权的天线设备接入系统中，所以在 802.11b/g（2.4 GHz）标准的 Wi-Fi 设备中常见到反极性的 RP-SMA，RP-TNC 和 RP-BNC 连接器，但很少见到应用文章说明采用反极性连接器在技术上的好处。在实验室应用中，不推荐使用反极性连接器。

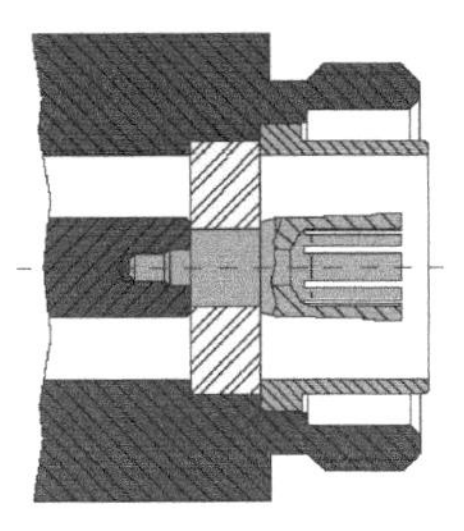
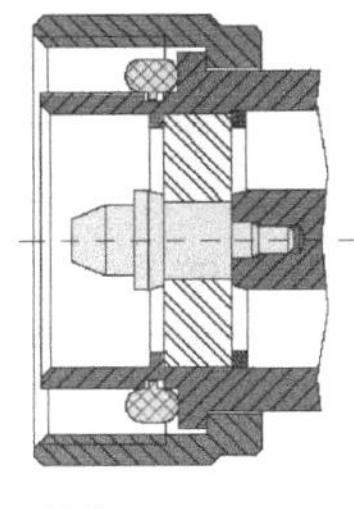

（a）插头（右）和插座（左）结构

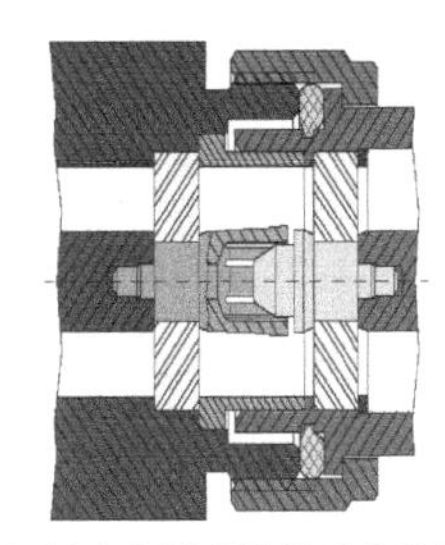

（b）插头和插座连接后的结构

图 1.13 典型的有极性射频连接器结构

从插头和插座外导体的配合方式看，同轴连接器又可以分为螺纹式、卡口式和推入式。

应用最为广泛的是螺纹式配合的连接器，其定义为“插头”的一端为螺帽（内螺纹）结构，而“插座”端为外螺纹结构。绝大部分同轴连接器都是螺纹式配合结构的，如常见的 N 和 SMA。精密型的同轴连接器也采用螺纹式结构。

卡口式连接器的典型代表是 BNC，这类连接器通常只能由于低频段，频率过高时，信号会从插槽中泄漏出来。

推入式结构的连接器的优点是可以快速插拔，适用于狭小的空间，如 OSP。

为了保证机械配合的一致性和电气指标的可重复性，同轴连接器的外形、尺寸、公差及配合方式都必须明确规定。每一对需要配合使用的同轴连接器必须按照同一标准生产。例如，英制的 N 型和公制的 L16 型、英制的 BNC 型和公制的 Q9 型连接器虽然尺寸接近，但互换性却不甚理想。目前，绝大部分射频同轴连接器的设计和生产标准参照美军标 MIL-C-39012《射频同轴连接器总规范》或国军标 GJB681A-2002《射频同轴连接器通用规范》。

从测试和测量角度看，连接器的连接/断开的次数是测试工程师十分关心的指标，因为这关系到连接器的使用寿命。射频/微波连接器的内导体，尤其是呈孔状的插座，通常采用镀金的铍青铜制成，这种材料有良好的恢复性能，而外导体可用铜和不锈钢材料，在额定的力矩下，铜材的寿命为 500 次，而不锈钢则为 1 000 次，超过后，连接器的性能指标开始下降。虽然标准中是这样规定的，但连接器的实际使用寿命要远远大于这些规定值（详见 1.2.6 节）。

1.2.2 射频同轴连接器的设计参数[1]

射频连接器（见图 1.14）的通用设计参数包括特性阻抗和 TE_{11} 模的截止频率。

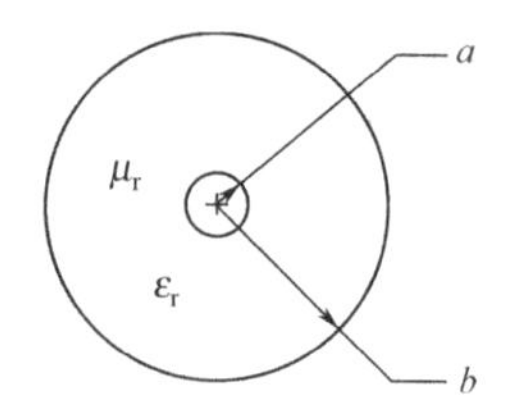

图 1.14　射频连接器结构

特性阻抗为

$$Z_0(\Omega) = 60 \times \sqrt{\frac{\mu_r}{\varepsilon_r}} \times \ln\frac{b}{a} \tag{1.20}$$

TE_{11} 模截止频率为

$$f_c(\text{Hz}) = \frac{c}{\pi \times (a+b) \times \sqrt{\mu_r \times \varepsilon_r}} \tag{1.21}$$

上述两式中，a 为内导体的半径，b 为外导体的内半径，ε_r 为介质的相对介电常数，μ_r 为介质的相对传导率，c 为光速。任何连接器的频率范围都受限于同轴结构中出现的第一个圆波导模，减小电缆的尺寸可以提高连接器的截止频率，用介质填充则会降低使用频率和增加损耗。

1.2.3 射频同轴连接器的主要指标

特性阻抗

与其他微波器件一样，特性阻抗是一项非常重要的指标，它直接影响驻波比，工作频率和插入损耗。常见的连接器特性阻抗有 50 Ω和 75 Ω。

工作频率范围

射频同轴连接器的下限截止频率是零，其上限工作频率一般是截止频率的 95%。工作频率取决于连接器的结构。一般来说，外导体的尺寸越小，连接器的工作频率越高；填充介质的介电常数越低，工作频率越高，插入损耗越低。同轴连接器的最高工作频率可以达到 110 GHz。

VSWR（驻波比）

VSWR 定义为传输线上电压的最大和最小值之比。VSWR 是连接器最重要的指标之一，通常用 VSWR 指标来衡量一个连接器的优劣。作为与电缆配接的连接器，一个直型的 N 型连接器在端接 RG223 电缆时，其 VSWR 为 1.15+0.01f/GHz；同样情况下，直角型的 N 型连接器的 VSWR 为 1.15+0.02f/GHz。而作为转接器，一个 N-N 转接器在 18 GHz 时的 VSWR 可做到 1.06。

接触电阻

顾名思义，射频连接器的接触电阻是指其接触点的电阻，分别指内导体和外导体的接触电阻。显然这个值越小越好，通常为 mΩ级，外导体的接触电阻要小于内导体。

绝缘电阻

绝缘电阻指绝缘材料的电阻，它取决于接头内的绝缘材料，如聚四氟乙烯。绝缘电阻的典型值大于 5 GΩ（N 型）。这项指标不好时会产生漏电流。

连接器的耐久性（插拔寿命）

当连接器与其配接的标准连接器完成一次完全啮合和完全分离的循环时，就算一次插拔。在 MIL-C-39012 标准中，对射频连接器的插拔寿命做了规定。如 N 型连接器，在每分钟插拔 12 次的前提下，插拔寿命应不小于 500 次，插拔 500 次后，连接器应无明显的机械损伤现象，各项配合功能保持不变。

对于测试电缆组件而言，连接器的寿命意味着在完成规定次数的插拔后，电缆组件的 VSWR 和插入损耗仍然应保持在产品手册中规定的范围内。

连接器的配接力矩

有关连接器的配接力矩，不同制造商所给出的指标并不完全一致，这是因为各自选用的材料不同的缘故。不锈钢材料连接器的配接力矩要大于铜材的连接器。配接力矩越大，意味着连接器的使用耐久性越高。表 1.6 中列举了几种常用连接器的推荐力矩：

表 1.6　连接器的推荐力矩

连接器型号	材　料	推 荐 力 矩
DIN7-16	铜	25～30 N · m
N	铜	0.7～1.1 N · m
N	不锈钢	1.4～1.7 N · m
TNC	铜	0.46～0.69 N · m
TNC	不锈钢	1.4～1.7 N · m
SMA	铜	0.34～0.57 N · m
SMA	不锈钢	0.8～1.13 N · m
SSMA	不锈钢	0.34～0.57 N · m

1.2.4　射频连接器介绍

N 型连接器

N 型（同轴）连接器起源于 1942 年，是最早被发明的射频连接器。N 型连接器的命名源自其发明者 Bell 实验室的 Paul Neil 的名字，也与 Navy（海军）一词相关。N 型连接器起初是为了军事应用而研制的。早期的 N 型连接器的工作频率为 4 GHz，到了 20 世纪 60 年代后改良为 11 GHz；一直到现在，标准 N 型连接器的工作频率均按照 MIL-C-39012 标准中规定的 11 GHz，也有部分厂家按照 12.4 GHz 的标准生产；精密型 N 型连接器（插头）的外导体采用了不开槽结构，以改善其高频性能，其工作频率可达到 18 GHz。

从尺寸上，N 型连接器类似于 7 mm 连接器。但 N 型连接器是有极性的，配接时，插头的插针插入到插座的齿型孔中，电气接触是靠插座齿型孔的内表面紧贴插头上的插针的外表面来实现的。N 型连接器的介质采用聚四氟乙烯材料，精密型的也有采用空气介质的。其推荐力矩为 0.7 ~ 1.1 N•m（铜材）和 1.4 ~ 1.7 N•m（不锈钢）。N 型连接器结构上更加牢固，常用于苛刻的工作环境或者需要多次反复插拔的测试领域，它是从 DC 至 18 GHz 频率范围应用最为广泛的连接器之一。

N 型连接器的常见型式有电缆连接器、系列内和系列间转接器、带状线和微带线连接器。作为电缆连接器，N 型连接器可用来配接外径为 3～12 mm 的柔性、半刚和半柔性电缆，也可以配接更大尺寸的电缆，如外径为 28 mm 的 7/8"波纹管同轴电缆。

与电缆配接时，N 型连接器的 VSWR 性能如表 1.7 所示。

表 1.7　N 型连接器的 VSWR 性能

配接电缆	VSWR	
	直型 N 连接器	直角型 N 连接器
RG142,RG223	1.15 + 0.01f/GHz	1.15 + 0.02f/GHz
RG402(0.141")	1.05 + 0.05f/GHz	1.10 + 0.01f/GHz

N 型连接器具有良好的无源互调特性，一个经过低互调设计的 N 型连接器的无源互调指标可以做到-165dBc（@2×43dBm）。

N 型连接器类似于中国标准的 L16，但是二者不能互换，需要专用的 N 转 L16 的转接器。近年来出现了一种公英制兼容的 N 型插座，但是与 N 型插头连接时，在某些频点上偶尔会出现插入损耗的突变。

N 型连接器有 50 Ω和 75 Ω两种规格，其外形和结构图见图 1.15。

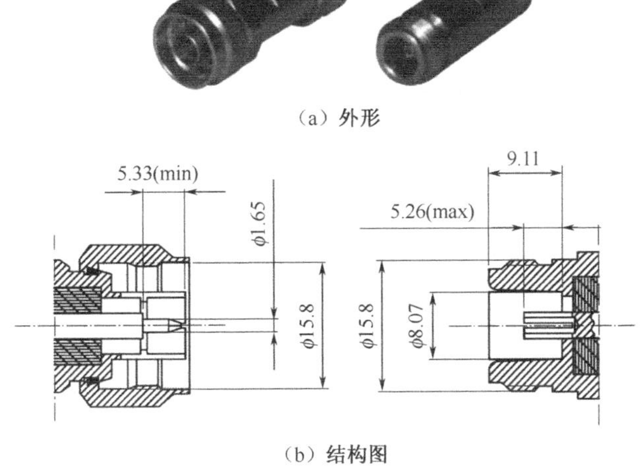

（a）外形

（b）结构图

图 1.15　N 型连接器（50 Ω）

BNC 型连接器

BNC 型连接器起源于 20 世纪 50 年代，也是为了军事应用而研制的，称为卡口式的 N 型连接器，是一种介质填充的有极性连接器。早期的 BNC 型连接器的最高工作频率为 2 GHz，后来改进到 4 GHz。通常认为超过 4 GHz 后，电磁波会从其插槽中泄漏出来。但是也有频率更高的 BNC 连接器，如在 Inmet 公司的一种 BNC-N 的射频转接器中，BNC 的工作频率做到了 8 GHz，其 VSWR 值小于 1.15；Maury 微波公司的 BNC-N 的转接器的频率则可以做到 10 GHz，其 VSWR 值小于 1.2；而在 Weinschel 公司的一种 12.4 GHz 的衰减器上，也采用了 BNC 接头，其 VSWR 值做到 1.35 以下，这是笔者发现的使用频率最高的 BNC 型连接器。

BNC 型连接器的外形与中国标准的 Q9 型非常接近，很容易混淆，二者不能兼容使用。

尽管 BNC 型连接器也可以做到很高的频率，但在绝大部分的应用中仍将这种连接器用于 2 GHz 以下的场合。

BNC 型连接器有 50 Ω和 75 Ω两种规格，其外形和结构图见图 1.16。

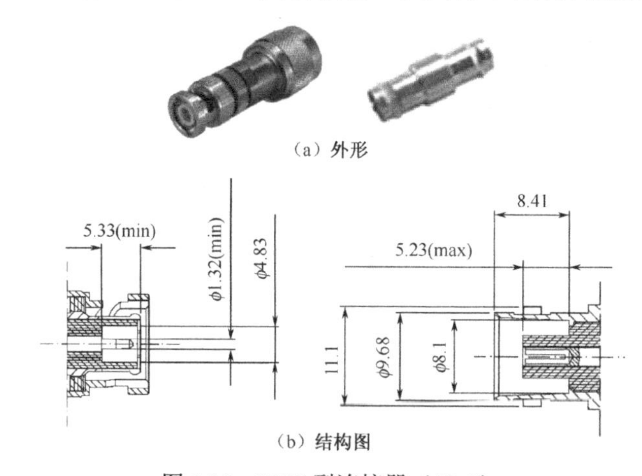

（a）外形

（b）结构图

图 1.16　BNC 型连接器（50 Ω）

TNC 型连接器

TNC 型连接器是 BNC 的改良型，其外形尺寸与 BNC 接近（见图 1.17），是一种介质填充的有极性连接器。性能与 N 型连接器基本相同，其标准型的工作频率为 11 GHz，而精密型的工作频率为 18 GHz。

TNC 型连接器的最大优点就是有着良好的抗震性能，因此常见于便携式无线电台。在 20 世纪 90 年代初期，有很多专业无线电对讲机（相对于业余对讲机）的天线接口就采用了 TNC，典型产品有 Marantz 的 HX260 系列。但是近年来，大部分专业对讲机都采用了 SMA 型连接器，SMA 的抗震性能虽然不如 TNC，但是其尺寸更小，可以使对讲机更加小型化。

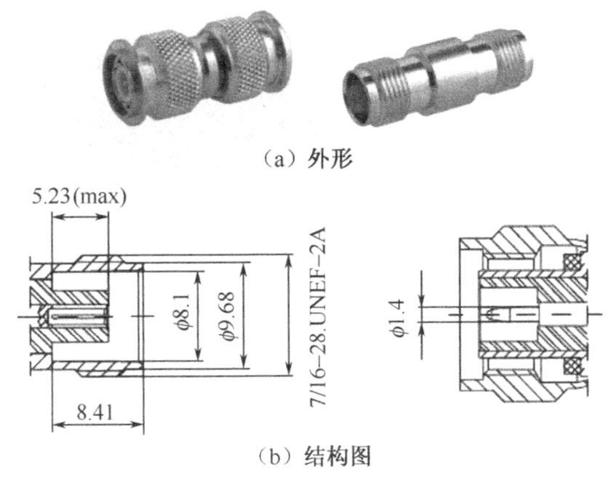

（a）外形

（b）结构图

图 1.17　TNC 型连接器

7 mm 型连接器

7 mm 型连接器又称为 APC-7 型连接器（Amphenol Precision Connector，7 mm），是 1960 年由 HP（Hewlett Packard）公司（现 Agilent 公司）和 Amphenol 公司联合开发的。APC-7 型连接器是无极性的，每个连接器都可以被称为“插头”或“插座”（见图 1.18），这取决于你从哪个方向拧入螺套。当顺时针旋转螺套时，螺套会向外延伸，此时可以把这个端口定义为插座；而逆时针旋转螺套时，螺套会向里缩短，此时这个端口被定义为插头。中心导体之间则是靠顶部接触的平面连接，所以这种接头还有一个俗称叫“平接头”。

7 mm 型连接器采用空气介质，是所有 18 GHz 连接器中驻波最低的，同时也是最昂贵的。7 mm 型连接器很耐用，可以多次连接和拆卸，被常用于要求高精度和高重复性的实验和测试领域，如矢量网络分析仪的射频端，常采用 7 mm 连接器。

HN 型连接器

HN 型连接器是一种耐高压连接器，其尺寸和 N 型连接器相当，但最高工作电压却可以达到 5 kV，远远超过 N 型（1.5 kV），其最高工作频率为 4 GHz。在半导体晶圆生产过程中，大功率射频源的输出端和传输线上，经常采用 HN 型转接器。HN 型连接器的外形见图 1.19。

（a）外形

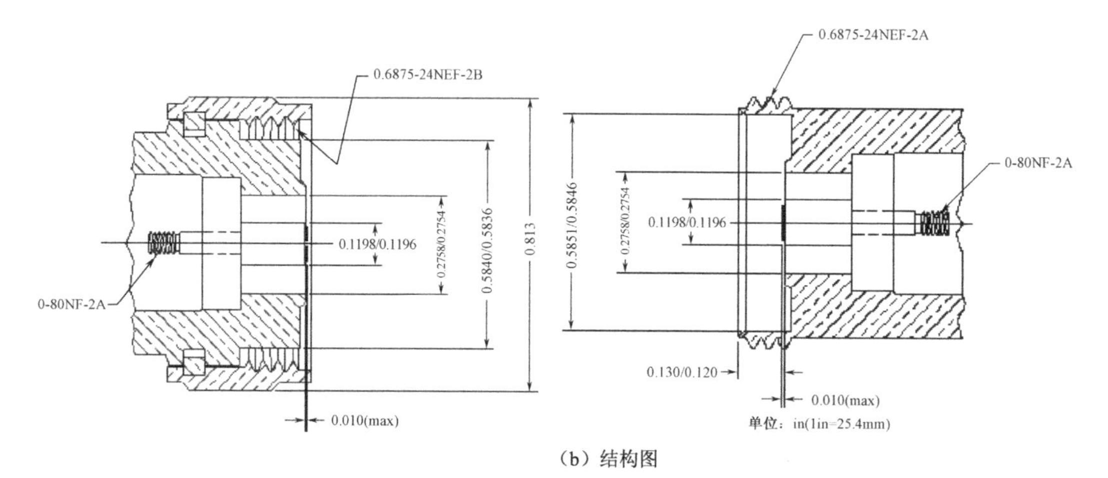

（b）结构图

图 1.18　APC-7 型连接器

图 1.19　HN 型连接器的外形

LC 型连接器

LC 型连接器是一种耐高压连接器，其功率容量大于 HN 型连接器，可以超过 10 kW 使用。其最高工作频率为 1 GHz。LC 型连接器也常用于大功率场合。

DIN7-16 型连接器

DIN7-16 型连接器取名于这种连接器的公制尺寸，其内导体的外径为 7 mm，外导体的内径为 16 mm，而 DIN 则是 Deutsche Industries Norm（德国工业标准）的缩写。DIN7-16 的前身是 Spinner 公司在 20 世纪 50 年代发明的 6-16（60 Ω）型连接器，到了 20 世纪 60 年代，由 Spinner 公司参与了改良并标准化[3]。这种连接器兼容由旧苏制标准 L27 演变过来的 L29 型连接器。

DIN7-16 型连接器是介质填充的有极性连接器，其标准型的工作频率是 7.5 GHz，Spinner 公司同类产品的工作频率可以达到 8.3 GHz（VSWR<1.22）。在所有射频连接器中，DIN7-16 具有最好的低无源互调（PIM）性能，可以达到 –168 dBc（@2×43 dBm），这种性能使其在蜂窝基站的天馈系统中得到了大量应用。

相对于标准型连接器（如 N 型）和超小型连接器（如 SMA 型）来说，DIN7-16 属于大型连接器，最近 Huber+Suhner 公司推出了一种采用塑料外壳的 DIN7-16 型插座，既节省了铜材，又不影响指标。

DIN7-16 型连接器见图 1.20。

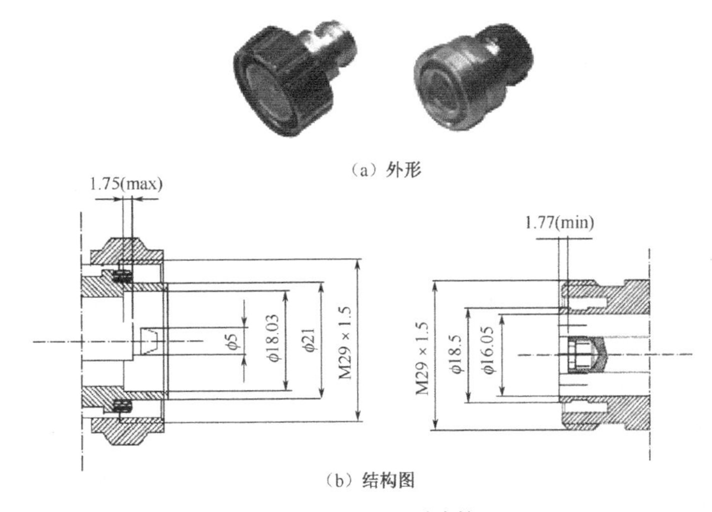

（a）外形

（b）结构图

图 1.20　DIN7-16 型连接器

4.1-9.5 型和 4.3-10 型连接器

4.1-9.5 型连接器是 DIN7-16 的缩小版，其内部结构、啮合方式与 DIN7-16 相似。4.1-9.5 型是较早的标准，但从产生至今，并未得到广泛应用。

4.3-10 型是由 Ericsson 和 Kathrein 提出，由 Huber+Suhner、Rosenberger、Spinner 和 Telegarner 在 2013 年联合发布的一种新型连接器，2014 年已进入商业化阶段。

随着通信的发展，基站的体积越来越小，同时也出现了具有更多射频接口的多频段天线，这就需要更加小型化的连接器。4.1-9.5 和 4.3-10 都是为了顺应这种趋势而出现的。但是从结构和性能上，4.3-10 具有更多的优点：4.1-9.5 是端面接触，必须连接良好才能保证 S 参数和无源互调指标；而 4.3-10 是侧面接触，实际上是将射频部分和机械部分分开了，这样即使连接不到位，其 S 参数和无源互调指标也是可以保证的，4.3-10 的无源互调可以做到–166 dBc（@2×43 dBm）。由于结构上的特点，4.3-10 型连接器的插头具有三种结构，见图 1.21，图中从左到右分别为手拧、力矩扳手、快插结构，这三种结构的插头可以同时匹配同一种插座。

图 1.21　4.3-10 型连接器（图片由 Spinner 提供）

SMA 和 SSMA 型连接器

SMA 型连接器起源于 20 世纪 60 年代，其设计者是 Bendix Scintilla 公司，是“超小 A 型（Subminiature A）”连接器的缩写。SMA 是有极性连接器，其外导体的内径为 4.2 mm，填充以 PTFE 介质。由于尺寸较小，所以 SMA 型连接器的工作频率要比 N 型连接器更高，标准 SMA 型连接器的工作频率为 18 GHz，而精密 SMA 型连接器的工作频率可达到 26.5 GHz。由于其内外导体之间加了支撑介质，所以 SMA 型连接器在 26.5 GHz 应用时的反射系数不如其他高频设计的连接器。SMA 型连接器可与 3.5 mm 和 2.92 mm（K®）连接器配接，互相都不会受到损伤。

SMA 型连接器有标准极性和反极性两种，见图 1.22。

SMA 型连接器是一种廉价的商用射频连接器，可能是当前微波和射频行业应用最广的连接器。

SSMA 型连接器的尺寸比 SMA 更小，因此工作频率也更高，可达 40 GHz，成本较为昂贵。SSMA 型连接器难用手进行啮合及分离，在实际应用中较为少见。

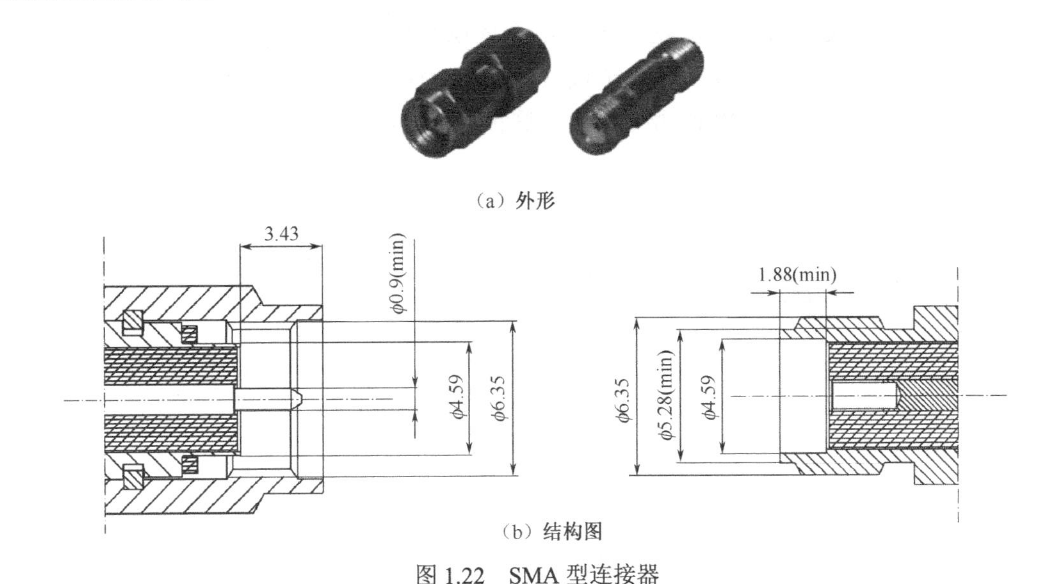

（a）外形

（b）结构图

图 1.22　SMA 型连接器

SMB 和 SMC 型连接器

SMB 型连接器起源于 20 世纪 60 年代，是“超小 B 型（Subminiature B）”的缩写。SMB 采用插入式的结构。SMB 是有极性连接器，被称为插头（Plug）一端呈孔状，而被称为插座（Jack）的一端则呈针状，这一点与常规的概念正好相反，类似于反极性连接器。SMB 的工作频率为 4 GHz，适合与外径为 1.8～3 mm 的电缆配接，如 RG178 和 RG316/U。

SMC 型连接器是“超小 C 型（Subminiature C）”的缩写。其结构和尺寸与 SMB 接近，但采用了螺纹式连接方式。SMC 的工作频率高于 SMB，可达 10 GHz。

SMB 和 SMC 型连接器都有 50 Ω和 75 Ω两种规格。

3.5 mm 和 2.92 mm（K®型）连接器

这几种连接器均采用了空气介质，从配合结构上均可以与低成本的 SMA 型连接器进行无损伤的连接。

3.5 mm 连接器见图 1.23，它是 SMA 的升级型号，其最高频率为 34 GHz。这种连接器还有一些变种型号，如 Maury 微波的加强型 3.5 mm 和 HP(现 Agilent）的加强型 3.5 mm，这些型号结构上都进行了改良以提高其强度。

2.92 mm（也被称为 2.9 mm）连接器见图 1.24，它是由 Maury 微波在 1974 年发明的，其最高频率可以达到 40 GHz；2.92 mm 的另一个版本是 Wiltron（Anritsu）公司的 K®型连接器，这种连接器由于可以覆盖整个 K 波段而被命名为 K®型。

图 1.23　3.5 mm 连接器

图 1.24　2.92 mm（K®型）连接器

2.4 mm 和 1.85 mm（V 型）连接器

这几种连接器也采用了空气介质，从结构上均可以互相配合，但是不能兼容 SMA、3.5 mm、2.92 mm 和 K®型连接器。

2.4 mm 连接器是在 1986 年由 Julius Botka 和 Paul Watson 所发明的，其最高工作频率为 50 GHz；1.85 mm 连接器则可以达到 60 GHz；而 V 型连接器则是 Wiltron（Anritsu）公司的标准，是因为可以覆盖到整个 V 频段（60 GHz）而命名。

连接器的成本随着工作频率的升高而提高，某些 V 型连接器的售价可超过 500 美元。

1 mm 连接器

1 mm 连接器是顶级的微波连接器，被称为连接器中的“劳斯莱斯”。它是由 HP（现 Agilent）的 Paul Watson 在 1989 年所发明的。其最高工作频率可以达到 110 GHz，其成本也是同样惊人的昂贵，一个 1 mm 连接器的售价超过 1 000 美元。

QMA 型和 QN 型连接器

QMA 型和 QN 型连接器是近年来出现的新型射频连接器，是 Huber+Suhner 和 Radiall 具有共同专利的产品，并联合 Rosenberger 和 Amphenol RF，这四家制造商组成了一个叫 QLF®（Quick Lock Formula）的联盟，只有联盟成员可以生产这两种连接器。

QMA 型连接器的尺寸与 SMA 型相当（见图 1.25），推荐的使用频率是 6 GHz。

QMA 的主要优点有两条：一是可以快速连接，连接一对 QMA 连接器只需要 2 s，远远低于 SMA 的连接时间（20 s）；二是占用的空间比 SMA 要小，两个 QMA 连接器之间只需要 12.4 mm 的间隔空间，而 SMA 连接器则需要 14 mm。

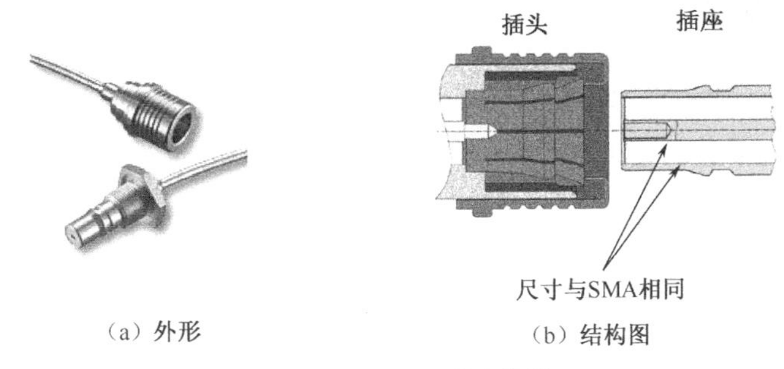

（a）外形　　（b）结构图

图 1.25　QMA 型连接器

QN 型连接器的尺寸与 N 相当（见图 1.26），其推荐的使用频率也是 6 GHz。

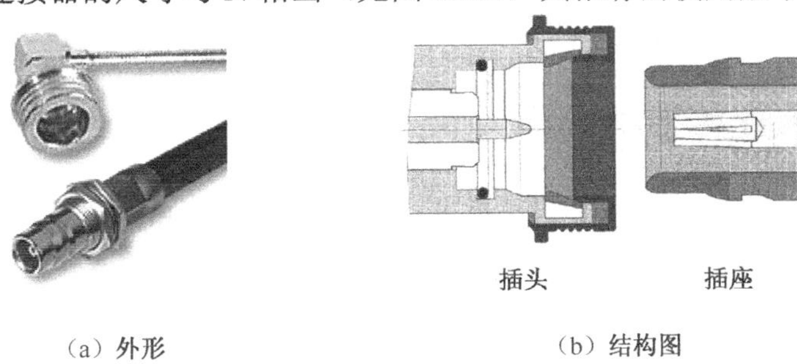

（a）外形　　（b）结构图

图 1.26　QN 型连接器

QN 型连接器的特点与 QMA 型相仿：一是可以快速连接；二是占用的空间比 N 型要小，两个 QN 型连接器之间只需要 20 mm 的间隔空间，而 N 型连接器则需要 29 mm。

从射频性能指标看，QMA 型和 QN 型连接器相比于 SMA 型和 N 型连接器并没有突破性的改进，相反还有所降低。但是发明者突出了其两大优点：节约了安装时间和空间。此外，与普通的螺纹连接方式相比，快插式连接不存在电缆的切向扭力。笔者认为，QMA 型和 QN 型连接器是典型的商业化主导的产品，在市场竞争激烈的今天，不失为“蓝海战略”的成功典范。

MCX 型连接器

MCX 型连接器起源于 20 世纪 80 年代，符合欧洲电子元器件协会 CECC22220 标准。MCX 是快速插拔插入式结构的有极性连接器，其内导体和绝缘子的尺寸略小于 SMB；而插头直径为 3.56 mm，比 SMB 小 30%。在重量和空间受到限制的应用场合，MCX 型连接器为设计者提供了选择。MCX 的工作频率可达到 6 GHz。

MMCX 型连接器

MMCX 型连接器也被称为 MicroMate™，起源于 20 世纪 90 年代，符合欧洲电子元器件协会 CECC22000 标准。MMCX 是插入式结构的有极性连接器，是最小的射频连接器之一。MMCX 型连接器可用于射频线路板中，其工作频率可达到 6 GHz。

SMP 型连接器

SMP 型连接器是一种插入式结构的有极性连接器，其尺寸与 MMCX 型相当，工作频率可达到 40 GHz。SMP 型连接器常用于小型化设备的线路板中。

1.2.5 射频连接器的无源互调特性

射频无源器件的互调失真，即无源互调（PIM）是由于其非线性特性而引起的，连接器也不例外。产生射频连接器或电缆组件非线性的主要原因是导体的接触不良，而产生接触不良的主要原因有连接器的配接力矩不足，表面镀层不均匀，金属表面氧化，触点表面有杂质和表面腐蚀等。此外，磁性材料如镍和钢均会产生非线性因素。

要保证射频连接器的低互调性能，在设计中可采用焊接的内导体和一体化的外导体结构，这样可以避免由于风、振动和热胀冷缩效应所产生的接触不良。连接器的表面涂敷也很重要，内导体可以采用镀金或镀银工艺，外导体可以镀银或三元合金来保证无源互调指标。在所有射频连接器中，N 型和 DIN7-16 型具有较好的无源互调特性，其典型指标可以达到–165～–168 dBc（@2×43 dBm），而近年来出现的 4.3-10 型连接器由于其结构的特殊性而呈现出更好的无源互调表现。

在所有无源器件中，射频连接器的无源互调测量是最困难的。这种困难体现在两个方面：

（1）一套精密的无源互调测量系统，最终也是靠射频电缆与被测器件连接的。无源互调的测量是一个串联系统，如系统剩余互调为–168 dBc（@2×43 dBm），其中必然包含了测试电缆自身的无源互调指标。而用这样一套系统，要测量出同等指标的射频连接器的无源互调，从测量原理上讲，其最终测量精度是值得商榷的。

（2）射频连接器不能独立参加测试，必须连接到电缆或者夹具进行测试，在此过程中，电缆和测试夹具的自身无源互调指标必须优于被测连接器。要保证测试夹具的低无源互调指标比电缆更加困难。

在第 10 章中，将对无源互调及其测量问题进行较为详细的讨论。

1.2.6 射频连接器的寿命

如果从射频测试和测量角度来评估一个射频转接器或测试电缆组件，应用工程师不仅关心其出厂时的指标，而且更加关心其使用寿命。

射频电缆组件的寿命取决于三个因素：电缆本身的抗弯曲性能；电缆和连接器之间的良好连接及其防折弯性能；连接器的寿命。对于前两项因素，可以采取工装夹具或者规范操作者的动作来保证；而对于连接器的寿命，则只能依赖连接器本身的质量以及装配工艺来保证了。

以 N 型连接器为例，在射频连接器的国际标准，如美军标 MIL-C-39012 和国际电工委员会 IEC 60169-16 中，规定了 N 型（铜材）连接器的插拔寿命是 500 次。

MIL-C-39012 是这样描述的：在 12 圈/分钟的条件下，最少插拔 500 次，连接器应满足配合要求。而 IEC 60169-16 中则规定了在 0.7～1.1 N·m 的力矩条件下，最少的插拔寿命为 500 次。

在与射频测试电缆的使用者的交流中，我们时常可以听到这样的声音：500 次？太少了，我们至少都要用到几千次!

之所以有这样的认识，是因为没有了解连接器的各种应用条件和标准中所规定指标的具体含义。仔细分析标准中规定指标的附加条件并结合实际应用的经验，可以对射频连接器的寿命定义得出以下结论：

（1）500 次的寿命是在 N 型连接器规定力矩（0.7～1.1 N·m）条件下的指标。要达到这个力矩，需要采用专用的力矩扳手，普通人的正常操作无法达到这个力矩。笔者针对 N 型连接器做过一个实验：当感觉用手已经拧紧时，用标准力矩扳手（Suhner P/N 74 Z-0-0-193）还可以再拧紧将近半圈。

（2）所谓 500 次寿命的含义是：当按照规定力矩插拔 500 次之内，所有的电气指标是保证在出厂指标的规定范围内。以 BXT 生产的射频测试电缆组件为例（Nm-Nm，1 m 长，BXT P/N RG223-03-03-1000A），其出厂指标：插入损耗 0.84～1.4 dB（@DC～3 GHz）；VSWR 为 1.15～1.25（@DC～3 GHz）。当插拔 500 次后，上述指标依然是可以保证的。

（3）除非精密的计量和校准测试，在生产线上，很少采用昂贵的标准力矩扳手来拆装射频连接器，所以说在实际使用时，射频连接器所承受的力矩要远小于规定值。同时，靠人力拧紧的连接器完全可以满足指标的要求。这就给延长连接器的使用寿命创造了条件。

当然，测试电缆组件的制造商不会仅仅希望靠减小力矩来延长射频连接器的寿命，而是从连接器本身的质量来保证有足够长的使用寿命。那么，一个射频连接器的寿命究竟有多长呢？为了获得一个相对确切的数据，笔者进行了一次射频连接器的插拔寿命实验。

射频连接器的插拔寿命实验方法

实验对象是一条长度为 1 m，两端为 N 型插头的 RG223 测试电缆组件（BXT P/N：RG223-03-03-1000A），被测的 Nm 接头的螺套和外导体采用铜镀三元合金材料，内导体则采用镀金黄铜。实验是在以下条件下进行的：

（1）实验针对其中一端的 Nm 接口，与一个 Nf 连接器进行对接，采用扳手进行连接和拆卸。为了保证精度，采用了不锈钢材料 Nf 接头，一般情况下，不锈钢材料的连接器的寿命是 1 000 次，这要比铜材高出整整一倍。

（2）每插拔一次为一个循环（见图 1.27），每 100 次插拔后测量一次电缆组件的插入损耗和被试验端的接口的驻波，并记录在 2.2 GHz 频率点上的数值。实验共进行了 2 400 次。

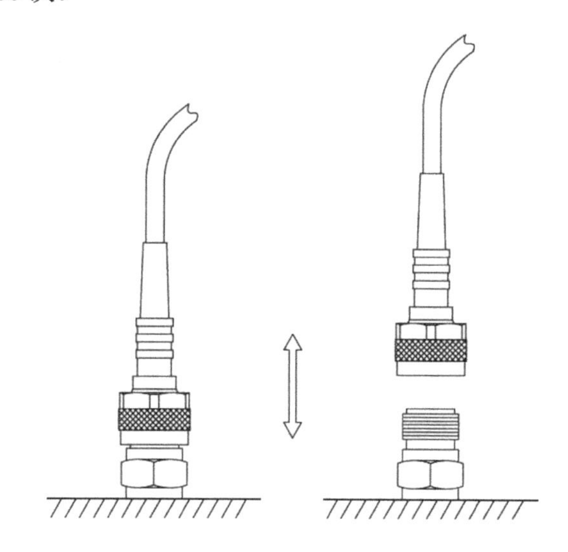

图 1.27　射频连接器的寿命实验方法

寿命实验结果

最终测试结果见图 1.28 至图 1.31，其中图 1.28 为电缆组件在 0～2.2 GHz 时插入损耗随着插拔次数的变化趋势图，图 1.29 为 0～2.2 GHz 时 VSWR 随着插拔次数的变化趋势图。

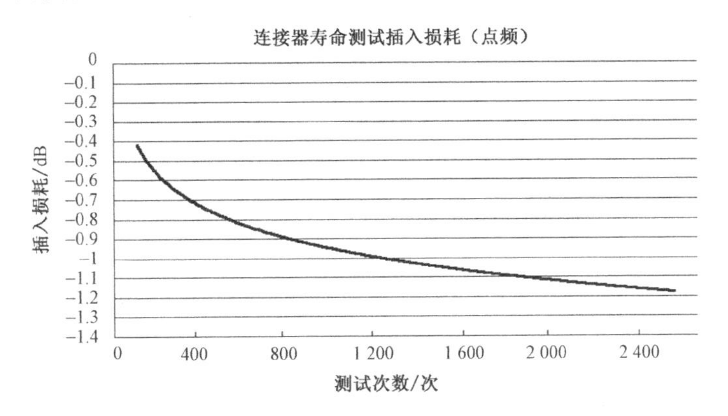

图 1.28　0～2.2 GHz 时插入损耗随插拔次数的变化

图 1.28 和图 1.29 说明，电缆组件的插入损耗总是随着接头的磨损而变大；而驻波则无明显的劣化现象，其典型值基本保持在 1.07～1.09 之间。

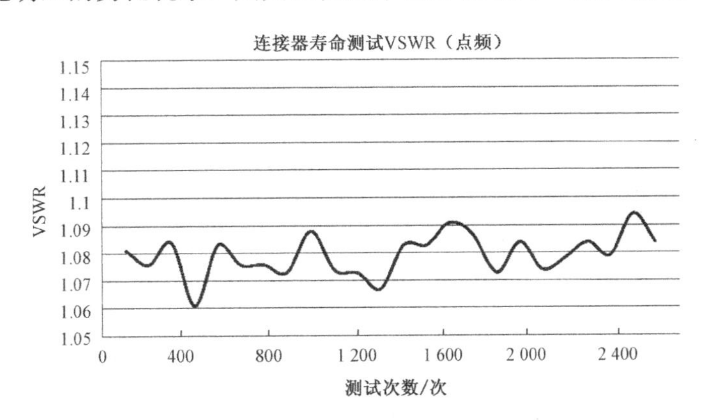

图 1.29　0～2.2 GHz 时 VSWR 随插拔次数的变化

图 1.30 和图 1.31 分别表示扫频条件下射频连接器的插入损耗和驻波比的变化，分别记录了在插拔 1 000 次、1 600 次和 2 000 次情况下从 10 MHz 到 3 GHz 的指标。扫频结果显示，在整个工作频段内，其插入损耗和驻波的变化特征与点频是一致的。

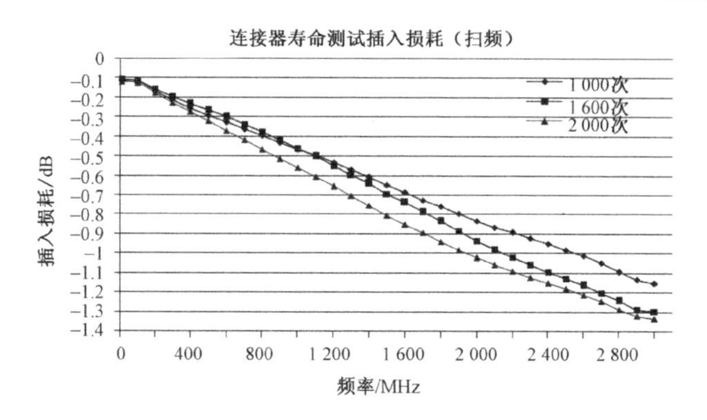

图 1.30　射频连接器插入损耗随插拔次数的变化（扫频）

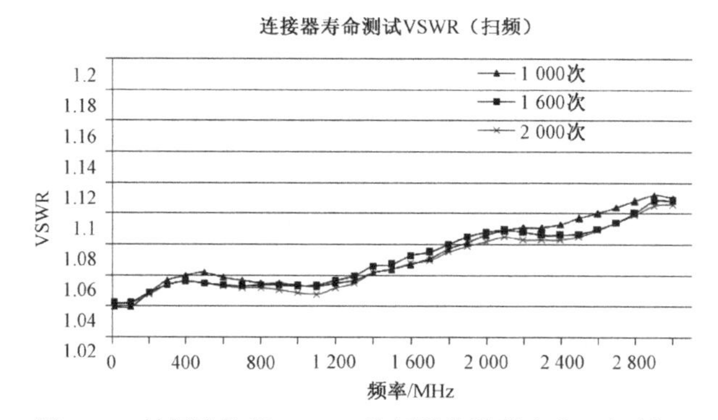

图 1.31　射频连接器 VSWR 随插拔次数的变化（扫频）

结论

虽然上述实验仅仅针对一只射频连接器，但是从实验结果依然可以得出一些参考结论：

（1）正常使用前提下，射频连接器的寿命将会大大超过 500 次的标准值；

（2）在整个频段内，没有发现某个频点有插入损耗和驻波的跳变现象。

射频连接器的插入损耗值随着机械磨损而逐渐增加；而驻波则几乎没有变化；从过程看，似乎没有一个明显的失效点，所以在生产线上，如果没有发现电缆的明显故障，应建立强制报废制度，以保证测试指标。

1.3　经验谈——保持射频和微波测量系统的平衡

本章主要从应用角度讨论了射频电缆和连接器。回顾一下你所做过的射频和微波测试，可以发现在任何测量系统中，测试电缆组件和射频转接器都是被用得最多的器件，无疑这些器件是保持射频和微波测量系统平衡的关键。作为本章的小结，笔者整理了一些实验室日常遇到的问题和经验，与读者分享。

1.3.1 木桶原理与射频和微波测量系统

木桶原理说的是一个木桶装水的多少取决于最短的那块木板。这个道理在日常生活中被经常引用，把它用在射频和微波测量系统中，笔者认为是再贴切不过的了。我们可以从系统角度来审视一个射频和微波测量系统这个“木桶”是否完整和平衡：

- ➢ 在一个声称为 40 GHz 的微波测量系统（比如有 40 GHz 的信号源、频谱分析仪等）中，如果发现其中只有 26.5 GHz 的测试电缆组件和转接器，那么这个系统就是不平衡的；
- ➢ 如果 DUT（被测件）的最高频率为 6 GHz，而采用 40 GHz 的频谱分析仪和 6 GHz 的测试电缆组件，那么当前的这个测试系统是平衡的；
- ➢ 不管什么系统，如果测试电缆出现了故障，哪怕是软故障，比如接头和电缆的根部出现了随机的接触不良情况，在这种情况下，由于电缆的抖动或者移动，频谱分析仪上的幅度读数会随之发生变化，而测试者尚未察觉到电缆出了问题，那么显然这个系统也是不平衡的。

尽管一台频谱分析仪可能价值几万美金，而一条“比较贵”的测试电缆也只有一二百美金，但是从系统角度看，二者的地位是完全相同而不可偏颇的。在任何射频和微波测量系统中，测试电缆组件和转接器是连接仪器和 DUT 的纽带，而且是一个很大的测试不确定因素，所以说测试电缆和转接器是保持一个射频和微波系统平衡的关键。以下提几点测试电缆组件和射频转接器在选择、使用和保管等方面的建议，供读者参考。

1.3.2 分类保管测试电缆组件和转接器

在实验室通常会配备各种规格的测试电缆组件和射频转接器，这些产品或来自仪器制造商，或来自第三方专业制造商。应分门别类的地对这些产品进行选择和保管，以下是几点建议：

（1）在测试电缆上标注最高工作频率。

即使你很熟悉实验室的各种设备和附件，有时候遇到一些外形类似的测试电缆组件也很难判别其最高工作频率，更何况还可能有其他人也要使用实验室的设备，所以说在测试电缆上标注最高工作频率很重要，这样你可以了解整个测试的“木桶”中这块经常变动的“木板”。这项工作也可以在采购时要求供应商用专用的工业用标签打印机直接印制在电缆上，见图 1.32。

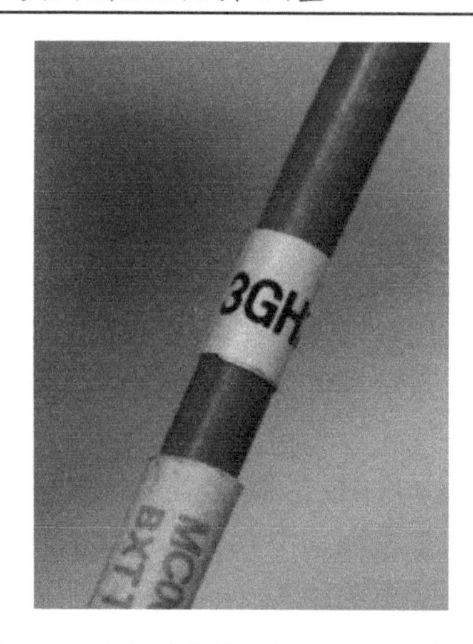

图 1.32　在测试电缆上标注最高工作频率

（2）为特殊的仪器配备专用电缆。

某些精密仪器具有特殊的接口，如一些网络分析仪带有 APC7 接口，而 40 GHz 的频谱分析仪和信号源则可能采用 2.92 mm 的接口。这些接口不常用于被测设备上，如果把一条二端为 2.92 mm 的测试电缆组件用于 SMA 接口的 3 GHz 设备上（2.92 mm 和 SMA 连接器是兼容的），那无疑是大材小用了。因此，为具有专用接口或者高频仪器配备专用测试电缆组件，是保证发挥这些仪器作用的有效手段，这些电缆应固定在仪器上不拆卸下来。

（3）将室外应用和实验室应用的测试电缆分开。

室外应用的测试电缆组件经常被卷曲和运输，同时应用环境也相对恶劣（比如电缆会被放置在地面上），因此更容易损坏。为了增加强度，我们往往为室外应用的电缆加装保护层，如不锈钢铠装。这样做是为了防止电缆被过度弯曲，但同时损失的是电缆的柔软度。而测试者通常更喜欢使用柔软的测试电缆组件，因此建议将实验室应用的柔性电缆和室外应用的电缆分开。

（4）将射频转接器装在盒子里分类保管。

射频转接器种类繁多，将它们按照应用分类而定位放置在小盒子里，可以大大方便使用，并对器件起到保护作用。图 1.33 所示是一种内部可自由切割的小盒，用于放置各种射频转接器，这样可以组合成各种应用的射频转接器套件，如专用于蜂窝基站测试的 DIN716 和 N 之间的 4 种或 6 种转接器，常用的 N 和 SMA 之间的转接器，等等。

图 1.33　可自由切割的小盒用于放置各种射频转接器

1.3.3 射频测试电缆和转接器的使用注意事项

在微波测量系统中，最容易损坏的是测试电缆组件和射频转接器，因此要仔细维护和使用。以下是笔者总结的一些经验：

（1）不要用任何钳子来固定射频连接器。

几乎每种尺寸的射频连接器都有适合的扳手，当然这是指六角形螺帽的插头，而圆形的螺帽则只能用手装拆了。无论是尖嘴钳、老虎钳还是开口扳手，都无法掌握连接器的正确力矩，并且会损坏连接器。应使用专用的力矩扳手来紧固连接器。

很多螺套尺寸为 8 mm 的六角形连接器可以用力矩扳手来紧固和拆卸，如 SMA、3.5 mm、2.92 mm、2.4 mm 和 1.85 mm 连接器；而 N 型连接器则采用开口为 19 mm 的力矩扳手。

通常，在实验室可配备一把开口 8 mm 和一把 19 mm 的力矩扳手。如果没有，可以用手来紧固和拆卸连接器。对于连接器来说，紧固时的力矩不宜过大，宁可小于其规定的力矩，但也不宜太小。

（2）射频连接器的清洁。

要用蘸有酒精的棉签来清洗连接器，但不要用棉签去清洗空气介质连接器的内导体，如 3.5 mm 和 2.92 mm 连接器等。

射频连接器清洁与否对测试精度的影响，笔者深有体会。在加工 18 GHz 的半刚电缆组件时，尝试了各种电缆和连接器、开线和焊接工具、加工尺寸等，但是做出来的电缆组件，其 VSWR 始终达不到设计要求。偶然间，笔者发现用于测试的终端负载的外导体接触面有很多杂质，这些应该是多年积累下来的。用蘸有酒精的棉签清洁负载后，意外发现被测电缆组件的 VSWR 改善为 1.2 以

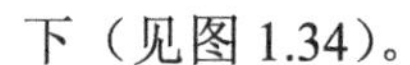
下（见图 1.34）。

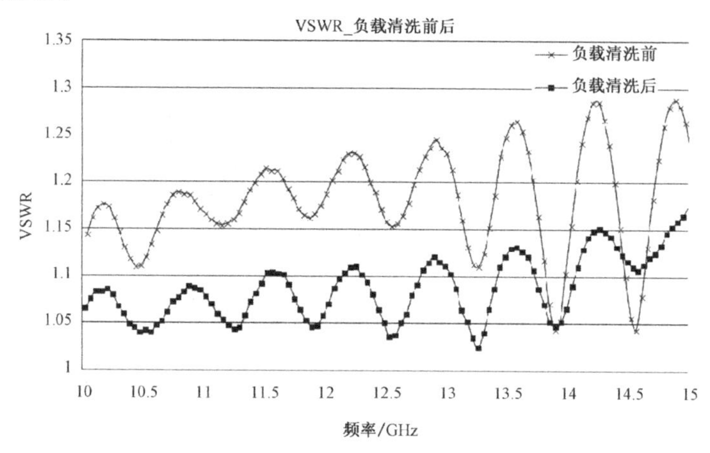

图 1.34　测试负载清洗前后 VSWR 的变化

（3）遵循木桶原理——使用满足测试要求的电缆组件和转接器即可。

尽可能不要使用比当前的测试频率高出很多的射频转接器和测试电缆。比如，在测试蜂窝基站的杂散信号时（这项测试通常要求频率达到 12.75 GHz），可采用 18 GHz 的 SMA 接口的测试电缆和转接器，而不要采用 40 GHz 的 2.92 mm 接口的电缆和转接器。

这么做的理由是为了合理利用射频实验室的资源，应把 2.92 mm 的电缆和转接器用到毫米波测试场合，毕竟射频连接器是有寿命限制的。

（4）不要将校准件中的射频转接器用于普通测试。

校准件中的转接器，如 N(f-f)、SMA(f-f)，这类精密转接器的回波损耗的典型值小于−34 dB，只能用于 S 参数测量的直通校准，千万不要将其用于正常测试中的转接。如果没有用于普通测试的转接器，宁可花钱去买一个。

（5）掌握正确的操作姿势。

从仪器上拔下测试电缆组件时，一定要抓在接头上（见图 1.35）；千万不要抓在电缆根部往外拉（见图 1.36），这样很容易造成电缆和接头连接处的故障。笔者见过的电缆组件故障中，这部分原因占了较大比例。

（6）给连接器戴上保护帽。

那些外螺纹的连接器，如 N(f)和 SMA(f)，容易被磨损。尤其是 SMA(f)，如果不小心掉在地上，螺纹很容易变形。因此，用完后最好随手给连接器戴上塑料保护帽，这样还能同时起到防尘的作用。

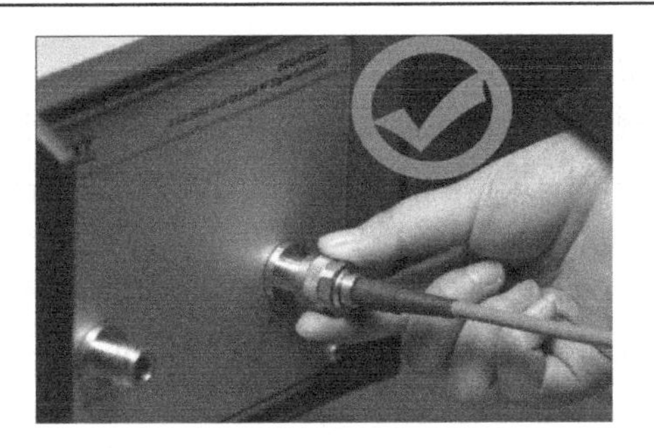

图 1.35　正确的电缆组件插拔操作

图 1.36　不正确的电缆组件插拔操作

1.3.4　关于保护接头

保护接头（Saver Connector）又被称为测试端转接器（Test Port Adaptor），顾名思义，就是用于保护昂贵的仪器设备上的接头。保护接头实际上就是一个从公（male）到母（female）的转接器。

不要忽视这个小小的转接器，它能省去你不少的麻烦。试想一下你正在正常使用的仪器设备，如果因为连接器损坏而需要返回原厂维修，除了要花去昂贵的维修费之外，还要损失宝贵的时间。要注意以下可能遇到的情况：

（1）带空气介质接口的高频仪器设备。

当工作频率高于 26.5 GHz 以后，需要采用空气介质的射频接头，如 3.5 mm、2.92 mm、2.4 mm 连接器等，由于内导体没有介质支撑，所以这类接头更容易损坏，保护接头几乎可以说是必需的。

（2）无源互调测量设备。

无源器件的互调产物测试是一项非常精密的测试项目。无源互调测量设备的自身互调指标可低至-170 dBc（@2×43 dBm），任何的接头接触不良都可能造成互调指标的恶化。在生产线上，一条频繁使用的低互调测试电缆的寿命仅仅是按月计算的。所以在无源互调测试设备上，必须有一个保护接头。

（3）通用的仪器设备。

大部分测试仪器设备都采用N型连接器。用于仪器中的连接器，其寿命肯定要比普通的连接器要长，但是它也有时限，一旦磨损，也免不了返厂维修的问题。从这个角度看，任何测试仪器，只要你认为必要，都需要保护接头。

可称为"保护接头"的，并不是普通的转接器，其电气性能指标（尤其是寿命）是主要的考虑因素。图 1.37 是一种 N 型的保护接头，其 VSWR 分别为 1.02（@DC～1 GHz）、1.04（@1～3 GHz）和 1.06（@3～6 GHz），而寿命则达到 5 000 次插拔，这种保护接头可以用于大多数常用测试仪器的保护。如果没有被称为"保护接头"的转接器，哪怕用一个普通的不锈钢转接器，那也好过不采取任何保护措施。

图 1.37　一种长寿命的 N(m)-N(f)保护接头

1.3.5　检查测试电缆和转接器

如果测试电缆组件和转接器已经出现了故障而使用者尚未发现，则会影响测试精度，更为严重的是在大功率测试时可能会烧毁设备。所以，测试电缆组件和转接器需要定期检查，在使用过程中也要随时注意，以下是几点建议：

（1）注意仪表上的测试值是否稳定。

如果你发现频谱分析仪上显示的频谱幅度不稳定，或者网络分析仪在测量 S_{21} 时的曲线出现抖动现象，就应该在排除其他原因后，检查测试电缆是否出现了故障。这种情况下，有可能是电缆与连接器的连接处出现了接触不良。在图 1.36 的使用情况下，容易出现这种故障。

（2）检查连接器的内导体。

射频连接器是精密的器件，其中的每个零件及其配合都有严格的规定，图 1.38 是 MIL-STD-348A 规定的 N 型连接器的界面规范。应经常检查连接器的内导体，如果发现异常，就应停止使用。

（3）定期检查指标。

有条件时，可定期用网络分析仪检查测试电缆组件和射频转接器是否正常。

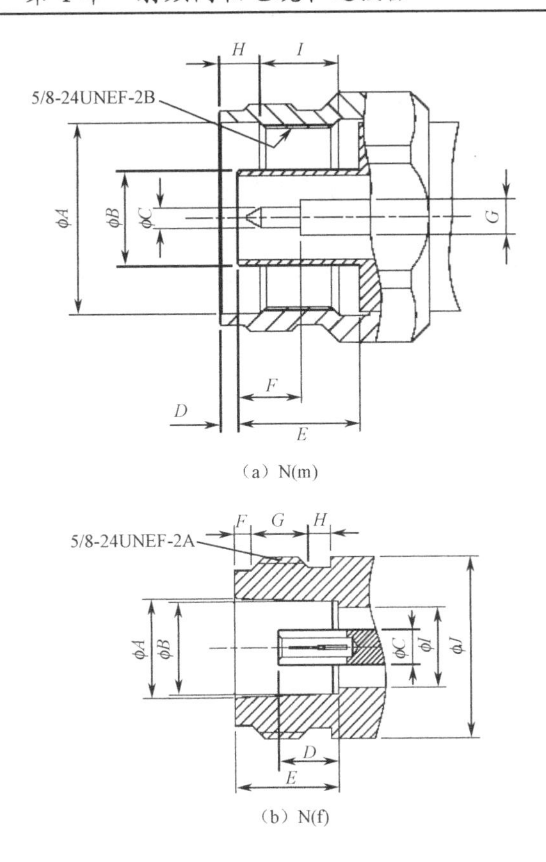

图 1.38　MIL-STD-348A 规定的 N 型连接器界面规范

1.3.6　区别公制和英制连接器

虽然现在绝大部分连接器都采用英制标准，但仍有一些容易引起混淆的公制和英制连接器，典型的有英制的 N 和公制的 L16，以及英制的 BNC 和公制的 Q9。单从外形上很难区分，但是二者不能互换，如果在一起使用，会影响测试精度并损坏连接器。在采购和使用时，应注意这一点。

另外，一些常用的公制连接器有 L27 和 L29。L27 常用于广播电视发射机，没有对应的英制型号；而 L29 则与 DIN7-16 完全兼容。

参考文献

[1] MIKE GOLIO. 射频与微波手册. 孙龙祥，等，译. 北京：国防工业出版社，2006.

[2] Huber+Suhner. RG223/U Datasheet, DOC_0000177773, 16.05.07.

[3] Spinner. Coaxial Connectors Catalog, Edition F.

第2章 衰减器和负载及其在射频测试和测量中的应用

本章介绍射频衰减器和负载的指标、类型和应用。并给出一个衰减器电路的实际应用案例。另外，还较为详细地描述衰减器的功率系数问题，这有助于大功率测量的精度。

2.1 衰减器

射频衰减器是一种无源器件，其基本作用是降低射频信号的幅度，这一点与放大器恰好相反。图 2.1 所示是几种射频衰减器的基本工作原理图。

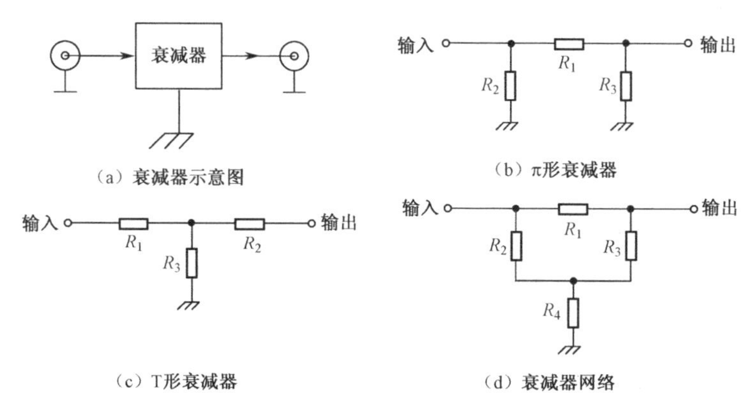

图 2.1　射频衰减器的基本工作原理图

2.1.1 射频衰减器的主要指标和定义

衰减量

衰减量是最常用的术语，用于描述传输过程中从衰减器的一端到另一端的信号减小的量值，即 S_{21} 参数，可用倍数或分贝数来表达：

$$A = 10\lg\frac{P_{\text{out}}}{P_{\text{in}}} \tag{2.1}$$

式中，A 为衰减量（dB）；P_{out} 为输出信号电平；P_{in} 为输入信号电平。注意，P_{out} 和 P_{in} 均采用同一单位的功率值（W，mW 或 μW）。

常见的衰减量为 3 dB，6 dB，10 dB，15 dB，20 dB，30 dB 和 40 dB，在一些小功率衰减器（2 W 以下）中，可以见到 1 dB，2 dB，…，10 dB 的衰减量；少数特大功率的衰减器有 50 dB 以上的衰减量；精密衰减器则可以做到小数点后一位的衰减量，如 3.3 dB。

衰减量的频率响应

在 25 ℃时，整个频率范围内衰减量的变化量（dB），也被称为衰减量的平坦度。

频率响应是衰减器的重要指标，如在放大器或发射机的谐波测量中，衰减器的频率响应指标将会影响到谐波测量的相对值误差。图 2.2 是一个典型的衰减器（50 W，4 GHz，20 dB，BXT P/N20A-504-44）频率响应曲线。

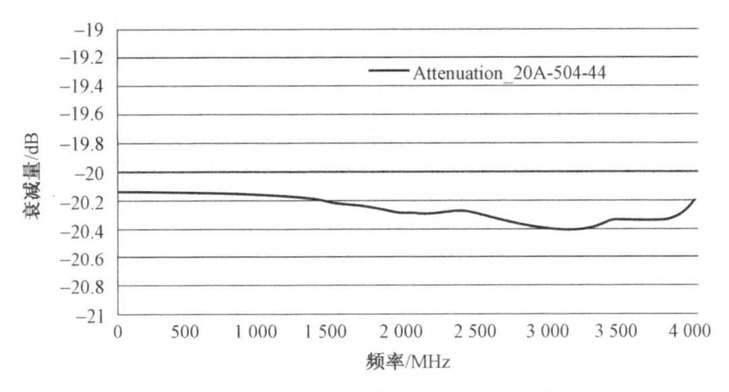

图 2.2 射频衰减器的典型频率响应曲线

衰减量的偏差

在 25℃，输入功率 10 mW 时测得的插入损耗和标称值的偏差。

VSWR

VSWR 即 S_{11}/S_{22} 参数，等于特性阻抗与衰减器的输入/输出阻抗的比值。对于微波/射频路由器件，如电缆和转接器，其输入阻抗和输出阻抗几乎相等，而衰减器则不同，这是由于其存在衰减特性的缘故。衰减器的这种特性可被用于射频系统中的阻抗匹配，详见第 2.1.4 节中衰减器的应用描述。衰减器有较好的 VSWR 表现，其典型值小于 1.1。图 2.3 是一个衰减器的典型 VSWR 指标。

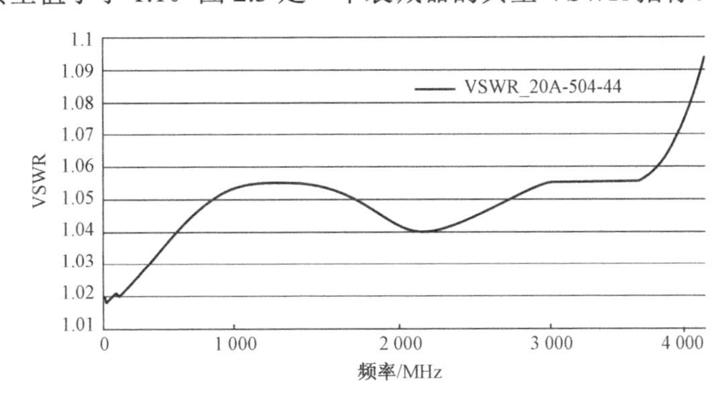

图 2.3 射频衰减器的典型 VSWR

平均功率容量

即在衰减器输出端接特性阻抗，环境温度为 25 ℃时可长期加到衰减器输入端的最大平均功率。当工作温度升至 125 ℃时，允许的输入功率降到额定功率的 10%（见图 2.4），衰减器的其他指标不应该发生变化。需要注意的是，输入到衰减器中的绝大部分射频能量均被转换成热能并通过散热片消耗掉，所以衰减器在工作时具有较高的表面工作温度。

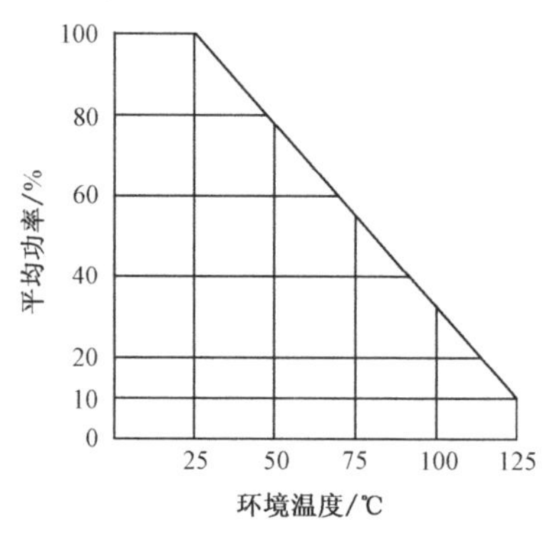

图 2.4　功率容量和环境温度的关系

最大峰值功率

最大峰值功率的定义和最大平均功率类似，但所加功率的脉冲宽度和峰值功率的关系通常由制造商自行定义。

功率系数

当输入功率从 10 mW 变化到额定功率时，衰减量的变化系数，表示为 dB/（dB · W）。衰减量的变化值的具体计算方式是将功率系数乘以总衰减量（dB）和功率（W）。例如，一个功率容量为 50 W、标称衰减量为 40 dB 的衰减器的功率系数为 0.001dB/（dB · W），意味着输入功率从 10 mW 加到 50 W 时，其衰减量会变化 0.001×40×50=2（dB）之多！

在测试和测量中，这项指标将直接影响到最终的精度，尤其是大功率测量时。如用上述衰减器来测量蜂窝基站的输出功率，当被测功率为 20 W（43 dBm）时，衰减器的衰减量变化了 0.001×40×20=0.8（dB），这意味着最终测试结果可能是 43 dBm±0.8 dBm，仅衰减器误差就高达−17%和+20%，这还未计算失配误差和功率计误差。尽管如此，这项指标却被大多数衰减器生产厂家和使用者所忽视，只有少数厂家在其产品手册中提到了功率系数指标。在 2.1.3 节将详细讨论衰减器的大功率特性。

温度系数

温度系数是指在最大工作温度范围内插入损耗的最大变化，用 dB/（dB·℃）表示，其典型值为 0.000 4 dB/（dB·℃）。例如，在 25～125℃范围内，一个标称值为 30 dB 的衰减器的衰减量变化为 0.0004×30×100=1.2（dB）。

工作温度极限

工作温度极限是衰减器工作在最大输入功率时的最高温度（℃）。

连接器的寿命

连接器的寿命是指正常连接/断开的次数。在规定的连接器寿命内，衰减器的所有电气和机械指标应该满足产品手册中规定的要求。

无源互调失真

无源互调失真是由于器件中的非线性因素而产生的。尤其需要关注的是三阶互调失真，因为三阶互调产物最大而且会干扰系统的正常工作，距离载频很近的三阶互调很难被滤除。三阶互调电平的测试方法是将两个等幅的纯净信号（f_1 和 f_2）注入到被测衰减器中，三阶互调将以传输互调的形式出现在输出端；并以反射互调的形式出现在输入端，三阶互调的频率为 $2f_1-f_2$ 和 $2f_2-f_1$。三阶互调产物由相对于 f_1 或 f_2 的大小来定义，用−dBc 来表示。

无源互调是近年来才被认识并重视的指标，而定义集总参数衰减器无源互调指标的厂家则更少。笔者对集总参数衰减器的无源互调特性进行了试验（见图 2.5），结果发现采取了低互调设计的集总参数衰减器的典型指标可达到−120 dBc（@2 × 43 dBm），而未采取低互调设计的同类产品要相差 30 dB 以上，二者有较大的差异。

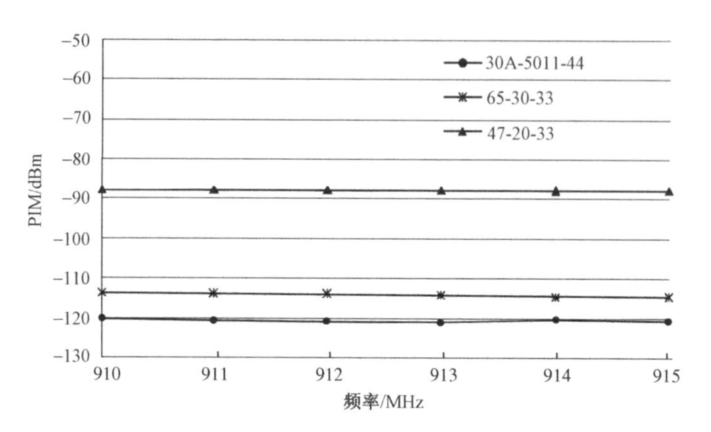

图 2.5　集总参数衰减器的无源互调特性

2.1.2　衰减器的分类

固定衰减器

固定衰减器分为片状、同轴和波导衰减器，又称为集总（Lumped）参数衰减器（其尺寸小于工作波长的 1/10）。1952 年，Weinschel Engineering Co.（现 Aeroflex-Weinschel）首次设计并制造了商用的固定同轴衰减器[1]。在测试和测量中，同轴集总参数衰减器是应用最为广泛的射频器件之一。有两项指标是测试工程师们必须考虑的，即工作频率范围和功率容量。常见的商用固定同轴衰减器的功率从 0.5 W 开始，最大可到 4 kW，而最高频率则可以做到 67 GHz。固定衰减器的冷却方式分为自然冷却、油冷和强制风冷三种。图 2.6 是一些常用固定衰减器的外形。

（a）实验室应用的小功率精密衰减器

（b）带有散热片的中功率衰减器

图 2.6　常用固定衰减器的外形

在国内，常用的移动通信频段（至 4 GHz）的衰减器已经非常成熟，完全可以替代进口的同类产品。但是国内的生产企业基本上都处于低价竞争的状态，很少有精力和实力来研发更高频率和更大功率的产品。看似简单而且低价值的衰减器，却需要昂贵的验证和测试手段，比如要验证一个衰减器的功率容量，要有相应功率和频率的射频放大器，国内很多生产企业都采用直流替代法，但这种方法显然存在不合理性，因为射频和微波信号的传输遵循“趋肤效应”；要验证衰减器的“功率系数”指标，需要一套带有自动数据记录功能的，解析度为 0.01 dB 的精密大功率测量系统；要生产低互调衰减器，则需具备无源互调测量手段。

手动可调衰减器

手动可调衰减器可分为连续可调衰减器和步进衰减器两种。

按照设计方法，连续可调衰减器可分为活塞、薄膜电阻、三通和电阻中心导体型式。图 2.7 所示为薄膜电阻型连续可调衰减器的原理图和结构图，这种衰减器类似于滑动电位器。其工作频率可以做到 4 GHz，衰减量可以超过 100 dB，通过一个刻度盘来读取衰减值，通过功率可达 5 W。

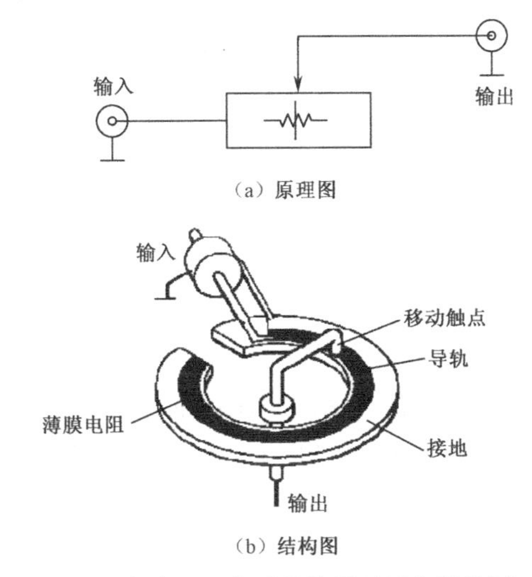

图 2.7　连续可调衰减器的原理图和结构图

与连续可调衰减器不同，步进衰减器的衰减量以额定值进行变化，常见的步进量为 0.1 dB，0.5 dB，1 dB 和 10 dB 四种。因为可以精确的定位衰减量，所以在测试和测量中，步进衰减器更为常用。步进衰减器可分为串联结构和星形结构，见图 2.8 和图 2.9。

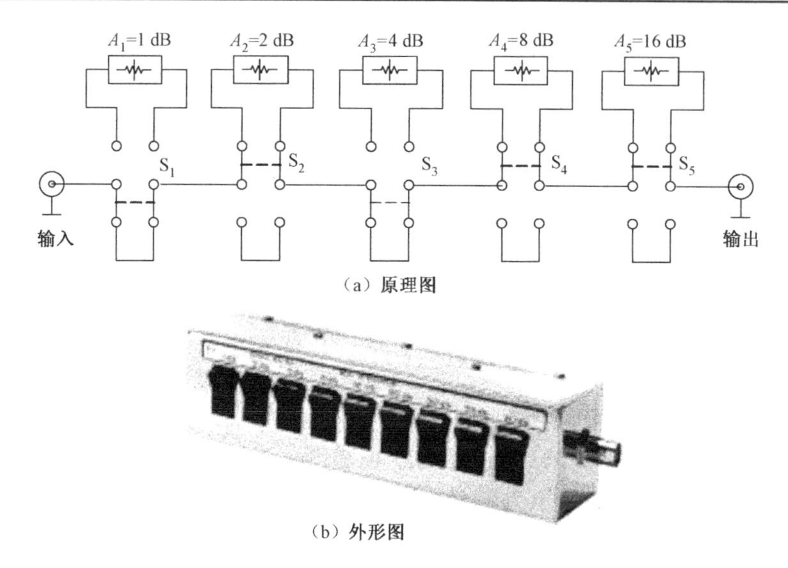

（a）原理图

（b）外形图

图 2.8　串联式步进衰减器的原理图和外形图

在串联式步进衰减器中，各衰减器的衰减值遵循二次幂规律，通过开关可以选取信号的通路是通过衰减器还是直通，所以这种衰减器又被称为可开关的衰减器。图 2.8（a）所示的电路是一个最大衰减量为 31 dB、步进量为 1 dB 的步进衰减器（图中衰减量为 26 dB）。这种衰减器的串联级数不宜过多，因为开关插入损耗的积累误差会逐渐增加，从而导致总衰减量误差的增加。此外，这种衰减器常用于 1 GHz 以下的频段，更高频率时，需要采用昂贵的微波开关而增加成本。在目前的商用市场上，除了少数领域（如广播电视）以外，这种衰减器已逐渐被淘汰。

目前大量应用的是一种旋钮式步进衰减器，其内部呈星形结构，见图 2.9（a）。这种衰减器中有一个旋钮开关来控制输入通路，而输出端则并联了不同的衰减器。从传输线原理看，这些衰减器必须是集总参数器件，否则输出端的阻抗很难保证 50 Ω。旋钮式衰减器的最高工作频率可以做到 40 GHz，最大功率通常为 2 W。从外部结构看，旋钮式步进衰减器有单旋钮和双旋钮两种。单旋钮只有一种步进量，如：0.1 dB，0.2 dB，…，1.0 dB；1 dB，2 dB，…，10 dB；10 dB，20 dB，…，100 dB 等。双旋钮结合了两种步进量以扩大应用范围。实验室应用时，也常将两个或多个单旋钮的衰减器组成桌面型的步进衰减器，不仅使用起来更加灵活，而且可以扩展新的功能，如在前级增加大功率衰减器。

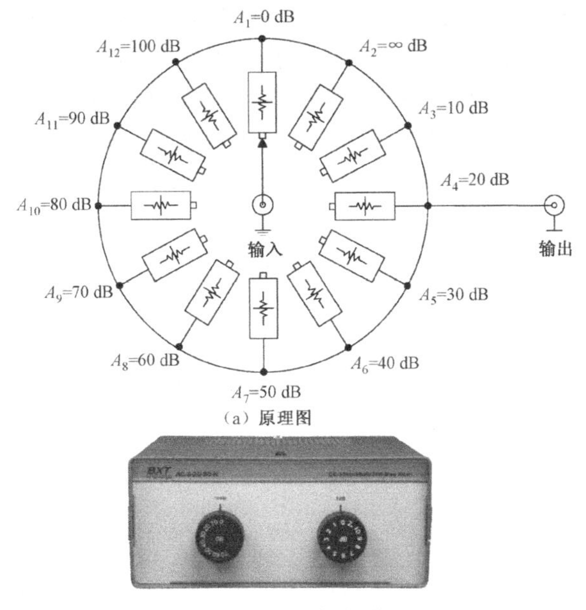

（a）原理图

（b）桌面应用的步进衰减器外形

图 2.9　旋钮式步进衰减器

大功率步进衰减器

前述的步进衰减器都是小功率容量的，这是为什么呢？除了体积的限制以外，笔者认为还有一个更重要的原因，就是当步进衰减器在切换衰减量时是呈开路状态的。假如这样的大功率衰减器作为被测发射机的负载，在衰减器切换过程中，有可能导致末级放大器的烧毁或者发射机的失配保护，从而使得测试无法进行下去，所以即使存在这样的大功率步进衰减器，也没有实用意义。真正的大功率步进衰减器，可以通过图 2.10 这样的射频系统来实现。

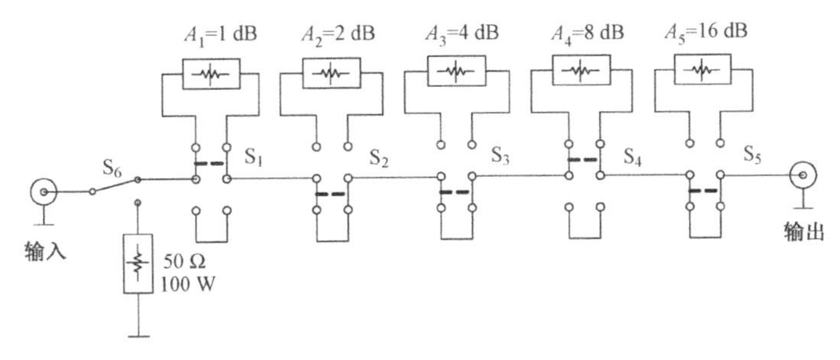

图 2.10　大功率步进衰减器工作原理

在图 2.10 中，通过开关 S_1 至 S_5 的不同切换组合，将以 1 dB 的步进量产生 0～31 dB 的衰减。注意系统中采用了大功率的微波“热”开关（S_6）。所谓“热”开关，意味着在切换过程中允许大功率存在于开关的输入端，也就是说从被测放大器或发射机的输出端向开关输入端看去始终呈现一个阻抗，而不会是无穷大。当需要进行衰减量切换时，开关 S_6 首先动作，将大功率输入信号切换到 100 W 负载上，然后开关 S_1 到 S_5 可以进行切换，获得需要的衰减量后，S_6 再切换到衰减通路上，这样就实现了大功率步进衰减。

由于目前市面上很少有商用的微波“热”开关出售，在图 2.10 的系统中也可以不用“热”开关，但在切换衰减量时必须先切断被测放大器的射频输出，待 S_1 至 S_5 完成切换后再开启被测放大器的射频输出。当然，在自动化测量系统中，这些步骤可以由软件控制完成。

可编程衰减器

可编程衰减器的电路结构与图 2.8（a）所示的串联式步进衰减器类似，只是将手动开关改为了并口控制。图 2.11 是一个典型的可编程衰减器的原理图，其中包括了 5 个衰减器，可以实现从 0～15.5 dB 的可调范围，步进量为 0.5 dB。衰减量的控制不是依靠手动开关，而是靠内部的逻辑控制电路来实现。通常，这种电路有着较大的插入损耗和较小的功率容量。

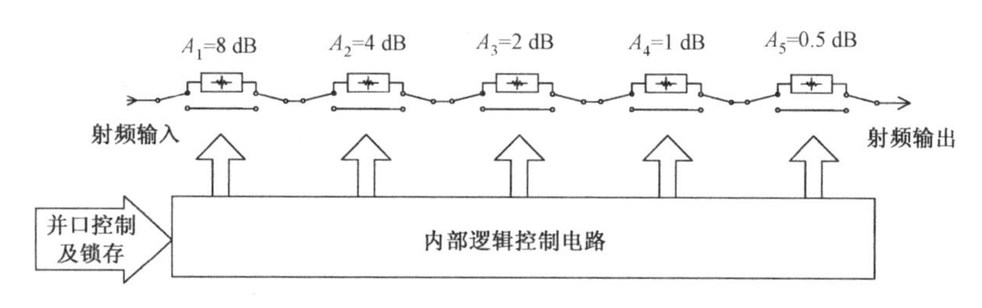

图 2.11　可编程衰减器工作原理

低互调衰减器

在这里，低互调衰减器有两种定义，一种是厂家自定义的集总参数的低互调衰减器，这类衰减器在两个 20 W 的连续波作用下所产生的反射互调为–100 dBc，传输互调为–110 dBc。这类“低互调衰减器”用来测量射频放大器的互调指标是够了，但是要测量无源器件的互调产物，这种衰减器是远远不够的，严格来说，采用低互调设计的集总参数衰减器是不能被称为低互调衰减器的。

随着移动通信的发展，这种集总衰减器已经不能满足某些特定条件件的低互调性能测量，应运而生的是经过特别设计的，无源互调指标可达–163 dBc（@2×43 dBm）的专用低互调衰减器（见图 2.12）。

（a）紧凑型结构的低互调衰减器

（b）19 in 结构的低互调衰减器

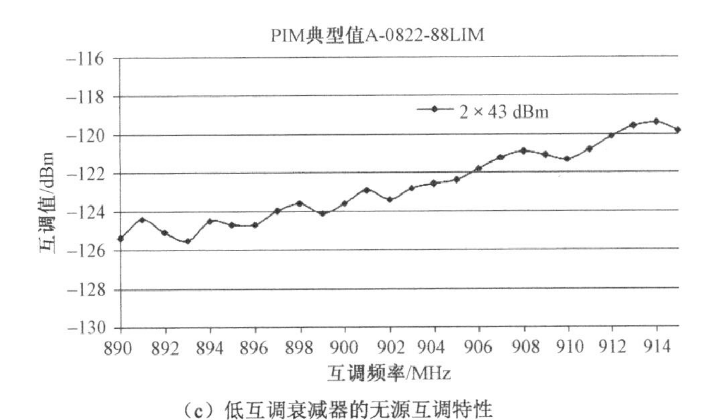

（c）低互调衰减器的无源互调特性

图 2.12　专用低互调衰减器

专用的低互调衰减器通常由低互调电缆绕制而成，电缆的频响特性决定了这类专用低互调衰减器的频响特性曲线不如集总参数衰减器那样平坦。在实际应用中，可以对某个特定频段的损耗进行校准并补偿。也可以巧妙利用低互调电缆和定向耦合器的特性组成具有平坦频率响应特性曲线的低互调衰减器。

2.1.3　进一步讨论射频衰减器的功率系数

在射频衰减器的各项指标中，功率系数是一项评估衰减器在大功率状态下衰减精度的重要指标，但这项指标却被大多数的制造商和使用者所忽视。只有少数制造商在其部分衰减器产品中标注了这项指标。

衰减器的功率系数定义如下：当输入功率从 10 mW 变化到额定功率时衰减量的变化系数，表示为 dB/（dB · W）。衰减量的变化值的具体计算方式是将功率系数乘以总衰减量（dB）和功率（W）。

以一个 50 W 衰减器为例，如果其功率系数指标为 0.000 3 dB/（dB/W），那么一个 30 dB 的衰减器从初始状态到 50 W 满负荷工作并到达平衡时，衰减量会变化 0.000 3×30×50=0.45（dB）。

功率系数的意义和应用

在测试和测量中，了解衰减器的功率系数有什么意义呢？让我们用图 2.13 的案例来说明在测试和测量中如何应用衰减器的功率系数指标。

图 2.13 是一个简单而十分常见的放大器或发射机功率测量系统，其中衰减器被用于降低被测信号的电平以适应终端式功率计的测试范围。假设被测功率为 50 W，衰减器的衰减量为 40 dB，其功率系数为 0.000 3 dB/（dB · W），终端式功率计的测试范围是–30～+20 dBm。

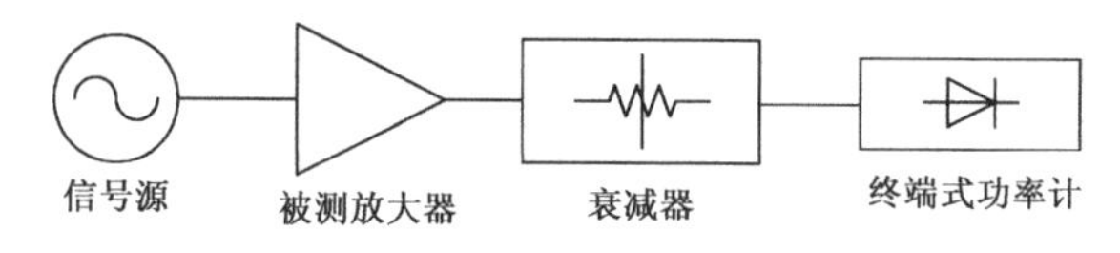

图 2.13　衰减器的典型应用

系统的测试误差来自四个方面：

（1）所有连接端口的失配误差；

（2）衰减器的标称衰减量偏差；

（3）衰减器的衰减量随功率的变化，即功率系数所起到的作用；

（4）功率计的误差。

上述误差中，失配误差不能被修正，所以要选择 VSWR 低的测试器件，包括电缆和衰减器，通常要选择 VSWR 小于 1.1 的器件并不困难；衰减器和测试电缆的标称衰减量偏差可以通过网络分析仪来精确测量，如 40.5 dB，并将这个数值输入到功率计的偏置值中，也就是说这个偏差可以被修正；功率计的误差不可修正，但是终端式功率计的精度很高，可以做到 1%～3%。

最后一个不能修正的误差就是衰减器的衰减量随功率的变化，通过功率系数指标可以计算出衰减量的变化为 0.000 3×40×50=0.6（dB），换算成功率的测试误差高达–12.7%/+15.1%。

从这个例子中，我们发现在所有的测试误差中，最大的误差来自衰减器的衰减量不稳定性，也就是功率系数的作用所产生的影响。这个误差可以预见，但是不可修正，最终的结果显然差强人意。

接下来的问题是，就像用网络分析仪精确测量常温小信号条件下衰减器的实际衰减量那样，衰减器的功率系数可以被精确测量出来吗？如果可以的话，那么上述由于功率的变化所产生的误差就可以被进一步缩小。

功率系数的测量

根据衰减器功率系数的定义，笔者设计了一个测试电路，见图 2.14。其测试原理是：以 1 W 的步进量逐步增加放大器的输出，一直到衰减器的额定功率为止，计算机同时记录两个检波器的读数，之所以采用两个检波器，是为了抵消放大器的输出幅度波动。而为了进一步提高测试精度，在测试前，首先对系统进行了校准（图中的校准电缆），并得到两个检波器的偏差值。最终的测试结果是输出检波器的读数减去输入检波器的读数，再扣除校准电缆的修正值。

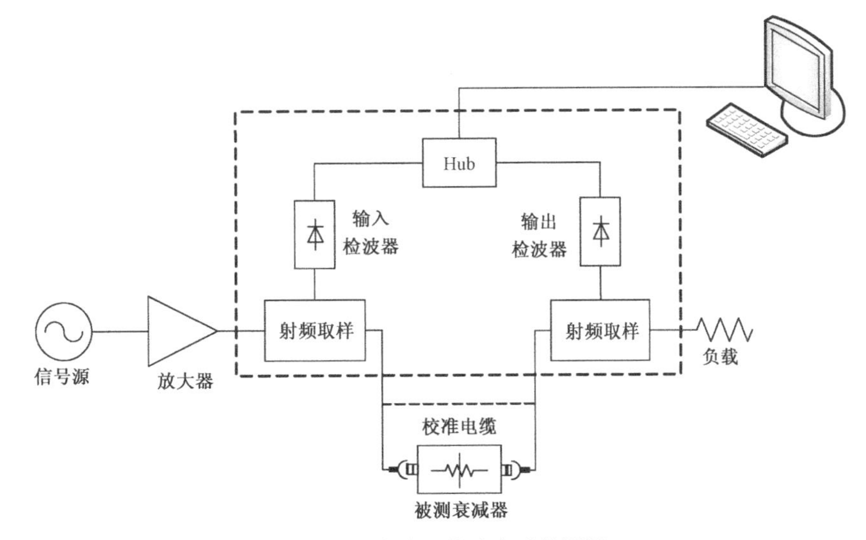

图 2.14　衰减器的功率系数测量

要得到精确的测量结果，必须注意输入和输出检波器的测试解析度必须是 0.01 dB，否则无法评估衰减器的功率系数。在实际的测试系统中，采用了以下设备：

（1）820～960 MHz、100 W 功率放大器（BXT P/N PA082096-49）；

（2）820～2200 MHz、200 W 大功率测量系统（BXT P/N PM2000A53）。

被测衰减器分别是 BXT 的 30A-5011-44（50 W，30 dB），某进口品牌的 47-20-33（50 W，20 dB）和 BXT 的 15A-504-34（50 W，15 dB），最终测试结果如图 2.15 所示，分析结果列于表 2.1 中，可以发现三个不同衰减量的被测衰减器的实测功率系数惊人地相似！

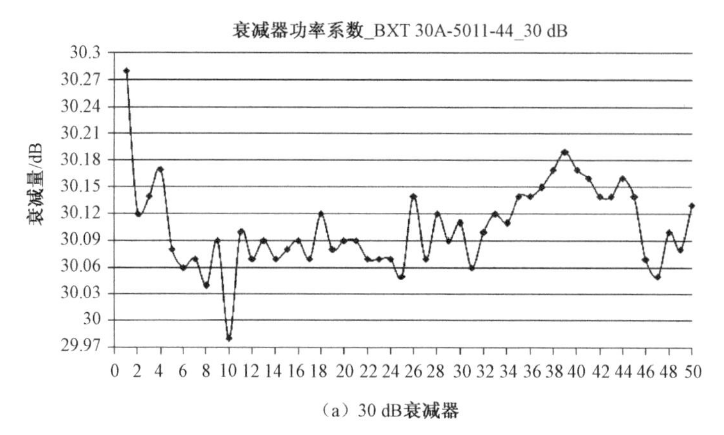

（a）30 dB衰减器

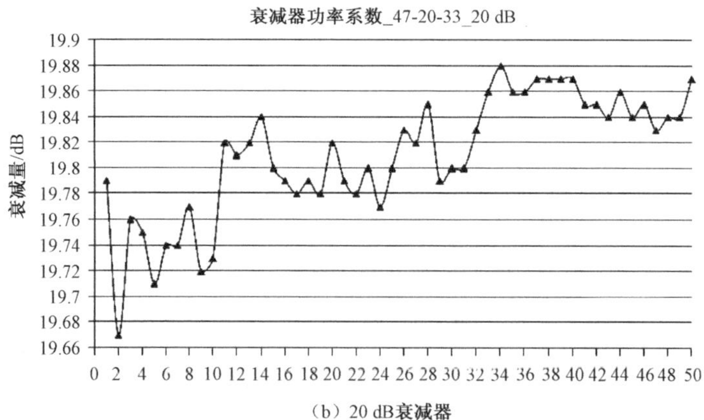

（b）20 dB衰减器

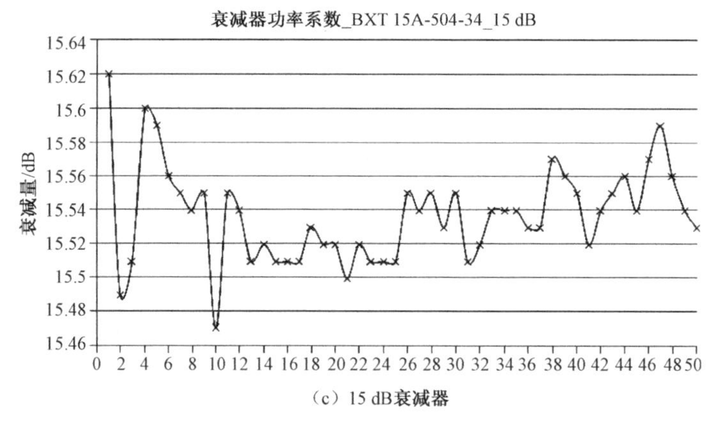

（c）15 dB衰减器

图 2.15　衰减器的功率系数测试结果

表 2.1　功率系数的测试结果分析

被测衰减器型号	标称衰减/dB	（最大偏差–最小偏差）/dB	实测功率系数/[dB/（dB·W）]
30A-5011-44	30	30.28–29.98=0.30	0.000 2
47-20-33	20	19.88–19.67=0.21	0.000 21
15A-504-34	15	15.62–15.47=0.15	0.000 2

结论

（1）任何场合，当用衰减器进行大功率精密测量时，需要考虑功率系数指标。

（2）精确测量衰减器的功率系数可以修正大功率测量的误差。在图 2.13 的例子中，如果实测衰减器的功率系数为 0.000 21 dB/（dB·W），则由功率系数所导致的测量不确定度修正为 0.42 dB，最终测试误差修正为–9%/+10.4%。

（3）尽量采用通过式功率计而不是终端式功率计加衰减器的方法来测试发射机的功率。如果必须用终端式功率计，建议用定向耦合器来降低信号电平，或者采用更大功率容量的衰减器。

2.1.4　衰减器的应用

衰减器的典型应用有以下三大类：

（1）降低信号或功率电平；

（2）改善源和负载之间的阻抗匹配；

（3）用替代法测量增益或损耗。

改善信号发生器或频谱分析仪的失配损耗

如果负载和信号发生器之间的阻抗不匹配，就会产生失配误差。在任何射频和微波系统中，最大功率传输的条件是阻抗匹配。但实际上，无论是信号发生器还是负载，连接电缆或是其他器件都存在失配的问题。

利用衰减器的匹配特性，可以在很大程度上改善系统的失配。图 2.16 是一个 10 dB 衰减器的匹配特性测试结果，当一个 10 dB 的衰减器在输出端接匹配负载时，输入端的 VSWR 均小于 1.05；而当输出端开路即 VSWR 为无穷大时，输入端的 VSWR 仍有较好的表现（典型值为 1.3）。这种现象可以用回波损耗的概念来解释：在图 2.16（b）中，当信号从输入端经过衰减器到输出端时，被损耗了 10 dB，由于输出端开路，信号被全部反射回来并经过衰减器回到输入端，又被

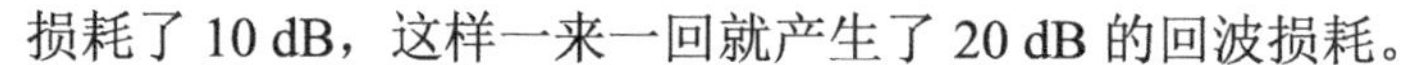
损耗了 10 dB，这样一来一回就产生了 20 dB 的回波损耗。

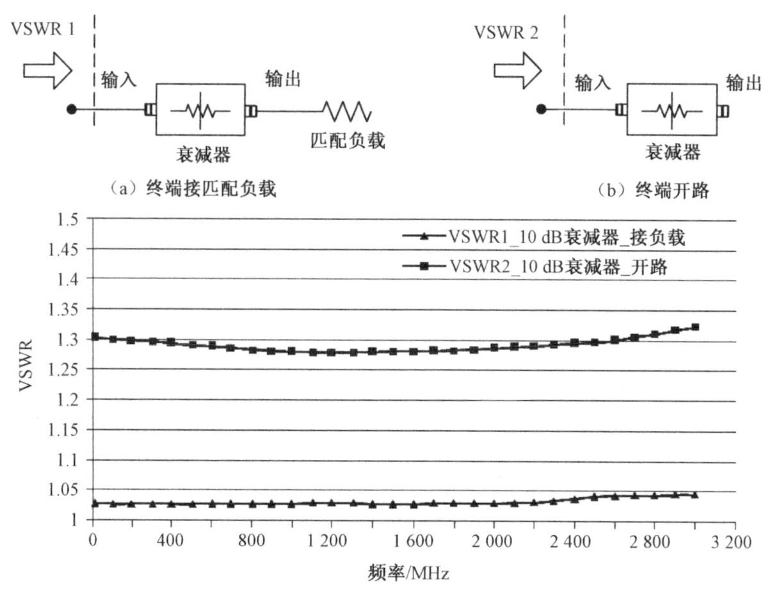

图 2.16　衰减器的匹配特性

衰减器的这种特性可以被巧妙地用于某些测试和测量场合，如改善信号发生器或频谱分析仪的匹配。举例说明，假设一个信号发生器的 VSWR 是 1.9，被测器件（DUT）的 VSWR 是 1.6，它们按照常规的方式连接（见图 2.17）。

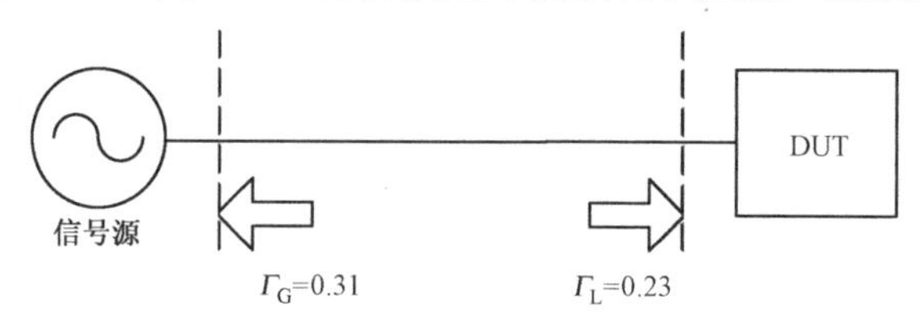

图 2.17　信号发生器与 DUT 直接连接

通过反射系数可以计算失配损耗：

源反射系数：

$$\Gamma_G = \frac{VSWR_G - 1}{VSWR_G + 1} = \frac{1.9 - 1}{1.9 + 1} = 0.31$$

DUT 反射系数：

$$\Gamma_L = \frac{VSWR_L - 1}{VSWR_L + 1} = \frac{1.6 - 1}{1.6 + 1} = 0.23$$

系统失配损耗：

$$L_M = 20 \times \lg(1 + \Gamma_G \times \Gamma_L) = 20 \times \lg(1 + 0.31 \times 0.23) = 0.6\ \text{dB}$$

图 2.18 是解决这个失配问题的一种方法。即在信号发生器和 DUT 之间串入一个 10 dB 的固定衰减器。可以将信号发生器的输出电平提高 10 dB，以补偿外加的衰减。这种方法可以得到很低的系统反射系数。

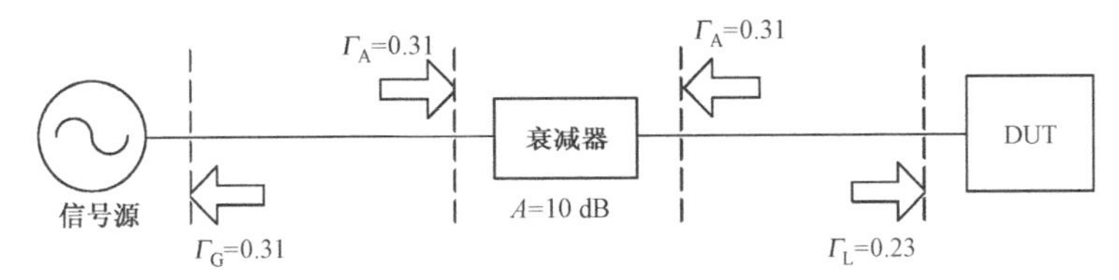

图 2.18　用衰减器改善信号发生器与 DUT 的匹配

假设图 2.18 中的其他条件和图 2.17 一样，只是外加了一个反射系数为 0.31 的衰减器，则系统失配损耗变成：

$$L_M = 20 \times \lg(1 + \Gamma_G \times \Gamma_L \times \Gamma_A^2) = 20 \times \lg(1 + 0.31 \times 0.23 \times 0.31^2) = 0.06\ \text{dB}$$

失配损耗存在于任何的射频测量系统中，它将直接造成测量误差。我们将上述的计算结果换算成匹配效率，可以更直观的表达失配误差（见表 2.2）。

表 2.2　失配损耗和匹配效率的换算

失配损耗	匹配效率
0.6 dB	88%
0.06 dB	98%

由此可见，衰减器对于减小射频测试和测量中的失配误差有着显著的作用。在下一个应用案例中要讨论的是如何利用衰减器来提高网络分析仪的插入损耗测试精度。

改善网络分析仪的插入损耗测量精度

在用网络分析仪测量无源器件（尤其是低损耗的器件如电缆组件，空气线等）的插入损耗时，在通路上插入固定衰减器可以提高测量精度。

如图 2.19 所示，在测试通路中插入两个 6 dB（或 10 dB）衰减器，在通路校准时，将这两个衰减器作为测试电缆的一部分进行校准，使测试通路的插入损耗归一化到 0 dB，然后接入 DUT 进行测试。从图 2.20 的测试结果可以发现，当不加衰减器时（见图 2.20（a）），DUT 的插入损耗曲线存在波动；而加入衰减器后

（见图 2.20（b）），曲线变得平滑了。这是因为由于衰减器的存在，改善了测试通路的失配损耗。

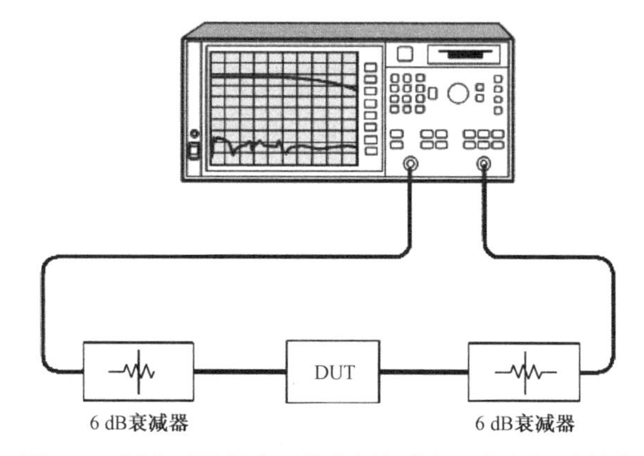

图 2.19　用衰减器提高网络分析仪的插入损耗测试精度

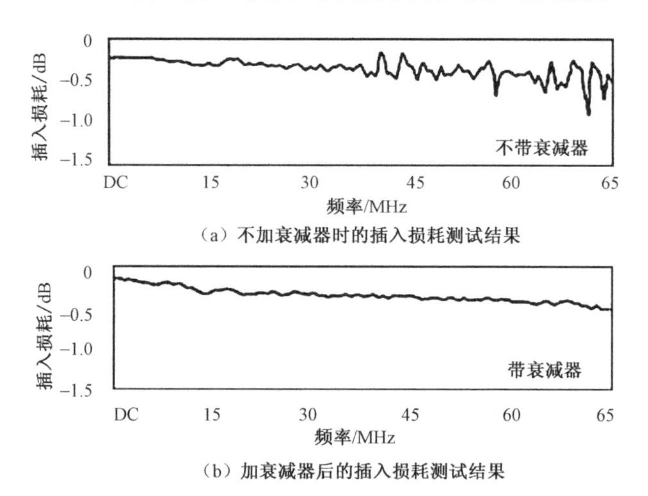

图 2.20　用衰减器改善网络分析仪的插入损耗测试精度

用于上述用途的衰减器，并不需要十分平坦的衰减量频率响应，因为在通路校准时，这些频响误差都被校准了，但衰减器的 VSWR 则越低越好。

衰减器在大功率测试中的应用

在大功率测试和测量中，将大功率信号电平降低到频谱分析仪或者终端式功率计适应的电平，这可能是集总参数射频衰减器最为广泛的应用了，如配合终端式功率计测量功率放大器或发射机的输出功率（参见图 2.13），或测量直放站的互调特性（见图 2.21）。

在集总参数衰减器的大功率应用中，建议注意下列问题：

（1）不推荐采用衰减器加终端式功率计的方式来测量放大器或发射机的功率，如果必须这样，应充分考虑衰减器的功率系数，以正确评估由此而带来的测量误差。

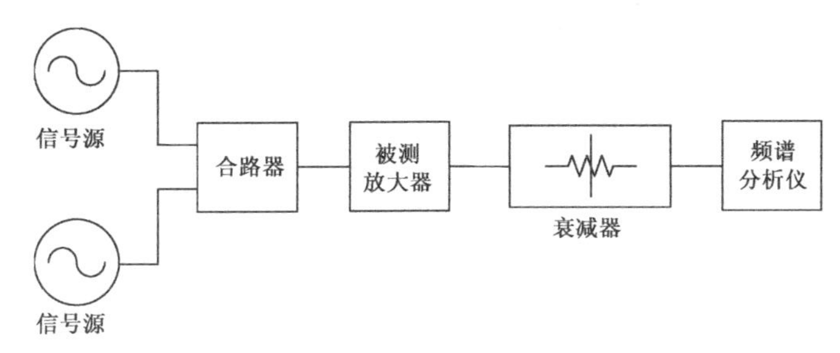

图 2.21　用衰减器测量直放站的互调特性

（2）用衰减器可以准确测量放大器或发射机的谐波相对值，但是在测量互调时，必须慎重审视衰减器自身的无源互调指标，从测试原理上讲，衰减器的自身无源互调指标必须比被测放大器或发射机的要求指标高 10 dB 以上。

（3）大部分的射频能量通过衰减器后，都被衰减器转换为热能并消耗到环境中，因此衰减器是个发热器件，其表面温度会高达几十甚至一百摄氏度，在使用中应充分注意。有条件时，可选择比被测放大器或发射机的功率容量更大的衰减器，或者采用强制风冷的手段来降低衰减器的表面温度。

图 2.22 是一个大功率测试应用的衰减器组件的案例。其中，A 是固定大功率衰减器（如 18 GHz，50 W，20 dB），而开关控制的衰减器 A1～A6 可以任意选择（如 3 dB，6 dB，10 dB，20 dB，30 dB，40 dB）。经过这样的组合，可以生成 6 种不同衰减量的大功率衰减器。

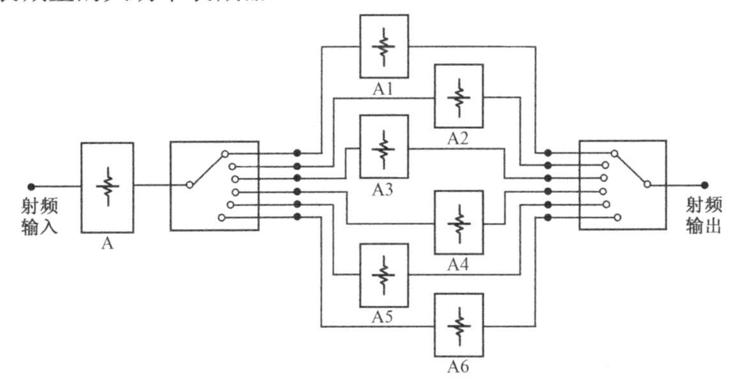

图 2.22　开关预选的大功率衰减器组件

这种设计充分利用了衰减器的各种属性，产生了诸多优点：

（1）在测试和开关过程中，不需要切断被测放大器或发射机的电源和射频输出，这相当于实现了“热”切换。同时，通过微波开关切换衰减量，具有很好的可重复性（约 0.05 dB），这些都保证了测试精度。

（2）可以对输入的大功率衰减器 A 进行强制风冷，保证其表面温度的稳定。实验结果（见图 2.23）表明，当没有冷却风扇时，衰减器 A 的表面温度在约 20 分钟内缓慢升高至约 90 ℃；而当开启冷却风扇时，衰减器的表面温度在 10 分钟内升至 54 ℃并稳定下来。同时，有无冷却时，衰减器也会产生约 0.15 dB 的偏差。

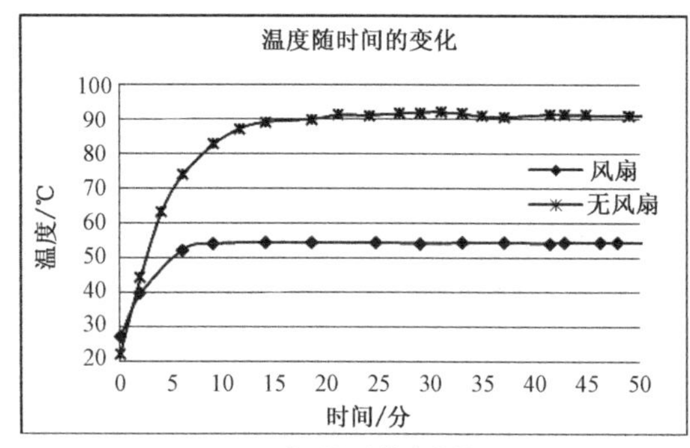

（a）表面温度的变化情况

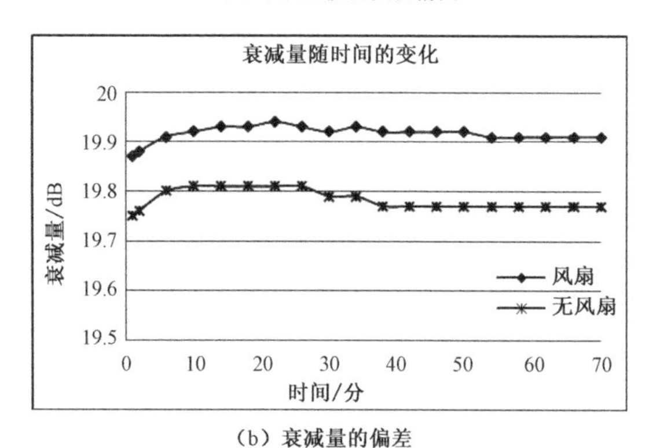

（b）衰减量的偏差

图 2.23　有无冷却风扇时衰减器参数的变化

（3）测试者不会接触到高温器件 A。

（4）是一种高效率的组合。测试者可以获得 6 种不同衰减量的大功率衰减器，相对降低了测试成本。可以发现，在这种电路结构下，功率越大，频率越高，则相对成本越低。

通过上述案例，笔者希望说明的是，如果你充分了解了衰减器的各种属性，就可以设计出各种实用的测试系统。

2.2 负载

负载是一种单端口无源器件，当功率输入到负载时，被传输线末端的一段有耗传输线吸收。负载必须是纯阻性的，不能存在电抗分量。负载通常也被称为匹配负载，因为不论传输线的特性阻抗如何，其功率大部分被负载吸收，而反射则很小。与二端口的衰减器相比，负载的分析要简单得多，它只有一个 *S* 参数——S_{11}。图 2.24 是负载的原理图。

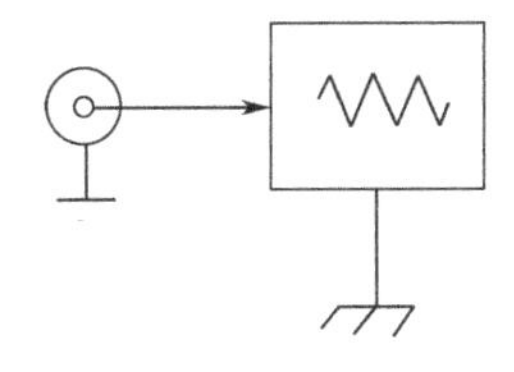

图 2.24　负载的原理图

2.2.1 负载的主要指标和定义

VSWR

VSWR 即 S_{11} 参数，等于特性阻抗与负载的输入阻抗的比值。与衰减器相比，负载有着更好的 VSWR 表现。图 2.25 是一个负载的典型 VSWR 指标，其典型值小于 1.06。

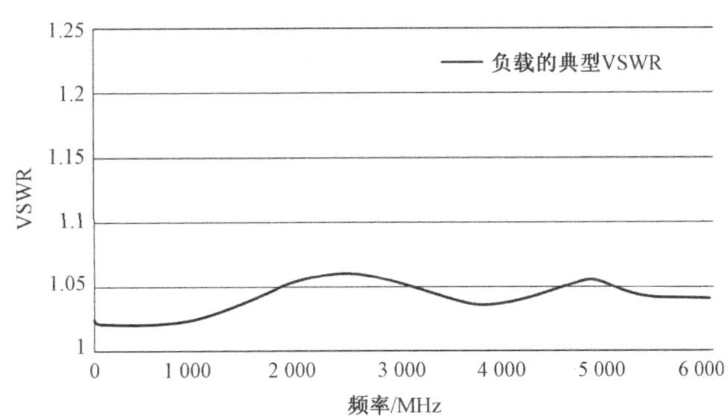

图 2.25　负载的典型 VSWR

平均功率容量

当环境温度为 25 ℃时，可长期加到负载输入端的最大平均功率；当工作温度升至 125 ℃时，允许的输入功率降到额定功率的 10%（见图 2.26），负载的其他指标不应该发生变化。需要注意的是，输入到负载中的绝大部分射频能量均被转换成热能并通过散热片消耗掉，所以负载在工作时具有较高的表面工作温度。

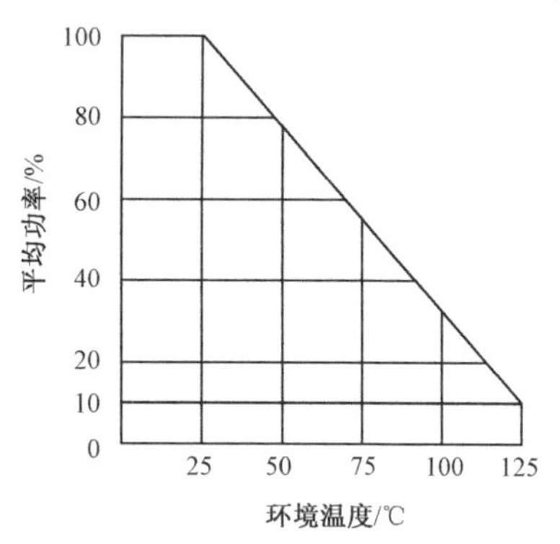

图 2.26　功率容量和环境温度的关系

最大峰值功率

最大峰值功率的定义和最大平均功率类似，但所加功率的脉冲宽度和峰值功率的关系通常由厂家自行定义。

连接器的寿命

正常连接/断开的次数。在规定的连接器寿命内，负载所有的电气和机械指标应该满足产品手册中规定的要求。

无源互调失真

负载的互调仅指反射互调，集总参数负载的无源互调和集总参数衰减器接近（参见 2.1.1 节）。

2.2.2　负载的分类

匹配负载

除非特别说明，通常所说的负载均指匹配负载。匹配负载的功率可从 0.5 W 至 80 kW 或更大，从冷却方式，可以分为自然冷却、油冷、风冷和水冷。图 2.27 是一些常见匹配负载的外形。

（a）实验室应用的小功率精密负载

（b）带有散热片的中功率负载

（c）风冷大功率负载

图 2.27　常见匹配负载的外形

中小功率负载常用自然冷却的方式，这种冷却方式不需要维护。数百瓦至数千瓦的负载常采用油冷的方式，在负载芯和散热片之间填充矿物油（如硅油）来加快导热速度。长期使用后，冷却油会减少和被氧化，从而降低冷却效果，因此油冷负载需要定期加油或更换冷却油。10 kW 量级的负载常采用强制风冷方式。而数十千瓦的负载则需要采用水冷方式，水冷负载采用循环电离水进行冷却，维护较为麻烦。

失配负载

失配负载是相对于匹配负载而言的。失配负载是为特种场合应用而设计的，如放大器的输出 VSWR 保护电平设置等。失配负载的 VSWR 并不是按照 1 来设计的，而是根据要求来设计，如 1.5，2.0，3.0 和 5.0 等。

低互调负载

和衰减器一样，集总参数负载的无源互调特性不会有太好的表现。真正的低互调负载也需要经过特别设计（可以参见 2.1.2 节中低互调衰减器的描述），在无源互调测试的场合，任何被测器件的任何空闲端口必须接上低互调负载。

2.2.3　负载的应用

作为实验室标准

作为网络分析仪的校准器件，实验室应用的精密负载的 VSWR 可低至 1.01 以下。

用于被测器件的任何空闲端口

在射频测试和测量中，被测器件的任何空闲端口都必须接上负载。图 2.28 是一个无源互调测量系统，被测器件是二路功率分配器，其中的一个端口接上了低互调负载，否则测试将无法进行。同样，在 *S* 参数测量时，所有空闲端口也必须接上匹配负载。

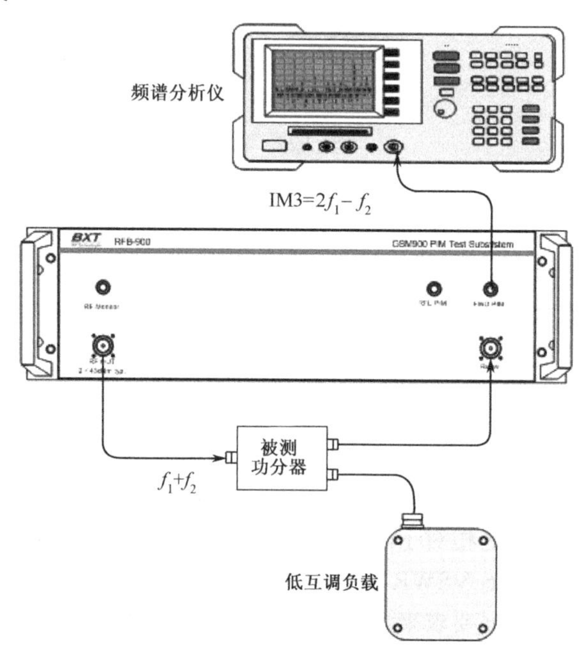

图 2.28　负载在测试中的应用

调试定向耦合器的方向性

在定向耦合器的方向性调试中（见图 2.29），耦合端的匹配负载的 VSWR 必须非常小，这样才能保证方向性指标。这种应用也同样适用于 Wilkinson 耦合器（即功率分配/合成器）的隔离度调试。

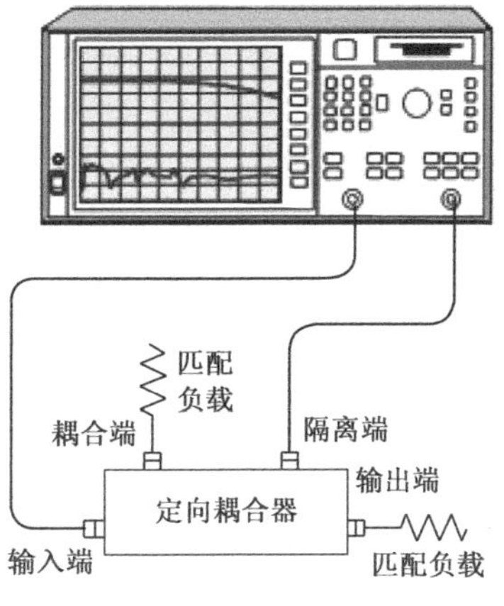

图 2.29　调试定向耦合器的方向性

大功率放大器或发射机的测量

在大功率放大器或者发射机的测量中（见图 2.30），负载被用来代替天线将载频功率全部吸收。

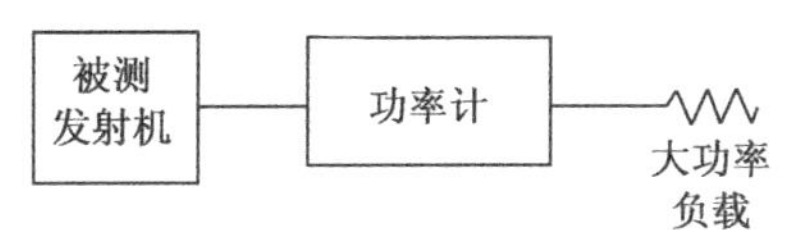

图 2.30　大功率负载用于发射机测量

参考文献

[1] MCE/Weinschel. Microwave & RF Components & Subsystems Catalog, 4/30/02.

第3章 Wilkinson功率分配/合成器和定向耦合器

本章介绍定向耦合器和Wilkinson功率分配/合成器的指标、类型和应用，并描述定向耦合器的方向性对于反射测量精度的影响。

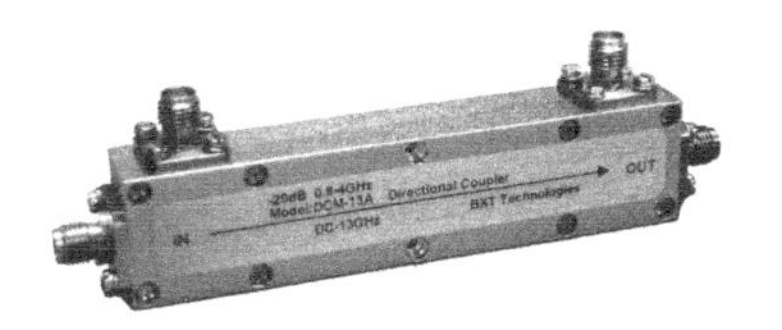

3.1 Wilkinson 功率分配/合成器

3.1.1 概述

Wilkinson（威尔金逊）功率分配/合成器是 1960 年由 Ernest Wilkinson 所发明的，也称为 0° 功率分配/合成器。图 3.1 所示为二路 Wilkinson 功率分配/合成器，通常 1 端被称为输入端，2 端和 3 端为输出端；R 为隔离电阻。

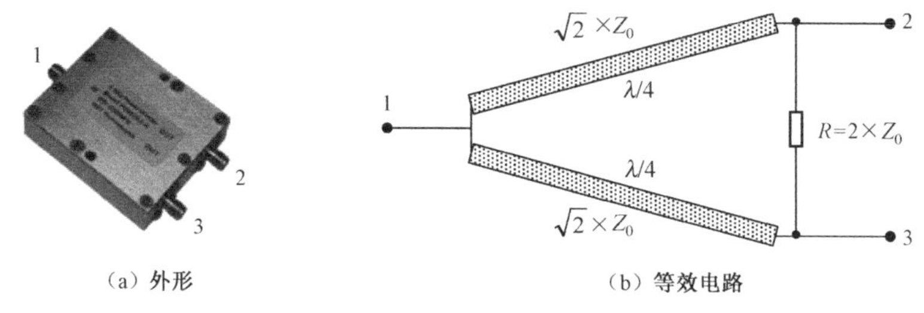

（a）外形　（b）等效电路

图 3.1　Wilkinson 功率分配/合成器及其等效电路

我们以图 3.1 为例来进行说明。图 3.1（b）的等效电路图是一种最简单的二路等幅输出的单节 Wilkinson 功率分配/合成器。1 端和 2 端（或 1 端和 3 端）之间的电长度为其工作波长的 1/4，其阻抗为特性阻抗的 1.414 倍。

当作为功率分配器使用时，1 端的输入信号被等幅和同相位地分配到 2 端和 3 端输出。因为 2 端和 3 端的信号相位相等，所以在隔离电阻 R 上没有电流流过。从 1 端看去，2 端和 3 端的阻抗 Z_0 是并联的。所以 1 端和 2 端、3 端之间必须有一个阻抗变换器将 2 个 Z_0 阻抗变换到 Z_0。1 端到 2 端和 1 端到 3 端的 1/4 波长电路恰好可以完成这种变换，如果没有 1/4 波长电路，1 端的合成阻抗将为 $Z_0/2$。当 1/4 波长电路的特性阻抗为 $1.414Z_0$ 时，反映到 1 端的合成阻抗恰好等于 Z_0。

再来看看作为合成器使用的情况。当信号只从 2 端输入时，被平均分配到 1 端和隔离电阻 R 上，而 3 端没有输出，此时这个电阻起到了隔离 2 端和 3 端的重要作用。请注意到当信号仅从 2 端或 3 端输入时，有一半功率消耗在电阻 R 上，另外一半出现在 1 端。那么为什么 2 端和 3 端之间会存在隔离现象呢？当一个信号从 2 端输入时，其一部分功率到达电阻 R，而另外一部分功率通过 1/4 波长传输线（1 端和 2 端之间）到达 1 端，并继续通过另外一段 1/4 波长传输线（1 端和 3 端之间）到达 3 端，这个信号又和来自隔离电阻的信号重新合成，经过两个 1/4 波长传输线后，与来自隔离电阻 R 的信号相位正好相差 180°，两个信号在 3 端相减，所以 3 端的信号“消失”了。

在实际的电路中，由于隔离电阻 R 会产生一定的相移，所以 2 端和 3 端之间的隔离度不可能为无穷大。

3.1.2　基本指标和定义

我们以图 3.1 的 2 路 Wilkinson 功率分配/合成器为例来说明其基本指标和定义，在实际应用中，Wilkinson 功率分配/合成器可以被做成 N 路。

插入损耗

插入损耗表示从输入端（图 3.1（b）中的 1 端，以下同）到任何一个输出端（如 2 端、3 端……N 端）的能量损耗，表示为：

$$L_{\mathrm{i}}=10\times\lg\frac{P_1}{P_2}\quad 或\quad L_{\mathrm{i}}=10\times\lg\frac{P_1}{P_3}\tag{3.1}$$

式中，L_{i} 是插入损耗（dB）；P_1 是 1 端的输入功率；P_2（P_3）是 2 端（3 端）的输出功率。

请注意 Wilkinson 功率分配/合成器的输出信号幅度被平均分配了，理论分配损耗如表 3.1 所示。

表 3.1　Wilkinson 功率分配/合成器的理论分配损耗

输出端口数	理论插入损耗/dB
2	3.0
3	4.8
4	6.0
5	7.0
6	7.8
8	9.0
10	10.0
12	10.8
16	12.0
24	13.8
32	15.0
48	16.8

Wilkinson 功率分配/合成器的插入损耗有两种表达方式，一种是从 1 端到 2

端的传输损耗，在实际应用时，还要加上表 3.1 中的分配损耗。若一个两路 Wilkinson 功率分配/合成器的插入损耗指标为 0.5 dB（不包括 3 dB 分配损耗），则其实际损耗为 3.5 dB。另一种表达方式就是直接标为传输损耗和分配损耗之和，如 3.5 dB。

用网络分析仪所测得的 Wilkinson 功率分配/合成器的插入损耗是传输损耗和分配损耗的总和（见图 3.2），传输损耗是无法直接测量的。

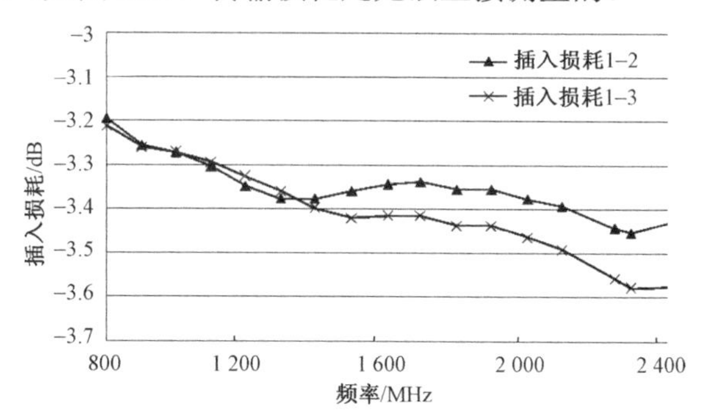

图 3.2　两路 Wilkinson 功率分配/合成器的实测插入损耗

隔离度

前面提到，由于隔离电阻 R 的相移不可能是 0°，所以 2 端和 3 端之间总会有一些信号泄漏，这就是隔离度指标，表示为：

$$I = 10 \times \lg \frac{P_2}{P_3} \tag{3.2}$$

式中，I 是隔离度（dB）；当 2 端有输入信号时，P_2 是 2 端的输入功率；P_3 是 3 端的输出功率。反之亦然。Wilkinson 功率分配/合成器的隔离度并不很高（见图 3.3），为了提高隔离度，可以增加耦合器的级数。

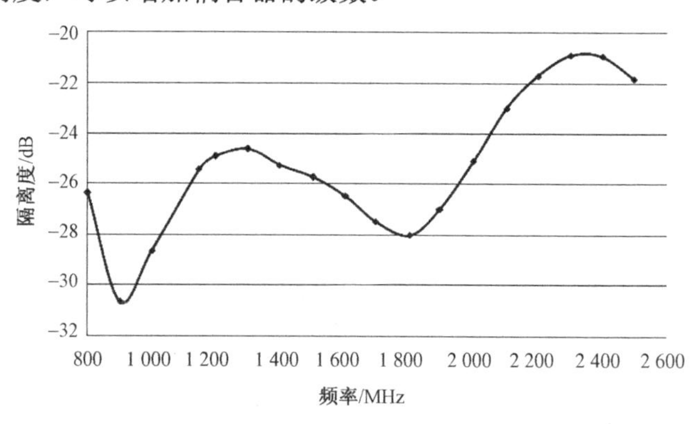

图 3.3　Wilkinson 功率分配/合成器的实测隔离度

幅度平衡和相位平衡

从图 3.2 我们发现，Wilkinson 功率分配/合成器两路的插入损耗是不相等的，其差值被定义为幅度不平衡度，单位为 dB。

同样的，Wilkinson 功率分配/合成器两路的电长度也不可能完全相等，其差值被定义为相位不平衡度，单位为（°）。

3.1.3 隔离度和插入损耗的失配效应

前面已经分析过，在二路 Wilkinson 功率分配/合成器中，当信号从 2 端输入时，3 端没有功率输出，但这只是一种理想情况，其前提是：

（1）2 端和 3 端之间的隔离度为无穷大；

（2）1 端所接的是标准负载，没有反射。

下面我们来分析当 1 端所接的负载回波损耗分别为–20 dB（VSWR=1.222）和–10 dB（VSWR=1.925）两种不同的失配情况下隔离度的变化。

假设图 3.1（b）中 2 端的输入信号功率为 30 dBm，由于 2 端、3 端的隔离度为无穷大，此时 3 端没有功率输出。隔离电阻 R 消耗了一半即 3 dB 的功率，不考虑线路的传输损耗，到达 1 端的信号还有 27 dBm。当 1 端的回波损耗为–20 dB 时，从 1 端反射回来的功率为 27–20=7（dBm），这个反射功率又将返回 2 端和 3 端。其中到达 3 端的功率又有 3 dB 被消耗到隔离电阻 R 上，所以出现在 3 端的反射功率为 7–3=4（dBm）。此时我们发现 2、3 端的隔离度并不是无穷大了，2 端 30 dBm 的输入信号中有 4 dBm 出现在 3 端，也就是隔离度为 30–4=26（dB）。

再来看看 1 端失配更为严重的情况，当 1 端的回波损耗为–10 dB 时，到达 1 端的信号功率为 27 dBm，被 1 端反射回来的功率为 17 dBm，再经过 3 dB 的损耗，最终到达 3 端的功率还有 14 dBm，换算为隔离度仅仅为 16 dB！极限情况下，当端口 1 开路或短路时，2 端和 3 端之间的隔离度为 6 dB。

从上述分析我们可以发现，1 端的负载阻抗是否匹配良好对于 2、3 端之间的隔离至关重要。

现在我们再来分析一下作为功率分配器应用时 3 端开路（或短路）时的情况。当信号从 1 端输入时，分别有一半的功率出现在 2 端和 3 端，由于 3 端开路（或短路），功率被全反射回来，这些反射功率有一半被消耗在隔离电阻 R 上，另一半被反射回 1 端。所以此时的分配损耗为 6 dB。

3.1.4 功率容量的限制

Wilkinson 功率分配/合成器的功率容量取决于电路的尺寸和隔离电阻 *R* 的功率容量。作为功率分配器应用时，功率容量主要取决于电路的尺寸；而作为功率合成器使用时，还应考虑到隔离电阻 *R* 的功率容量，应为输入功率的一半。

3.1.5 Wilkinson 功率分配/合成器的应用

Wilkinson 功率分配/合成器是一种无源和可逆的微波网络，其主要作用是将一个微波信号分解为具有一定相位和幅度特性的二路或多路的输出。上面所分析的二路结构的电路是 Wilkinson 功率分配/合成器的一种最基本电路。根据不同的应用和性能指标要求，这种微波电路可以有很多不同的结构，如为了扩展带宽的多级功率分配/合成器，高隔离度的功率合成器，不等分功率分配/合成器，*N* 路功率分配/合成器等。经过前面的介绍，可以总结出 Wilkinson 功率分配/合成器的输出信号具有以下特性：

（1）任何两个输出端之间的幅度差非常小；

（2）任何两个输出端之间的相位差非常小；

（3）每个输出端之间具有隔离特性。

由于 Wilkinson 功率分配/合成器是可逆网络，并且其任意两个输出端口之间都具有隔离特性，所以可以反向使用，也就是作为功率合成器使用，请注意这和电阻型功率分配器有所不同，后者只能作为信号分配应用。

作为功率合路器应用时，其插入损耗取决于被合成信号之间的幅度和相位关系。以二路 Wilkinson 功率分配/合成器（参见图 3.1）为例，如果两路合成输入信号为同频信号，其幅度和相位完全相等，则插入损耗为零；而如果相位差为 180°，则插入损耗为无穷大。对于两个不同频率的合成信号，其插入损耗为表 3.1 中分配损耗的理论值。

经过上述分析，可以发现 Wilkinson 功率分配/合成器可用于：

（1）信号的矢量加减；

（2）获得多个相位和幅度相等的信号；

（3）将一个信号分为多路输出；

（4）将不同的信号源合成为一个输出；

（5）提供射频信号的逻辑排列。

以下通过一些案例来介绍 Wilkinson 功率分配/合成器的应用。

用于同频大功率合成

Wilkinson 功率分配/合成器可用于同频大功率合成，见图 3.4，这种电路可以将二路放大器的功率相加。当其中一路放大器故障时，总输出功率会降低 6 dB（不是 3 dB）。这种合成电路的功率容量取决于输出功率合成器中隔离电阻的功率容量（应为其中一路放大器输出的一半），由于 Wilkinson 功率分配/合成器通常由微带电路制成，隔离电阻是内置的，所以较难做到大功率。几百瓦以上的功率合成应采用带状线结构的 3 dB 定向耦合器。

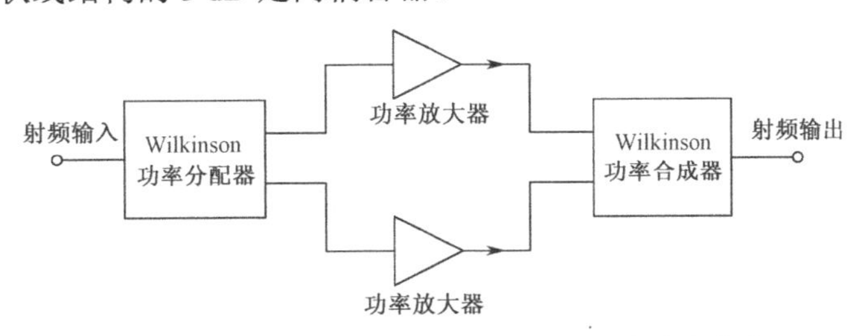

图 3.4　Wilkinson 功率分配/合成器用于大功率合成

用于异频功率合成

Wilkinson 功率分配/合成器可用于异频功率合成，见图 3.5。这种电路可以将两路异频放大器的功率合成一路输出，但每路的功率要损失一半。这种电路中，每路放大器都有一半功率要消耗在功率合成器的隔离电阻上。在异频合成应用中，更多见的是放大器的互调测量（见图 3.6），其中的隔离器是为了提高 Wilkinson 功率合成器的隔离度。

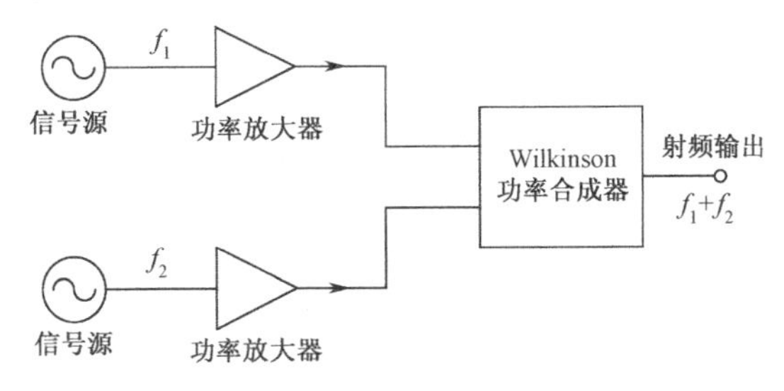

图 3.5　Wilkinson 功率分配/合成器用于异频功率合成

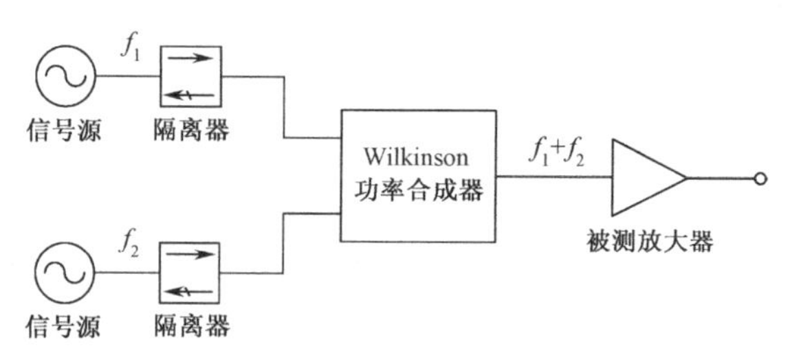

图 3.6　Wilkinson 功率分配/合成器用于放大器测量

用于接收机的抗干扰性测试

Wilkinson 功率分配/合成器可用于接收机的抗干扰性测试（见图 3.7）。在正常情况下，用综合测试仪来测试接收机的灵敏度，利用 Wilkinson 功率分配/合成器，可以外加一路或多路无用的干扰信号，以此来判定被测接收机的抗干扰性。

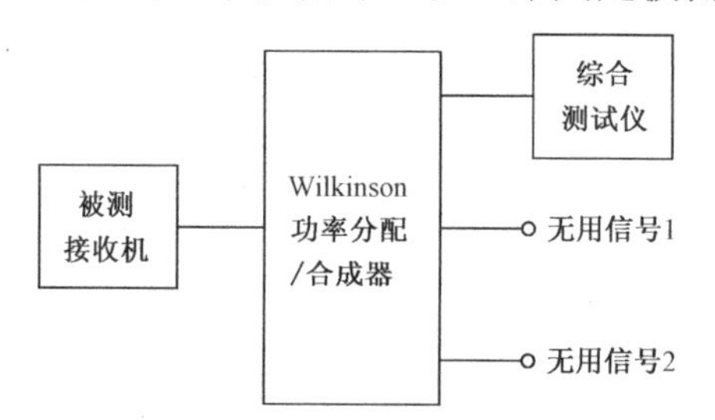

图 3.7　Wilkinson 功率分配/合成器用于接收机的抗干扰性测试

用于功率计校准

要同时获取两个幅度和相位一致性非常好的信号，可能非 Wilkinson 功率分配/合成器莫属了。利用这种特性，可以将其应用到功率计校准电路中（见图 3.8）。

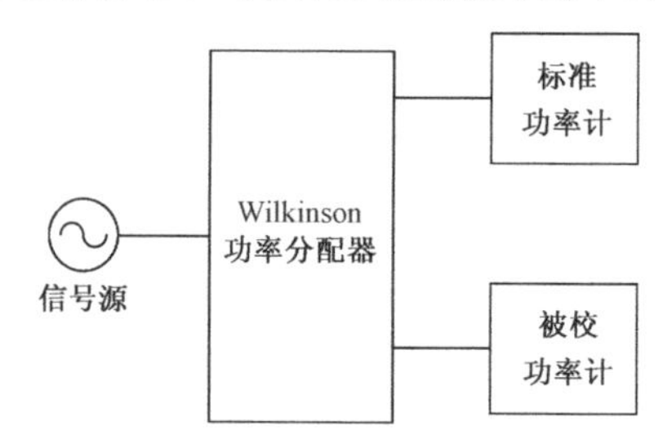

图 3.8　Wilkinson 功率分配/合成器用于功率计的校准

用于蜂窝手机杂散测试

Wilkinson 功率分配/合成器可用于蜂窝手机的杂散测试（见图 3.9）。当综合测试仪和被测手机建立通信后，被测手机的发射机开启，其发射信号通过 Wilkinson 功率分配/合成器的另外一路经过滤波器进入频谱分析仪。

笔者并不推荐这种测试方法，因为 Wilkinson 功率分配/合成器的隔离度并不是很好（典型值为 20 dB），综合测试仪的信号会有一部分泄漏到频谱分析仪而造成测试误差。相比之下，采用定向耦合器不失为一种更好的方法。

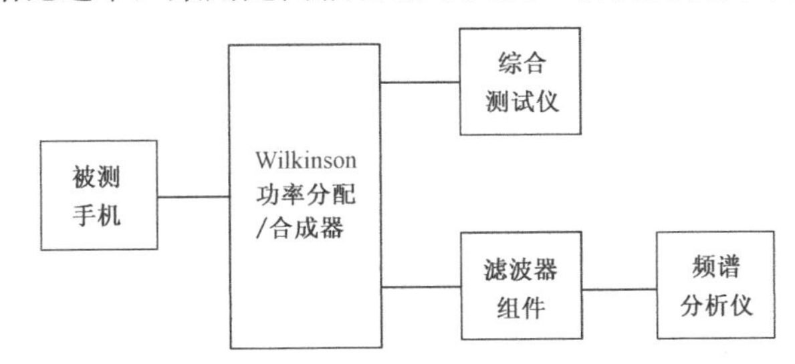

图 3.9　Wilkinson 功率分配/合成器用于蜂窝手机杂散测试

用于多制式终端测试

Wilkinson 功率分配/合成器可用于多制式终端的测试（见图 3.10）。三种不同制式（如 Wi-Fi，WiMAX，LTE）的信号经过可调衰减器进入一个三路 Wilkinson 功率分配/合成器后合成一路，然后被分成四路输出。这样，其中每个输出都包含有 Wi-Fi、WiMAX 和 LTE 信号，这个子系统可以同时测量四个多制式终端。如果测试者需要，可以将这种电路结构扩展至 $M \times N$ 个输入和输出通路。

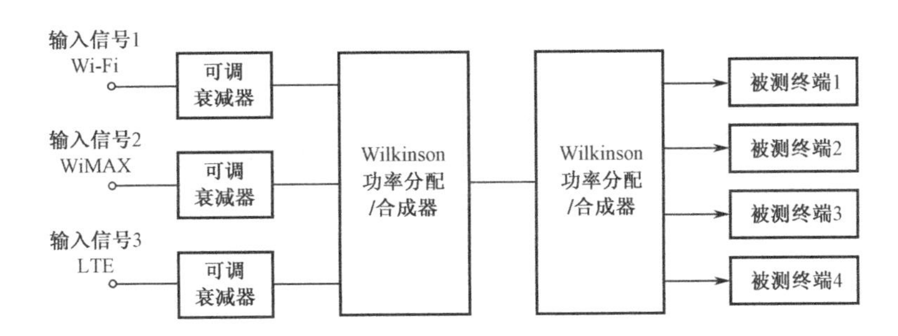

图 3.10　Wilkinson 功率分配/合成器用于多制式终端测试

3.2 定向耦合器

3.2.1 概述

定向耦合器是一种四端口网络，如图 3.11 所示。

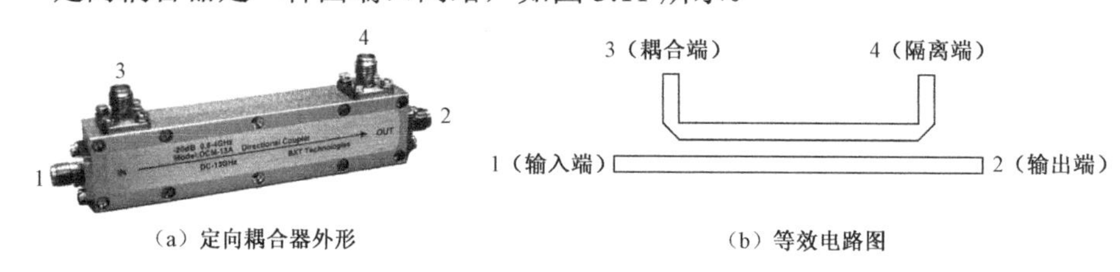

（a）定向耦合器外形　　（b）等效电路图

图 3.11 定向耦合器及其等效电路

定向耦合器是无源和可逆网络，图 3.11（a）是一个同轴定向耦合器的外形。理论上，定向耦合器是无耗电路，而且其各个端口均应是匹配的。图 3.11（b）定义了定向耦合器各端口的属性。当信号从端口 1 输入时，大部分信号从端口 2 直通输出，其中一小部分信号从端口 3 被耦合出来，端口 4 通常接一个匹配负载。如果要将定向耦合器反过来使用，则端口 1 和 2，端口 3 和 4 的属性要互换定义。

定向耦合器可以由同轴、波导、微带和带状线电路构成。通常，定向耦合器用于信号取样以进行测量和监测，信号分配及合成；此外，作为网络分析仪、天线分析仪和通过式（THRULINE®）功率计[1]等测试仪器的核心部件，定向耦合器所起的作用是正向和反射信号的取样。定向耦合器的方向性是一项至关重要的指标，尤其是在作为信号合成和反射测量应用时。

3.2.2 基本指标和定义

如图 3.11（b）所示，在理想情况下，当信号功率从端口 1 输入时，输出功率只应出现在端口 2 和端口 3，而端口 4 是完全隔离的，没有功率输出。但是在实际情况下，总有一些功率会泄漏到端口 4。设端口 1 的输入功率为 P_1，端口 2、3 和 4 的输出功率分别为 P_2、P_3 和 P_4，则定向耦合器的特性可以由耦合度、插入损耗、隔离度和方向性等四项指标来表征，单位均为 dB。

请注意，在以下的描述中，所有的指标均表示为正数，而在实际应用中，则是用负数来进行各种计算的。

耦合度

耦合度表示从端口 1 输入的功率和被耦合到端口 3 部分的比值，表示为：

$$C = 10 \times \lg \frac{P_1}{P_3} \tag{3.3}$$

式中，C 是耦合度（dB）；P_1 是端口 1 的输入功率；P_3 是端口 3 的输出功率。

插入损耗

插入损耗表示从端口 1 到端口 2 的能量损耗，表示为：

$$L_I = 10 \times \lg \frac{P_1}{P_2} \tag{3.4}$$

式中，L_I 是插入损耗（dB）；P_1 是端口 1 的输入功率；P_2 是端口 2 的输出功率。

请注意端口 1 的输入功率有一部分功率是被耦合到端口 3 的，所以应引入一个“耦合损耗”的概念。表 3.2 表示了在各种耦合度下的耦合损耗值。

表 3.2　定向耦合器的耦合度和耦合损耗的关系

耦合度	3 dB	6 dB	10 dB	20 dB	30 dB	40 dB	50 dB
耦合损耗	3.01 dB	1.256 dB	0.456 dB	0.043 6 dB	0.004 3 dB	0.000 4 dB	0.000 04 dB

通常所说的从端口 1 到端口 2 的插入损耗是传输损耗和耦合损耗之和。在定向耦合器的产品说明中通常会对此加以特别说明。

当定向耦合器用于测试和测量时，选取的耦合度比较小，如 20 dB 或 30 dB 甚至更小；而作为功率合成系统或者信号分配系统应用时，则会采用比较大的耦合度，如 3 dB、5 dB 和 7 dB 等。

隔离度和方向性

前面提到，在理想的定向耦合器中，当功率从端口 1 输入时，端口 4 是没有功率输出的，而实际上总会有一些功率从这个端口泄漏出来，这就是隔离度指标，表示为：

$$I = 10 \times \lg \frac{P_1}{P_4} \tag{3.5}$$

式中，I 是隔离度（dB）；P_1 是端口 1 的输入功率；P_4 是端口 4 的输出功率。

端口 1 和端口 4 之间隔离关系的另外一种表示方法是方向性，其定义是端口 3 的输出功率和端口 4 输出功率之比，表示为：

$$D = 10 \times \lg \frac{P_3}{P_4} \tag{3.6}$$

需要特别说明的是，耦合度、隔离度和方向性之间的关系为：

$$I = C + D \tag{3.7}$$

耦合度是一项设计指标，是根据使用要求而选定的，通常为 6、10、20 和 30 dB，这样隔离度指标也随之而变化，而方向性则是一个常数。

在大部分定向耦合器的指标中，通常只标出方向性指标，隔离度指标可以根据耦合度计算出来。例如，耦合度 $C = 30\ \text{dB}$，方向性 $D = 25\ \text{dB}$，则隔离度 $I = 30\ \text{dB} + 25\ \text{dB} = 55\ \text{dB}$。

在定向耦合器的各项指标中，要想把隔离度（方向性）指标做好恐怕是最难的。在某些应用场合，如信号合成、大功率反射信号测量、抗干扰性测量等，对定向耦合器的方向性有着很高的要求。

3.2.3　定向耦合器应用

用于功率合成系统

在多载频合成系统中，通常会用到 3 dB 的定向耦合器（俗称 3 dB 电桥），如图 3.12 所示。这种电路常见于室内分布系统，来自两路功率放大器的信号 f_1 和 f_2 经过 3 dB 定向耦合器后，每路的输出均包含了 f_1 和 f_2 两个频率分量，每个频率分量的幅度减小了 3 dB。如果将其中一个输出端接上吸收负载，另外一路输出可以作为无源互调测量系统的功率源。如果需要进一步提高隔离度，可以外加一些器件如滤波器和隔离器。一个良好设计的 3 dB 电桥的隔离度可以做到 33 dB 以上。

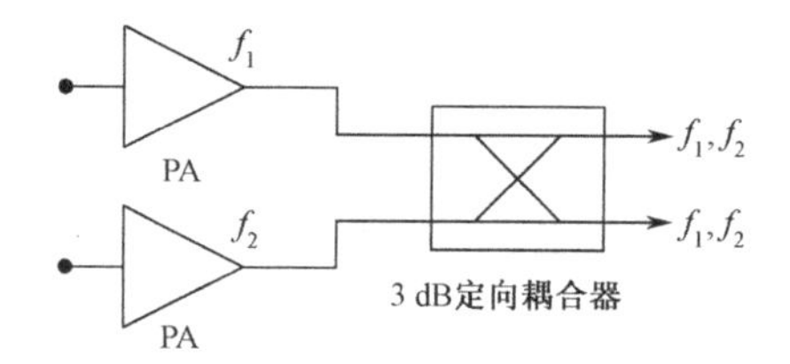

图 3.12　定向耦合器用于功率合成系统（一）

定向耦合器作为功率合成的另外一种应用见图 3.13（a）。在这个电路中，定向耦合器的方向性得到了巧妙的应用。假设两个耦合器的耦合度均为 10 dB，方向性均为 25 dB，则 f_1 和 f_2 端之间的隔离为 45 dB。如果 f_1 和 f_2 的输入均为 0 dBm，则合成后的输出均为–10 dBm。与图 3.13（b）中的 Wilkinson 耦合器（其隔离度典型值为 20 dB）相比，同样输入 0 dBm 的信号，合成后还有–3 dBm（未考虑插入损耗）。作为同样条件下的比较，我们将图 3.13（a）中的输入信号提高 7 dB，这样其输出就和图 3.13（b）一致了，此时，图 3.13（a）中 f_1 和 f_2 端的隔离度“降低”为 38 dB。最终的比较结果是，采用定向耦合器的功率合成方法要比 Wilkinson 耦合器高出 18 dB 的隔离度。这种方案适用于放大器的互调测量。

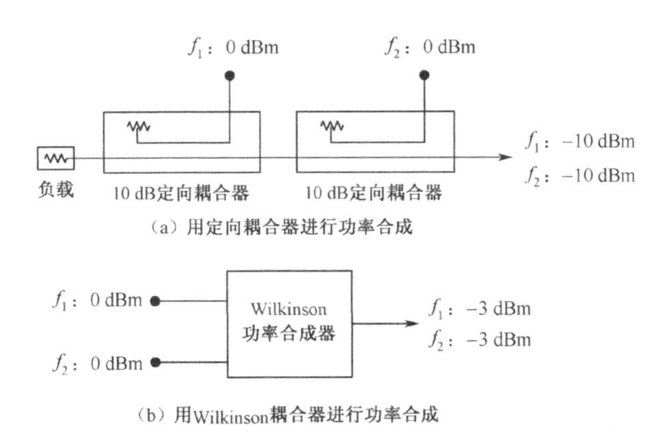

图 3.13　定向耦合器用于功率合成系统（二）

用于接收机的抗干扰性测量或杂散测量

在射频测试和测量系统中，经常可以见到图 3.14 所示的电路。如果 DUT（被测器件或设备）是接收机，则通过定向耦合器的耦合端可以向接收机注入一个邻道干扰信号，再通过接在定向耦合器的直通端的综合测试仪来测试接收机抗干扰性能。如果 DUT 是一台蜂窝手机，则通过接在定向耦合器耦合端的综合测试仪可以打开手机的发射机，再用频谱分析仪来测量手机的杂散输出。当然，在频谱分析仪前还要加一些滤波器电路，由于本例仅仅是讨论定向耦合器的应用，故略去了滤波器电路。

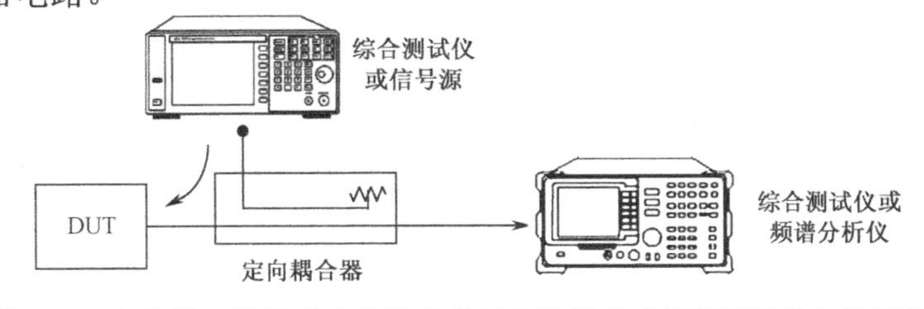

图 3.14　定向耦合器用于接收机的抗干扰性测量或蜂窝手机的杂散测量

在这个测试电路中，定向耦合器的方向性至关重要，接在直通端的频谱分析仪只希望收到来自 DUT 的信号，而不希望收到来自耦合端的信号。

用于信号取样和监测

发射机的在线测量和监测可能是定向耦合器最为广泛的应用之一。图 3.15 是定向耦合器用于蜂窝基站测量的典型应用，如果发射机的输出功率为 43 dBm（20 W），定向耦合器的耦合度为 30 dB，插入损耗（线路损耗加耦合损耗）为 0.15 dB，则耦合端有 13 dBm（20 mW）的信号送到基站测试仪，定向耦合器的直通输出为 42.85 dBm（19.3 W），而泄漏到隔离端的功率则被一个负载吸收掉了。

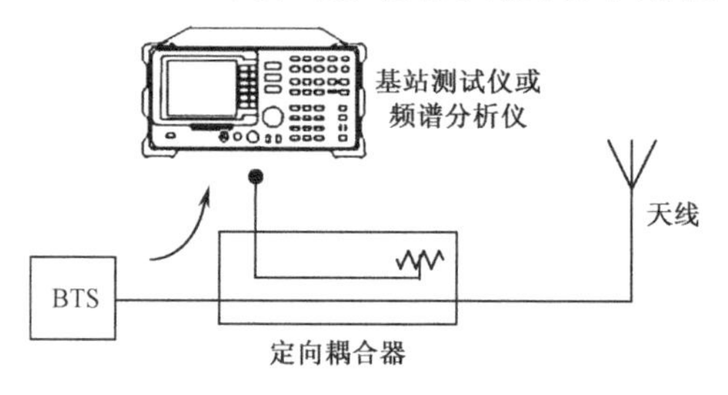

图 3.15　定向耦合器用于基站测量

几乎所有的发射机都可以采用这种方法进行在线取样和监测，可能也只有这种方法可以保证发射机在正常工作情况下的性能测试。但要说明的是，同样是发射机的测试，不同测试者的关注点是有所不同的。以 WCDMA 基站为例，运营商所关注的必然是其工作频段内（2 110～2 170 MHz）的指标，如信号质量、道内功率、邻道功率等，在这个前提下，制造商会在基站的输出端安装一个窄带（如 2 110～2 170 MHz）定向耦合器，以随时监测发射机的带内工作情况并送至控制中心。

如果是无线电频谱的监管者——无线电监测站来测量基站的指标，其关注点就完全不同，根据无线电管理规范的要求，测试频率范围被扩展到 9 kHz～12.75 GHz，被测基站在如此宽的频段内会产生多少杂散辐射并干扰其他基站的正常工作？这是无线电监测站所关注的问题。此时，需要同样带宽的定向耦合器进行信号的取样，但是能覆盖 9 kHz～12.75 GHz 的定向耦合器似乎并不存在。我们知道，定向耦合器耦合臂的长度与其中心频率有关，一个超宽带的定向耦合器的带宽可以做到 5～6 倍频程，如 0.5～18 GHz，而 500 MHz 以下的频段则无法覆盖到。

用于大功率在线测量

在通过式功率测量技术中，定向耦合器是一个十分关键的器件。图 3.16 所示是典型的通过式大功率测量系统原理图，来自被测放大器的正向功率被定向耦合器正向耦合端（3 端）取样出一小部分送至功率计，而来自负载的反射功率则被反向耦合端（4 端）取样出一小部分送至功率计。

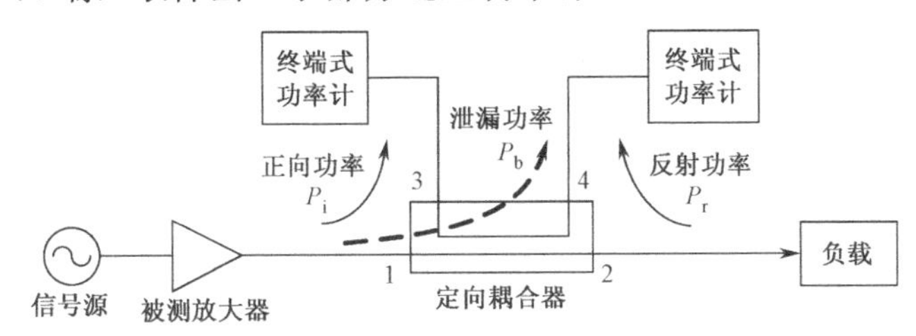

图 3.16 定向耦合器用于大功率测量

请注意，反向耦合端（4 端）除了收到来自负载的反射功率以外，还会收到来自正向（1 端）的泄漏功率，这是由定向耦合器的方向性所导致的。反射功率是测试者所希望测到的，而泄漏功率则是造成反射功率测量误差的主要来源。反射功率和泄漏功率在反向耦合端（4 端）叠加后一起被送至功率计，由于两个信号的传输路径不同，所以是矢量叠加。如果输入到功率计的泄漏功率的大小可以和反射功率相比拟，则会产生很大的测量误差。这就引出了下一节的话题——进一步讨论定向耦合器的方向性。

当然，来自负载（2 端）的反射功率也会泄漏到正向耦合端（1 端，图 3.16 中没有画出），但是其大小与正向功率相比非常小，所以对正向功率的测量所产生的误差可以忽略不计。

3.2.4 进一步讨论定向耦合器的方向性

让我们仍然参照图 3.16，通过一个案例来进一步讨论定向耦合器的方向性。假设被测放大器的输出功率为 50 dBm（100 W），负载的 VSWR 为 1.5（反射功率为 36 dBm，即 4 W），定向耦合器的耦合度为 30 dB，则从 1 端耦合到 3 端功率计的正向功率为：

$$P_i = 50\ \text{dBm} - 30\ \text{dB} = 20\ \text{dBm} = 100\ \text{mW}$$

从 2 端耦合到 4 端功率计的反射功率为：

$$P_r = 36\ \text{dBm} - 30\ \text{dB} = 6\ \text{dBm} = 4\ \text{mW}$$

如果定向耦合器的方向性为无穷大，那么 1 端的功率不会泄漏到 4 端，接在 4 端的功率计的指示功率为 4 dBm，此时方向性误差为零，但实际上这种理想情况是不存在的。

如果定向耦合器的方向性为 25 dB，则 1 端和 4 端之间的隔离度为：

$$I = 30\ \text{dB} + 25\ \text{dB} = 55\ \text{dB}$$

从 1 端泄漏到 4 端的泄漏功率为：

$$P_b = 50\ \text{dBm} - 55\ \text{dB} = -5\ \text{dBm} = 0.316\ \text{mW}$$

如果定向耦合器的方向性为 40 dB，则 1 端和 4 端之间的隔离度为：

$$I = 30\ \text{dB} + 40\ \text{dB} = 70\ \text{dB}$$

从 1 端泄漏到 4 端的泄漏功率为：

$$P_b = 50\ \text{dBm} - 70\ \text{dB} = -20\ \text{dBm} = 0.01\ \text{mW}$$

显而易见，当方向性为 40 dB 时泄漏到 4 端口的功率明显小于方向性为 25 dB 时的泄漏功率，也就是说方向性越高，则反射测量的精度越高。

反过来看 2 端到 3 端的泄漏功率，即使在方向性为比较差的 25 dB 的前提下，也只有 $36\ \text{dBm} - 55\ \text{dB} = -19\ \text{dBm} = 0.013\ \text{mW}$，远小于 P_i（100 mW），所以方向性对正向功率的测量误差可以忽略不计。表 3.3 描述了当定向耦合器的方向性为 25 dB 和 40 dB 时，正向和反射功率的测量误差，具体的计算过程将在第 7 章（射频功率测量）中加以讨论。

表 3.3　定向耦合器方向性对测量误差的影响

	方向性 D=25 dB			方向性 D=40 dB		
	负载驻波	正向功率	反射功率	负载驻波	正向功率	反射功率
实际值	1.5	100 W	4 W	1.5	100 W	4 W
测量范围	1.33～1.70	97.8～102.3 W	2.1～6.6 W	1.47～1.53	99.6～100.4 W	3.6～4.4 W
误差范围	−0.17～+0.2	−2.2%～+2.3%	−48%～+64%	−0.03～+0.03	−0.4%～+0.4%	−10%～+10%

换一个角度来看上述案例，还有一个有趣的发现，即泄漏功率 P_b 仅为方向性的函数，也就是说，当 1 端输入功率不变时，4 端的泄漏功率 P_b 也是不变的。在这种情况下，当被测负载的 VSWR 变化时，泄漏功率 P_b 对测量结果的影响程度是不同的，被测 VSWR 越小，反射功率也越小，泄漏功率 P_b 越接近实际反射功率，对测量精度的影响越大；反之，被测 VSWR 越大，反射功率也越大，泄漏功率 P_b 越小于实际反射功率，对测量精度的影响越小。

这个结论实际上是揭示了射频测量中一个浅显却非常重要的准则：一个测量系统自身的指标越高于被测器件的指标，则测量精度越高。在下篇（系统篇）中，将进一步讨论这个问题。

第4章 滤波器

本章介绍滤波器的指标、类型和应用，并通过一个实际案例详细介绍滤波器的特性。其中有关滤波器应用方法的描述对于各种发射机的杂散测试具有实用价值。

4.1　概述

滤波器是一种选频电路，它可以让某些频率通过而抑制其他频率。在需要的场合，滤波器就像“门神”一样把守着射频和微波通路，它可以让需要的信号通过，而将不需要的信号拒之门外。图 4.1 是一个滤波器的典型应用。

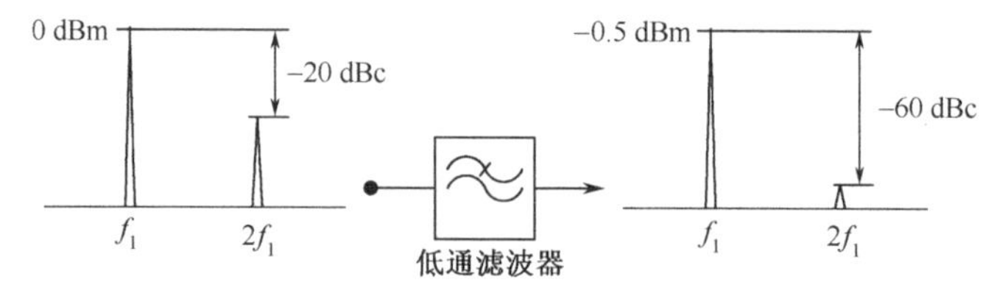

图 4.1　滤波器的典型应用

当一个信号源产生 0 dBm 的载频信号（f_1）时，同时也会产生一个–20 dBm 的二次谐波（$2f_1$）。如果这个二次谐波信号会影响系统的正常工作或者影响测试系统的测试精度，那么可以在其通路上设一个“门神”——低通滤波器，经过低通滤波器后，有用的载频信号被衰减了 0.5 dB，而二次谐波则被抑制了 40 dB。

滤波器可分为低通、高通、带通和带阻等四种，如图 4.2 所示。

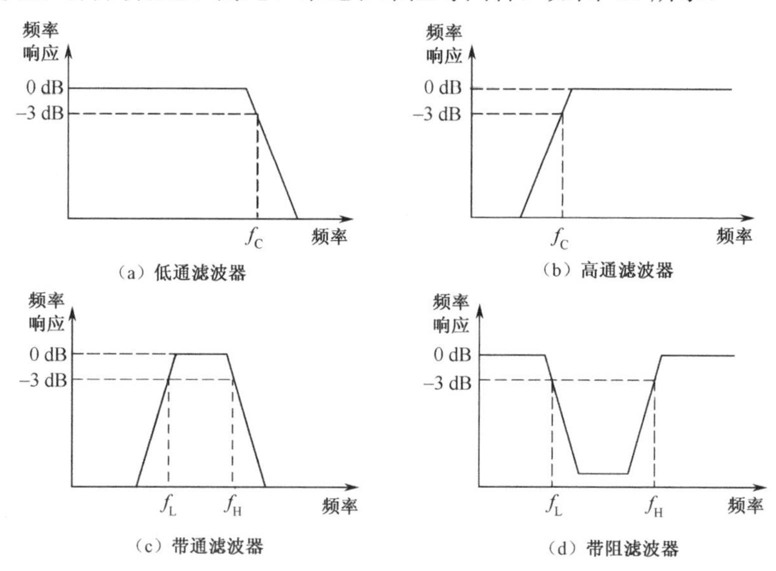

图 4.2　滤波器的类型

低通滤波器（见图 4.2（a））可以让低于–3 dB 截止频率（f_c）以下直至直流的信号都通过，而高于 f_c 的信号则被抑制。

高通滤波器（见图 4.2（b））与低通滤波器相反，它可以让高于–3 dB 截止频率（f_c）以上的信号都通过，低于 f_c 的信号则被抑制。但要注意的是，其通带的上限是有一定限制而不是无限延伸的。

带通滤波器（见图 4.2（c））可以让–3 dB 频段内（f_L～f_H）的信号通过，而其他频段的信号则被抑制。带通滤波器可由低通滤波器和高通滤波器组合而成，也可用 1/4 波长谐振腔构成。

带阻滤波器（见图 4.2（d））也被称为陷波器，与带通滤波器刚好相反，它抑制了–3 dB 频段内的信号（f_L～f_H），而让其他频段的信号通过。同样要注意的是，带阻滤波器阻带的上限和下限都是有限制而不是无限延伸的。

4.2 滤波器的指标

有时候我们会听到“我需要一个 900 MHz 的滤波器”这样的需求，很明显这些信息完全不足以定义一个滤波器。要准确定义一个滤波器，需要了解以下指标。

通带频率范围和插入损耗

滤波器的通带频率范围是指插入损耗小于某个指定值时的相应频率范围。图 4.2（a）中的直流至 f_c、图 4.2（b）中的 f_c 至以上的某个频段、图 4.2（c）中的 f_L～f_H，分别指低通、高通和带通滤波器的通带频率范围。而对于带阻滤波器，通带频率范围则是指图 4.2（d）中的直流至 f_L 以及 f_H 至以上的某个频段。注意，并不是所有带阻滤波器都可以覆盖到直流。

通带频率范围内的插入损耗定义为滤波器的输入功率和输出功率之比。通常以–3 dB 作为定义标准，也就是常说的所谓“3 dB 带宽”。在某些测试和测量应用（如频谱测量）中，滤波器的通带插入损耗并不十分重要，因为滤波器所产生的插入损耗可以作为系统误差的一部分在最终结果中被修正。而在大功率应用中，滤波器的损耗则非常重要，即使只有 1 dB 的插入损耗，功率损失也会达到约 20%。

带外抑制和截止频率

带外抑制指滤波器在定义的通带频率范围以外的衰减，或者针对某个特定频段的衰减。例如，一个通带为 925～960 MHz 的带通滤波器，针对 880～915 MHz 要求衰减 70 dB 以上。

有时候会听到这样的要求：“我需要一个带通滤波器，通带频率为 885～915 MHz，在 884 MHz 处的抑制要大于 70 dB。”这个要求显然不可实现，因为带外抑制是渐变的，而不是 90° 急剧变化。在实际的滤波器幅频特性中，通带和阻带之间没有明显的界限，在通带和阻带之间存在一个过渡带（见图 4.3）。例如，将 DC 到 f_c 定义为滤波器的通带，将抑制 40 dB 以外的频段定义为滤波器的阻带，从图 4.3 可以发现，从损耗 3 dB 至衰减 40 dB 之间，不会是个突变的过程，而是个渐变的过程，这一段被称为过渡带。

通常，使用者会要求过渡带内的变化尽可能陡峭，即过渡带尽可能窄，这就需要增加滤波器的节数，也就会增加通带插入损耗和成本。一个 12 节的带通滤波器，在离通带边缘 5 MHz 处的抑制度可以做到 30 dB 以上。

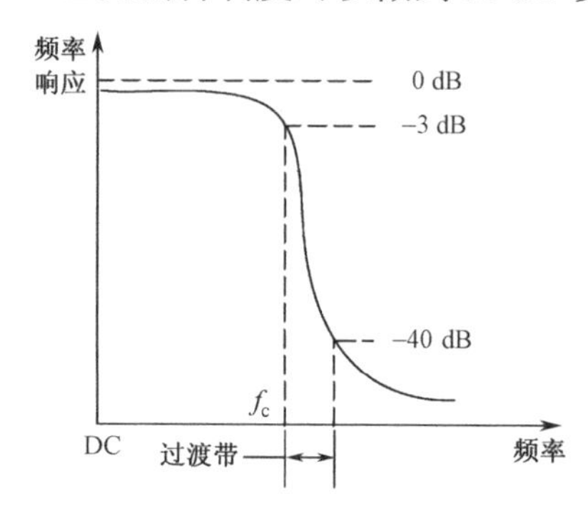

图 4.3　滤波器过渡带的描述

带通滤波器的 Q 值

对于带通滤波器，可以用 Q 值（品质因子）来描述其通带的带宽，见图 4.4。

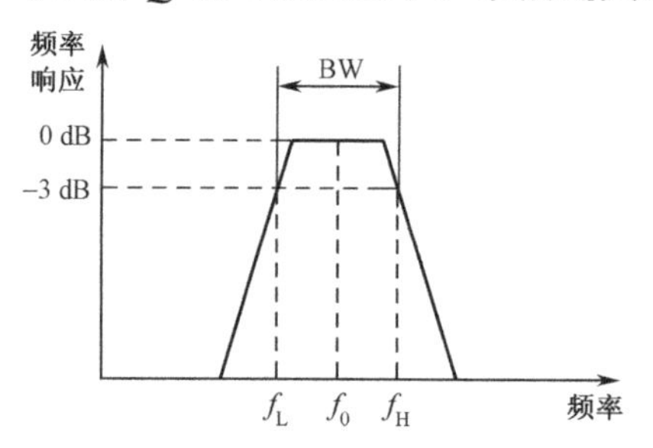

图 4.4　滤波器的 Q 值

在图 4.4 中，f_L 和 f_H 分别为通带的起始频率和终止频率，f_0 为中心频率，BW 为通带的带宽，其中

$$\mathrm{BW} = f_H - f_L \tag{4.1}$$

$$f_0 = \sqrt{f_L \times f_H} \tag{4.2}$$

Q 值定义为中心频率和带宽的比值：

$$Q=\frac{f_0}{\text{BW}} \tag{4.3}$$

若 $f_L = 117$ MHz，$f_H = 123$ MHz，则 BW = 6 MHz，$f_0 = 120$ MHz，可以求得 $Q = 20$。

Q 值描述了一个带通滤波器的通带的宽与窄，如果 Q 值高，则说明这个滤波器的过渡带更加陡峭，反之则平缓。但是，Q 值不能准确描述过渡带的形状，从式（4.3）可以发现，Q 值只与中心频率和 3 dB 带宽有关，而无论 3 dB 以下的过渡带如何变化，按照式（4.3）算出来的 Q 值是不变的。但实际上滤波器的级数越多，其过渡带就越陡峭，而 3 dB 带宽是不变的，所以要定量描述一个滤波器过渡带的形状，用矩形系数也许更加确切。

矩形系数

带通滤波器的波形形状还可以用矩形系数来描述，其定义是阻带带宽和通带带宽的比值，如图 4.5 所示。矩形系数可以定义为某个带外抑制带宽和 3 dB 带宽的比值，如 30 dB∶3 dB，或者 50 dB∶3 dB 等，让我们以图 4.5 为例来说明。

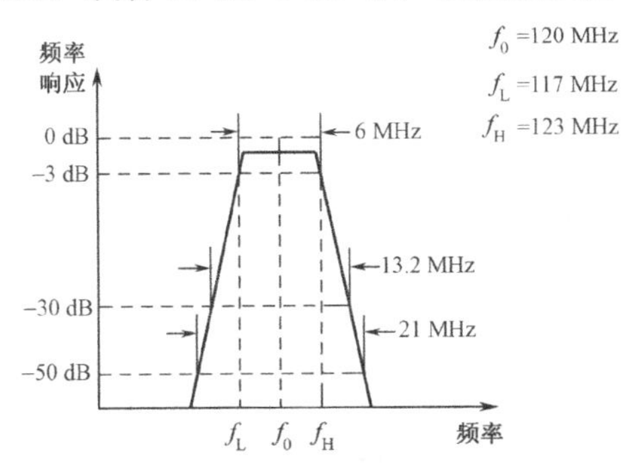

图 4.5　滤波器的矩形系数

在图4.5中，设计者定义了3 dB带宽、30 dB带宽和50 dB带宽，分别为6 MHz、13.2 MHz 和 21 MHz，可以计算出其矩形系数为：

$$30\text{ dB} : 3\text{ dB} = 13.2 : 6 = 2.2 : 1$$

$$50\text{ dB} : 3\text{ dB} = 21 : 6 = 3.5 : 1$$

矩形系数越小，说明这个滤波器的过渡带越窄，理想的矩形系数为 1∶1。比较 Q 值和矩形系数这两种描述方法，我们可以发现，Q 值更加抽象，而矩形系数对带通滤波器形状的描述更加直观。任何滤波器的过渡带都可以用矩形系数来描述，如图 4.6 所示。

我们以截止频率 f_c 作为基准，将达到不同损耗或者抑制值时的带宽都与之相比，这些比值可以准确地定义过渡带的情况，图 4.6 中表示了带内损耗（1 dB）和带外抑制（20 dB 和 40 dB）频率与截止频率的关系。不同类型的滤波器的过渡带都可以用这种方法来加以描述。

腔体滤波器比 LC 滤波器有着更高的 Q 值或者更小的矩形系数。

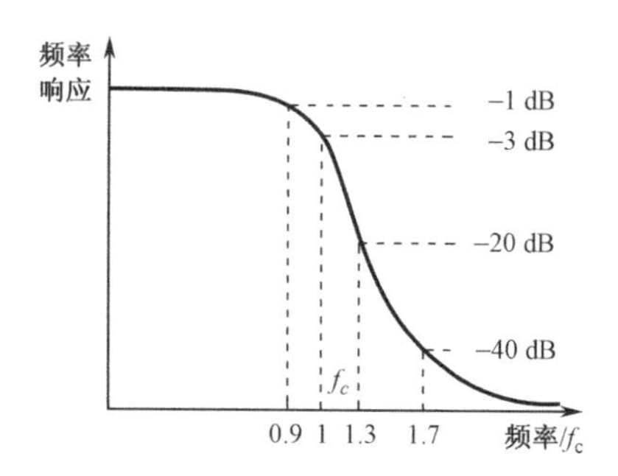

图 4.6　用矩形系数描述滤波器的过渡带

功率容量

滤波器的功率容量和其体积成正比，通常腔体滤波器的功率容量要大于微带滤波器。

VSWR

滤波器的 VSWR 定义与其他射频和微波器件一样。要注意的是，通带的典型 VSWR 可小于 1.3；而在阻带范围内，滤波器是失谐的，其 VSWR 理论上为无穷大，实测典型值大于 18。

正确理解滤波器的这种特性有助于滤波器的应用。让我们再来回顾本章开始的案例（参见图 4.1），一个带着谐波的载频信号进入滤波器，结果载频信号通过了滤波器，而原本–20 dBm 大小的谐波，在经过滤波器后衰减了 40 dB，这部分信号去哪里了？是被滤波器吸收了吗？答案是否，实际上谐波信号位于滤波器的阻带，绝大部分被滤波器反射回源的方向了。

介绍到这里，我们可以用一个实测的带通滤波器指标来总结。图 4.7 是一个 GSM900 基站的上行带通滤波器，其中细线条的曲线为 S_{21}，粗线条的曲线为 S_{11}。这个滤波器的通带范围为 880～915 MHz 共 35 MHz，通带内的典型插入损耗（标记点 1，−0.4766 dB）出现在 897.5 MHz 位置；3 dB 带宽为 877.365～917.650 MHz（标记点 2 和 3）共 40.285 MHz；30 dB 带宽为 868.497～920.738 MHz（标记点 4 和 5）共 52.241 MHz，30 dB:3 dB 比值为 1.30:1；50 dB 带宽为 858.739～922.5 MHz（标记点 6 和 7）共 63.563 MHz，50 dB:3 dB 比值为 1.58:1。如果将 50 dB 抑制定义为带外抑制，那么滤波器右侧下降沿的过渡带为 922.5 MHz –917.65 MHz = 4.85 MHz，可见这个滤波器的形状是非常陡峭的。

再看看 S_{11}，在通带内的回波损耗典型值小于-21.7 dB（915.6 MHz，标记点 9），这意味着通带内的驻波小于 1.179；而在阻带范围内，滤波器呈现较大的回波损耗，如在 30 dB 抑制点（标记点 4）对应的回波损耗为-0.229 dB（868.5 MHz，标记点 10），这意味着这个频率点的信号基本上被反射回源方向。

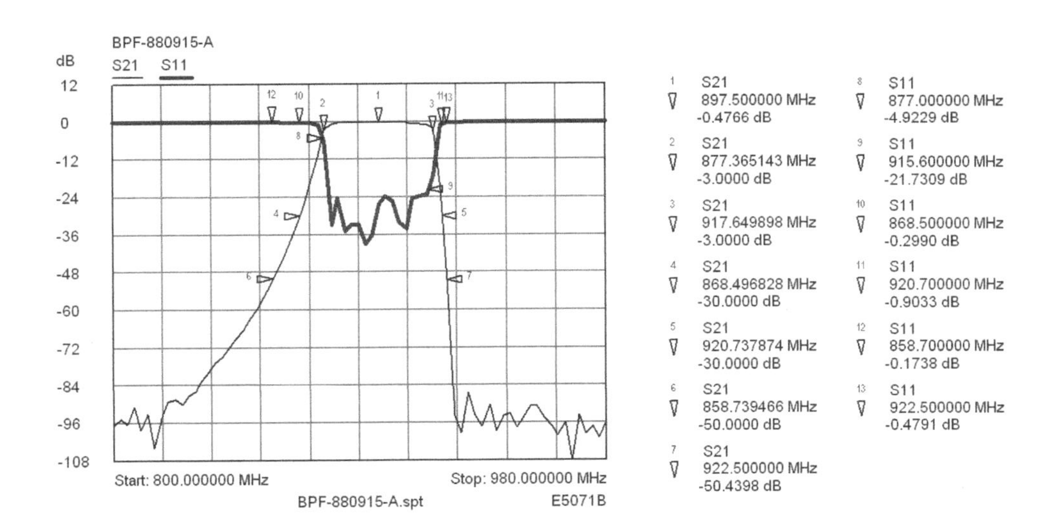

（a）实测指标

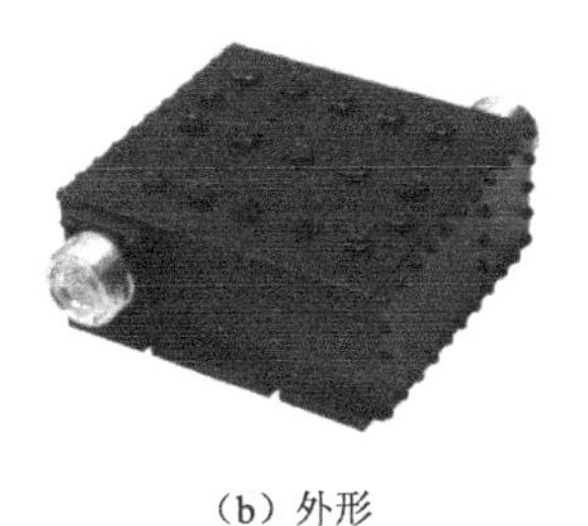

（b）外形

图 4.7　滤波器实例——GSM900 上行带通滤波器

寄生通带

寄生通带是微波滤波器的特有指标，是由分布参数频率响应的周期性所引起的，其表现就是在离通带（或阻带）一定的频率间隔处又重复出现了通带（或阻带）。笔者时常听到这样的需求：在 9 kHz～12.75 GHz 频率范围内，抑制 935～960 MHz，保留其他频段的信号都通过。实际上这种滤波器是不存在的，要达到上述目的，恐怕只能靠一系列的滤波器组件来完成。

无源互调

滤波器的无源互调指标近年来越来越被重视，当然是在满足多载频和足够大的功率的前提下，最突出的问题体现在蜂窝通信系统和室内分布系统的大功率通路上。我们知道滤波器的作用就是让需要的信号通过，抑制不需要的信号。在图 4.8 中，两个带有大互调的载频信号输入到带通滤波器，然后我们发现大部分的三阶互调产物被滤波器抑制了。

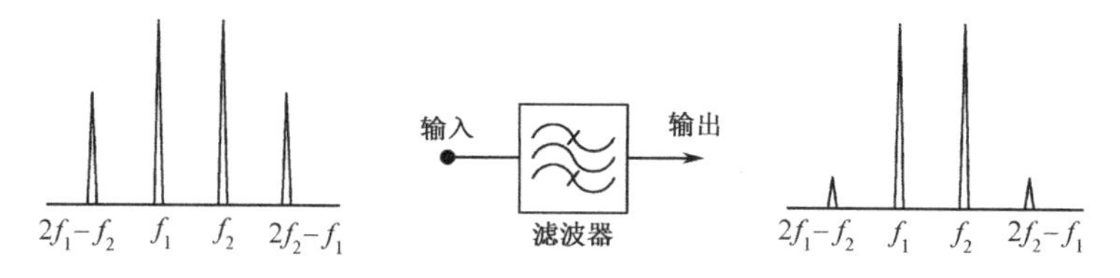

图 4.8　滤波器在抑制互调产物的同时，自身也会产生互调产物

一个有趣的现象是，在图 4.8 输出端的互调产物中，除了来自输入端的剩余互调产物以外，还包含了滤波器自身在两个大功率载频作用下所产生的无源互调产物。实际上，在滤波器的输入端就已经产生了一部分无源互调，这些无源互调会被滤波器滤除掉，但是在滤波器的输出端所产生的无源互调，滤波器就无能为力了。图 4.9 从另一个角度证明了这一点，即使输入信号非常纯净，不包含任何互调产物，经过滤波器后也会产生无源互调。笔者在研制无源互调测量系统的过程中，对这一点有较深的体会。

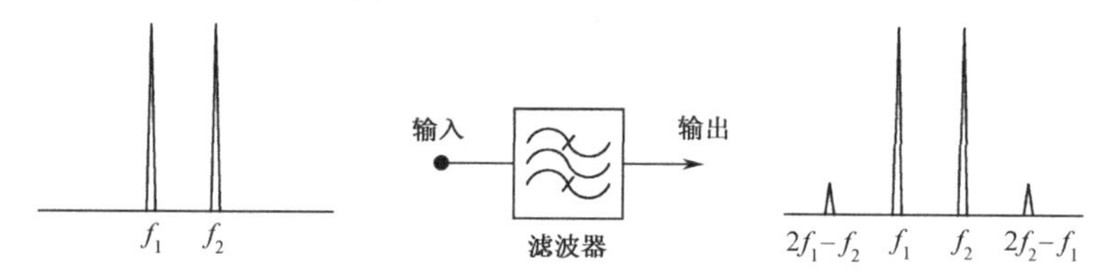

图 4.9　滤波器产生互调产物的过程

在现代蜂窝通信系统中，对于大功率场合应用的滤波器的无源互调提出了很高的要求，典型指标是−153 dBc（@2×43 dBm）。要做到良好的无源互调指标并非易事，除了材料以外，加工和调试工艺也相当重要。有关无源互调的详情，请参阅第 10 章（无源互调测量）。

4.3　双工器和多工器

双工器和多工器由不同频率的滤波器组合而成，其基本工作原理如图 4.10 所示，其中Δf_1和Δf_2分别是两个滤波器的频段，这两个频段必须完全不重叠。从端口 1 输入的信号通过滤波器从端口 3 输出，其幅度损失就是滤波器的插入损耗；另有一小部分信号没有被Δf_2滤波器完全滤除，而从端口 2 泄漏出来。1 端的输入功率和 2 端的泄漏功率的比值称为隔离度，这是双工器和多工器的重要指标。

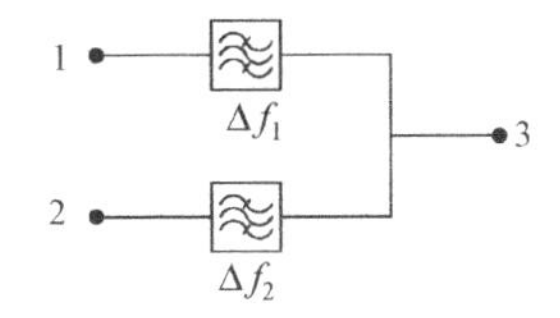

图 4.10　双工器和多工器的基本工作原理

比较 Wilkinson（威尔金森）耦合器（即常说的功率分配/合成器）、3 dB 电桥和多工器，这三种器件都可以作为功率合成器使用。其中 Wilkinson 耦合器和 3 dB 电桥可以同频功率合成，除了通路损耗以外不会产生额外的损耗，但是作为异频功率合成，这两种电路都会产生 3 dB 的额外损耗；而由滤波器组成的多工器则只能作为异频合成，但是它除了通路损耗以外，没有额外的损耗。

双工器常用于天线的收发共用，如在频分双工（FDD）系统中，双工器可以将发射机和接收机的频率分离开来（见图 4.11）。而多工器则作为合路器常用于多部发射机的发射天线共用（见图 4.12）。

图 4.11　双工器的应用　　图 4.12　多工器的应用

双工器的英文名词为 Duplexer，其中的“*u*”来自“Circ***u***lator”（环流器），因为环流器就有双工器的功能（参见第 5 章）；而代表多工器的 Diplexer（双工器）和 Triplexer（三工器）中的“*i*”，则来自“Filter”（滤波器）一词。

4.4 可调滤波器

可调滤波器分为可调带通和可调带阻两类，是一种测试和测量应用的产品（见图 4.13）。通常，可调滤波器可提供 1 倍频程的可调频率范围，如 500～1 000 MHz，其典型相对带宽为 5%。可调滤波器在频谱测试和测量中应用非常方便，适应性也很强，但是要注意的是，可调滤波器最好在小信号场合下使用，在大信号场合使用时，容易因为误操作而导致频谱分析仪的损坏。

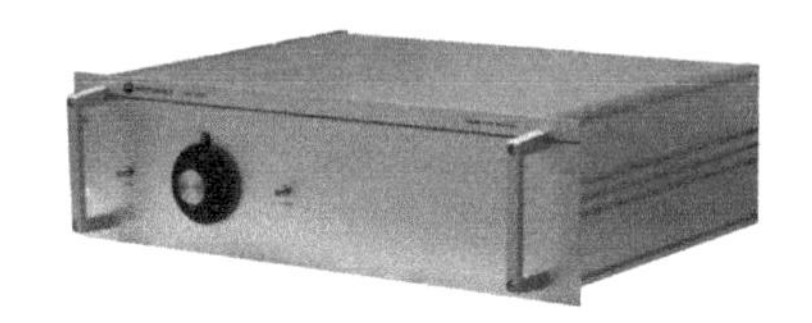

图 4.13　可调带通滤波器

4.5 滤波器在测试和测量应用中的基本方法

在测试和测量中，滤波器的作用是滤除信号源的谐波或者滤除进入频谱分析仪的大信号等，其连接方法有反射式和吸收式两种。

4.5.1 反射式测量法

所谓滤波器的反射式测量法，就是将需要抑制的信号频率置于滤波器的通带外，而将需要测量的杂散信号置于通带内，利用滤波器在阻带的失谐特性，将需要抑制的信号反射回去。图 4.14 所示是一个发射机的杂散测试电路。

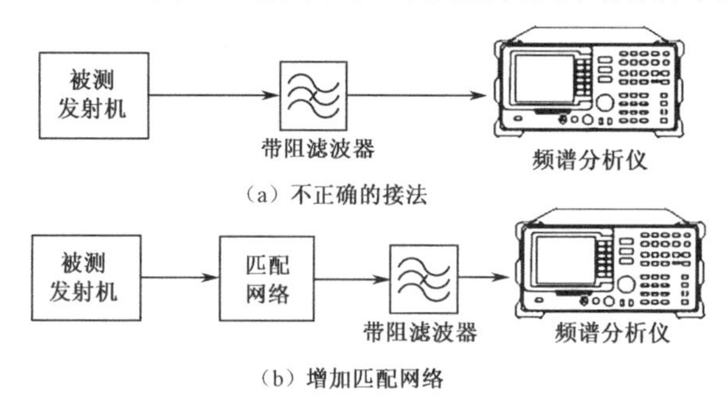

图 4.14　反射式测量法

图 4.14（a）是一种不正确的连接方法，带阻滤波器的阻带与发射机的载频相同，测试者希望能抑制载频而保留杂散信号，但发射机的输出信号被滤波器全反射回来，而通常发射机都有失配监测和保护电路，所以在图 4.14（a）的连接方法中，往往会出现发射机的输出 VSWR 监测和保护电路认为系统出了故障而切断发射机的射频输出的情况。

正确的接法如 4.14（b）所示，在滤波器和发射机的中间接一个匹配电路。这个匹配电路可采用铁氧体器件、衰减器或耦合器来实现。

采用铁氧体器件作为匹配网络并非良策，因为这种器件本身具有非线性特性。当有两个大信号同时进入铁氧体器件时，将会产生很大的互调信号，而这些互调信号将会影响测量结果。请注意，即使是单载频信号进入铁氧体器件，也会产生谐波信号。此外，铁氧体器件是窄带器件，也不能用来测量宽带范围内的杂散信号。

衰减器也可以作为匹配网络使用，这种器件具有宽带特性，而且线性特性也优于铁氧体器件。但是，普通的集总参数衰减器也会产生较大的无源互调，所以如果要测量发射机的三阶互调特性，同样需要注意衰减器的自身互调指标，应比被测发射机的测试目标低至少 10 dB。采用专用的低互调衰减器不失为一种好的选择。

定向耦合器也可以用在这个场合，但是这种器件不容易同时实现宽带和大功率，所以也要根据实际情况进行选择。

4.5.2 吸收式测量法

在反射式测量法中，一部分杂散信号被匹配电路衰减了。在某些场合，如蜂窝基站的收发干扰保护或无源互调测量，被测的信号非常小，可以采用吸收式测量法（见图 4.15）将载频和被测信号分离，这样就可以将被测信号不加衰减地送到频谱分析仪中。

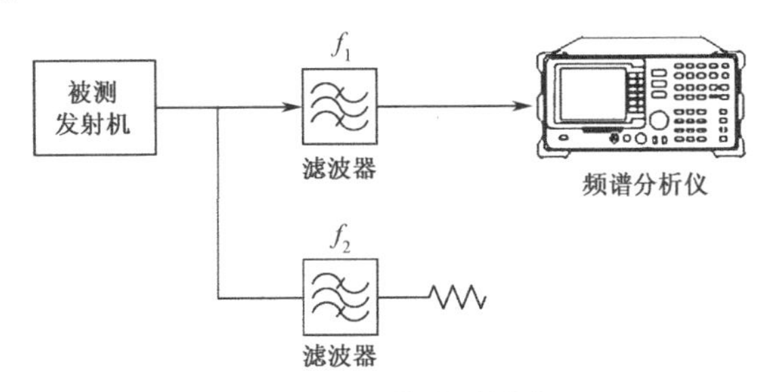

图 4.15　吸收式测量法

第5章 隔离器

本章介绍铁氧体环流器和隔离器的指标及应用，重点描述环流器和隔离器的非线性特性，即无源互调特性。

5.1　概述

环流器和隔离器是由铁氧体（一种强磁性材料）制成的各向异性的微波无源器件。环流器是三端口器件，见图 5.1（a）；而隔离器是二端口器件，将环流器的其中一端接上匹配负载，就成了隔离器，见图 5.1（b）。

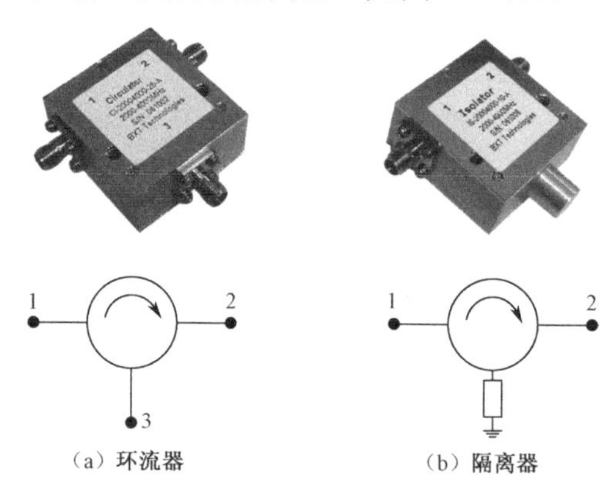

（a）环流器　　（b）隔离器

图 5.1　环流器和隔离器

环流器和隔离器提供了一个单向的传输通路，允许射频信号只朝一个方向通过（低损耗），而在其他方向则产生很大的损耗（隔离）。为了更容易理解环流器的工作原理，我们用一个通俗的例子来进行比喻：在一个装有水的杯子里撒一些胡椒粉，然后用棍子顺时针搅动，你会发现胡椒粉会顺着水流的方向转动，而不会朝反方向转动；逆时针旋转亦然。铁氧体材料所产生的磁场类似于杯子中的水流，在磁场的作用下，微波和射频信号只会顺着一个方向传输，反方向的传输则被阻止。

回到图 5.1（a），从 1 端输入的信号会从 2 端输出。当 2 端匹配时，信号被接在 2 端的负载所吸收；当 2 端失配时，反射信号会流到 3 端而不是 1 端。同理，从 2 端输入的信号会从 3 端输出，从 3 端输入的信号会从 1 端输出。

5.2　环流器及隔离器的基本指标及定义

环流器和隔离器的基本指标包括插入损耗、隔离度和 VSWR。由于环流器和隔离器是由带有磁滞特性的铁氧体材料制成的，而且常用于大功率场合，所以其非线性特性也越来越被重视。在本章和第 10 章（无源互调测量）中，将详细讨论这个问题。

插入损耗

环流器的插入损耗即为 S_{21}、S_{32} 和 S_{13} 参数；而隔离器的插入损耗则仅指 S_{21} 参数。环流器和隔离器的典型插入损耗小于 0.4 dB。图 5.2 是用网络分析仪所测得的一个 820～960 MHz 隔离器的典型插入损耗。

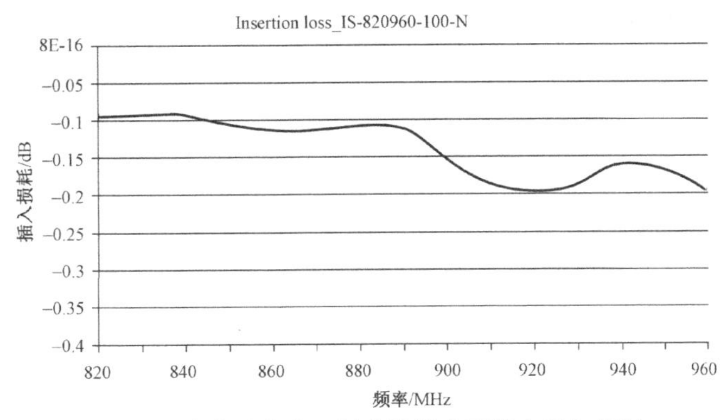

图 5.2　小信号状态下隔离器的典型带内插入损耗

有趣的是，环流器和隔离器是窄带器件，在设计带宽以外存在较大的插入损耗（见图 5.3）。一些整机设计师巧妙地利用了环流器和隔离器的这种特性，将其作为“滤波器”使用，用来滤除放大器产生的谐波，这样可以减小整机的空间和成本。假设将图 5.3 所示的隔离器用于一个功率放大器的输出端，当载频为 935 MHz 时，在其二次谐波 1 870 MHz 的位置，隔离器的损耗大于 24 dB。也就是说，这个放大器的二次谐波被隔离器抑制了超过 24 dB。但是从器件设计师的角度看，无法对带外抑制特性提出量化指标。此外，还有一个需要考虑的问题是，在大功率的作用下，环流器和隔离器本身也会产生一定的谐波分量，在 5.3 节中将会详细讨论。

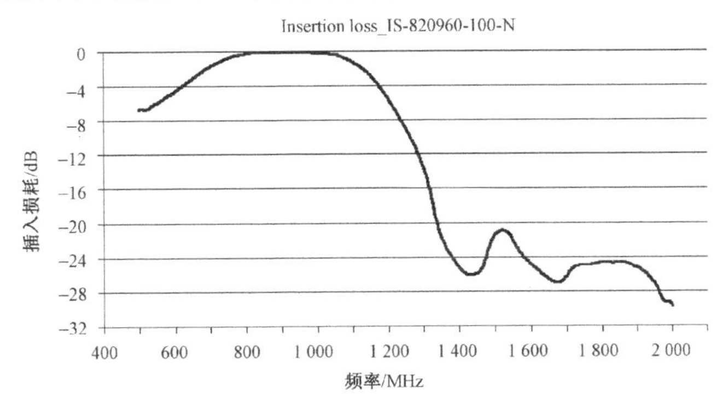

图 5.3　小信号状态下隔离器的典型带外插入损耗

关于插入损耗，还需要说明的是，我们常说的插入损耗指标通常都是网络分析仪，也就是小信号条件下的测试结果。近年来，一些环流器和隔离器的制造商及其用户开始关注大功率条件下的插入损耗。在 2.1 节中，我们讨论过衰减器在大功率条件下 S_{21} 的变化量可以用“功率系数”来定义。那么对于环流器和隔离器，有没有同样问题存在呢？笔者经过相同的实验，发现隔离器也与衰减器一样存在同样的问题。

隔离度

环流器的隔离度即为 S_{12}、S_{23} 和 S_{31} 参数，而隔离器的隔离度则仅指 S_{12} 参数。单节环流器/隔离器的隔离度的典型值为 20 dB（见图 5.4），为了提高隔离度，也可以将 2 节串联起来使用。

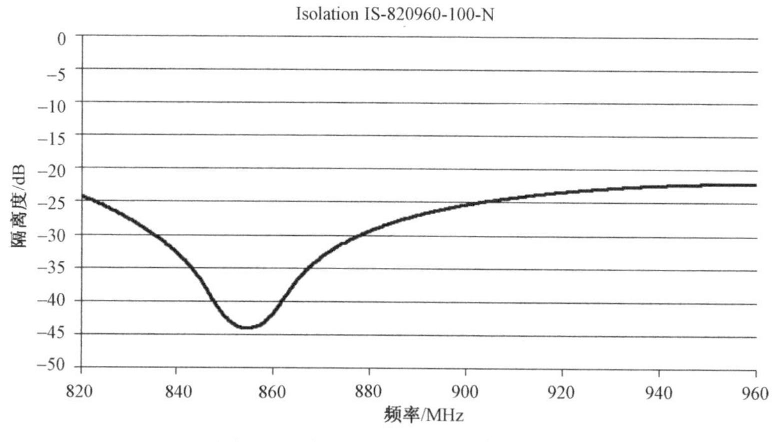

图 5.4　单节隔离器的典型隔离度

环流器和隔离器具有各向异性特性，也就是说其 $S_{12} \neq S_{21}$，这种特性被用于源和负载间的隔离。

VSWR

环流器的 VSWR 即为 S_{11}、S_{22} 和 S_{33} 参数，而隔离器的 VSWR 则仅指 S_{11} 和 S_{22} 参数。

图 5.5 显示了一个隔离器（参照图 5.1）的输入 VSWR 在不同负载条件下的相应变化。当 2 端接匹配负载时，VSWR 最大为 1.21；而当 2 端开路时，从环流器的工作原理我们知道，绝大部分反射信号进入 3 端并被负载吸收，只有一小部分反射信号出现在 1 端。比较图 5.4 和图 5.5（这两张图是同一个隔离器的指标），细心的读者可以发现：在 860 MHz 附近的隔离度较好，所以其 VSWR 几乎没有

变化；而在高频段隔离度较差，VSWR 的变化也较大，两条曲线的趋势是相对应的。

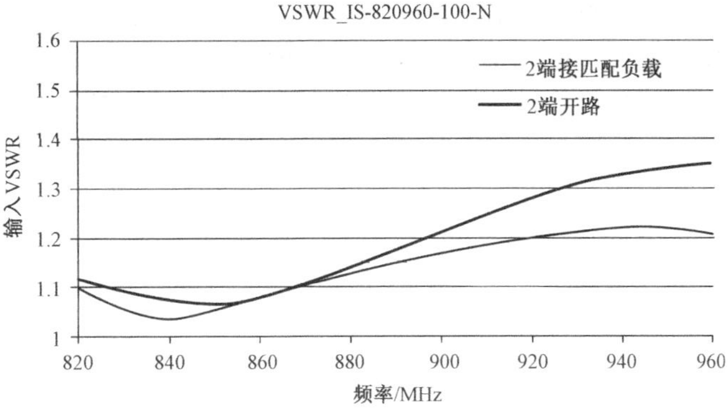

VSWR_IS-820960-100-N

2端接匹配负载
2端开路
输入 VSWR
频率/MHz

图 5.5 隔离器的典型输入 VSWR（S_{11}）特性

隔离器的这种 VSWR 特性使其被广泛用于源和负载之间的隔离，如在功率放大器后接入隔离器，即使负载全反射，放大器也不会因为失配而受到保护，功率管也不会因此而烧毁。

5.3 环流器和隔离器的非线性特性

在射频和微波无源器件中，环流器和隔离器的非线性特性可能是最差的，但是，这些器件又往往被用于大功率场合。环流器和隔离器的非线性特性体现在谐波、正向互调（包括接收频段和发射频段）、接收频段反射互调、反向互调等。

谐波

在大功率单载频信号（f_1）的作用下，环流器和隔离器会产生谐波（$2f_1$、$3f_1$ 等），见图 5.6，其中只画出了二次谐波。谐波的大小可用绝对值或相对值来表示，但同时必须说明载频的幅度。

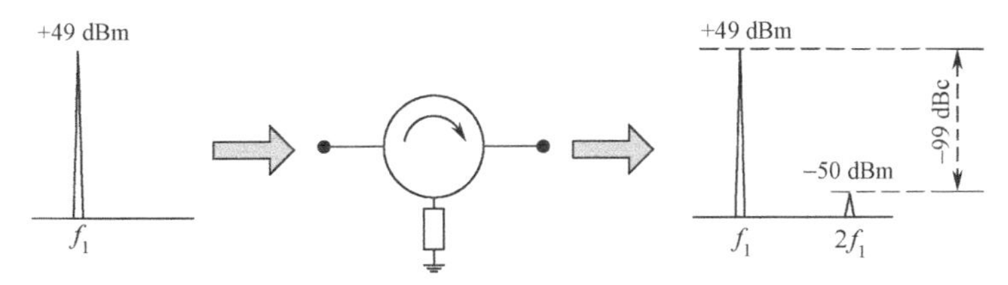

图 5.6 环流器和隔离器的谐波

研究环流器和隔离器谐波的意义，在于可以充分了解系统间干扰的来源。

例如，一个 925～960 MHz 的隔离器，当输入信号为 935 MHz 时，其二次谐波为 1 870 MHz，刚好落入 DCS1800 的下行频段内。另一个重要意义是因为二次谐波是产生三阶互调的前提，如果能定量地了解环流器和隔离器的谐波特性，则可以正确设置系统中滤波器和双工器的带外抑制值，以准确地控制系统成本。

图 5.7 是隔离器二次谐波的典型实测指标。被测器件是一个 820～960 MHz、100 W 的隔离器（BXT P/N：IS082096-100-N），当输入功率为 40 dBm 时，隔离器的二次谐波为–61.3 dBm（–101.3 dBc）；输入功率每增加 1 dB，二次谐波相应增加 2 dB；当输入功率增加到 49 dBm 时，谐波增加到–43.87 dBm（–92.87 dBc）。

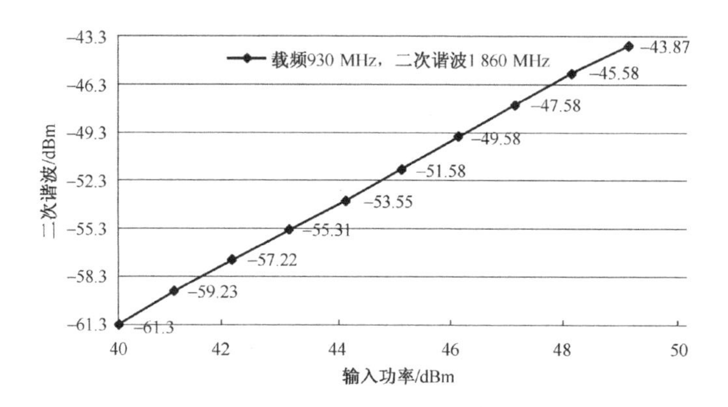

图 5.7　环流器和隔离器的谐波典型值

正向（传输）互调

当两个载频同时输入环流器或隔离器时，在输出端会产生互调产物。图 5.8 表示了正向（传输）三阶互调的产生过程。正向（传输）互调的典型值为 –80 dBc（@2×43 dBm）。

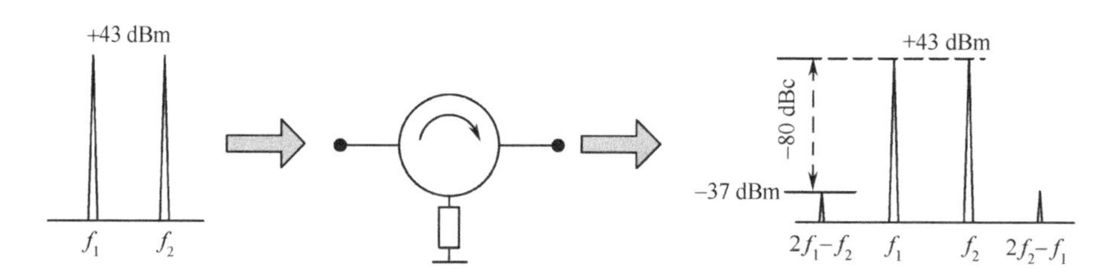

图 5.8　环流器和隔离器的正向三阶互调产物

根据两个载频的间隔，三阶互调产物可能落入接收频段，也可能落入发射频段。无论是器件设计者还是整机设计者，都关心这两种情况。落入接收频段的三阶互调可以用滤波器来滤除，测试也比较容易；而落入发射频段的三阶互调则较难处理，因为互调和载频的间隔很近，测试也比较困难。在测试发射频段的正向互调时，载频和互调往往同时输入到频谱分析仪，给频谱仪带来了压力。有时候也可以采用滤波器来滤除载频，但是载频与互调频率过于靠近（如 2 MHz）时，效果并不明显。

反射互调

当两个载频同时输入环流器或隔离器时，会产生互调产物并反射回输入端。图 5.9 表示了反射三阶互调的产生过程。反射互调的典型值为–80 dBc(@2×43 dBm)。

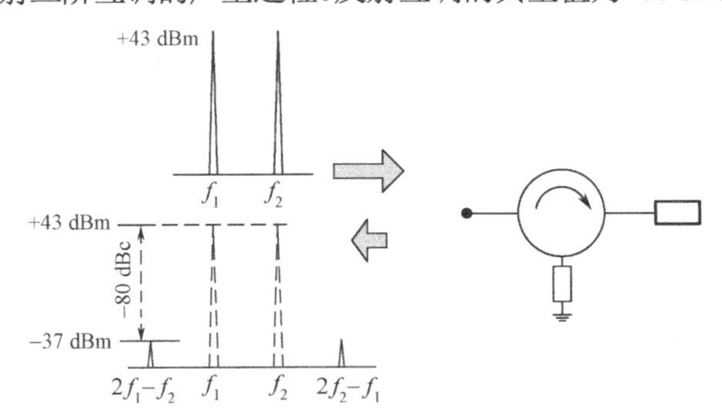

图 5.9　环流器和隔离器的反射三阶互调产物

反向互调

当两个载频分别从输入和输出端加到隔离器时，在输出端会产生互调产物。注意，载频来自不同的方向，而且幅度大小也不同。定义反向互调时，应选取幅度较大的互调产物，并以幅度较大的载频为参考。反向互调的典型值为–80 dBc，见图 5.10。

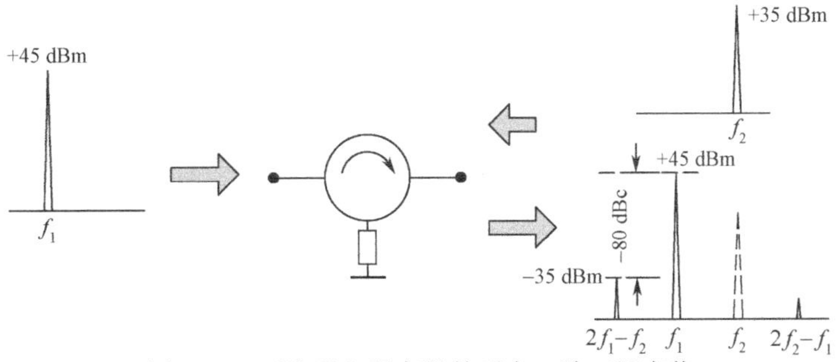

图 5.10　环流器和隔离器的反向三阶互调产物

隔离器的反向互调是近年来被关注的新课题。这种测试方法完全来自隔离器的实际应用，如图 5.11 所示。

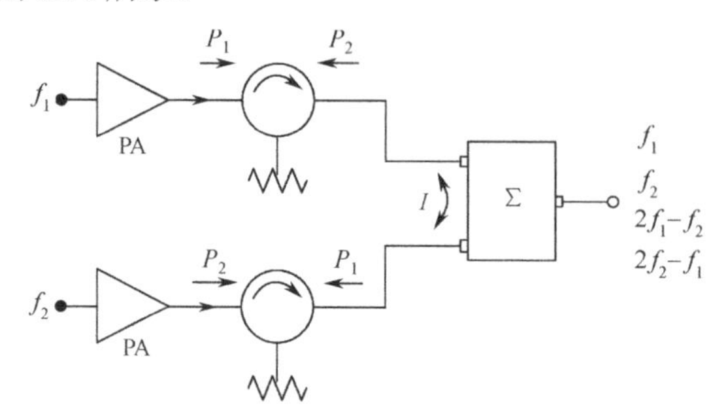

图 5.11　隔离器用于功率合成系统时，会产生反向互调

5.4　环流器和隔离器的应用

环流器和隔离器的各向异性特性在射频整机和测试中得到了巧妙的利用，以下是典型的应用案例。

隔离器作为源和负载的隔离

在信号源和被测器件（DUT）之间插入一个隔离器，不但可以改善信号源和被测器件的阻抗匹配，也可以防止由被测器件所产生的反射功率进入信号源，见图 5.12。在功率放大器的测试中，经常采用这种方法。

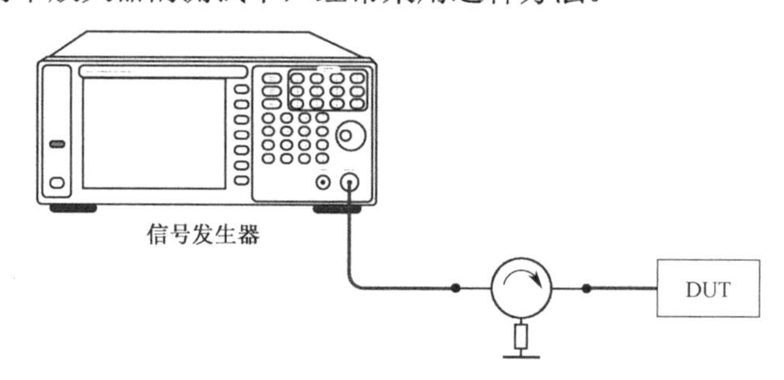

图 5.12　隔离器用于信号源和负载的隔离

隔离器用于功率放大器

在射频功率放大器的设计中，工程师喜欢在输入端和输出端加入隔离器（见

图 5.13），这可能是隔离器最为广泛的应用。输入隔离器可以改善功率放大器及其激励放大器之间的匹配，以防止放大器的自激；而输出隔离器则用于改善放大器和负载的匹配。

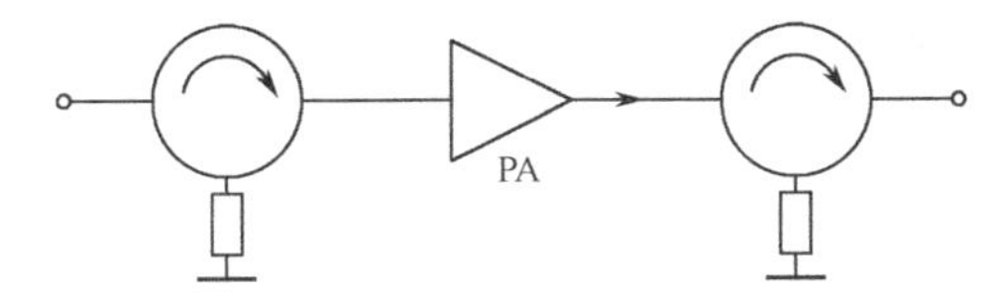

图 5.13 隔离器用于信号源和负载的隔离

输出隔离器对于功率放大器来说有着更大的意义。只要隔离器中的隔离端电阻的功率容量不小于放大器的设计输出功率，则放大器在任何负载条件下均可安全工作，包括开路和短路（VSWR 为无穷大，输出功率被全反射回来并被隔离电阻吸收）。但从另一个角度看，一个射频功率放大器的输出 VSWR 出奇地“好”（典型值为 1.2），实际上只是输出隔离器的贡献，如果放大器的真正输出匹配没有调好，也就是功率放大管输出和隔离器输入端之间的匹配不是在最佳状态，则会降低放大器的效率，并影响放大器的使用寿命。笔者认为，正确的方法应该是先不加隔离器，先将放大器的输出匹配调至最佳状态，然后再接入隔离器，这样既可以保护放大器，又可以保证放大器内部的真正良好匹配，进而提高放大器的效率。

用隔离器提高功率合路系统的隔离度

在功率合成电路中，隔离器常被用于提高合成系统的隔离度。在图 5.14 所示的电路中，如果合路器的隔离度为 23 dB，在合路器的输入端分别接入隔离度为 20 dB 的隔离器后，则系统的隔离度会提高到 43 dB，这样就有效防止了由两个放大器之间的串扰所产生的互调。

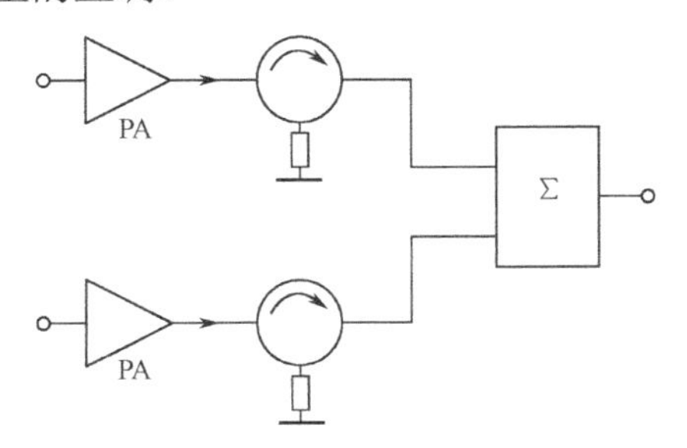

图 5.14 隔离器用于功率合成系统

但是必须注意的是，在这个电路中，作为保护放大器的“卫士”，隔离器自身要承受来自两个方向的功率。在这个条件下，隔离器本身会产生一个不可忽视的互调产物，这就是所谓的反向互调。在第 5.3 节和第 10 章（无源互调测量）中，都对此进行了描述。

将环流器作为双工器使用

让我们再回顾一下前述的水杯中水流的例子，环流器由于存在这种神奇性能而被作为低成本的收发双工器来取代昂贵的腔体双工器。如图 5.15 所示，来自发射机的信号被直接送到天线发射出去；同样，来自天线的接收信号也直接进入到接收机。只要环流器有足够的隔离度，那么发射机的信号就不会进入接收机。为了提高收发隔离度，可以适当增加环流器的级数。

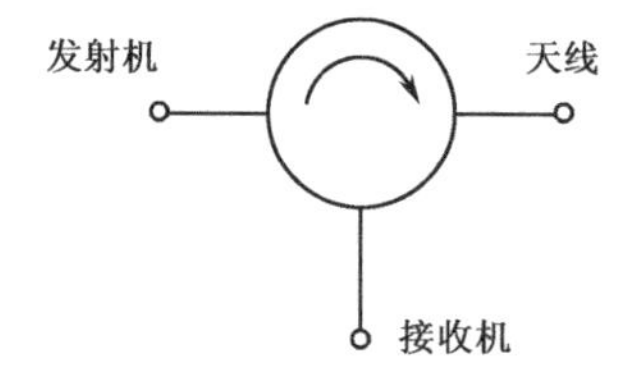

图 5.15　将环流器作为收发双工器使用

第6章 低噪声放大器和功率放大器及其应用

本章介绍低噪声放大器和功率放大器的指标以及在测试和测量中的应用。

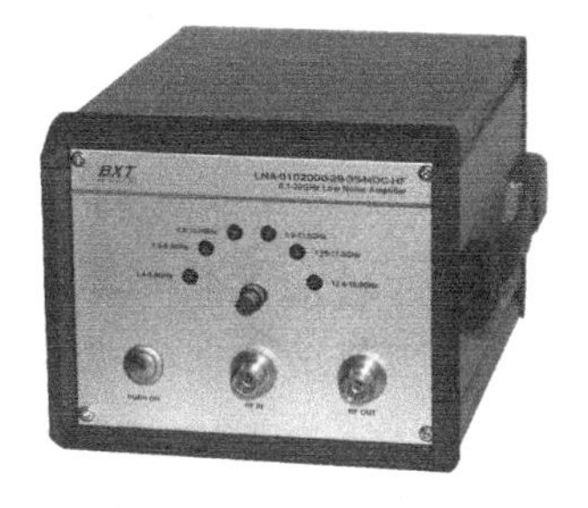

6.1 低噪声放大器

低噪声放大器常用于无线电接收机前端，其作用是提高接收机的灵敏度。在某些需要测量微弱信号的场合，如电磁环境测量、发射系统的杂散测量等，当被测信号的幅度低于频谱分析仪的底噪声时，也需要用到低噪声放大器。在本章中讨论了低噪声放大器的主要技术指标、测量方法及其在射频测试和测量中的应用。

6.1.1 低噪声放大器的基本指标

工作频率范围

工作频率范围指放大器满足或超过产品手册中所有指标时的频率范围。低噪声放大器的工作频率范围可以做到非常宽，如 0.1～26.5 GHz，超过了 8 倍频程。

噪声系数

噪声系数（F）描述信号通过低噪声放大器时信噪比的变化，定义为输入信噪比（S_i/N_i）和输出信噪比（S_o/N_o）之比。

$$F = \frac{S_i/N_i}{S_o/N_o} \tag{6.1}$$

由于所有器件都会附带热噪声，所以信号经过放大器后，其信噪比必然是恶化的。因此，噪声系数必然是大于 1 的，如果用分贝表示则为正数。用分贝表示的噪声系数（NF）为：

$$NF = 10\lg F \tag{6.2}$$

对于二级串联的放大器，其总的噪声系数（NF_t）为：

$$NF_t = NF_1 + \frac{NF_2 - 1}{G_1} \tag{6.3}$$

式中，NF_1 为第一级放大器的噪声系数，G_1 为第一级放大器的增益，NF_2 为第二级放大器的噪声系数。如第一级放大器的噪声系数为 1dB，增益为 25dB；第二级放大器的噪声系数为 4 dB，则二级放大器串联后的噪声系数可由式（6.3）计算为 1.12 dB。可见串联放大器的噪声系数取决于第一级放大器，在系统设计或者测试和测量应用中，应尽可能考虑在第一级采用低噪声系数和高增益的放大器。

超宽带（如 0.1～26.5 GHz）低噪声放大器的噪声系数可做到 2～3 dB，一些窄带放大器更可低至 1 dB 以下。

线性无源器件的噪声系数等于其损耗值，即 NF 等于$-S_{21}$（dB）。从式（6.3）我们不难发现：在一个有低噪声放大器的测量系统中，放大器输入端的电缆应尽可能采用低损耗电缆；如果系统中需要加入可调衰减器来控制总增益，则衰减器应置于放大器的输出端。

线性输出功率（P_{1dB}）

图 6.1 描述了放大器的基本输入-输出特性。在线性放大区，放大器的输出和输入呈线性关系。当输入功率增加时，输出功率逐渐接近非线性区，1 dB 压缩点被定义为放大器的增益比线性区增益低 1 dB 时的输出功率，或者说被压缩 1 dB 时的输出功率（P_{1dB}）。1 dB 压缩点输出可表示为：

$$P_{out,1dB} = P_{in,1dB} + G_{线性} - 1\ dB \tag{6.4}$$

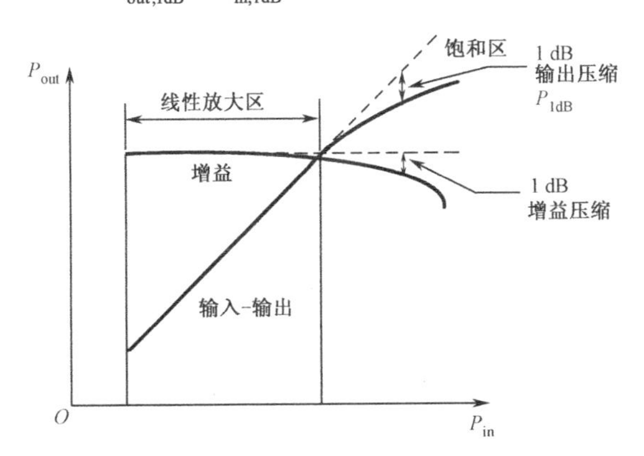

图 6.1　放大器 1dB 压缩点的定义

增益（G）

低噪声放大器的增益定义为输出功率和输入功率之比：

$$G(dB) = 10\lg\frac{P_{out}}{P_{in}} \tag{6.5}$$

带内增益平坦度（ΔG）

放大器的带内增益平坦度定义为在整个工作频率范围内增益的变化（见图 6.2）。

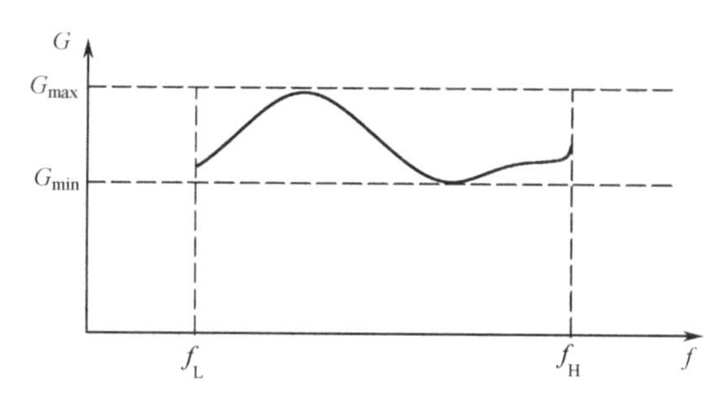

图 6.2　放大器的带内增益平坦度

图 6.2 中，f_L 和 f_H 分别为放大器工作频率范围的下限和上限，G_{min} 和 G_{max} 分别为放大器在工作频率范围内的最小和最大增益。增益平坦度为：

$$\Delta G(\text{dB}) = \pm\frac{G_{max} - G_{min}}{2} \tag{6.6}$$

增益平坦度可以用网络分析仪在常温下测量。如无特别说明，增益平坦度仅指常温下的指标，不包括由于温度变化所导致的增益变化。

反向隔离

放大器的反向隔离定义为反向加到输出端的功率与从输入端所测到的功率之比。对于低噪声放大器，反向隔离的典型值为增益的 2 倍。

输入和输出驻波比（VSWR）

和绝大多数射频和微波器件一样，低噪声放大器被设计为 50 Ω阻抗，但低噪声放大器较难做到这一点，尤其是需要兼顾良好的噪声系数指标时[1]。

放大器的驻波比 VSWR 可通过反射系数Γ计算：

$$\text{VSWR} = \frac{1+\Gamma}{1-\Gamma} \tag{6.7}$$

而反射系数则与系统阻抗有关：

$$\Gamma = \frac{Z - Z_0}{Z + Z_0} \tag{6.8}$$

其中 Z 为放大器的输入或输出阻抗，Z_0 为特性阻抗，通常为 50 Ω。

互调和谐波

低噪声放大器通常采用双极晶体管或场效应管，这些器件存在非线性因素，表现出互调和谐波。这些无用信号出现在放大器的输出端（见图 6.3）。

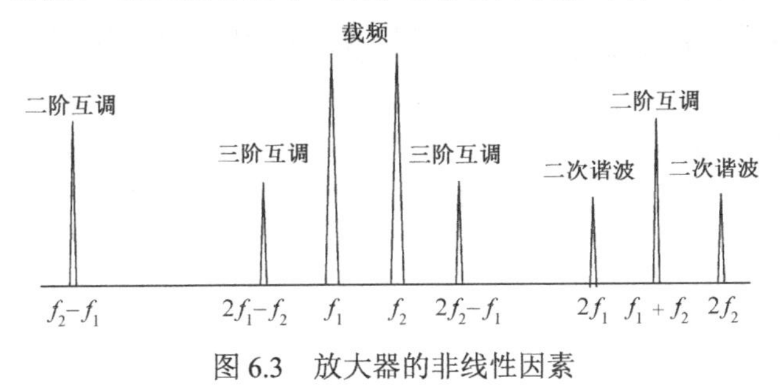

图 6.3　放大器的非线性因素

当输入到放大器的信号为单载频时，放大器的输出中会出现谐波；当输入到放大器的信号为二载频（f_1 和 f_2）时，放大器的输出中还会出现互调，通常我们关心二阶和三阶互调。

二阶互调产物（f_{IMD2}）是两个载频之和或差值：

$$f_{\text{IMD2}} = f_1 \pm f_2 \tag{6.9}$$

二阶互调产物仅对大于一个倍频程的放大器产生影响，如果放大器的带宽小于一个倍频程，其二阶互调产物落入带外而被衰减了。

三阶互调产物（f_{IMD3}）是载频与二次谐波的混合产物：

$$f_{\text{IMD3}} = 2f_1 - f_2 \text{ 或 } 2f_2 - f_1 \tag{6.10}$$

三阶互调产物靠近载频，所以是测试者较为关心的。

在放大器的 1 dB 压缩点以下，当载频增加 1 dB 时，二阶互调增加 2 dB，而三阶互调则增加 3 dB。

动态范围

低噪声放大器的动态范围可用线性动态范围和无杂散动态范围二种方式来表达。

线性动态范围定义为放大器输入端可检测到的最小信号与放大器输出保持线性时的最大输入信号之间的差值。最大输入信号指放大器输出为 1 dB 压缩点时的输入信号，而最小检测信号则与系统中的噪声系数、带宽和信噪比有关。

无杂散动态范围定义为最小检测信号与无杂散时的最大输入信号之间的差值，无杂散最大输入信号指输出三阶互调产物等于最小检测信号时放大器的输入信号。

6.1.2　低噪声放大器在射频测试和测量中的应用

低噪声放大器除了用于接收机的信号放大以外，在测试和测量中也经常用到。以下列举了一些低噪声放大器在射频测试和测量中的典型应用。

用于电磁环境测量

电磁环境测量是保证各类无线电业务正常开展的必要环节，是合理、有效利用有限的无线电频谱资源的基本技术保障。图 6.4 是一个典型的电磁环境测量系统的方框图。

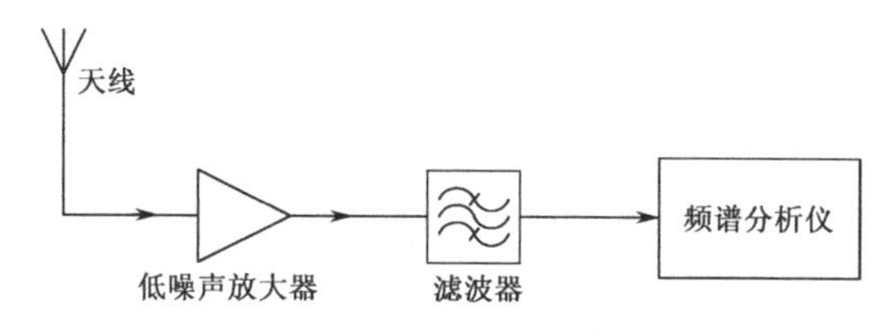

图 6.4　电磁环境测量系统

在这个系统中，低噪声放大器是核心部件。以下就低噪声放大器在这个应用中的指标和选择做一简要讨论。

基本要求

系统的基本要求是噪声电平（频谱分析仪的底噪声）要比被测信号的幅度至少小 10 dB，而且采用低噪声放大器后不应产生影响测试精度的假信号。

带宽

假设系统的带宽是 1～18 GHz，那么是采用多个倍频程带宽的放大器还是采用一个宽带放大器实现呢？这里有二种选择，一是采用四个放大器来覆盖，包括 1～2 GHz、2～4 GHz、4～8 GHz 和 8～18 GHz。选择这种方案的测试者认为可以利用窄带放大器的带外抑制特性，在测试点附近的、不在测试目标内的大信号在某种程度上被放大器抑制了。但实际上，放大器并不会定义带外的传输特性，也就是说，这种选择的“优点”无法量化。但相对于宽带放大器，窄带放大器具有更高的增益和更低的噪声系数。

另一种选择是采用一个宽带放大器（1～18 GHz）来实现全频段覆盖，这种方案的最大优点就是可以“一览无余”地在频谱分析仪上观察到整个频段内的频谱。对于可能出现的由大信号产生的假信号，可以用一组开关预选的滤波器来滤除。这种方案具有更强的灵活性，同时为测试者提供了更宽的视角。

增益

无论是窄带还是宽带的低噪声放大器，都具有足够高的增益来满足电磁环境测量的要求，在这个应用中，可以选用 25～35 dB 增益的低噪声放大器。

噪声系数

按照倍频程设计的窄带放大器（如 4～8 GHz）可以做到很低的噪声系数，其典型值为 1 dB；而宽带放大器（1～18 GHz）的噪声系数也只比其高 1 dB 左右。

综合以上因素，笔者认为在电磁环境测量应用中，用宽带低噪声放大器更为合适。

用于基站杂散测量

在蜂窝基站的杂散测量项目中，有一项落入系统内部接收频段的杂散和互调测试，这项测试对频谱分析仪有很高的要求，如果频谱分析仪的底噪声无法满足测试要求，可以采用低噪声放大器来协助完成（见图 6.5）。

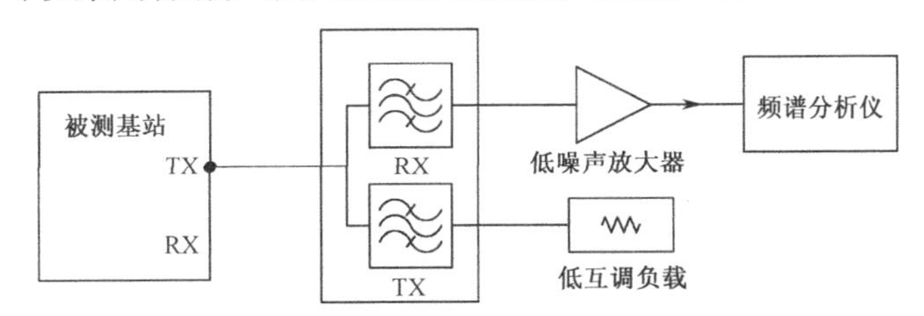

图 6.5　用低噪声放大器配合基站杂散测量

6.2　功率放大器

在任何无线电发射机中，用来放大调制信号的射频功率放大器是必不可少的重要角色。在某些测试和测量场合，也离不开功率放大器，如无源互调测量、无源器件的功率系数测量等。在本章中讨论了射频功率放大器的主要技术指标、测量方法及其在射频测试和测量中的应用。

6.2.1　功率放大器的基本指标

线性输出功率（1 dB 压缩点）

图 6.6 描述了放大器的基本输入-输出特性。在小信号区域，放大器的输出和输入呈线性关系。当输入功率增加时，输出功率逐渐接近非线性区，1 dB 压缩点被定义为放大器的增益比小信号增益低 1 dB 时的输出功率，或者说被压缩 1 dB 时的输出功率（P_{1dB}）。当输入功率进一步增加时，输出功率被继续压缩，3 dB 压缩点以后，放大器的输出基本上饱和了。此时若再增加输入功率，输出功率不变了。通常将 1 dB 压缩点作为一个放大器的线性区和非线性区的分界点。

输出功率可用 dBm 或 W（mW）来表示，其转换关系为：

$$P(\text{dBm}) = 10\lg\frac{P(\text{mW})}{1\,\text{mW}} \tag{6.11}$$

功率放大器的很多指标（如增益、谐波和杂散）都是在被压缩 1 dB 的输出条件下测量的。

附录 A.2 列出了 dBm 和 W（mW）之间的对应关系。

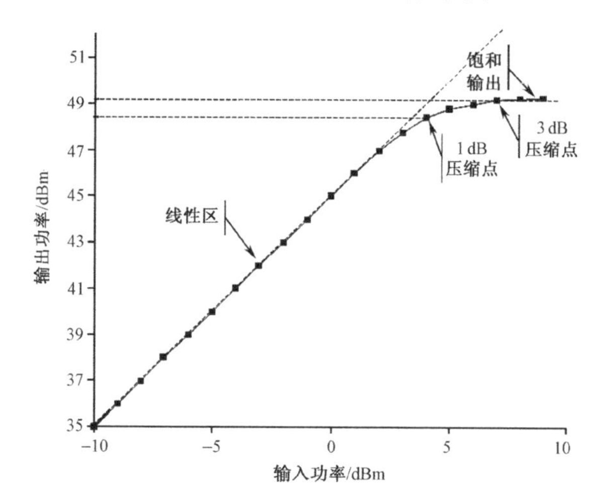

图 6.6　功率放大器的输入-输出特性

增益（*G*）

图 6.7 所示是二端口放大器的等效电路图，其中 V_S 为信号源，Z_S 为信号源的阻抗；Z 为二端口放大器；Z_L 为负载阻抗。从二端口网络的输入端向源看去的反

射系数Γ_S与向放大器输入端看去的反射系数Γ_{in}是不同的；同样，从二端口网络的输出端向负载看去的反射系数Γ_L与向放大器输出端看去的反射系数Γ_{out}也是不同的。放大器的增益与源阻抗Z_S及负载阻抗Z_L有关，增益有以下几种表达式。

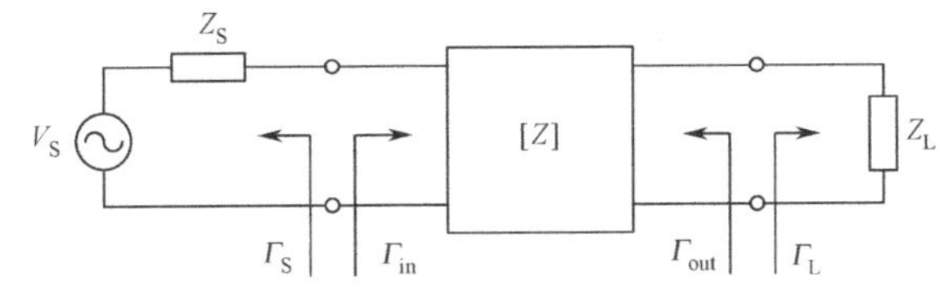

图 6.7　二端口放大器网络

工作功率增益（G_P）

工作功率增益定义为耗散在负载上的功率（P_L）和传送到二端口网络的输入功率（P_{in}）之比，这个增益与源Z_S无关，但与负载Z_L有关。

$$G_P(\text{dB}) = 10\lg\frac{P_L}{P_{in}} \tag{6.12}$$

资用功率增益

资用功率增益（G_A）也称为可用增益，其定义是二端口网络的输出功率（P_{out}）和源输出功率（P_S）之比，这里假设了源及负载均达到了共轭匹配，这个增益与Z_S有关，但与Z_L无关：

$$G_A(\text{dB}) = 10\lg\frac{P_{out}}{P_S} \tag{6.13}$$

转换功率增益

转换功率增益（G_T）定义为耗散在负载上的功率（P_L）和源输出功率（P_S）之比，这个增益与Z_S和Z_L都有关。

$$G_T(\text{dB}) = 10\lg\frac{P_L}{P_S} \tag{6.14}$$

在实际应用中，最常用的是工作功率增益。在增益测量过程中，分别测量放大器的输入端功率和被负载吸收的功率，然后计算放大器的增益。

在功率放大器的产品手册中，常见到“小信号增益”和“线性增益”的指标。对于 A 类放大器，小信号增益是在低于 1 dB 压缩点的 10 dB 处测量的，而 AB 类和 C 类放大器则是在低于额定功率 10 dB 处测量的。用网络分析仪可以准确测量放大器的小信号增益。线性增益是在 1 dB 压缩点处测量的，它更能反映功率放大器的实际工作情况（参见 8.4 节）。

用 dBm 来表示功率可以非常方便的计算放大器的增益，如一个放大器的输入功率为 1 mW（0 dBm），输出为 20 W（20 000 mW，43 dBm），则其增益比值为 20 000 倍，即 43 dB。采用 dBm 单位后可以用减法简单算出增益为 43 dBm–0 dBm=43 dB。通常，我们用 dBm 来表达功率，而用 dB 来表达增益。表 6.1 列出了分贝和功率比值之间的关系。

表 6.1　常用分贝转换

dB	功率比
0	1
1 (–1)	1.26 (0.8)
3 (–3)	2 (0.5)
6 (–6)	4 (0.25)
10 (–10)	10 (0.1)
13	20
17	50
20	100
30	1000

带内增益平坦度

放大器的带内增益平坦度也称为增益波动，其指标由制造商定义，如 ±1.5 dB。图 6.8 是一个输出功率为 40 dBm 的超宽带功率放大器（BXT P/N: PA00210-39）的增益波动曲线，在 20～1 000 MHz 范围内，其增益标称值为 51 dB，增益波动指标为±1.5 dB，实测增益波动约为±1.0 dB。

在通信系统或自动化测量系统中，为了保持输出的恒定，通常采用自动增益控制（AGC）电路或者用软件来控制放大器的增益，以补偿其带内波动。

对放大器的带外增益，通常不做定义。

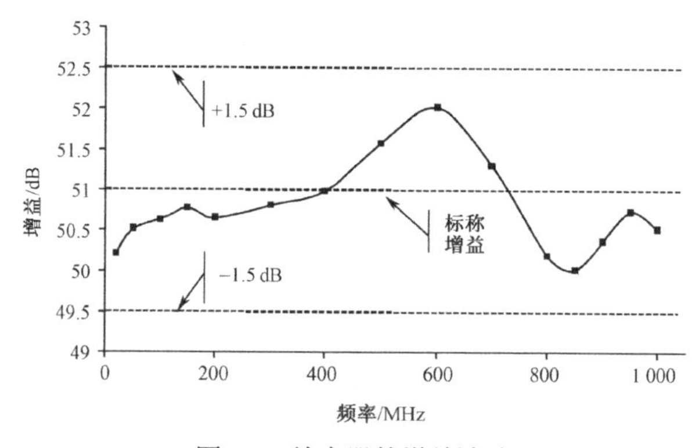

图 6.8　放大器的增益波动

输入-输出隔离和（有源）方向性

放大器的输入-输出隔离度也成为反向增益，定义为反向加到输出端的功率与从输入端所测到的功率之比。而方向性则被定义为隔离度与正向增益的差值。隔离度和方向性指标描述源和负载的隔离情况，表示放大器的负载阻抗对输入阻抗的影响，和源阻抗对输出阻抗的影响。方向性越大，表示隔离越大，即源和负载之间的影响越小。

谐波和杂散

放大器的谐波定义为等于工作频率 f_0 整数倍的无用信号，而杂散则是其他的无用信号（见图 6.9）。除了互调以外，放大器是不会产生其他无用信号的，除非放大器的工作不稳定产生了自激。放大器的谐波和杂散用 dBc 来表示，即低于载频的 dB 值。

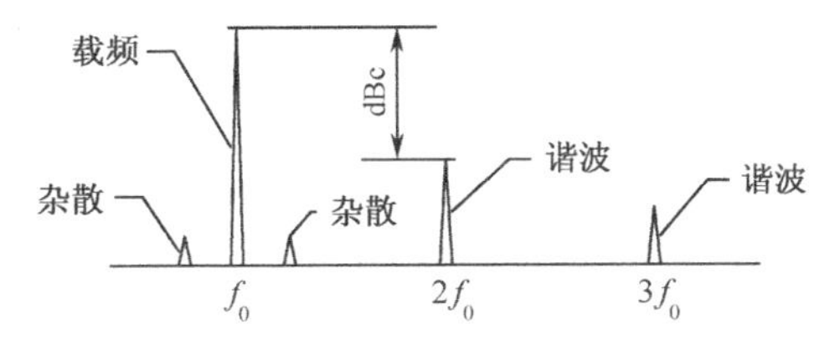

图 6.9 放大器谐波和杂散的定义

功率放大器的谐波和杂散是产生发射系统杂散干扰的重要原因。谐波因为远离载频，可以用滤波器滤除；而对付杂散则需要仔细寻找其来源，因为杂散信号有时会靠近载频。除了两个以上的载频同时进入到放大器的输入端会产生互调以外，当干扰信号从放大器的输出端反向进入放大器时，放大器也会产生互调。这有点类似各向异性器件的反向互调（参见第 10 章），通常，很多放大器制造商并不关心这项反向互调指标，但在蜂窝基站的整机测试要求中，对 BTS 的互调衰减已经做了明确的测试规定（参见第 11 章），从测试原理和方法看，这些测试显然就是针对发射系统的末级功率放大器的。

互调失真（IMD）

当输入信号中含有两个以上频率分量时，非线性电路所产生的失真称为互调失真（IMD）。放大器互调失真通常指的是二载频条件下的三阶互调失真（见

图 6.10)，其计算公式如下：

$$f_{IMD3} = 2f_1 - f_2 \quad 和 \quad f_{IMD3} = 2f_2 - f_1 \tag{6.15}$$

例如 $f_1 = 958$ MHz，$f_2 = 960$ MHz，则有 $f_{IMD3} = 956$ MHz 和 $f_{IMD3} = 962$ MHz。与谐波一样，互调失真也用 dBc 来表示。

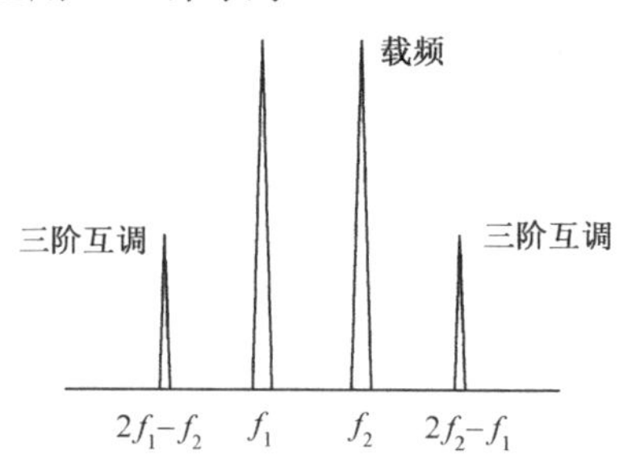

图 6.10　放大器的三阶互调失真

三次截获点（IP3）

当两个载频信号 f_1 和 f_2 同时进入放大器的输入端时，放大器会在输出端产生互调，其互调频率分量为：

$$f_{IMD} = \pm m \times f_1 \pm n \times f_2 \tag{6.16}$$

式中，m 和 n 为 1 到无穷大的整数。

互调的阶数定义为 $m+n$，如 $2f_1-f_2$、$2f_2-f_1$、$3f_1$ 和 $3f_2$ 为三阶产物。前二者称为由于两个载频所产生的三阶互调产物，而后二者则是由单载频所产生的三次谐波产物。举例说明，如两个载频分别为 950 MHz 和 952 MHz，则三阶互调产物为 948 MHz 和 954 MHz，而单载频谐波为 1 900 MHz 和 1 904 MHz。在放大器的线性区域内，当输入载频增加 1 dB 时，输出互调增加 3 dB，而输出功率则增加 1 dB。

我们将输出功率和互调的变化用坐标来表示（图 6.11)，其中 X 轴表示输入功率，Y 轴表示输出功率。从图中可以发现输出电平按照 1:1 的斜率随输入信号电平变化，而三阶互调失真则按照 3:1 的斜率变化。虽然输出和三阶互调都会在某个功率电平上饱和，但将二条曲线的线性区分别延长并获得相交点，这个交点对应的 X 轴和 Y 轴的读数分别被称为输入和输出三次截获点（IP3)；而二者之差即为放大器的小信号增益，如输入 IP3 为 5 dBm，输出 IP3 为 50 dBm，则放大器增益为 45 dB。

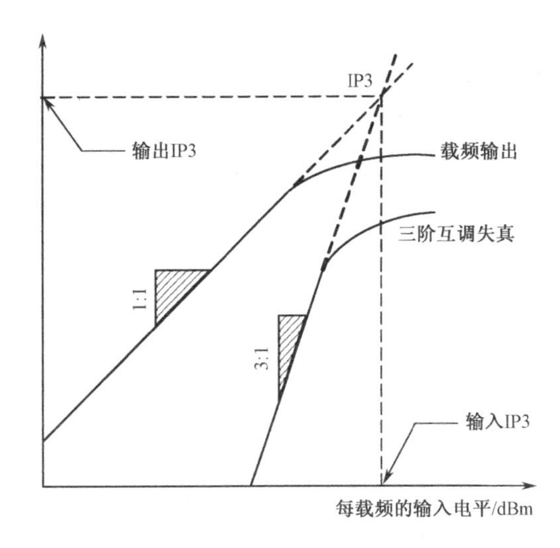

图 6.11　放大器的三阶截获点

放大器输出三次截获点 OIP3（dBm）可由下式计算：

$$\mathrm{OIP3} = P_{\mathrm{OUT}} + \frac{\mathrm{IMD}}{2} \tag{6.17}$$

式中，P_{OUT} 为每载频的输出（dBm）；IMD 为互调产物，即每载频功率和互调功率之差（dBc）。反之，知道了放大器的 IP3，也就可以计算出 IMD：

$$\mathrm{IMD} = 2\times\left(\mathrm{IP3} - P_{\mathrm{OUT}}\right) \tag{6.18}$$

动态范围

动态范围是指放大器的噪声系数到 1 dB 压缩点输出的范围。

噪声系数

噪声系数（F）用于描述一个信号通过放大器时信噪比的变化，定义为输入信噪比（$S_\mathrm{i}/N_\mathrm{i}$）和输出信噪比（$S_\mathrm{o}/N_\mathrm{o}$）之比。

$$F = \frac{S_\mathrm{i}/N_\mathrm{i}}{S_\mathrm{o}/N_\mathrm{o}} \tag{6.19}$$

噪声系数可用 dB 表示为：

$$NF(\mathrm{dB}) = 10\lg F \tag{6.20}$$

功率放大器的噪声系数比较差，通常为 8～10 dB。

电压驻波比（VSWR）

放大器的电压驻波比 VSWR 和其他射频和微波器件一样，定义为入射和反射电压之比。功率放大器的 VSWR 测量和分析要比无源器件复杂。比较容易测量的是放大器的小信号输入 VSWR，用网络分析仪就可以准确测量。而放大器的输出 VSWR 测量就比较困难了，尤其是在大信号条件下。对于功率放大器而言，输出 VSWR 无疑是一项非常重要的指标，它关系到放大器工作的稳定性和效率。但并不是每个功率放大器的制造商都在其产品目录中规定了其输出 VSWR 指标。

在窄带功率放大器中，经常可以见到在输出端接有一个铁氧体环流器。环流器是一种各向异性的无源器件，所以对于一个装有环流器的放大器，从其输出端向放大器看去，无论是大信号还是小信号，其 VSWR 都是较为理想的。这种方法实际上“掩盖”了放大器真正的输出 VSWR，如果在先将放大器的输出 VSWR 调至理想的状态，然后再加装环流器，那么对提高放大器的工作效率和稳定性是大有裨益的。

效率（η）

放大器的设计，首先要考虑的是稳定工作。其次重要的指标就是效率，效率越高，意味着放大器的稳定性越好，可靠性也就越高。效率用 0%～100%的百分比表示，包括两种含义：直流（DC-RF）效率和功率增加效率。

直流效率（η_{DC}）是放大器的射频输出功率与放大器所消耗的直流功率之比：

$$\eta_{DC}(\%)=\frac{P_{OUT}}{P_{DC}} \tag{6.21}$$

式中，P_{OUT} 为放大器的 1 dB 压缩点输出功率（W），P_{DC} 为消耗的直流功率（W）。

功率增加效率指标（$\eta_{\Delta P}$）则更加有意义，它是放大器产生的净功率，即射频输出功率和输入功率之差与放大器所消耗的直流功率之比。

$$\eta_{\Delta P}(\%)=\frac{P_{OUT}-P_{IN}}{P_{DC}} \tag{6.22}$$

式中，P_{OUT} 为放大器的 1 dB 压缩点输出功率（W），P_{IN} 为放大器的输入射频功率（W），P_{DC} 为消耗的直流功率（W）。功率增加效率与放大器的增益有关。

6.2.2　多载频环境下的功率放大器

在多载频环境下的射频功率可以用平均功率和峰值功率来表示。平均功率定义为每个载频功率之和。如有 4 个载频信号，每个载频的功率为+43 dBm，则平均功率为+43 dBm + 6 dB = +49 dBm。

峰值功率是所有载频功率合成时的最大瞬间，让我们通过图 6.12 所示的电压矢量图来加以描述。

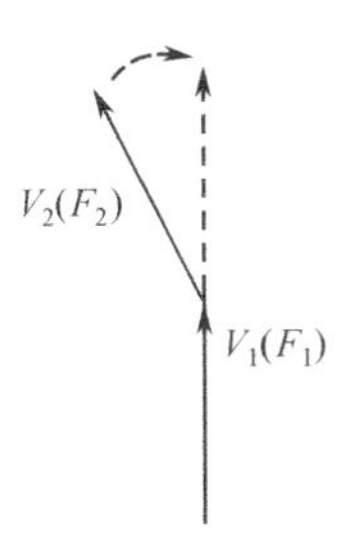

图 6.12　多载频矢量图

设 $V_1 = V_2 = 1$ V，负载阻抗 $R = 50\ \Omega$。当只有单载频存在时（仅 F_1），功率 $P_1 = V_1^2/R = 20$ mW；双载频时，最大功率出现在 V_1 和 V_2 处于一条直线时，此时峰值功率 $P = (V_1 + V_2)^2/R = 80$ mW；同理，N 载频时，最大峰值功率：

$$P = \frac{(V_1 + V_2 + \cdots + V_N)^2}{R} = \frac{(N \times V_1)^2}{R} = N^2 \times P_1 \tag{6.23}$$

表 6.2 列出了当每个载频功率为 1 mW（0 dBm）时，在多载频环境下的总平均功率和峰值功率。

表 6.2　多载频条件下的平均功率和峰值功率

载频数		1	2	3	4	5	6	7	8	9	10
平均功率	/mW	1	2	3	4	5	6	7	8	9	10
	/dBm	0	3	4.8	6	7	7.8	8.5	9	9.5	10
峰值功率	/mW	1	4	9	16	25	36	49	64	81	100
	/dBm	0	6	9.5	12	14	15.6	16.9	18.1	19.1	20
峰均比/dB		0	3	4.7	6	7	7.8	8.4	9.1	9.6	10

假设有 4 个载频同时存在于一个放大器中，每载频的输出功率为 10 W（40 dBm），则总平均功率为 40 W（46 dBm）；总峰值功率为每载频功率的 16 倍或者比单载频功率大 12 dB，即 160 W（52 dBm）。

在上述案例中，我们发现在 4 载频条件下，总平均功率比每载频的功率大 6 dB；而总峰值功率又要比总平均功率大 6 dB，也就是峰均功率比为 6 dB。假设放大器的 1 dB 输出功率为 40 W，那么为了减小失真，当有 4 个载频同时存在时，每载频的输出应不大于 40 W / 16 = 2.5 W 而不是 10 W！在 4 载频条件下，如果要满足每载频的输出功率都达到 10 W，那么放大器的输出能力应该是 160 W。这个案例说明，为了满足多载频放大的需要，放大器的额定输出功率应留出更大的富裕量，富裕量应满足表 6.2 中的规律，而不是每载频简单的算术相加。

在多载频环境下，功率测量也面临着挑战，在图 6.13 所示的两种条件下，功率计中的检波器都承受了来自多载频的压力。

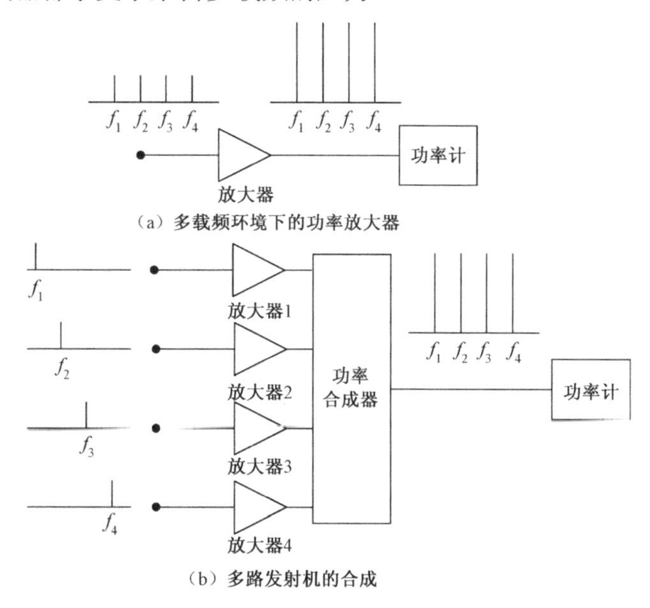

图 6.13　多载频环境下的功率测量

图 6.13（a）是 4 个载频同时输入一个放大器后的情形，图 6.13（b）是 4 个发射机通过多工器合成后的情形。暂且不讨论功率绝对值的大小，对于功率计来说，同样都面临着 4 个载频的问题，和表 6.2 中描述的一样，功率计中的检波二极管同样要满足多载频时所需要的动态范围。在图 6.13 的场合下，用普通的连续波功率计已经不能胜任功率测试了。

6.2.3　固态功率放大器的故障弱化

和电子管放大器不同，固态的晶体管放大器可以并联使用，这样做的好处是当某个器件或者放大器发生故障时，发射系统仍可在降功率的情况下继续工作。

图 6.14 是一个用于发射机末级的典型功率合成电路，这个电路具有故障弱化功能。只要有一个放大器仍在工作，那么发射系统依然处于工作状态。对于 N 个合成器件或合成放大器，射频输出功率和故障器件或放大器之间具有以下关系：

$$P_o = P_t \times \left(\frac{N - N_f}{N}\right)^2 \tag{6.24}$$

式中，P_o 为输出功率，P_t 为没有故障时的总输出功率，N 为器件或放大器的总数，N_f 为故障器件或放大器的数量。表 6.3 列出了故障器件或放大器的数量和输出功率的关系。

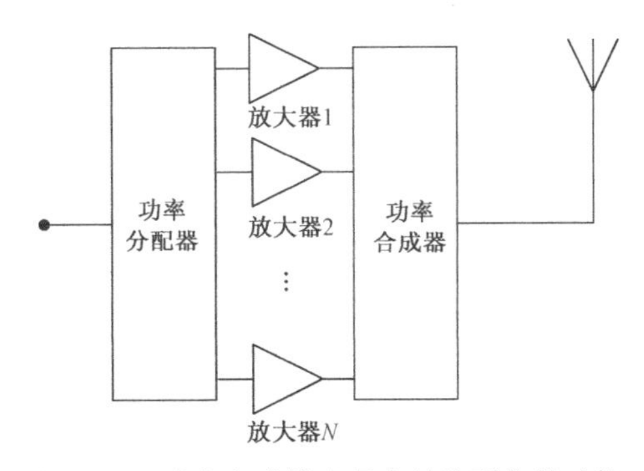

图 6.14　功率合成技术具有故障弱化的功能

表 6.3　故障器件和输出功率的关系

N	当一个器件故障时输出功率的变化（假设无故障时的输出功率为 100 W）		
	剩余的输出功率	以 dB 为单位的损耗	损耗的百分比
2	25.0 W	–6.02 dB	75.0%
4	56.3 W	–2.50 dB	43.7%
8	76.6 W	–1.16 dB	23.4%
16	87.9 W	–0.56 dB	12.1%
32	93.8 W	–0.28 dB	6.2%
64	96.9 W	–0.14 dB	3.1%

需要注意的是，当有一半器件或放大器故障时（表 6.3 中 $N=2$ 时），总的输出功率还剩下 25%而不是 50%，这是由功率合成电路的原理所决定的，当一路器件故障时，另外一路正常工作的器件的一半功率被合路器中的负载所吸收，只有一半功率输出到天线或负载中。

6.2.4　功率放大器在射频测试和测量中的应用

功率放大器除了用于发射机的信号放大以外，在测试和测量中也经常用到。以下列举了一些功率放大器在射频测试和测量中的典型应用。

用于无源器件的互调测量

无源互调测量实际上是还原了器件的大功率应用环境，其中自然少不了功率放大器（图 6.15）。在这项应用中，首先要求放大器有足够的输出功率，如果功率合成电路采用了宽带合路器，要考虑到 3 dB 的合成损耗。目前，大部分的无源互调测试要求是合成后加载到被测器件的功率是每载频 43 dBm，这就要求功率放大器的输出不能小于 47 dBm，某些企业对于无源互调的功率有着更高的标准。此外，无源互调的测试要求非常高，系统的剩余互调在–120 dBm 以下，要保证系统指标，当然主要依靠测试系统的性能，但是作为系统的一部分，也要求放大器有着较好的线性特性，尤其是要有较好的反向互调特性。

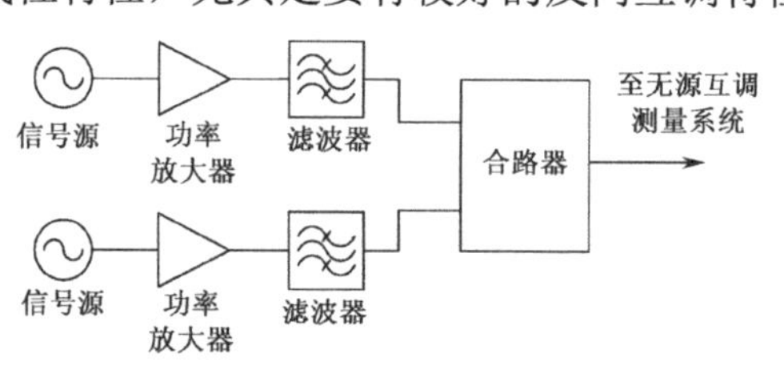

图 6.15　功率放大器用于无源互调测量

用于无源器件的大功率特性测量

那些用于大功率环境下的无源器件，如射频开关转接器、避雷器、隔离器和环流器、微带电路板、衰减器等，在射频大功率的作用下，其性能参数会发生变化，具体表现在传输和反射特性的变化，温度的变化直至大功率烧穿。

在传统的测量方法中，通常采用直流替代法来进行大功率试验，但是从射频和微波传播的趋肤效应来看，直流替代法显然不能完全说明问题。严格的测试标准要求完全模仿被测器件的应用环境，包括工作频率，此时需要用到不同频段的射频功率放大器（见图 6.16）。

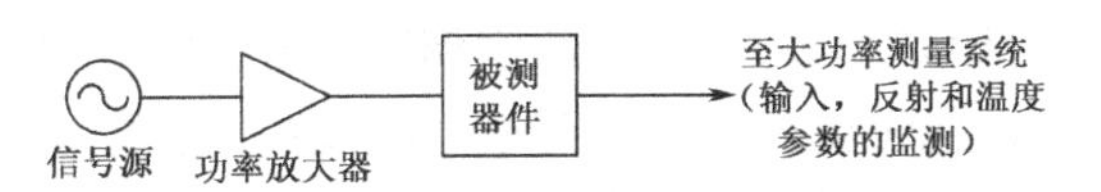

图 6.16　功率放大器用于无源器件的大功率特性测量

在这项测量应用中，可以采用连续波信号，在某些场合，也可能需要调制信号甚至脉冲信号来模拟，总之，测试的原则就是要真实还原应用环境。所以对测试应用的放大器也要有相应的要求。

用于基站的抗互调干扰性测试

我们知道，位于发射机输出端的功率放大器和环流器等器件在受到一个反向的干扰信号时，会产生一些互调产物，这些互调产物要么落入本系统的接收机对其产生干扰，要么辐射到空中对其他通信系统产生干扰。为了还原这种环境，可以根据图 6.17 的方法搭建一个测试系统，其中就用到了放大器。

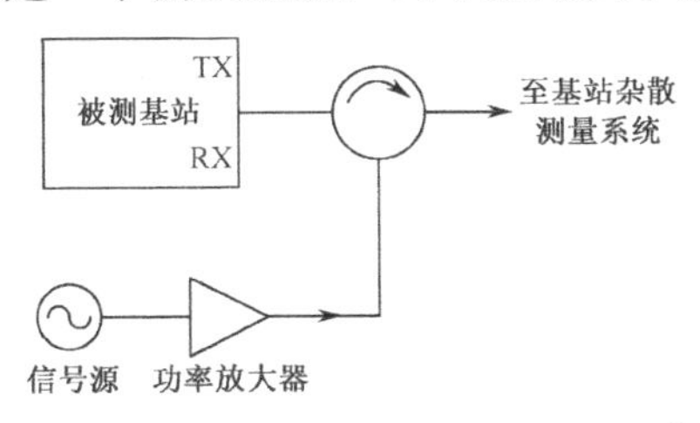

图 6.17　功率放大器用于基站的抗互调干扰测试

用于大功率计的校准测量

射频大功率计的校准，必须要用到相应输出功率的放大器才能完成（见图 6.18）。在这种应用中，必须充分注意到放大器的输出频谱纯度，如果放大器的输出谐波为–20 dBc，那么相对于载频会有+1%的误差。假设放大器的谐波落入被校功率计和校准功率计的通带内，而且两台功率计的通带相应不同，那么就会导致校准测量的误差，这个误差不可忽视。为了消除由放大器谐波产生的误差，可以在输出端加上滤波器或者环流器。

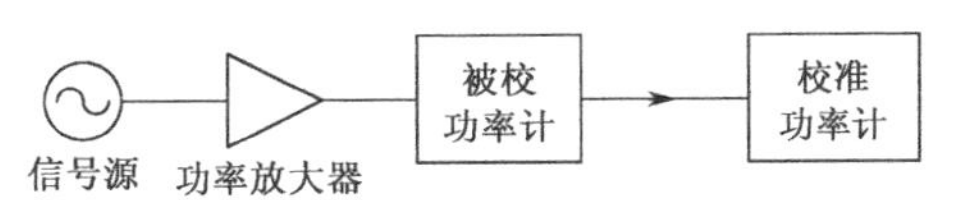

图 6.18　功率放大器用于大功率计的校准

如果计量和校准用于测量数字调制信号（如 WCDMA）的功率计，要用调制信号来完成，此时要求放大器有很好的线性，否则也可能会带来额外的误差。

在这项测试应用中，放大器的输出 VSWR 也十分重要，否则会产生很大的失配误差。有关功率测量中的失配误差分析，可参看第 7 章（射频功率测量）中的相关内容。

参考文献

[1] MIKE GOLIO. 射频与微波手册. 孙龙祥，等，译. 北京：国防工业出版社，2006.

第7章 射频功率测量

本章讨论大功率在线测量技术，重点讨论定向耦合器的方向性指标对于反射功率测量精度的影响。定向耦合器是大功率在线测量技术的核心器件，对这种器件的充分了解有助于对大功率在线测量技术的理解。

7.1　概述

自从第一台无线电发射机诞生之日起，工程师们就开始关心射频功率测量问题，直到今天这个话题依然是热门。无论是在实验室、生产线上还是运营现场，功率测量几乎和万用表的使用一样普及。

20 世纪 90 年代前，测试工程师所面对的大多是连续波、调幅、调频和调相或脉冲信号，这些信号都是有规律可循的。比如，连续波（见图 7.1（a））调频或调相信号的功率测量是最简单的，只需要测量其平均功率；调幅信号（见图 7.1（b））的功率与其调制深度（调幅度）有关，而脉冲信号的特性则以脉冲宽度和占空比来表达。对于这些信号，射频功率测量所关心的基本上是平均功率和峰值功率。

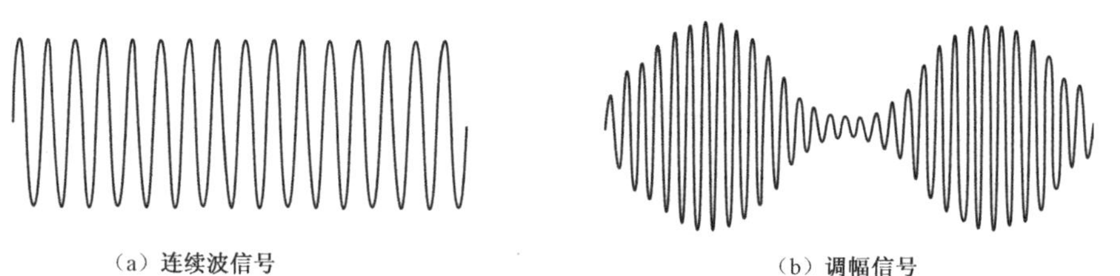

图 7.1　有规律可循的射频信号波形

进入 20 世纪 90 年代以后，民用数字通信开始快速发展，我们发现射频功率测量的侧重点也开始有些变化。因为数字调制信号（见图 7.2）的包络无规律可循，其最大和最小电平在随机变化，而且变化量很大。为了表达这些信号的特性，引入了一些新的描述方法，如邻道功率、突发（Burst）功率、峰均功率比、峰值因子（CCDF，互补积累分布函数）等。很多传统的功率计已经无法胜任数字信号功率的测量了，一部分功率测量的任务就转交给频谱分析仪来完成。而功率计的厂家则开始推出侧重于功率谱分析的功率计，如可以测量平均功率、突发功率、峰均功率比甚至 CCDF 曲线。这些功率计，称为“功率分析仪”似乎更为合适。

图 7.2　数字调制信号的包络无规律可循

本章从几个角度讨论射频功率测量技术，包括被测功率的类型和功率测量的几种常见方法；重点介绍通过式功率测量技术，这虽然是一项相对传统的测试技术，但因为用这种方法可以准确地在线测量发射系统的输出功率以及在大功率状态下与负载（天线）的匹配而被广泛应用至今。输出负载匹配的测量，其意义可谓重大，它关系到一个发射系统的射频辐射效率和发射机的安全工作。在以绿色环保为主题的今天来关注发射系统的匹配，对于在同样辐射条件下如何降低基站的能耗有着不可小觑的作用。

7.2　射频功率的定义

在低频电路中，信号的大小通常用电压或电流来表示。而在射频电路中，由于传输线上存在驻波，电压和电流失去了唯一性，所以射频信号的大小一般用功率来表示。

功率被定义为单位时间内的能量流。国际通用的功率单位是 W（瓦），其定义是 J/s（焦耳/秒）。在行波条件下，射频功率也可以采用类似低频电路的表达方式：

$$P = I \times V \tag{7.1}$$

$$P = I^2 \times Z_0 \tag{7.2}$$

$$P = \frac{V^2}{Z_0} \tag{7.3}$$

式中，P 为功率（W），I 为电流（A），V 为电压（V），而 Z_0 为无耗传输线的特性阻抗（实数）。

7.3　功率电平的计量单位——dB（分贝）

在不同的发射和接收系统中，所遇到的功率电平相差很大，即使在同一个系统中，也会出现相差数万亿倍的功率电平。例如，在蜂窝移动通信系统中，载频和互调产物的幅度分别为 20 W 和 10^{-14} W。为了避免过大和过小的数值同时出现，同时也为了可以直接相加减，通常采用对数单位 dB（分贝）来描述功率的大小。对数单位既可以描述功率电平的相对大小，也可以描述绝对值的大小。

以图 7.3 为例来描述 dB 的定义，设进入衰减器的功率为 P_1，衰减器输出（放大器输入）端的功率为 P_2，而放大器输出端的功率为 P_3。让我们首先来看看相对值大小的描述。

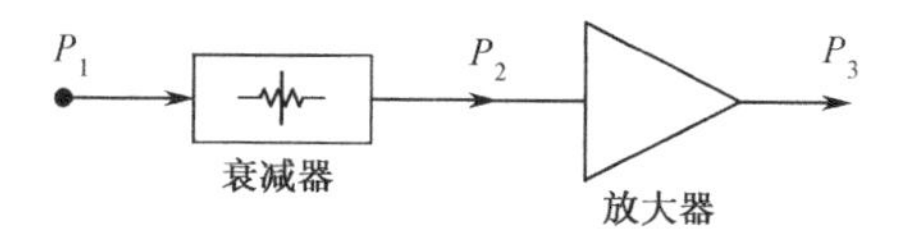

图 7.3　分贝的描述

经过衰减器后功率的变化量为：

$$S_{21}(\text{dB}) = 10\lg\frac{P_2}{P_1} \tag{7.4}$$

继续经过放大器后功率的变化量为：

$$S_{32}(\text{dB}) = 10\lg\frac{P_3}{P_2} \tag{7.5}$$

S_{21}和 S_{32}即是以 dB 为单位的功率变化量，也可以用 dBc 来表示。请注意经过衰减器后，功率降低了，所以 S_{21} 是负值；而经过放大器后，功率增加了，所以 S_{32}是正值。

以 dB 为单位的功率变化可以直接加减，在上例中，从 P_1到 P_3的变化为：

$$S_{31}(\text{dB}) = 10\lg\frac{P_3}{P_1} \tag{7.6}$$

亦可表达为：

$$S_{31}(\text{dB}) = S_{21} + S_{32} \tag{7.7}$$

让我们再来看看功率的绝对值表达法。在式(7.4)中，令 P_1=1 mW，即将 1 mW 作为一个参考电平，与 P_1（1 mW）相比，P_2 的绝对值大小可以表示为 $10\lg\frac{P_2(\text{mW})}{1\,\text{mW}}$，其单位为 dBm。如 P_2为 1 mW，可表示为 0 dBm；如 P_2为 100 mW，则可表示为 20 dBm。

与 dBm 相对应的还有 dBW，是以 1 W 为参考电平的，但是比较少用。

在图 7.3 中，如 P_1为 0 dBm，衰减器的衰减量为 3 dB，放大器的增益为 25 dB，则 P_2 = 0 dBm–3 dB = –3 dBm，P_3 = 0 dBm –3 dB +25 dB = 22 dBm。注意，衰减量习惯上采用正值来描述，但在计算时应采用负值。

采用 dBm 为单位后，我们会发现功率之间的各种测量和计算变得非常方便。还是以蜂窝移动通信系统中的无源互调作为例子，对于 20 W 的载频功率和 10^{-14} W 的无源互调产物，采用 dBm 单位后，可以描述为：相对于+43 dBm 的载频，某个器件所产生的无源互调产物为–110 dBm，相对值为–153 dBc（@2×43 dBm）。

7.4　射频功率的测量方法

用频谱分析仪（或矢量信号分析仪）和功率计都可以测量射频功率，功率计又被分为终端式和通过式两大类。同样是功率测量，不同的设备和测试方法所关注的重点是不同的。

7.4.1　频谱分析仪法

频谱分析仪是一种基础射频仪器，图 7.4 是传统的超外差式频谱分析仪的基本工作原理。被测的射频信号经过低通滤波器后进入混频器，与同时进入混频器的本地振荡器信号进行混频。由于混频器是非线性器件，所以混频器的输出信号包括两个输出信号及其互调信号，落入中频滤波器的信号经过逻辑放大器和包络检波器后进入 CRT 显示器。

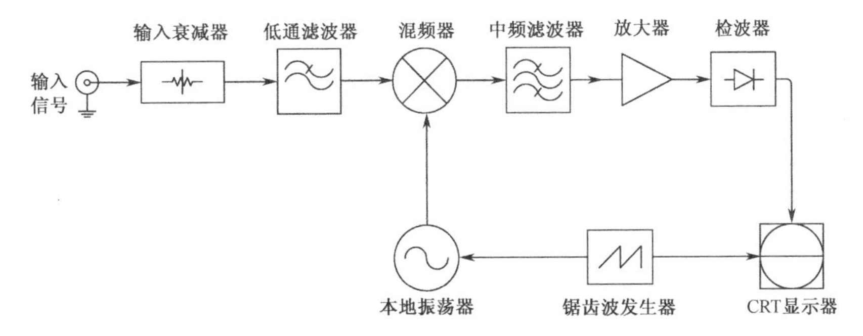

图 7.4　频谱分析仪的基本工作原理

频谱分析仪可以测量射频信号的很多参数，被称为“射频万用表”。在进行射频功率（幅度）参数的测量时，频谱分析仪具有以下特点：

（1）频谱分析仪可以测量极小幅度的射频信号。目前，一台手持式频谱分析仪的典型显示平均噪声电平（DANL，Displayed Average Noise Level）可低至 –150 dBm/Hz；而高端频谱仪的这项指标约为–165 dBm/Hz，这是任何功率计所望尘莫及的。

（2）频谱分析仪有很大的幅度测量范围，可以从 DANL 到安全输入电平 +20 dBm 甚至+30 dBm。

（3）频谱分析仪可以测量信号的频率分量，并且可以进行窄带测量。这些功能被用于测量数字信号的信道功率和邻道功率。

（4）频谱分析仪可以同时测量多载频信号。

（5）频谱分析仪可以测量放大器的 CCDF（互补积累分布函数）特性，这种功能对于评估放大器的线性很有好处。

纵然有这些优点，但是频谱分析仪的幅度测量不确定度却不尽如人意。由于本章讨论的是射频功率测量，所以幅度的测量精度是我们关心的话题。让我们从频谱分析仪的指标来分析其幅度测量的不确定度究竟有多少。表 7.1 中列出了一些影响频谱分析仪幅度测量不确定度的因素（数据来自某高端频谱分析仪）。

表 7.1　频谱分析仪的幅度测量不确定度

影响不确定度的因素	不确定度	计算举例	条　件
频率响应	±0.38 dB	±0.38 dB	3 Hz～3 GHz，10 dB 输入衰减
频率响应	±0.69 dB	—	3 Hz～3 GHz；20 dB，30 dB 和 40 dB 输入衰减
频率响应（预放开启时）	±0.70 dB	—	100 kHz～3 GHz
输入衰减器开关不确定度	±0.30 dB	±0.30 dB	3 Hz~3 GHz
幅度测量精度	±0.24 dB	±0.24 dB	3 Hz～3 GHz，10 dB 输入衰减，分辨率带宽在 10 Hz 至 1 MHz 之间，输入信号为–10～–50 dBm
分辨率带宽开关不确定度	±0.03 dB	±0.03 dB	1 Hz～1 MHz RBW
参考电平精度	0 dB	0 dB	
显示刻度	±0.07 dB	±0.07 dB	混频器输入小于–20 dBm 时

从表 7.1 中可以发现，频率响应是影响精度的一个主要因素。频率响应和频率范围有关系，在 3 GHz 以下的频段，频率响应是 ±0.38 dB，而到了 20 GHz 时，频率响应会达到 ±2 dB。输入步进衰减器工作于频谱分析仪的整个频段，并且是串联在频谱分析仪的输入端，其衰减精度是频率的函数，所以也会影响到频谱分析仪的频率响应。当输入衰减器置于 10 dB 时，频率响应有较好的表现，而在其他位置（20 dB、30 dB 和 40 dB）时，频率响应变为 ±0.69 dB。输入预放对频率响应的影响则更大些，达到 ±0.7 dB。

输入衰减器的开关不确定度对幅度测量的影响是±0.3 dB。

幅度测量的绝对精度是±0.24 dB。请注意，为了达到这样的精度，对频谱分析仪的设置有很多限制（10 dB 输入衰减，20～30 ℃环境温度，RBW 介于 10 Hz 和 1 MHz 之间，输入信号幅度在–10 dBm 至–50 dBm 之间，关闭预放）。

其他的因素有分辨率带宽的开关不确定度和显示刻度等，还有的在表中没有列出，如失配误差。通常，频谱分析仪的输入阻抗都不会是理想的 50 Ω，这也会对幅度测量精度产生影响。当输入衰减为 0 dB 时，频谱分析仪的输入匹配最差，所以不建议将输入衰减器置于 0 dB 位置。也可以在频谱分析仪的输入端接一个精密的固定衰减器来改善输入匹配。

我们从上述分析数据中选出对幅度测量不确定度影响最小的因素，并采用均方根法来计算总的幅度测量不确定度：

$$总测量不确定度 = \pm\sqrt{0.38^2 + 0.3^2 + 0.24^2 + 0.03^2 + 0.07^2} = \pm 0.55\,(\mathrm{dB})$$

上述计算结果表明，即使在频谱分析仪设置在最佳状态下，其幅度测量的不确定度仍然有±0.55 dB！换算成百分比误差为 +13.2%和–12.1%，显然，这样的精度不能作为功率测量的计量标准。

7.4.2 终端式测量法

终端式功率计是常用的小信号射频和微波功率测量手段，其基本工作原理如图 7.5 所示。被测的射频信号功率首先进入功率传感器，功率传感器电路可采用热敏电阻、热偶电阻或二极管检波器等不同的方法组成。功率传感器将射频和微波信号转换成直流信号，经过一定的处理后，再通过显示器显示。近几年来，很多功率计的显示部分已经采用软件的方法来实现。

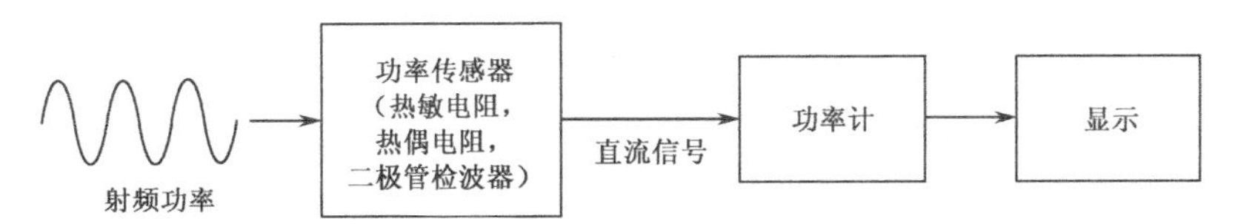

图 7.5　终端式功率计的基本工作原理

终端式功率计有以下特点：

（1）在常见的射频和微波功率测量仪器中，终端式功率计的幅度测量精度是最高的，其典型测量精度可达到±1.6%。

（2）可以测量极小幅度的功率，通常可测量到–60 dBm，高端功率计可测量低至–70 dBm（100 pW）的功率。

（3）不能测量大功率，通常终端式功率计的测量上限为+20 dBm（100 mW）。如果需要扩展测量范围，则需要外接衰减器或者定向耦合器。

（4）可以测量各种调制信号的平均功率、峰值功率、突发功率（Burst）、脉冲宽度、峰均功率比、上升时间和下降时间。

（5）可以进行 CCDF 统计分析。

（6）无法测量信号的频率分量。

（7）不能测量 VSWR。

鉴于以上特点，终端式功率计可以作为实验室的校准设备，用来校准信号源和频谱分析仪，也可以用来分析功率放大器的线性和调制信号的特性。

7.4.3 量热式测量法

射频和微波功率在被负载吸收后会转化为热能，量热式功率计（见图 7.6）就是通过测量发射机在负载上产生的热量的办法来算出被测功率的大小，其工作原理如图 7.7 所示。

图 7.6　量热式功率计

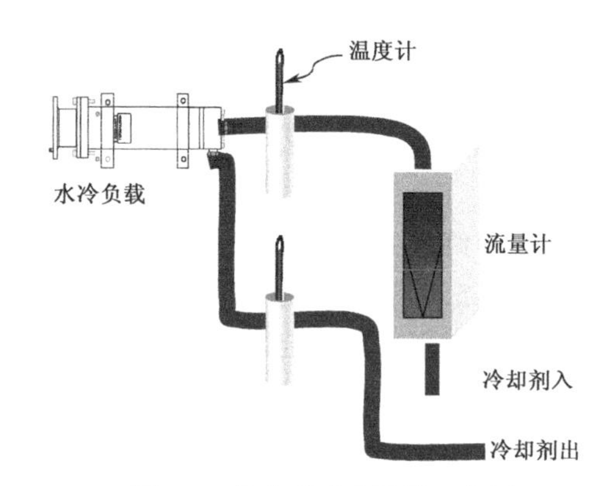

图 7.7　量热式功率计的工作原理

量热法功率测量的计算公式如下：

$$P(\text{kW}) = 0.263 \times \Delta T \times Q \tag{7.8}$$

式中，P 为功率值，单位为 kW；ΔT 为两温度计的读数差，单位为℃；Q 为冷却剂的流速，单位为 GPM（加仑/分）。

下面是一个量热法功率测量的实例：

冷却剂入口温度为 30 ℃，冷却剂出口温度为 49 ℃；冷却剂为 50%的乙二醇二乙酸和 50%的水；流速为 10 GPM；流速误差为±3% 满刻度；温度计误差为±0.1 ℃。由式（7.8）可得

$$P(\text{kW}) = 0.263 \times \Delta T \times Q = 0.263 \times (49℃ - 30℃) \times 10\ \text{GPM} = 49.97\ \text{kW}\ 。$$

量热式射频功率测量法常用于大功率广播电视发射台，上述例子的误差约为±5%。这种方法只能测量发射机的正向功率。在量热式测量法中，其测试结果基本上不受信号波形的影响。但量热式功率计的成本、物理尺寸、测试响应时间、所需的附件设备、电缆和交流电源等，都决定了它不能得到广泛的应用。

7.4.4　通过式测量法

严格来说，通过式功率测量法可以说是终端式功率测量法的一种“扩展”应用，解决了后者不能测量大功率和 VSWR 的局限。在以下的章节中，将详细讨论通过式功率测量技术。

7.5　通过式功率测量技术

通过式功率测量技术是一种传统的功率测量技术，它补充了终端式功率计不能测量大功率和 VSWR 的不足。通过式功率计的最大意义就是可以测量放大器或发射机在大功率状态下与负载（天线）的匹配。要了解通过式功率测量技术，让我们首先从 THRULINE®技术开始说起。

7.5.1　THRULINE®——通过式功率测量技术的先驱

说到 THRULINE®技术，行业中很多人马上会联想到一个名字——Bird，国内俗称“鸟牌”。THRULINE®可以翻译成“在线式”或者“通过式”，是由 Bird 在 1952 年发明的，其第一代产品——43 型通过式功率计（见图 7.8）至今仍在生产和应用。

图 7.8　通过式功率计的典型产品——Bird 43

在 THRULINE®通过式功率测量技术问世之前，射频大功率测量通常采用射频电压法和量热式测量法，但是这两种方法都不能测量反射功率。VSWR 的测量虽然可以采用开槽测量线法，但是这种方法非常烦琐，现在看来，更适合实验室教学应用，而没有工程应用价值。THRULINE®通过式功率测量技术的诞生轻易地解决了这些问题，它使同轴传输线上正向和反射功率的测量变得很容易。

耐人寻味的是，THRULINE®通过式功率测量技术问世已有半个多世纪，至今仍然是无线电发射机输出和反射功率的主流测量手段。其标志性产品 43 型通过式功率计自发明至今已经生产了超过 30 万台，J. Raymond Bird（Bird Electronic Corporation 的创始人）可能没有想到他们在半个世纪前就发明了一项“蓝海”产品。

7.5.2 通过式功率测量原理

通过式功率测量技术究竟有何奥秘呢？实际上其核心器件就是定向耦合器。图 7.9 是 THRULINE®通过式功率计的工作原理图。来自发射机的射频输入功率被正向定向耦合器（位于图中同轴线下方）取样出一小部分，这部分射频信号被位于正向探头中的检波器转换成直流信号，并被送至正向表头指示正向功率。从同轴线输出的功率流向负载或者天线，由于负载或者天线与发射机不是完全匹配的，会有一部分功率被反射回发射机，这部分反射功率被反向定向耦合器（位于图中同轴线上方）取样后，被位于反射探头中的检波器转换成直流信号，并被送至反向表头指示反射功率。通过下式可以计算出发射机与负载或者天线的实际匹配情况：

$$\mathrm{VSWR}=\frac{1+\sqrt{P_{\mathrm{r}}/P_{\mathrm{i}}}}{1-\sqrt{P_{\mathrm{r}}/P_{\mathrm{i}}}} \tag{7.9}$$

式中，P_{r} 为来自负载或者天线的反射功率（W 或 mW），P_{i} 为来自发射机的正向功率（W 或 mW）。

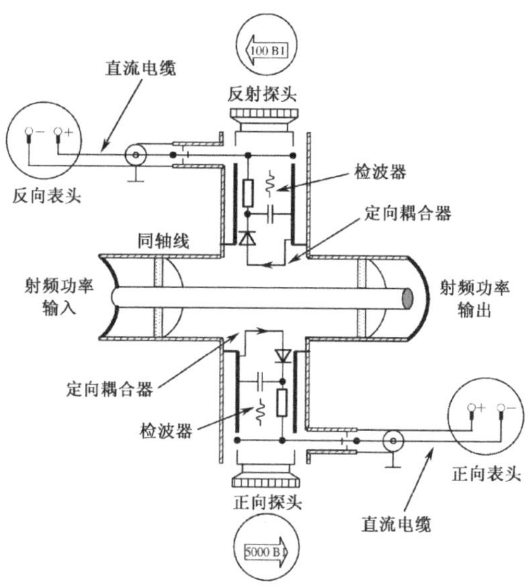

图 7.9　THRULINE®通过式功率计的工作原理

从通过式功率计的工作原理可以总结出两大特点：一是功率计的主体就是一段同轴线，其插入 VSWR 可以做得很低（典型值为 1.05），这样一段近乎理想的传输线对发射系统的匹配所产生的影响可以忽略不计；二是取样的耦合度非常小，对主线产生的耦合损耗也可以忽略。

我们可以想象一条开槽测量线，其探头定位在某个位置的情形。在一个真实的发射系统中，这个探头就是通过式功率计。无论功率计在什么位置，它所测量的必然是这个位置上真实的正向和反射功率，这就是通过式功率计区别于终端式功率计的最大不同之处。

7.5.3　通过式功率测量法的特点

经过前面的介绍，我们知道通过式功率测量法的核心是基于高方向性的定向耦合器，由此可以总结这种测量方法的以下特点：

（1）通过式功率计具有大功率测量能力。理论上来说，只要传输线可以通过的功率，通过式功率计都可以测到。例如，$6\frac{1}{8}''$ 的 EIA 同轴馈管在 30 MHz 频率点上可以承受的连续波功率超过 250 kW，那么同样规格的通过式功率计也可以测量到同样大小的功率，只要适当降低定向耦合器的耦合度，使取样信号的大小满足检波二极管的平方律工作条件即可实现。

（2）任何事物总是存在两面性，通过式功率计的上述优点恰好导致了其另一方面的“缺陷”——不能测量过小的功率电平。定向耦合器的耦合度对于检波器来说相当于衰减器，由于其动态范围的限制，所以顾及了大功率，而过小的信号可能低于检波二极管的噪声底。通过式功率计通常可测量到 mW 级的功率，而终端式功率计可测量低至 pW 级的功率，二者要相差三个数量级。但从通过式功率计的应用角度来看，我们发现这并不成问题，以下举两个例子说明。

用通过式功率计测量发射机与天线之间的 VSWR：前述的功率计最大可以测量 250 kW，最小可以测量 200 W，其测量动态范围是 31 dB。用这台通过式功率计可以测量的最小 VSWR 为 1.06，对于一个大功率发射系统而言，这个指标已经接近理想值了。

现在终端式功率计的动态范围可以做到 80 dB（-60～+20 dBm），配合耦合度为 50 dB 的定向耦合器，可以测量-10～+70 dBm 的射频功率。

（3）通过式功率计很难做到宽带，这同样是受定向耦合器的带宽限制。目前宽带通过式功率传感器的典型工作带宽约为 5 倍频程，如 25～1 000 MHz 或者 200～4 000 MHz，这与定向耦合器的特性是相符的。因为功率计和频谱分析仪不同，它不能测量信号的频率分量，所以无法对定向耦合器的频率响应进行补偿，所以在带宽方面，通过式功率计无法和终端式功率计相比拟。

(4) 通过式功率计的体积可以做到非常小。因为它不会消耗射频和微波能量，对于一个发射系统来说，通过式功率计仅仅是一段传输线而已。

(5) 通过式功率计最大优点是可以测量发射机和负载之间的大功率匹配，这是网络分析仪和天线分析仪所无能为力的。

7.6 数字调制信号——通过式功率计如何应对？

数字通信系统的调制方式多种多样，其信号包络呈无规律的变化(参见图 7.2)。当然，用频谱分析仪和矢量信号分析仪来分析数字调制信号的特征是轻而易举的事，但是其幅度测量的精度不足以作为绝对功率测量的依据。

量热式功率计对调制方式不敏感，它是将射频和微波能量全部转化为热量，但是这种测量方法只能测量真平均功率，对于数字调制信号的分析尚不够全面。

那么通过式功率计的表现如何呢？本节将从射频功率测量的角度出发来讨论如何找出数字调制信号的共性并准确描述其特征。

7.6.1 无源二极管检波器的局限

当一个连续波（CW）、调频（FM）或调相（PM）信号被具有图 7.9 所示检波特性的电路取样时，被送至表头的信号是一个与峰值功率成正比的直流电压。这个直流电压使表头指针偏转至某一位置，它指示了相应的功率。从技术上讲，表针所指示的读数可以表示峰值、平均值、有效值或其他任何类型的功率测量结果。用这种方式所构成的表头刻度还可产生以下类型的功率读数：

(1) 射频波形与用来校正刻度的波形完全一致，并具有同样的峰值/平均值比的射频功率。

(2) 峰值/平均值比保持恒定的射频功率。

(3) 被取样信号激励的检波二极管工作于“平方律”范围内的射频功率。这使得检波电路产生的输出电压与被测功率呈对数关系（见图 7.10）。超出此范围后，电路的灵敏度逐渐下降。如要扩大检波二极管的动态范围，需要将过渡区和线性区利用起来。

上述条件对于连续波（CW）、调频（FM）和调相（PM）信号是准确的，由此可见，连续波型功率计适用于单一载频、模拟无线电系统中的功率测试。然而在多载频或数字调制射频的场合，信号波形的对称性、频率、幅度和峰值/平均值比都会随机发生变化。这样的波形与常规调制的信号相比更像是噪声（参见图 7.2），并可破坏连续波型功率计得以准确校正和使用的条件。另外，数字调制波形的动态范围可以对连续波功率计的二极管检波电路产生过激励，使其超出平方律范围。

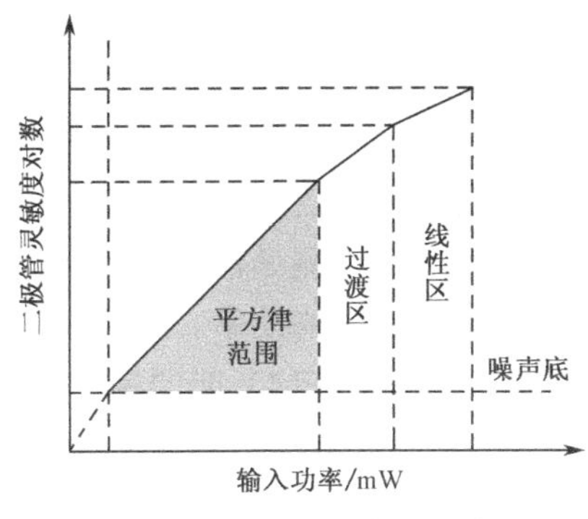

图 7.10　检波二极管的特性

7.6.2　数字调制信号功率的定义

对于数字调制信号而言，仅仅采用传统的平均功率和峰值功率已经不能完全表达其特性了。从射频功率测量角度，可以用以下 5 项指标来完整表达一个数字调制信号的特征。

平均功率（AVG）

平均功率即载频功率的平均值，也就是射频能量的总和。想象一下图 7.11 所示的脉冲宽度（τ）等于 1/2 占空比（T）的脉冲信号，将 50 W 以上的阴影部分填入 50 W 以下的空白部分，所有阴影部分的总和就是平均功率。这也就是热偶功率计所测量的“真”平均功率，它不依赖于调制类型和载频数量。

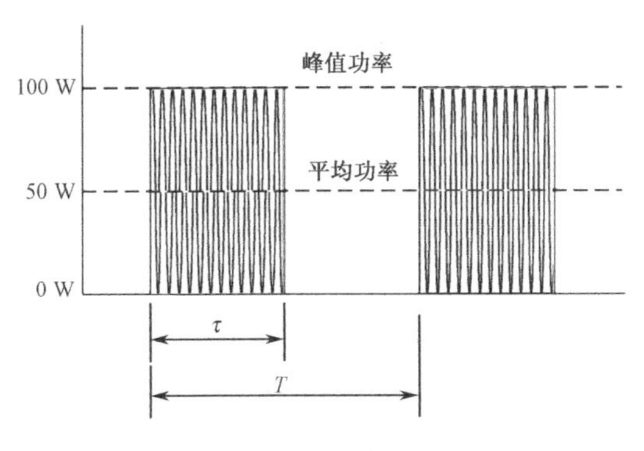

图 7.11　平均功率的定义

绝大多数的发射系统验收标准都规定了平均功率及其误差范围，如 FM 广播发射机在正常运行时的输出功率允许偏差应在额定功率的±10%范围内，因此对平均功率的测量是不可或缺的。同时也为工程师判断系统性能及是否要做系统维护或校准等提供了依据。

需要说明的是，在功率计的产品手册中，会标明可以测量哪类信号类型的“真”平均功率，如 Bird 公司的 5010 型通过式功率计，在其产品目录中说明了可以测量峰均功率比（其定义稍后叙述）不超过 10 dB 的射频信号的真平均功率，意味着这台通过式功率计可以测量数字集群通信系统、GSM 和 CDMA 蜂窝基站、模拟和数字电视发射机等的平均功率。通常，未标注测量信号类型的功率计，只能测量连续波（CW）、调频（FM）或调相（ΦM）信号的功率。

突发功率（BRST AV）

突发功率定义为周期性突发载频的平均功率（见图 7.12），其计算公式如下：

$$\text{突发功率}=\text{平均功率}\times\frac{T}{\tau} \tag{7.10}$$

在突发功率测量中，当功率计检测到峰值功率后，就将门限值设为峰值的 1/2。通过检测在一段时间内每个脉冲的上升沿及下降沿通过该门限的次数，计算出占空比。用式（7.10）就可以得出突发功率。

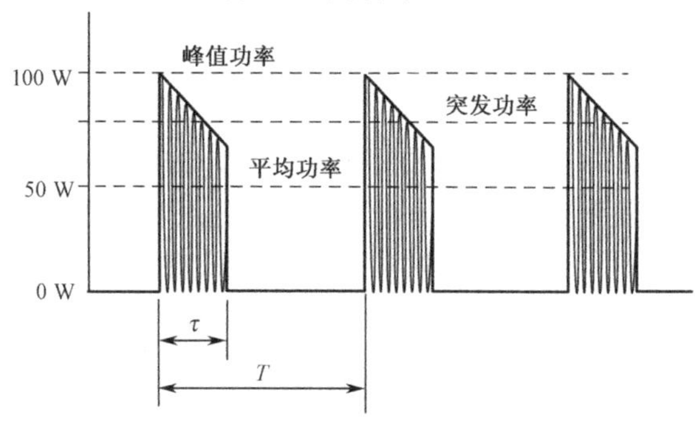

图 7.12　突发功率的定义

峰值功率（PEP）

峰值功率即载频功率的峰值。当信号调制到载频上时，峰值功率可以检测到振幅的变化。如果 τ/T 已知，则峰值功率可定义为：

$$\text{峰值功率}=\frac{\text{平均功率}}{\tau/T} \tag{7.11}$$

通过测量峰值功率能够检测发射机是否过载。如果在已调信号上升沿出现过冲，或者在波形中夹杂有瞬时脉冲，都可能对系统元器件造成损害，并将导致系统丢包，增加系统的误码率。在 TDMA 的测量中，在关闭所有其他时隙时，峰值功率和突发功率可以用来检测单个时隙中的过冲。

峰值/平均值功率比（PEP/AVG）

峰值/平均值功率比（简称为峰均功率比）也被称为峰值因子，其定义是峰值功率和平均值功率的比值（如图 7.13 所示），单位为 dB。在测量时，功率计会根据峰值功率和平均功率来计算峰均功率比。

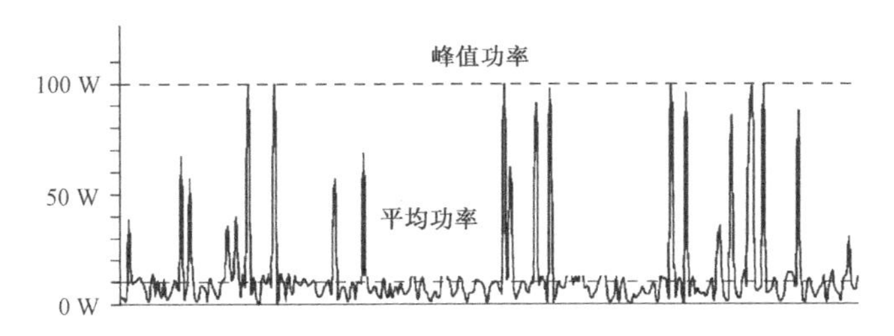

图 7.13　峰值因子（峰值/平均值功率比）的定义

通信已步入数字时代，峰均功率比成为衡量数字射频系统性能最重要的指标之一。对于功率测量而言，峰均功率比可用于评估一个数字调制的射频信号的共性，测试工程师只需了解被测信号的峰均功率比，即可准确测量其功率的大小。例如，对 CDMA、8-VSB/COFDM 或类似的调制方式来说，峰均功率比可以达到 10 dB，而 PAL 制模拟电视图像调制信号的平均峰均功率比则为 2.2 dB。如果峰均功率比太大，发射机发射出的信号就可能会出现失真的情况，对放大器的线性要求也越高。峰均功率比指标可以检测出过载问题。了解峰均功率比的意义，可以让最终用户更准确地设置基站功率，并能降低运行成本。

互补积累分布函数（CCDF）

CCDF 定义为正向功率超过给定门限（见图 7.14）的概率。

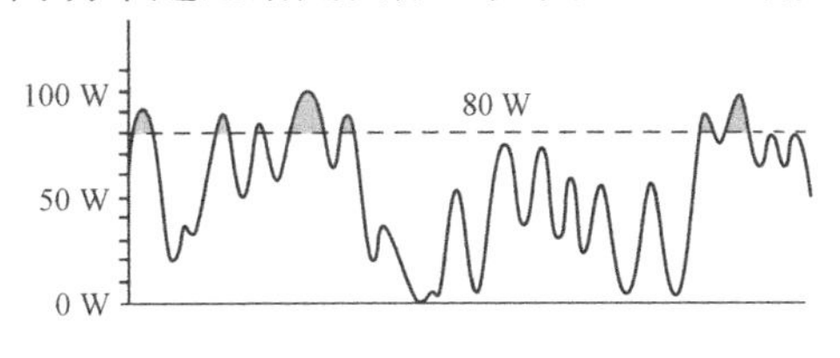

图 7.14　典型的数字调制信号

功率计每隔一段时间对功率采样一次，并和用户设定的门限值相比较，超过门限值的时间与总时间的关系就是 CCDF。

CCDF 可用来评估功率放大器的线性，尤其是工作于高峰均功率比的数字调制信号条件下（如 WCDMA）的功率放大器。首先测量输入到被测放大器的调制信号的 CCDF，然后测量放大器的输出 CCDF，并与输入 CCDF 相比较，两条曲线越吻合，说明被测放大器的线性越好。在生产线上，用 CCDF 法可以快速测试功率放大器的线性以提高生产效率；在蜂窝基站现场，CCDF 的测量对于评估末级放大器的线性也有参考价值。

针对不同的通信系统，需要采用不同的指标来定义其射频功率。例如，常见的 VHF/UHF 双向无线电对讲机，由于采用的是调频方式，所以只要测量其平均功率就可以了；双边带的调幅发射机，其功率随着调制度而变化，所以需要测量其峰均功率比，或者在固定的调制度条件下测量峰值功率或平均值功率，如模拟电视发射机中的图像功率测量。可见，了解被测信号的特性对于正确测量射频功率是至关重要的。

7.7　通过式功率测量技术的应用

7.7.1　测量发射机的输出功率以及与天线的匹配

对发射机的输出功率以及大功率状态下与负载或天线的匹配的测量，是通过式功率计最常见的应用（见图 7.15），也是通过式功率测量技术对工程应用的最大贡献。请注意图 7.15 中负载的两种不同情况：标准匹配负载（如 VSWR=1.05）和匹配不是很理想的天线（如 VSWR=1.5～2.0）。

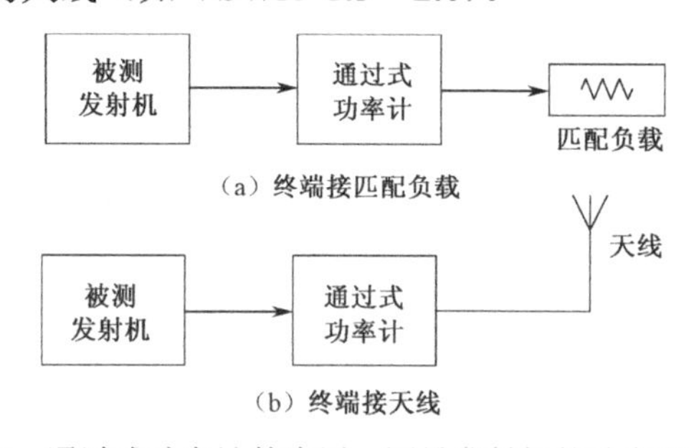

图 7.15　通过式功率计的应用－测量发射机的功率和 VSWR

在第一种情况（图 7.15（a））下，发射机或末级功率放大器的测试和调试是参照标准的 50 Ω负载进行的。由于一个标准 50 Ω负载接在一条任何长度的标准

50 Ω传输线的末端，都不会改变位于另一端的发射机的匹配条件，所以无论串入还是移去通过式功率计，对发射机和负载之间的匹配没有任何影响。这就排除了负载性能对测试结果的影响，调试工程师可以将关注点只落在发射机或功率放大器上。这种情况常见于实验室和生产线上。此外，当发射机运抵现场进行安装、调试和验收时，运营商也会用这种方法来验收发射机的输出功率和匹配是否符合产品的出厂标准。

第二种情况（图 7.15（b））则稍微复杂些，如果负载不是标准的 50 Ω阻抗，如天线的输入 VSWR 可能是 1.5 或 2，那么情况又会怎样？从发射机向天线方向看去，连接发射机和天线之间的传输线成了阻抗变换器，所以传输线的长度变得重要了。此时，当通过式功率计在不同位置所测量到的功率和 VSWR 都会有所不同。无论在什么位置，通过式功率计都将会忠实地表达其所在位置的正向和反射功率。如果要准确测量发射机输出端的功率，根据传输线的 1/4 波长变换和 1/2 波长重复的原理，最好将通过式功率计置于距离发射机输出端 1/2 波长或其整数倍的位置，这样可以真实地反映发射机的输出功率和反射功率 [1]。

发射机在大功率状态下的输出匹配的准确测量，对于发射机的安全正常运行和发射效率的评估非常重要。而这项指标的测量只有用通过式功率计才能完成，用网络或天线分析仪及终端式功率计均不能完成。有关这个问题，将在第 9 章中进一步讨论。

7.7.2　测量功率放大器的输出功率和设定 VSWR 保护门限

在一个发射系统中，为了保护末级功率放大器的正常工作，通常会在发射机的输出端设置用于实时监测负载 VSWR 的定向耦合器，以及控制和保护功率放大器的电路。这个监测和保护电路可以采用通过式功率计来校准（如图 7.16 所示）。

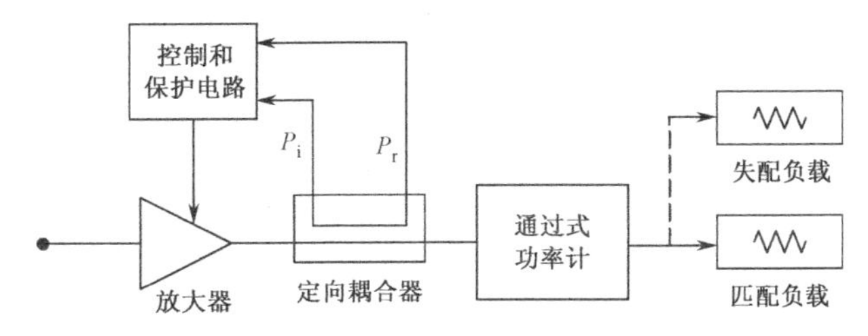

图 7.16　用通过式功率计来校准发射机的 VSWR 监测和保护电路

在图 7.16 中，我们首先假设通过式功率计未被接入，位于发射系统内的定向耦合器可以实时测量发射机的输出功率（P_i），同时监测负载（天线）的阻抗变化情况（即反射功率 P_r）。这两个射频信号被送至控制和保护电路，根据负载 VSWR 的变化，该电路会根据预先的设定来控制放大器是否该满功率输出、降低功率或切断输出。

通过式功率计可以用来校准这个监测和保护电路。在图 7.16 中，可以变换不同类型的负载，如匹配负载和失配负载（VSWR=1.5，2.0，3 等）。通过式功率计可以准确测量出负载的 VSWR 值，系统调试工程师可以以此为依据来校准定向耦合器，并设定控制和保护电路的 VSWR 保护门限。比如，当 VSWR<1.5 时放大器可以满功率输出，当 VSWR=2.0 时放大器应降功率工作，等等。

7.7.3　测量无源器件的插入损耗

看到这个标题，可能有的读者会产生疑问：无源器件的插入损耗测量用网络分析仪就可以轻松完成，为什么要用通过式功率计？当然，在大部分情况下是采用网络分析仪，之所以讨论用通过式功率计来测量无源器件的插入损耗，是基于以下几点考虑：

（1）有些无源器件在大功率和小信号测试（网络分析仪）条件下，其插入损耗是有区别的，尤其是那些大功率应用的无源器件，如衰减器、滤波器、隔离器和环流器等。在第 8 章将会更加详细地讨论这些问题。

（2）通过式功率计可以提供长电缆插入损耗现场测量的低成本解决方案，可以不局限于场地，这种方法在工程中很实用。

通过以下的案例介绍，可以更加充分地了解通过式功率计的原理和应用。

被测器件（DUT）的插入损耗值可以通过其输出输入射频功率比进行计算而得（见图 7.17），公式如下：

$$L_i(\mathrm{dB}) = 10\lg\left(\frac{P_o}{P_i}\right) \tag{7.12}$$

式中，L_i 为插入损耗，P_i 和 P_o 分别为 DUT 的输入和输出射频功率。

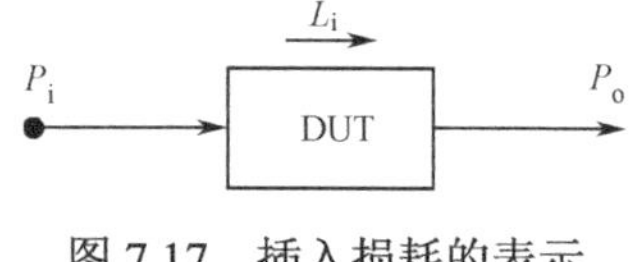

图 7.17　插入损耗的表示

单台功率计测试法

从图 7.17 很容易想到用一台通过式功率计分别测量 DUT 的输入功率 P_i 和输

出功率 P_o，然后用式（7.12）来计算其插入损耗。但这种方法不可能有足够的精度来校验插入损耗的出厂指标，产生误差的原因有很多。

图 7.18 所描述的是沿用了图 7.17 思路的一种测量方法。DUT（假设为滤波器）在工作频率上的插入损耗出厂指标是–1.5 dB。功率计采用带 50 W 探头的 Bird 43 型，发射机则采用 30 W 移动收发信机，用于连接设备的是任意长度的同轴电缆。

在图 7.18（a）中，发射机经过电缆 1、通过式功率计和电缆 2 连接到 DUT。当发射机打开时，功率计指示 32.3 W 的正向功率，记为 P_i=32.3 W。

在图 7.18（b）中，发射机通过电缆 1 与 DUT 连接，而此时 DUT 的输出则通过电缆 2、通过式功率计和电缆 3 与负载连接。此时功率计指示 20 W 的正向功率，记为 P_o=20.0 W。

经过上述的测量，根据式（7.12）计算插入损耗，结果如下：

$$L_i(\mathrm{dB}) = 10\lg\left(\frac{P_o}{P_i}\right) = 10\lg\left(\frac{20.0}{32.3}\right) = -2.1\ \mathrm{dB}$$

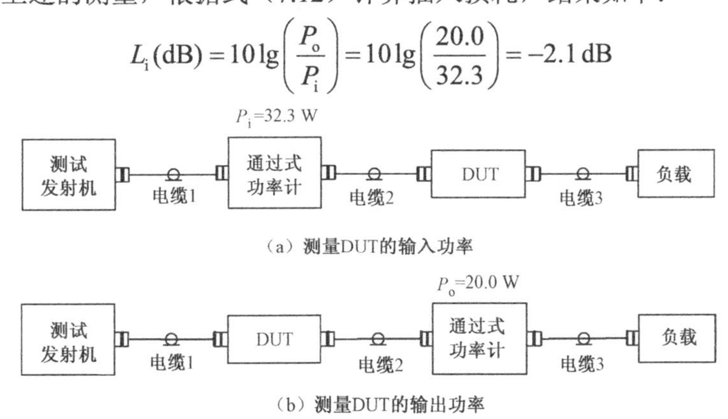

图 7.18　单功率计测量 DUT 的插入损耗（不推荐）

产生测量误差的原因

上述结果显然与出厂指标不符，问题出在哪里？在下任何结论之前，让我们来看看单功率计测量法可能产生误差的原因。

发射机负载阻抗的变化

在图 7.18（a）和图 7.18（b）中，不同长度的电缆被用于连接 DUT 和发射机。如果 DUT 的输入阻抗不是纯阻并且不等于 50 Ω，则如果改变 DUT 和发射机之间的电缆长度，也会引起呈现在发射机负载阻抗的幅度和相位的改变。因此，当从 DUT 的输入输出端移动功率计和电缆而引起阻抗变化时，发射机的输出功率也将随之变化。

功率计的位置

在端接失配或电抗性负载的传输线上存在着驻波。由于负载驻波的存在，在不同的点上，用功率计进行的功率测量所得的结果也不同。

电缆及固有插入损耗

在计算插入损耗时，必须考虑到会影响功率测量的内部连接电缆的损耗。

发射机的不稳定性

在上述测量中，出厂指标和现场测试的误差为 0.6 dB。如果测试发射机不稳定，误差将会更大。如果负载阻抗不是 50 Ω纯阻，可能引起某些发射机的功率放大器的不稳定，尤其是谐振器件（如腔体滤波器），会在截止响应频率上产生一个很大的电抗，这可能会引起参量振荡，从而在 DUT 的通带以外产生很大的输出功率。如果发射机产生振荡，则功率计所测得的发射机输出功率将会包括杂散功率。如果大部分杂散功率被 DUT 衰减掉，则结果将会产生一个“假的插入损耗”。根据杂散载波功率比和 DUT 的响应，甚至可能会产生更大的插入损耗测量误差。

假设在图 7.18（b）中，发射机通过一条更短的、不规则长度的电缆与 DUT（假设为滤波器）连接，于是它产生了振荡，DUT（滤波器）输出端上功率计的正向功率读数仅为 15.5 W，因为大约有 4.5 W 的杂散功率没有通过 DUT（滤波器）。此时可求得插入损耗为：

$$L_{\mathrm{i}}(\mathrm{dB}) = 10\lg\left(\frac{P_{\mathrm{o}}}{P_{\mathrm{i}}}\right) = 10\lg\left(\frac{15.5\mathrm{W}}{32.3\mathrm{W}}\right) = -3.2\ \mathrm{dB}$$

这个结果当然是完全错误的。

推荐的测试方法

我们推荐一种双功率计测量法（如图 7.19 所示），这种方法将会避免上述的大部分误差。首先用图 7.19（a）的测试步骤获得用于校正测试设备的插入损耗和功率计的相对校正误差的功率计读数。而图 7.19（b）的步骤则用于测量 DUT 的输入和输出功率。

电缆 1 被切割成一定的长度，从而保证从发射机的输出端到输入功率计的输出端之间的总传输线长度为测试频率的半波长的整数倍。这样可以保证由发射机看去的负载阻抗与连接在输入功率计输出端的 DUT 的阻抗相等。在某些功率计的操作手册上，通常包括了对于不同的频率范围所需的测试电缆的最佳长度。

在图 7.19（b）中，输入功率计和输出功率计用一条很短的电缆或 Nm-Nm 射频转接器与 DUT 的输入和输出连接。在图 7.19（a）中，功率计之间的连接与图 7.19（b）相同，只是中间附加了一个 Nf-Nf 转接器代替 DUT。

在图 7.18（a）和（b）中，50 Ω负载电阻应通过一条短同轴电缆或 Nm-Nm 转接器与输出功率计的输出连接。如果负载的回波损耗为–30 dB（驻波比小于 1.06）或更好，则功率计与负载电阻之间的传输线的长度不需要特别要求。

测试步骤如下：

（1）按图 7.19（a）所示将输入功率计和输出功率计直接相连，打开发射机并记下正向功率读数 P_1 和 P_2。

（2）关闭发射机，并在两个功率计之间接入 DUT，如图 7.19（b）所示。

（3）再打开发射机并记下正向功率读数 P_3 和 P_4。

（4）插入损耗计算如下：

$$L_{\mathrm{i}}(\mathrm{dB}) = 10 \times \lg\left(\frac{P_1 \times P_4}{P_2 \times P_3}\right) \tag{7.13}$$

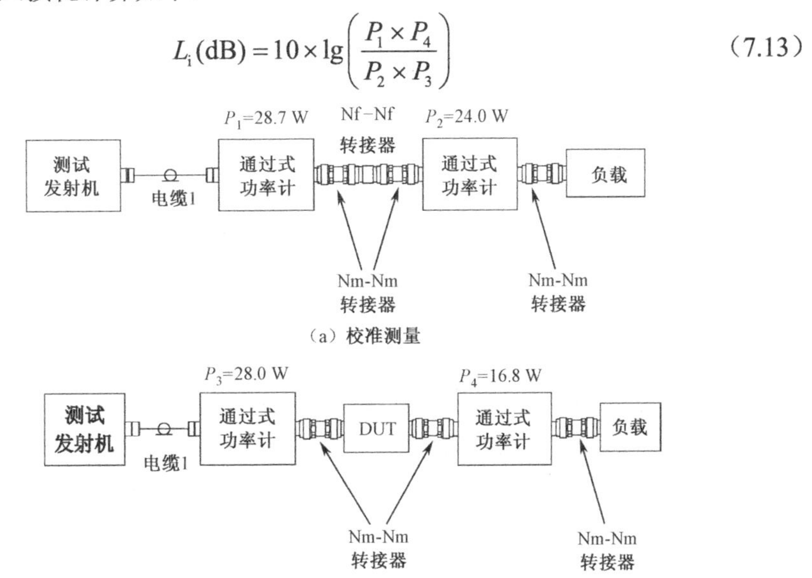

图 7.19　双功率计测量 DUT 的插入损耗（推荐）

在前述例子中，所获得的腔体滤波器的测量结果如下：

$$P_1 = 28.7\ \mathrm{W},\quad P_2 = 24.0\ \mathrm{W},\quad P_3 = 28.0\ \mathrm{W},\quad P_4 = 16.8\ \mathrm{W}$$

根据式（7.13），所求得的插入损耗为：

$$L_{\mathrm{i}}(\mathrm{dB}) = 10 \times \lg\left(\frac{P_1 \times P_4}{P_2 \times P_3}\right) = 10 \times \lg\left(\frac{28.7 \times 16.8}{24.0 \times 28.0}\right) = -1.44\ \mathrm{dB}$$

这个结果与被测滤波器的出厂指标（−1.5 dB）只相差不到 0.1 dB。

总结和分析上述案例，可以得出以下结论：

（1）用通过式功率计可以准确测量无源器件的插入损耗，其精度与网络分析仪相当。但是功率计法只能测量点频，而网络分析仪可以进行宽带测量。

（2）如果测试发射机的功率等于被测器件的额定功率，那么用功率计测量法可以获得被测器件在大功率状态下的插入损耗，具有实用意义，而这是网络分析仪所无能为力的。

（3）在射频测试中，匹配对于测试精度的影响很大。

（4）可以在发射机输出端加入隔离器以保证其输出的稳定性。同时，隔离器还有“滤波”作用，可以抑制由发射机产生的谐波，发射机的谐波和杂散进入功率计后也会影响测量精度。

在第 8 章中，将会进一步讨论大功率状态下器件的 *S* 参数测量问题。

7.8　射频大功率测量——终端式还是通过式?

这是笔者在工作中经常被问及的问题，对于射频和微波专业的读者来说，这个问题并不难理解，我们可以通过图 7.20 来讨论。

终端式功率计的输入阻抗是标准的 50 Ω，如果要扩展功率计的量程而在被测发射机后串入大功率衰减器，衰减器也可被看成标准的 50 Ω阻抗。在功率测量系统中，终端式功率计（或外接衰减器）替代了发射机的负载，从发射机向功率计看去是匹配的，也就是说，终端式功率计将发射机的负载理想化了（见图 7.20(a)）。所以说，终端式功率计所测得的结果是发射机在理想负载时的输出功率：如果发射天馈系统的匹配情况良好，则这个结果可以真实反映发射系统的输出情况；如果发射天馈系统的匹配不好（如 VSWR>1.5），则终端式功率计不能真实反映发射系统的情况。

通过式功率计则不同，它实际上是在传输线一侧放置了一个传感器（耦合探头），与发射机的工作波长相比，功率计传感器的电长度几乎可以忽略不计（见图 7.20（b））。此外，通过式功率计本身就是一段匹配良好的传输线，所以通过式功率计不会影响发射系统的匹配情况。所以只要将通过式功率计置于发射系统的某个截面，那么得出的结果是这个截面的正向和反射功率。

从上述分析我们可以得出这样的结论：终端式功率计单纯地反映了发射机的输出情况，而通过式功率计则反映了发射机在系统中的工作情况。

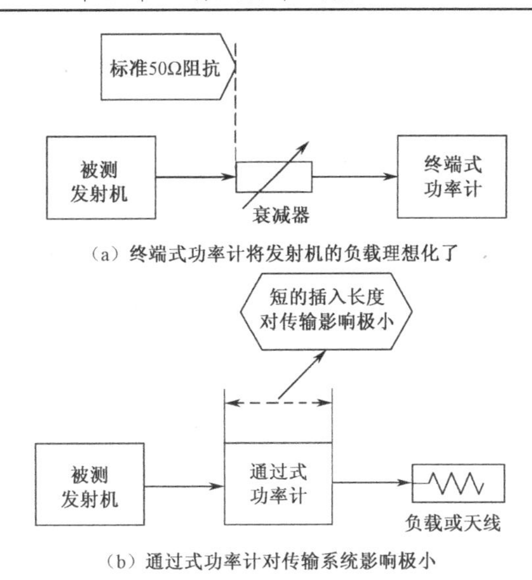

图 7.20　终端式功率计和通过式功率计比较

7.9　误差分析

任何射频测量都存在误差，也就是仪表的读数和实际被测参数之间的差异。射频功率测量也不例外，通常对于终端式功率测量来说，误差主要来自三个方面，即失配不确定度、传感器不确定度和表头不确定度；而对于通过式功率测量来说，除了这三种误差以外，定向耦合器的方向性也会在很大程度上影响反射参数测量的不确定度。

失配不确定度

当一个射频系统中存在驻波（VSWR）时，就会产生失配损耗。我们知道，最大功率传输的前提是源阻抗和负载阻抗完全匹配，但这种情况实际上是不存在的，系统中总会存在不匹配，于是就产生了反射。

图 7.21 所示是一个典型的功率测量系统，通常在信号源和功率计之间有一条阻抗为 Z_0 的传输线。在理想情况下，传输线被视为无耗的，即 Z_0 为实数，而且 Z_G、Z_L 与 Z_0 相等。但实际上在图 7.21 中的交界面向左向右看去，都存在不匹配，其反射系数分别为$\varGamma_G$和$\varGamma_L$：

$$\varGamma_G = \frac{Z_G - Z_0}{Z_G + Z_0} \tag{7.14}$$

$$\Gamma_L = \frac{Z_L - Z_0}{Z_L + Z_0} \tag{7.15}$$

也可以表示为：

$$\Gamma_G = \frac{VSWR_G - 1}{VSWR_G + 1} \tag{7.16}$$

$$\Gamma_L = \frac{VSWR_L - 1}{VSWR_L + 1} \tag{7.17}$$

其中 $VSWR_G$ 和 $VSWR_L$ 分别为源和负载的驻波比。

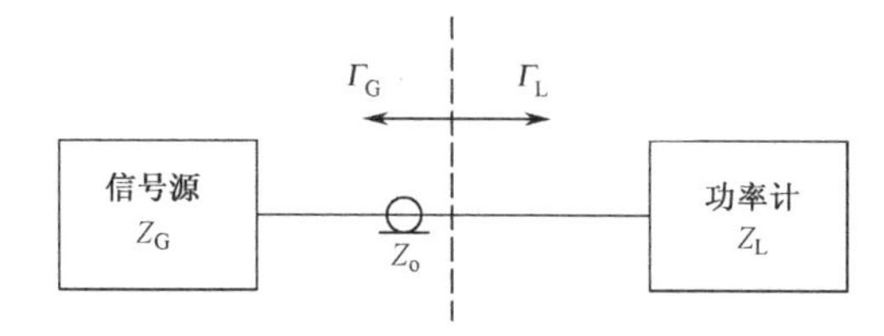

图 7.21　失配不确定度分析

我们知道，失配损耗（L_m）和反射系数的关系为：

$$L_m(dB) = -10\lg(1-\Gamma^2) \tag{7.18}$$

如果测试系统中两端均存在失配现象，则失配损耗表示为：

$$L_m(dB) = -20\lg[1-(\Gamma_G \times \Gamma_L)] \tag{7.19}$$

而失配不确定度（MU）为：

$$MU(\%) = \pm 2 \times \Gamma_G \times \Gamma_L \times 100\% \tag{7.20}$$

我们回到图 7.21 的案例，假设信号源的驻波 $VSWR_G$=1.75（反射系数 Γ_G=0.27），功率计的驻波 $VSWR_L$=1.10（反射系数Γ_L=0.05），则这个功率测量系统的失配不确定度为：

$$MU(\%) = \pm 2 \times 0.27 \times 0.05 \times 100\% = \pm 2.7\%$$

传感器不确定度

传感器不确定度取决于传感器本身的性能。终端式功率计的传感器不确定度要优于通过式功率计，前者可以做到±1.6%以下，而后者的典型值为±4%。由于通过式功率计中采用了定向耦合器，其频率响应（耦合平坦度）会影响传感器的不确定度。终端式功率计可以做到 10 MHz～26.5 GHz 的带宽，而通过式功率计则只能做到 25～1 000 MHz 或者 200～4 000 MHz，其带宽为 5 倍频程左右。从这一点分析，通过式功率计的带宽受到了定向耦合器指标的限制。

此外，功率传感器的不确定度与环境温度也有较大关系。

表头不确定度

表头不确定度是由功率计的显示部分所产生的。如果来自传感器的电压和表头的所指示电压（即功率值）不同，就产生了测量不确定度。表头不确定度是由零点调节误差、漂移、噪声等因素组成的。

对于指针式的模拟表头，还会产生额外的读数误差，为了减小视觉偏差，通常采用镜面表头，当指针和镜像重叠时，表头的读数是最准确的。

总的不确定度

总的测量不确定度由失配不确定度、校准因子不确定度、仪表不确定度（通常包括传感器不确定度和表头不确定度）等组成，总的测量不确定度的表达方式有最坏情况和均方根法两种。以下面的测量系统为例：

- 失配不确定度：±2.7%；
- 校准因子不确定度：±3.0%；
- 仪表不确定度：±1.5%；
- 参考功率源不确定度：±1.2%。

如果用最坏情况来表达总的不确定度，则将所有的不确定度相加：

$$总的不确定度 = \pm\left(2.7\% + 1.75\% + 1.5\% + 1.2\%\right) = \pm 7.15\%$$

在实际情况下，总的测量误差不会出现在最坏情况下，所以常用更加合理的均方根（RSS）法来表达系统的平均误差，在上述例子中有 4 个误差源（E_1、E_2、E_3和 E_4），则均方根误差为：

$$\text{RSS} = \sqrt{E_1^2 + E_2^2 + E_3^2 + E_4^2} \tag{7.21}$$

重新计算上例的均方根误差为：

$$\text{RSS} = \pm\sqrt{\left(2.7\%\right)^2 + \left(3.0\%\right)^2 + \left(1.5\%\right)^2 + \left(1.2\%\right)^2} = \pm 4.47\%$$

均方根误差也可用分贝（dB）来表示：

$$\text{RSS(dB)} = 10\lg\left(1 \pm \text{RSS}\right) \tag{7.22}$$

将上例中的均方根误差转换为分贝，结果是+0.19/-0.20 dB。

在通过式功率测量中，另一个特有的测量误差是定向耦合器的方向性误差，在 7.10 节中将详细讨论这个问题。

7.10　深入讨论定向耦合器的方向性误差[2]

在通过式功率测量中，定向耦合器的方向性在决定射频功率、驻波比和回波损耗测量精度方面扮演着重要的角色。由方向性产生的误差可能会严重影响基于测试结果所做出的结论，在第 3 章中已经提到定向耦合器的方向性问题，在本节中将就这个问题继续进行探讨。

图 7.22 是一个用通过式功率计在线测量发射系统的例子，表 7.2 则阐述了方向性对测量精度的影响。

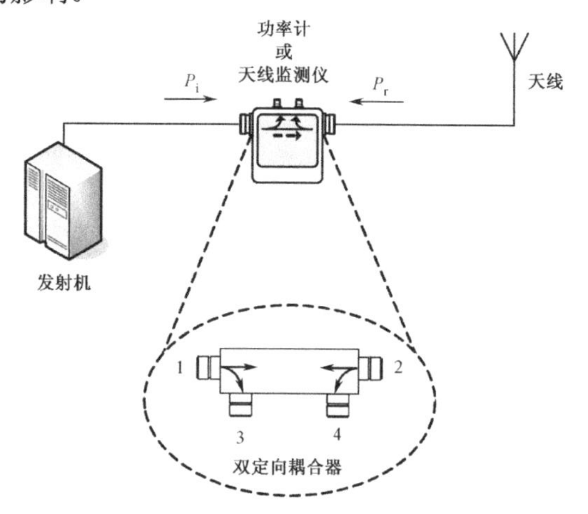

图 7.22　驻波比的测量精度取决于功率计的方向性

表 7.2　定向耦合器方向性对测量精度的影响

项　目	指　标	
功率计的方向性	25 dB	40 dB
实际天线 VSWR	1.50（L_r=–14 dB）	1.50（L_r=–14 dB）
VSWR 测量范围	1.33～1.69（L_r=–16.9～–11.8 dB）	1.47～1.53（L_r=–14.4～–13.5 dB）
VSWR 测量误差	–0.17～+0.19（L_r=–2.9～+2.2 dB）	–0.03～+0.03（L_r=–0.4～+0.5 dB）
实际发射机正向功率	20.0 W	20.0 W
正向功率测量范围	19.54～20.45 W	19.92～20.08 W
正向功率测量误差	–2.3%～+2.25% W	–0.4%～+0.4% W
实际天线反射功率	0.8 W	0.8 W
反射功率测量范围	0.41～1.31 W	0.72～0.88 W
反射功率测量误差	–48.3%～+64.1% W	–9.8%～+10.3% W

表 7.2 表明，方向性为 25 dB 的功率计或天线监测仪的测量误差要比方向性为 40 dB 时要大得多，这种误差将影响判断天线是否符合指标，同时也会在监测天线时造成误报警。由于 VSWR 的测量误差是正负偏差，所以可能在一切正常的情况下报警，或者更糟糕的是在有问题的时候不报警！下面将会讨论到具体的计算步骤，用比较直接的形式得到这些数据。为了方便起见，在附录 A 中给出了方向性表，列出了给定 VSWR 及回波损耗对应的误差范围。

7.10.1　定向耦合器的方向性及其测量

方向性是定向耦合器在一个发射系统中辨别入射波和反射波的能力的一个度量标准或品质因数。定向耦合器的方向性取决于耦合电路中的电场分量和磁场分量。当这两个源产生的分量平衡时方向性是最佳的。电场、磁场分量的值则取决于耦合板上的耦合电容和电感。

在第 3 章中，我们已经详细讨论了定向耦合器。它是一种无源器件，用于传输线上功率的取样，并且能够辨别入射波和反射波。定向耦合器可以测量正向和反射功率及驻波比和回波损耗。定向耦合器也是功率计、天线监测仪、天线分析仪和网络分析仪的关键组成部分。

在图 7.22 和后面的图 7.23 中，双定向耦合器的端口 1 和端口 2 组成了一对主端口，分别用于接收来自发射机的入射功率和天线的反射功率；而端口 3 和端口 4 则对应地组成一对耦合输出端口，分别耦合出一小部分入射功率和反射功率。当来自发射机的入射功率 P_i 从端口 1 输入时，会在正向耦合端（端口 3）产生一个对应的功率取样信号 P_3，其幅度大小为入射功率减去耦合度 C。当来自天线的反射功率 P_r 从端口 2 输入时，对应的反射功率取样 P_4 也将由反射耦合端（端口 4）产生。耦合功率计算的基本公式如下：

$$P_3(\mathrm{W})=\frac{P_i}{10^{C/10}} \tag{7.23}$$

或

$$P_4(\mathrm{W})=\frac{P_r}{10^{C/10}} \tag{7.24}$$

在图 7.22 中，假设发射机的输出功率 P_i（即定向耦合器的入射功率）为 20 W，来自天线的反射功率 P_r 为 0.8 W，定向耦合器的耦合度为 30 dB，则：

$$P_3=\frac{20\ \mathrm{W}}{10^{(30/10)}}=0.02\ \mathrm{W}=20\ \mathrm{mW}$$

$$P_4=\frac{0.8\ \mathrm{W}}{10^{(30/10)}}=0.000\,8\ \mathrm{W}=0.8\ \mathrm{mW}$$

因此，端口 1 的 20 W 输入将在入射耦合端口（3 端）产生一个 20 mW 的输出。与此同时，主反射端口（2 端）0.8 W 的输入将在反射耦合端口（4 端）产生 0.8 mW 的取样。注意，这些数据是基于假定反射耦合端口与主入射端口完全隔离，同时入射耦合端口与主反射端口理想隔离的情况的。

在实际的定向耦合器中，各端口之间理想的隔离是不存在的。隔离度与耦合度的差值定义为耦合器的方向性。矢量网络分析仪可测出隔离度和耦合度，从而得出方向性，如图 7.23 所示。

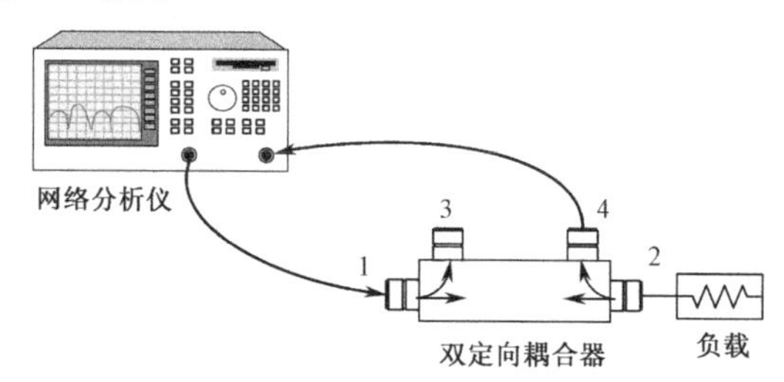

图 7.23　用网络分析仪测量定向耦合器的方向性

在图 7.23 中，在端口 2 接一个匹配良好的负载，网络分析仪在端口 1 加入激励然后在端口 4 测量输出，从而得到隔离度。然后将耦合器倒转过来测耦合度，在端口 1 接负载，在端口 2 加一激励然后在端口 4 测量输出，从而得到耦合度。

在双定向耦合器中，端口 2 到端口 4 的耦合度与端口 1 到端口 3 的耦合度相同。同时，端口 1 到端口 4 的隔离度与端口 2 到端口 3 的隔离度相同。得知了隔离度与耦合度，可以计算方向性为：

$$D(\text{dB}) = I(\text{dB}) - C(\text{dB}) \tag{7.25}$$

式中，D 为方向性，I 为隔离度，C 为耦合度。比如，测出隔离度为 55 dB，耦合度为 30 dB，则定向耦合器的方向性为 55 dB–30 dB = 25 dB。

7.10.2　方向性误差

由于定向耦合器的隔离度不会是无限大，所以端口 1 的输入功率输入会在端口 4 产生功率输出，你可以把这想象成部分输入功率不经意地“漏”到端口 4。泄漏功率等于输入功率减去隔离度。相似地，端口 2 的输入功率也会有一部分出现在端口 3。可见，有限的隔离度是造成方向性误差的根源。

这就产生了一个有趣的现象，即每个耦合端含有两个输出，这两个输出分别来自两个主端口 1 和 2。端口 4 产生的输出来自于端口 2（减去耦合度）和端口 1（减去隔离度）。同样，端口 3 输出的功率来自于端口 1（减去耦合度）和端口 2（减去隔离度）。

功率计测量主线的入射功率是通过获取定向耦合器正向耦合端（端口 3）的输出再加上耦合度，而实际上端口 3 的功率中还包含来自端口 2 的泄漏功率，即 $P_i/10^{(C/10)}$ 和 $P_r/10^{[(C+D)/10]}$ 的叠加；同样，功率计测量主线的反射功率是通过获取定向耦合器反射耦合端（端口 4）的输出再加上耦合度，而实际上端口 4 的功率中还包含有来自端口 1 的泄漏功率，即 $P_r/10^{(C/10)}$ 和 $P_i/10^{[(C+D)/10]}$ 的叠加。无论是入射功率还是反射功率，功率计测到的都是入射和反射的混合功率，这就从本质上将入射功率和反射功率混淆在一起了。当方向性 D 为无穷大时，就出现了式（7.23）和式（7.24）的特例。

7.10.3　功率和电压

由于上述的耦合功率和方向性功率并不是简单的相加，而是矢量叠加，所以首先要把功率换算成电压。其次，将两个电压矢量相加，得出最小电压和最大电压。得出的电压再被转换为最小功率和最大功率。这些最小电压与最大电压决定了方向性误差范围。正向（入射）功率和反射功率都可以这样与方向性功率相加。我们知道，功率、电压和阻抗的关系如下：

$$P = V^2 / Z \tag{7.26}$$

$$V = \sqrt{P \times Z} \tag{7.27}$$

式中，P 为功率（W），V 为电压（V），Z 为阻抗（Ω）。例如，在 50 Ω的系统中，功率为 0.8 W 时，对应的电压为：

$$V = \sqrt{0.8\ \text{W} \times 50\ \Omega} = 6.3\ \text{V}$$

当电压要矢量相加时，电压可以看作有幅度和相位的矢量。由于电压的相位是未知的，故需要考虑极端情况（电压同相或反相）。两个电压反相时所得电压最小；当它们同相时，得到最大电压。

$$V_{\min} = V_A - V_B \tag{7.28}$$

$$V_{\max} = V_A + V_B \tag{7.29}$$

其中 V_A 和 V_B 为两个将要叠加的矢量电压，$V_{\min}$ 和 $V_{\max}$ 分别为叠加后的最小电压和最大电压。

图 7.24 例举了 6.3 V 和 2 V 电压合并的结果：

$$V_{\min} = 6.3\ \text{V} - 2\ \text{V} = 4.3\ \text{V}\ ,\quad V_{\max} = 6.3\ \text{V} + 2\ \text{V} = 8.3\ \text{V}$$

一旦确定了电压的最小值与最大值，就可以将它们转回成功率值。正向功率及反射功率则可以用来计算 VSWR 和回波损耗的最小值与最大值。

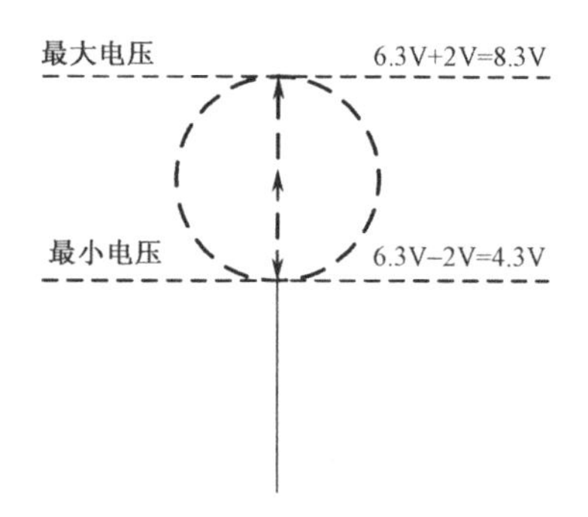

图 7.24　电压的矢量叠加

7.10.4　电压驻波比和回波损耗

电压驻波比（VSWR）和回波损耗（L_r）都是与入射功率（P_i）和反射功率（P_r）相关的比率，Γ（反射系数）也是一个和入射、反射功率有关的比率，用于计算 VSWR。这几个参数的换算关系如下：

$$\Gamma=\sqrt{\frac{P_r}{P_i}} \tag{7.30}$$

$$\mathrm{VSWR}=\frac{1+\Gamma}{1-\Gamma} \tag{7.31}$$

$$L_r(\mathrm{dB})=10\lg\frac{P_r}{P_i} \tag{7.32}$$

例如，当反射功率为 0.8 W，入射功率为 20 W 时，$\Gamma=\sqrt{\frac{0.8}{20}}=0.2$，$\mathrm{VSWR}=\frac{1+0.2}{1-0.2}=1.5$，$L_r=10\lg\frac{0.8\ \mathrm{W}}{20\ \mathrm{W}}=-14\ \mathrm{dB}$。

在电压驻波比（或回波损耗）和正向功率已知的情况下就能计算出反射功率：

$$P_r=P_i\times\left(\frac{\mathrm{VSWR}-1}{\mathrm{VSWR}+1}\right)^2$$

$$P_r=P_i\times10^{(L_r/10)}$$

例如，当 VSWR=1.5（回波损耗为−14 dB），P_i=20 W 时，

$$P_r=20\times\left(\frac{1.5-1}{1.5+1}\right)^2=0.8\ \mathrm{W}$$

$$P_r=20\times10^{(-14/10)}=0.8\ \mathrm{W}$$

附录 A 中附有电压驻波比和回波损耗转换表，以供参考。

7.10.5　方向性误差的计算

至此，我们知道了定向耦合器有限的方向性将会导致测量误差。因此，功率计和天线监测仪等设备中的定向耦合器测出的功率、电压驻波比和回波损耗存在一定的不确定度。下面的计算步骤一步步地将这些方向性误差进行量化。

在图 7.22 和表 7.2 中，一个连接到天线上的 20 W 发射机的电压驻波比为 1.5（回波损耗为−14 dB），用一个方向性为 25 dB 的功率计或天线监测仪来测量功率、电压驻波比和回波损耗，假定所有设备的阻抗都是 50 Ω，那么由方向性产生的误差是多少？

反射功率误差计算

首先计算与反射功率测量相关的方向性误差。方向性对于反射功率的测量有很大影响。因为反射功率与入射功率相比要小得多，只要入射功率有少量的“泄漏”，就会使反射功率测量产生很大的误差。

（1）列出已知值：

- 功率计或天线监测仪的方向性指标：$D = 25\,\text{dB}$；
- 天线的电压驻波比指标：$\text{VSWR} = 1.50$（−14 dB 回波损耗）；
- 发射机的正向功率：$P_\text{i} = 20\text{W}$；
- 系统阻抗：$Z = 50\,\Omega$。

（2）计算方向性反射功率 P_dr：

- 方向性功率比：$r_D = 10^{(D/10)} = 10^{(25/10)} = 316$；
- 方向性反射功率：$P_\text{dr} = \dfrac{P_\text{i}}{r_D} = \dfrac{20\text{W}}{316} = 63.3\,\text{mW}$。

（3）方向性反射电压：

$$V_\text{Br} = \sqrt{P_\text{dr} \times Z} = \sqrt{63.3\,\text{mW} \times 50} = 1.78\,\text{V}$$

（4）反射功率：

$$P_\text{r} = P_\text{i} \times \left(\frac{\text{VSWR}-1}{\text{VSWR}+1}\right)^2 = 20 \times \left(\frac{1.5-1}{1.5+1}\right)^2 = 0.8\,\text{W}$$

（5）反射电压：

$$V_\text{Ar} = \sqrt{P_\text{r} \times Z} = \sqrt{0.8 \times 50} = 6.3\,\text{V}$$

（6）反射电压的最大值和最小值：

$V_{\text{r}\min} = V_\text{Ar} - V_\text{Br} = 6.3\,\text{V} - 1.78\,\text{V} = 4.52\,\text{V}$（当方向性反射电压大于或等于反射电压时，最小反射电压为零）

$$V_{\mathrm{r\,max}} = V_{\mathrm{Ar}} + V_{\mathrm{Br}} = 6.3\ \mathrm{V} + 1.78\ \mathrm{V} = 8.08\ \mathrm{V}$$

（7）反射功率的最大值和最小值：

$$P_{\mathrm{r\,min}} = \frac{V_{\mathrm{r\,min}}^2}{Z} = \frac{(4.52\ \mathrm{V})^2}{50\ \Omega} = 0.41\ \mathrm{W}$$

$$P_{\mathrm{r\,max}} = \frac{V_{\mathrm{r\,max}}^2}{Z} = \frac{(8.08\ \mathrm{V})^2}{50\ \Omega} = 1.31\ \mathrm{W}$$

（8）反射功率的最大和最小误差：

$$E_{\mathrm{r\,min}} = \left(\frac{P_{\mathrm{r\,min}}}{P_{\mathrm{r}}} - 1\right) \times 100\% = \left(\frac{0.41\ \mathrm{W}}{0.8\ \mathrm{W}} - 1\right) \times 100\% = -48.8\%$$

$$E_{\mathrm{r\,max}} = \left(\frac{P_{\mathrm{r\,max}}}{P_{\mathrm{r}}} - 1\right) \times 100\% = \left(\frac{1.31\ \mathrm{W}}{0.8\ \mathrm{W}} - 1\right) \times 100\% = +63.8\%$$

正向功率误差计算

接下来计算入射功率的方向性误差。方向性对正向功率的测量影响较小，因为入射功率比反射功率大得多。但是，反射功率的“泄漏”（就是方向性正向功率）仍会导致的正向功率测量的少量误差。误差影响重大与否取决于实际应用。

（1）列出已知值：

➢ 功率计或天线监测仪的方向性指标：$D = 25\ \mathrm{dB}$；

➢ 天线的电压驻波比指标：$\mathrm{VSWR} = 1.50$（$-14\ \mathrm{dB}$ 回波损耗）；

➢ 发射机的正向功率：$P_{\mathrm{i}} = 20\ \mathrm{W}$；

➢ 天线的反射功率：$P_{\mathrm{r}} = 0.8\ \mathrm{W}$；

➢ 系统阻抗：$Z = 50\ \Omega$。

（2）计算方向性正向功率：

➢ 方向性功率比：$r_D = 10^{\left(\frac{D}{10}\right)} = 10^{\left(\frac{25}{10}\right)} = 316$；

➢ 方向性正向功率：$P_{\mathrm{di}} = \dfrac{P_{\mathrm{r}}}{r_D} = \dfrac{0.8\ \mathrm{W}}{316} = 2.53\ \mathrm{mW}$。

（3）方向性正向电压：

$$V_{\mathrm{Bi}} = \sqrt{P_{\mathrm{di}} \times Z} = \sqrt{2.53\ \mathrm{mW} \times 50} = 0.36\ \mathrm{V}$$

（4）正向电压：

$$V_{\mathrm{Ai}} = \sqrt{P_{\mathrm{i}} \times Z} = \sqrt{20\ \mathrm{W} \times 50\ \Omega} = 31.62\ \mathrm{V}$$

（5）正向电压的最大值和最小值：

$$V_{\mathrm{i\,min}} = V_{\mathrm{Ai}} - V_{\mathrm{Bi}} = 31.62\ \mathrm{V} - 0.36\ \mathrm{V} = 31.26\ \mathrm{V}$$

$$V_{\text{imax}} = V_{\text{Ai}} + V_{\text{Bi}} = 31.62\ \text{V} + 0.36\ \text{V} = 31.98\ \text{V}$$

（6）正向功率的最大值和最小值：

$$P_{\text{imin}} = \frac{V_{\text{imin}}^2}{Z} = \frac{(31.26\ \text{V})^2}{50\ \Omega} = 19.54\ \text{W}$$

$$P_{\text{imax}} = \frac{V_{\text{imax}}^2}{Z} = \frac{(31.98\ \text{V})^2}{50\ \Omega} = 20.45\ \text{W}$$

（7）正向功率的最大和最小误差：

$$E_{\text{imin}} = \left(\frac{P_{\text{imin}}}{P_{\text{r}}} - 1\right) \times 100\% = \left(\frac{19.54\ \text{W}}{20\ \text{W}} - 1\right) \times 100\% = -2.3\%$$

$$E_{\text{imax}} = \left(\frac{P_{\text{imax}}}{P_{\text{i}}} - 1\right) \times 100\% = \left(\frac{20.45\ \text{W}}{20\ \text{W}} - 1\right) \times 100\% = +2.25\%$$

电压驻波比和回波损耗误差计算

最后计算与电压驻波比和回波损耗相关的方向性误差。方向性对正向和反射功率的测量精度均有影响，故对电压驻波比和回波损耗的测量精度也有影响。

（1）列出已知值：

- 功率计或天线监测仪的方向性指标：$D = 25\ \text{dB}$；
- 天线的电压驻波比指标：$\text{VSWR} = 1.50$（−14 dB 回波损耗）；
- 发射机的最小正向功率：$P_{\text{imin}} = 19.54\ \text{W}$；
- 发射机的实际正向功率：$P_{\text{i}} = 20\ \text{W}$；
- 发射机的最大正向功率：$P_{\text{imax}} = 20.45\ \text{W}$；
- 天线的最小反射功率：$P_{\text{rmin}} = 0.41\ \text{W}$；
- 天线的实际功率：$P_{\text{r}} = 0.8\ \text{W}$；
- 天线的最大反射功率：$P_{\text{rmax}} = 1.31\ \text{W}$；
- 系统阻抗：$Z = 50\ \Omega$。

（2）电压驻波比的最大值和最小值：

- 实际反射系数：$\Gamma = \sqrt{\dfrac{P_{\text{r}}}{P_{\text{i}}}} = \sqrt{\dfrac{0.8\ \text{W}}{20\ \text{W}}} = 0.2$；
- 实际电压驻波比：$\text{VSWR} = \dfrac{1+\Gamma}{1-\Gamma} = \dfrac{1+0.2}{1-0.2} = 1.50$；
- 最小反射系数：$\Gamma_{\text{min}} = \sqrt{\dfrac{P_{\text{rmin}}}{P_{\text{i}}}} = \sqrt{\dfrac{0.41\ \text{W}}{20\ \text{W}}} = 0.143$；

➢ 最小电压驻波比：$\mathrm{VSWR}_{\min}=\dfrac{1+\Gamma_{\min}}{1-\Gamma_{\min}}=\dfrac{1+0.143}{1-0.143}=1.33$；

➢ 最大反射系数：$\Gamma_{\max}=\sqrt{\dfrac{P_{\mathrm{r\,max}}}{P_{\mathrm{i}}}}=\sqrt{\dfrac{1.31\ \mathrm{W}}{20\ \mathrm{W}}}=0.256$；

➢ 最大电压驻波比：$\mathrm{VSWR}_{\max}=\dfrac{1+\Gamma_{\max}}{1-\Gamma_{\max}}=\dfrac{1+0.256}{1-0.256}=1.69$。

（3）回波损耗的最大最小值：

➢ 实际回波损耗：$L_{\mathrm{r}}=10\lg\dfrac{P_{\mathrm{r}}}{P_{\mathrm{i}}}=10\lg\dfrac{0.8}{20}=-14\ \mathrm{dB}$；

➢ 最小回波损耗：$L_{\mathrm{r\,min}}=10\lg\dfrac{P_{\mathrm{r\,min}}}{P_{\mathrm{i\,min}}}=10\lg\dfrac{0.41\ \mathrm{W}}{20\ \mathrm{W}}=-16.9\ \mathrm{dB}$；

➢ 最大回波损耗：$L_{\mathrm{r\,max}}=10\lg\dfrac{P_{\mathrm{r\,max}}}{P_{\mathrm{i\,max}}}=10\lg\dfrac{1.31\ \mathrm{W}}{20\ \mathrm{W}}=-11.8\ \mathrm{dB}$。

7.10.6 关于方向性误差的总结

总结上述步骤的计算，就像预期的一样，计算结果与在表 7.2 中列出的是一致的，附录 A 中的“方向性表”同样能加以验证。通过计算或者看完那些图表后可以总结以下几点：

（1）随着方向性的增加（如 25、30、35、40 dB），误差随之减小。

（2）方向性对于反射功率的测量误差影响较大，对于正向功率的测量误差影响很小。

（3）方向性误差随着天线或负载的 VSWR 或回波损耗的变化而变化，当测试设备的方向性一定时，被测天线或负载的 VSWR 越大，则方向性误差越小。关于这一点，在后续的章节中将会继续讨论。

（4）方向性误差与功率大小无关。例如，测量 3 mW、50 W 和 1 kW 的误差是一样的。

总之，方向性对于功率、电压驻波比（VSWR）和回波损耗的测量精度有着直接的影响。知道了所用测量仪器和设备（如定向耦合器、功率计、天线监测仪或分析仪）的方向性指标就可以设置正确的预期值。要得到最佳的测量精度，必须采用方向性最高的设备。

参考文献

[1] Bird Electronic. GENERAL CATALOG, Catalog No. 870-GC-98, Rev. Date 9/99.

[2] Jim Norton. Straight Talk About Directivity. http://www.rfglobalnet.com/.

第8章 大信号*S*参数测量

本章讨论为什么要测量器件的大信号S参数，并讨论放大器和无源器件在大功率条件下标量S参数的测量方法。

8.1 概述

说到射频器件的 S 参数测量，读者可能马上会联想到矢量或标量网络分析仪，但可能很少会把网络分析仪和大信号联系起来。虽说大信号条件下的 S 参数测量并不是新鲜话题，之所以单独列出一章来讨论，是因为笔者在工作中经常遇到这类问题。就像本书的书名一样，从实用角度出发，乃是本书的基调。

S 参数即散射（Scattering）参数，其概念是在 20 世纪 60 年代提出并被业界所接受。如果我们任意取一个 N 端口的射频网络，而并不知道其中是一个什么样的电路结构，也就是一个"黑盒子"，将一个射频信号输入到一个端口时，会发生什么呢？不难想象，这个输入到多端口网络的射频信号会出现三种情况：其中一部分信号会从输入端被反射回来，一部分信号会出现在其他端口（这部分信号也有可能被放大），还有一部分信号在传输过程中通过热辐射或电磁辐射的方式耗散掉了。

当信号通过网络后，其幅度和相位均发生了变化，用 S 参数可以精确描述上述多端口网络中射频能量的传播和反射特性。S 参数被定义为在给定频率和系统阻抗的条件下，任何非理想多端口网络的传输和反射特性。

S 参数描述了输入到一个 N 端口的信号到其中每个端口的响应。S 参数下标中的第一位数字代表响应端，第二位数字代表激励端。如 S_{21} 表示端口 2 相对于端口 1 输入信号的响应；S_{11} 代表端口 1 相对于端口 1 的输入信号的响应。我们以图 8.1 所示的通用二端口网络为例来说明 S 参数的定义。其中输入到网络的信号标注为 a，离开网络的信号标注为 b。

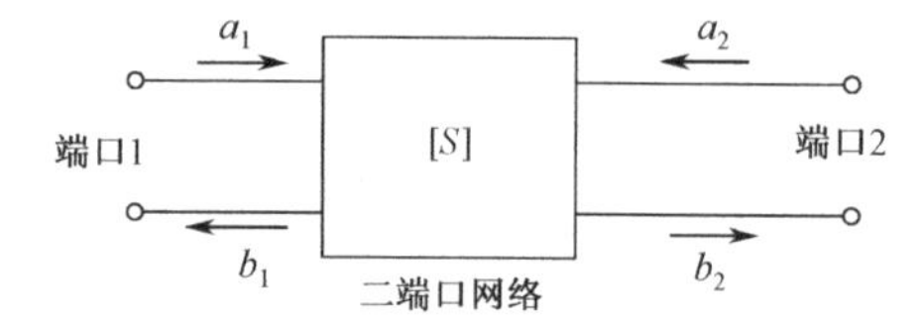

图 8.1　通用的双端口 S 参数网络

在图 8.1 中，如果将信号发生器接到端口 1，端口 2 接匹配负载，则二端口网络的入射波为 a_1，从网络返回端口 1 的反射波为 b_1；通过网络到端口 2 的信号为 b_2，从负载返回网络的反射波为 a_2（对于匹配负载，这个反射波数值为零）。用这些电压波定义的端口 1 的 S 参数为：

$$S_{11} = \left.\frac{b_1}{a_1}\right|_{a_2=0} \tag{8.1}$$

$$S_{21} = \left. \frac{b_2}{a_1} \right|_{a_2=0} \tag{8.2}$$

其中 S_{11} 表示当端口 2 接匹配负载时，端口 1 的电压反射系数；S_{21} 表示当端口 2 接匹配负载时，从端口 1 到端口 2 的传输系数，即增益或损耗。

在图 8.1 中将信号发生器移到端口 2，而端口 1 接匹配负载，则二端口网络的入射波为 a_2，从网络返回端口 2 的反射波为 b_2；通过网络到端口 1 的信号为 b_1，从负载返回网络的反射波为 b_2。用这些电压波定义的端口 2 的 S 参数为：

$$S_{22} = \left. \frac{b_2}{a_2} \right|_{a_1=0} \tag{8.3}$$

$$S_{12} = \left. \frac{b_1}{a_2} \right|_{a_1=0} \tag{8.4}$$

其中 S_{22} 表示当端口 1 接匹配负载时，端口 2 的电压反射系数；S_{12} 表示当端口 1 接匹配负载时，从端口 2 到端口 1 的传输系数，即反向隔离或损耗。

二端口网络的 S 矩阵表示如下：

$$\begin{bmatrix} b_1 \\ b_2 \end{bmatrix} = [S] \times \begin{bmatrix} a_1 \\ a_2 \end{bmatrix} \tag{8.5}$$

其中

$$[S] = \begin{bmatrix} S_{11} & S_{12} \\ S_{21} & S_{22} \end{bmatrix} \tag{8.6}$$

如果要测量 S_{11}，我们会向端口 1 注入信号并测量端口 1 反射信号，在这种情况下，端口 2 是没有信号输入的，所以在式（8.1）中，$a_2 = 0$。如果要测量 S_{21}，则向端口 1 注入信号，并测量出现在端口 2 的信号。同样，测量 S_{22} 时，会向端口 2 注入信号并测量端口 2 的反射信号，此时端口 1 没有信号输入，所以在式(8.3)中，$a_1 = 0$。如果要测量 S_{12}，则向端口 2 注入信号，并测量出现在端口 1 的信号。

对于单端口网络，S 矩阵表示为：

$$[S] = [S_{11}] \tag{8.7}$$

三端口网络的 S 矩阵为：

$$[S] = \begin{bmatrix} S_{11} & S_{12} & S_{13} \\ S_{21} & S_{22} & S_{23} \\ S_{31} & S_{32} & S_{33} \end{bmatrix} \tag{8.8}$$

在大多数情况下，更关心的是信号幅度的变化，在本章后续部分的讨论中，也仅关心信号幅度的变化。

8.2 为什么要测量射频器件的大信号 S 参数？

如果没有特别说明，我们通常所说的 S 参数一般指小信号 S 参数。大部分情况下，测试者只关心小信号条件下射频和微波网络的 S 参数。对于有源器件（如放大器），小信号是指其尚未到达压缩点；而对于无源器件，通常认为其在额定功率条件下都是线性的。

相对于小信号，大信号条件下的 S 参数发生了变化。以下是无源器件和有源器件的两个案例。

8.2.1 无源器件的“功率系数”——S_{21}的变化

通常情况下，认为无源器件是完全线性的，在额定功率的条件下，其 S 参数是不变的。但是就像无源器件会产生互调失真一样，工程上的发现有时会与人们的习惯思维有所出入。在前面提到 S 参数的现象时说到一个信号输入到多端口网络时，其中一部分能量会变成热量耗散掉。事实的确如此，当一些无源器件（如衰减器、隔离器和滤波器等）在大功率的作用下，其 S_{21} 会发生一些变化，请读者回顾本书 2.1.1 节中所讨论的一个衰减器的“功率系数”指标。如图 8.2 所示，一个 50 W、30 dB 的衰减器，当其输入功率从 10 mW 逐渐增加到 50 W 时，其 S_{21} 的变化量为 0.3 dB。这个变化量已经不可忽视了，如果功率更大，其变化量也将会更大。例如，一个 1 kW、40 dB 的衰减器，其功率系数为 0.000 1 dB/（dB ·W），在 1 kW 满负荷工作时，其衰减量的变化居然高达 4 dB!

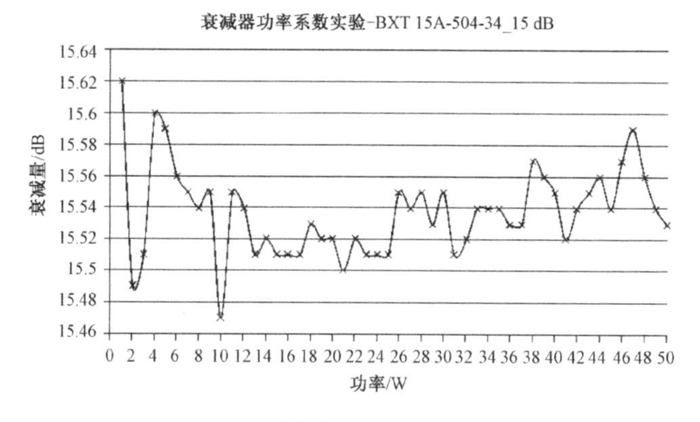

图 8.2 衰减器的衰减量随功率的变化

上述案例至少说明一个问题，要用衰减器加终端式功率计的方法来测量大功率，其结果是不够精确的。那么那些应用在大功率发射机输出端的无源器件，如隔离器、避雷器和滤波器等，有没有“功率系数”问题呢？这些器件在大功率的作用下，其 S 参数会发生哪些变化？这些变化会对系统产生什么影响呢？

8.2.2 功率放大器的“Hot S_{22}”指标

与无源器件相比，功率放大器的 S 参数变化更加显著，尤其是在不同功率下的热态 S_{22}（Hot S_{22}）的变化（见图 8.3）。当放大器在激励条件下时，这些变化将会直接影响到放大器的效率、输出功率和稳定性，而这些指标又关联到经济指标，包括制造商的生产成本和运营商的长期运行成本。

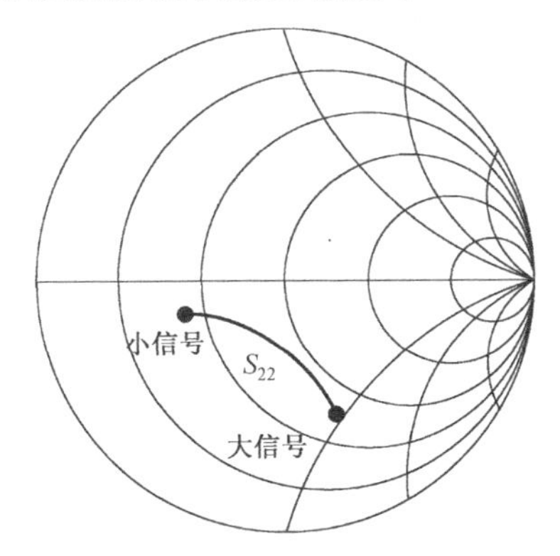

图 8.3　小信号和大信号状态下放大器 S_{22} 的变化

上述两个例子说明，无论是无源器件还是有源器件，其大信号状态下的 S 参数测量都是十分有用的，而且在某些应用场合是必不可少的。笔者在实际工作中，曾经遇到不少大信号 S 参数的测量案例，其中包括功率放大器的输出 S_{22} 测量，无源器件在大信号条件下的失效机理评估和分析等。以下将先从小信号 S 参数测量开始讨论大信号 S 参数的测量方法。

8.3 大信号 S 参数的测量方法

8.3.1 大信号 S 参数测量——网络分析仪能做点什么？

只要涉及到射频，就离不开网络分析仪，它已经是小信号 S 参数测量的必备工具。图 8.4 是一个标量网络分析仪的基本工作原理，它利用功率检波器来测量被测器件的反射参数和传输参数的幅度。

假设被测器件（DUT）是无源器件，那么通过测量入射信号 a_1 和反射信号 b_1，可以计算 DUT 的 S_{11} 参数；而通过测量传输信号 b_2 和入射信号 a_1，则可以计

算出 S_{21} 参数。如果要测量 DUT 的 S_{22} 和 S_{12} 参数，则需要把 DUT 反转方向，重复上述测试。用双端口矢量网络分析仪可以在不变换 DUT 方向的前提下一次完成 S_{22} 和 S_{12} 的测量。

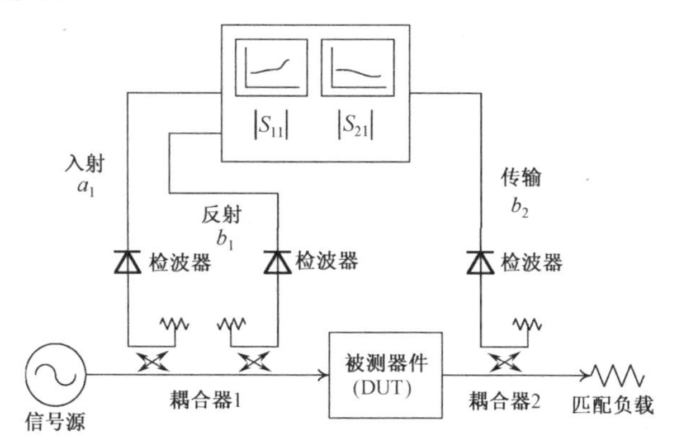

图 8.4　用于测量反射和增益幅度的标量网络分析仪的基本工作原理

如果将图 8.4 中的被测器件（DUT）换成放大器，用网络分析仪同样可以测量 S_{11}（输入 VSWR）和 S_{21}（增益）参数，但在测量 S_{12} 和 S_{22} 时却遇到了问题。按照 S 参数测量的定义，必须把被测放大器反转方向，见图 8.5，同时图 8.5 中右侧的匹配负载要改换成放大器的激励源，而左侧的信号源则依然作为测试源。然后通过测量 a_2 和 b_2 来计算 S_{22}，通过测量 b_2 和 a_1 来计算 S_{12}。但实际上这只是一种设想而已，网络分析仪并不具备这种功能，因为这种接法立刻会烧毁网络分析仪内部的信号源。

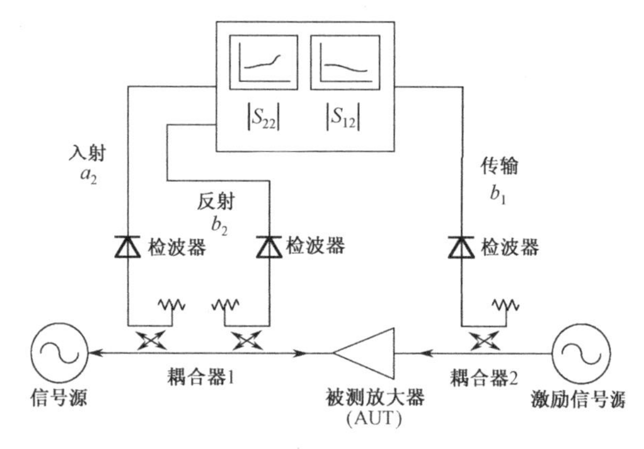

图 8.5　用网络分析仪测量放大器 S_{22} 的设想（不可实现）

从上述分析可以得出结论，用普通的网络分析仪可以测量放大器的大信号 S_{11} 和 S_{21}，但不能测量放大器的大信号 S_{22} 和 S_{12} 参数（需要说明的是，网络分析仪在校准时的源输出电平必须和放大器的标称输入电平一致，不能在校准后的测试过程中改变源的输出）。要测量放大器的大信号 S_{22} 和 S_{12} 参数，必须采取其他的方法。下面将讨论几种测量放大器 S_{22} 的可能的方法，这个问题解决后，要测量任何其他无源和有源器件的大信号 S 参数也就不难了。

8.3.2　定向耦合器法可以测量 S_{22} 吗?

在图 8.4 的基础上，你或许马上会想到：将输出耦合器改为双定向耦合器（见图 8.6）会怎么样？这的确是一个很容易想到的方法，但是从 S 参数的原理看，似乎哪里还有点问题？

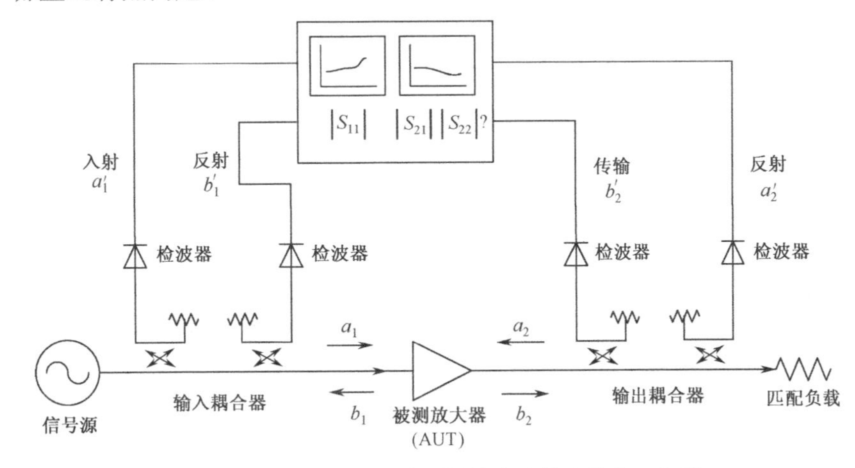

图 8.6　双定向耦合器法测量放大器的大信号 S 参数

让我们再来梳理一遍测试过程，从输入耦合器测得的入射信号 a'_1 和反射信号 b'_1 就是 S 参数定义中的 a_1 和 b_1，所以 S_{11} 测量没有问题；输出耦合器测得的 b'_2 就是放大器的输出信号，所以 S_{21} 测量也没有问题。

最后是输出耦合器测得的反射信号 a'_2，好的，问题就出在这里。这个 a'_2 实际上是负载的反射信号，而不是 S 参数中定义的，即我们所需的放大器的 a_2。S 参数的定义告诉我们，在这个场合，放大器 a_2 的变化并不影响仪器所显示的 a'_2 变化，而 a'_2 的变化仅取决于 b_2 的变化。如果负载是稳定的，那么 a'_2 和 b_2 的比值是恒定的。为了证明这一点，笔者做了一个实验，见图 8.7。

从图 8.3 我们知道，放大器的 S_{22} 是随着输出功率而变化的。在图 8.6 中，我们从 1 W 到 6 W 逐渐增加放大器的输出功率，试图通过实验得到与图 8.3 一致的结论。但结果却是：这样测试所得到的 VSWR 几乎保持不变（见图 8.7），因为实际上我们测到的只是负载的 S_{11}（输入 VSWR）。

显然，图 8.6 所示的定向耦合器法不能测量放大器的 S_{22}。

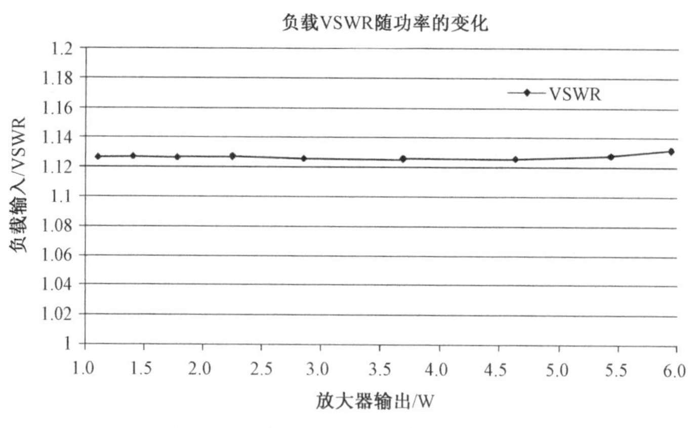

图 8.7　负载 VSWR 随功率变化实验

8.3.3　通过式功率计可以测量放大器的 S_{22} 吗?

通过式功率计内部电路实际上也是由定向耦合器和检波器组成的，用两台通过式功率计可以搭建一个简化版的标量网络分析仪（见图 8.8），与上一节所述的同样道理，通过式功率计 2 所测得的反射功率实际上也是负载的 S_{11}，而不是放大器的 S_{22}。所以，虽然通过式功率计简单易用，常被用于基站现场中天馈系统与发射机输出之间的匹配测量，但也不能测量放大器的 S_{22}。

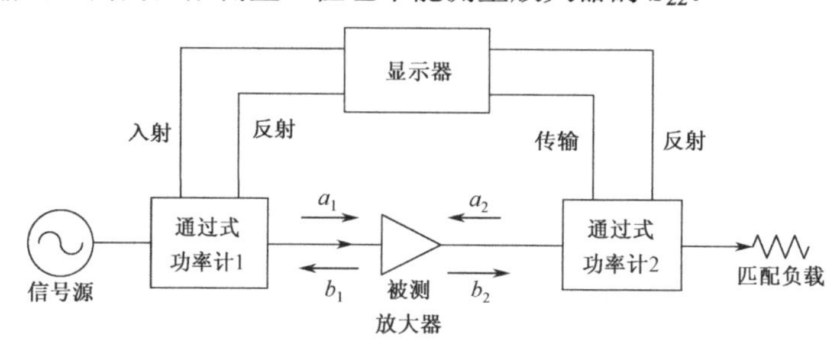

图 8.8　通过式功率计法测量大信号 S 参数

8.3.4　放大器大信号 S_{22} 的正确测量方法

上述讨论说明了放大器的大信号 S_{22} 参数测量似乎并不容易。让我们把思路回到 S 参数的定义上，就不难找到正确的测量方法（见图 8.9）。

在图 8.9 中，激励信号源产生 a_1 信号，用于推动被测放大器，使其进入正常工作状态（P_{1dB} 输出）；而测试信号源则提供一个反向输入到放大器的信号，即 a_2；放大器输出端所产生的反射信号 b_2 则被接收机所检测到；b_2 与 a_2 之比即为放大器的大信号 S_{22} 参数。

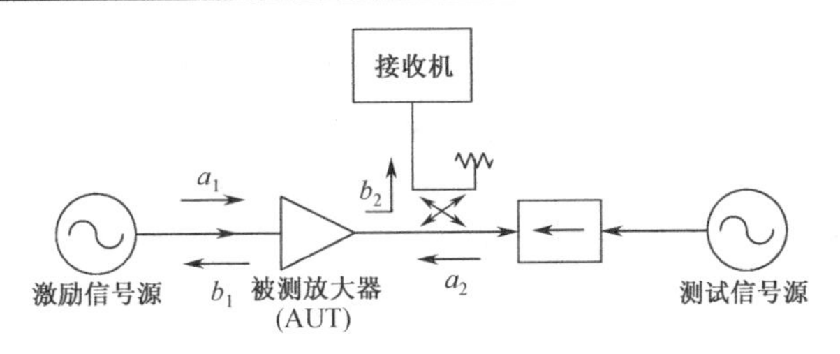

图 8.9　大信号 S 参数的正确测量方法

8.4　功率放大器的大信号 S 参数测量

图 8.10 是一个放大器的大信号 S 参数测量系统示意图。该系统由激励信号源 RF3、测试信号源 RF1 和 RF2、取样耦合器、功率检波器以及接收、放大、采样和处理电路组成。其中信号源 RF3 为被测放大器提供激励源，使放大器进入测试者感兴趣的工作状态（如 P_{1dB} 输出）；信号源 RF1 和 RF2 则为系统提供测试信号；输入耦合器用于采集输入信号 a'_1 和被测放大器的输入反射信号 b'_1；输出耦合器用于采集放大器的反向入射功率 a'_2 和输出反射信号 b'_2。功率检波器用于检波采集到的 4 个射频信号，经过滤波、放大、数字采样等处理后由显示器或电脑显示测试结果；后台软件可以自动记录功率读数，计算 VSWR 和增益，并将最终结果用 Excel 格式输出。

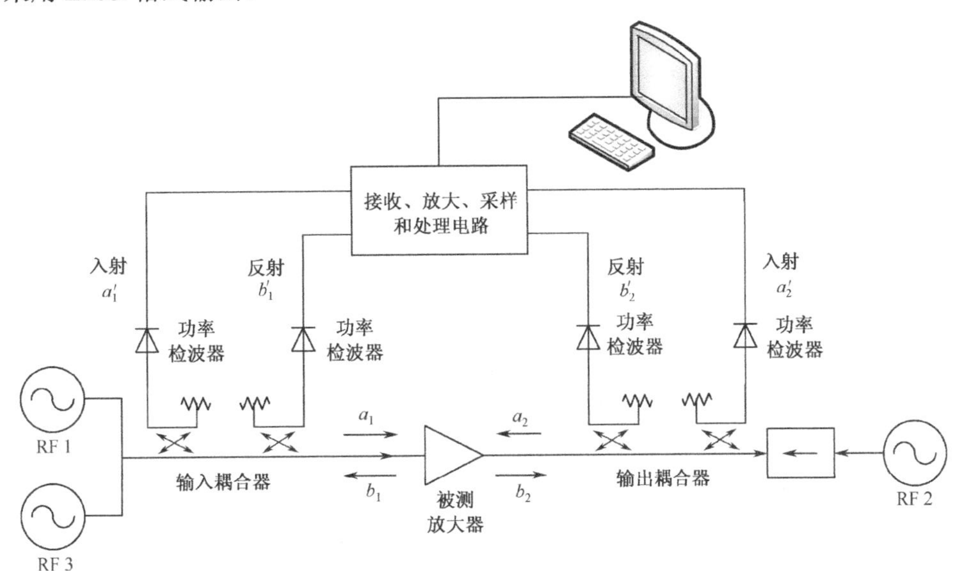

图 8.10　测量放大器大功率状态下的 S 参数

图 8.10 所示的测试系统可以测量放大器的下列指标：

（1）大信号 S_{11} 参数（输入 VSWR）：当信号源 RF1 和 RF3 同时开启时，通过检测输入端的入射信号 a'_1 和反射信号 b'_1，可以测量出放大器的大信号 S_{11} 参数。

（2）大信号 S_{22} 参数（Hot S_{22}）：开启信号源 RF3 和 RF2，通过测量放大器的输出端反向入射信号 a'_2 和输出反射信号 b'_2，可以测量放大器的大信号 S_{22}。在大信号 S 参数测量中，这项指标是最具有工程应用价值和经济价值的，因为它将直接影响到放大器的效率、输出功率、工作稳定性和运营商的运行效率，而对于减少运营商的能耗有着更加重要的长远意义。

图 8.11 所示是一个实测案例。这是一个覆盖 800～2 200 MHz 的宽带功率放大器，其标称 1 dB 压缩点输出功率为 39 dBm，输出端没有加铁氧体隔离器。测试结果显示，当放大器输出功率增加时，其热态 VSWR 值（Hot S_{22}）也随之增加了。

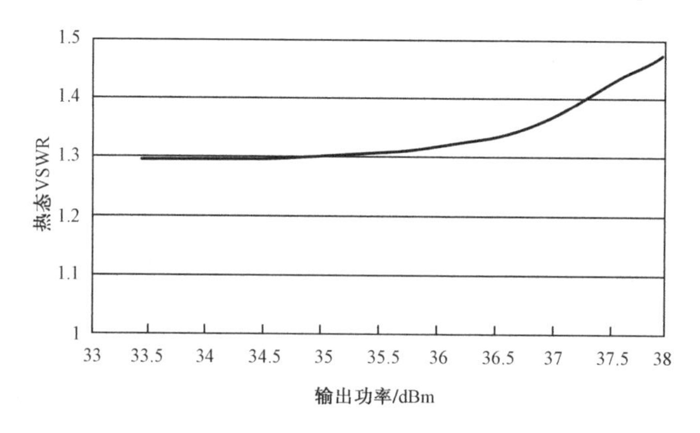

图 8.11　一个宽带功率放大器热态 S_{22} 的实测结果

（3）大信号 S_{21} 参数（增益）：只开启信号源 RF3，通过检测放大器输出端的传输信号和输入端的入射信号，可以测量放大器在压缩点或饱和工作状态下的增益。

（4）放大器的输入 / 输出响应特性：只开启信号源 RF3，将信号源进行功率扫描或者频率扫描，可以测量放大器相应的特性曲线，观察放大器在不同输出功率时的增益线性度以及通带内的频率响应。

（5）放大器的工作稳定性：通过软件的自动记录功能，可以评估被测放大器长时间工作时输出功率和增益的变化量。如果需要，也可以观察 S_{22} 的稳定性。

8.5　无源器件的大信号 S 参数测量

我们将图 8.10 的测试电路做一些变动，将被测放大器改为被测无源器件，在输入耦合器前加一个功率放大器（见图 8.12），用这种测试电路可以测量一个无源器件在大功率作用下的 S 参数及其变化特性。

图 8.12 是一个无源器件的大信号 S 参数测量系统示意图。与放大器相比，无源器件的测量要相对简单些。系统由激励信号源 RF1，测试功率放大器，取样耦合器，功率检波器，以及接收、放大、采样和处理电路，匹配负载等组成。输入耦合器用于采集输入信号 a'_1 和 DUT 的输入反射信号 b'_1；输出耦合器用于采集 DUT 的输出传输信号 b'_2。功率检波器用于检波采集到的 3 个射频信号，经过滤波、放大、数字采样等处理后由显示器或者电脑显示测试结果；后台软件可以自动记录功率读数，计算 VSWR 和插入损耗，并将最终结果用 Excel 格式输出。

图 8.12 所示的测试系统可以测量 DUT 的下列指标：

（1）大信号 S_{11} 参数（输入 VSWR）：通过检测输入端的入射信号 a'_1 和反射信号 b'_1，可以测量出 DUT 在大信号状态下的 S_{11} 参数。

（2）大信号 S_{22} 参数：将 DUT 反转方向，按照上述测量方法可测量 DUT 的大信号 S_{22} 参数。

（3）大信号 S_{21} 参数（插入损耗）：通过检测 DUT 输出端的传输信号 b'_2，可以测量 DUT 在大信号状态下的插入损耗。

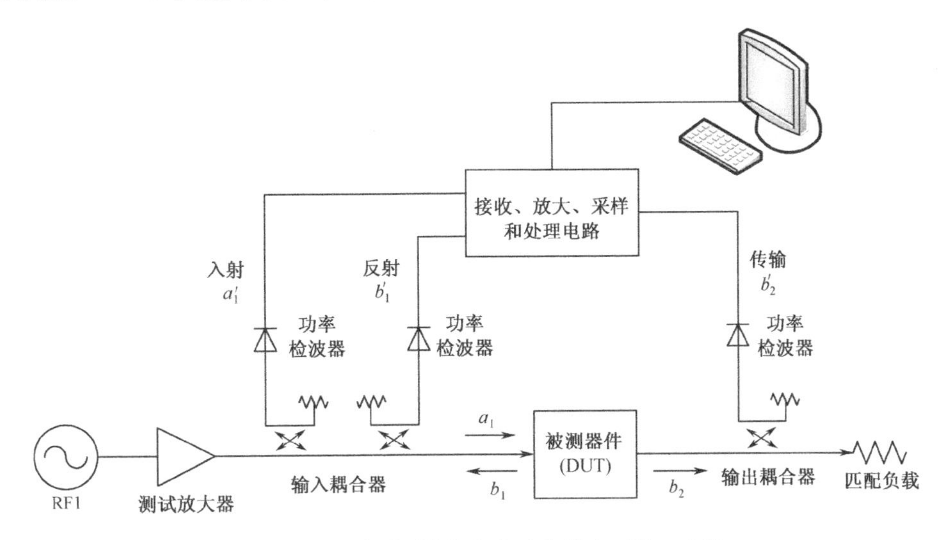

图 8.12　测量无源器件在大功率状态下的 S 参数

（4）DUT 的“功率系数”：将信号源进行功率扫描，记录 DUT 在不同功率作用下插入损耗的变化，可以计算出 DUT 的功率系数。

（5）DUT 的工作稳定性：通过软件的自动记录功能，可以评估被测 DUT 长时间工作时插入损耗的变化量。如果需要，也可以观察 S_{11} 的稳定性。

（6）分析 DUT 的大功率损毁机理：逐步增加输入功率并检测 DUT 的 S_{11} 和 S_{21} 参数，同时测量 DUT 的温度变化量，可以评估无源器件在大功率损毁性能。需要注意的是，这种射频大功率考验的方法与传统的直流替代法有着本质的区别。

8.6 结束语

射频无源和有源器件的大信号 S 参数测量具有十分重要的工程应用价值。通过这些测量，可以评估无源器件在大信号条件下的 S_{21} 变化特性，评估放大器的工作效率和稳定性，以掌握其在发射系统应用中对系统的稳定运行所产生的影响，还可以分析微波材料的特性。在编写本章的同时，笔者正在设计上述的大信号 S 参数测量系统。叙述中的错误之处，希望能得到同行们的批评指正。

第9章 天馈系统的测量

本章主要讨论发射天线的测量，包括输入驻波、故障点定位、无源互调和隔离度的测量。

9.1 概述

天线可以看作收发信机与空气的“阻抗变换器”，其作用是将发射机所产生的高频电流转换为电磁波，并传送到指定的空间区域，或者将来自指定空间区域的电磁波转换成高频电流送到接收机。与绝大部分射频和微波无源器件一样，天线是各向同性的，也就是说，收发天线是可以互易的。当然作为发射天线，要考虑的因素更多些，如无源互调和功率容量等。

在本章中，将从测试和测量角度讨论天馈系统对于整个收发系统的影响，主要内容包括天馈系统的匹配和故障定位测量，无源互调测量，隔离测量以及功率容量的测量，见图 9.1。

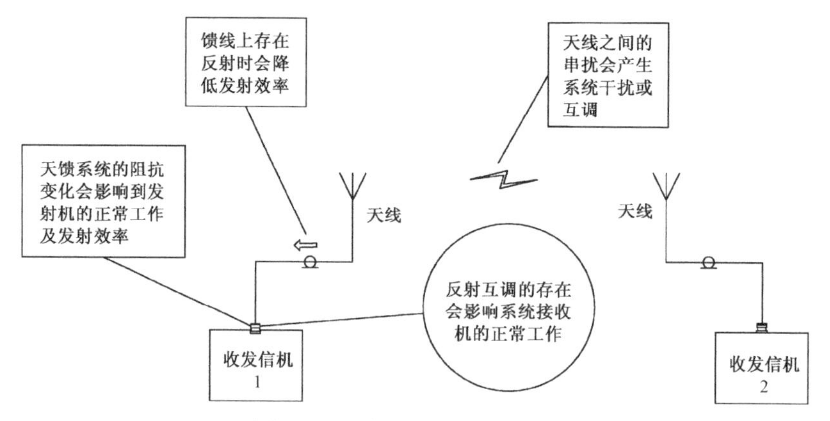

图 9.1　天馈系统测试项目图解

图 9.1 中描述了以下几个天馈系统的测试关注点：

（1）天馈系统的输入阻抗以及与发射机的输出匹配测试。这项测试关系到发射机的正常工作以及与天馈系统的匹配效率，是天馈系统最为常见的测试项目。

（2）故障定位测量。因为天馈系统是分布参数电路，即使输入端的阻抗“呈现”匹配，也不能说明通路上不存在大驻波。故障定位测量可以准确查找到大驻波点的物理位置，为发射系统的有效辐射提供保障。

（3）反射互调测量。这项测试目前大多数在天线出厂前完成，很少在基站现场进行。但实际上，天馈系统的反射互调恶化机理与驻波几乎一样。天馈系统的反射互调会直接干扰系统内的接收机使得系统无法正常工作，所以其测量意义也就不言而喻了。

（4）天线的隔离测试。这项测试的意义在于，可以避免发射机之间的相互干扰；此外，还可以分析来自其他发射机的信号反向进入发射机末级后所产生的反向互调。

9.2　天馈系统的描述

在任何无线电发射系统中，为了保证发射机的长期稳定工作和发射效率，获得最小的传输损耗，避免器件的射频大功率击穿，通常要尽可能地使天馈系统中的所有无源器件（包括天线、主馈线、避雷器和跳线等）的输入输出阻抗都保持匹配状态，同时和源阻抗（即发射机的输出阻抗）保持匹配，使整个发射系统都处于行波状态，避免反射和驻波的产生。

在大部分情况下，发射机都是通过馈线连接到天线的（见图 9.2），从发射机向天馈系统看，可以看作一个单端口网络。

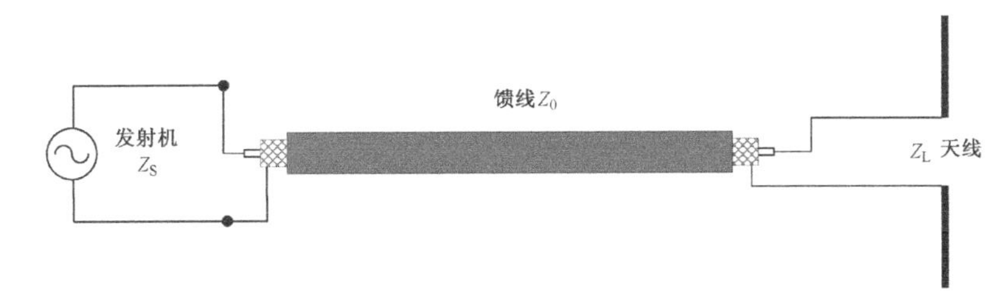

图 9.2　典型的发射系统

发射机产生指定频率的输出功率（P_{OUT}）并通过馈线传输到天线。我们知道，发射机的最大功率传输条件是源阻抗（Z_S）等于负载阻抗（Z_L），由于存在馈线（Z_0），所以馈线的一端必须与天线（Z_L）匹配，而另一端必须与发射机（Z_S）匹配。

假设发射机和馈线的阻抗是标准的 50 Ω，那么发射机和馈线之间是完全匹配的，此时把视线转到天线上。天线馈电点的阻抗 Z_L 实际上是一个复数，即 $Z_L = R \pm jX$。jX 部分可以是容性的或者感性的，在谐振点上，这部分为零。当工作频率在谐振点以下时，天线呈容性；当工作频率在谐振点以上时，天线呈感性。

如果 $Z_L = Z_0$，那么传输到馈电点的功率被天线完全吸收并辐射到空间，在这种情况下，没有功率会反射回发射机方向。当 $Z_L \neq Z_0$ 时，不是所有的功率都被天线吸收，有一部分被反射回发射机方向。在馈线沿线，会同时存在正向功率（P_i）和反射功率（P_r）。

反射功率和入射功率之比称为反射系数：

$$\Gamma = \frac{P_r}{P_i} \tag{9.1}$$

反射系数也可以用负载阻抗和传输线阻抗来表达：

$$\Gamma = \frac{Z_L - Z_0}{Z_L + Z_0} \tag{9.2}$$

传输线上的正向和反射功率互相干涉并形成驻波。驻波的大小可以用电压驻波比（VSWR）来表示。一个较为理想的匹配系统中，VSWR 小于 1.1；VSWR 过大时，就意味着出现了失配。在发射机中，通常具有驻波保护电路，当天线输入端的驻波超过某个预设的门限值时，保护电路会控制发射机的输出功率逐渐下降，直至完全切断发射机的输出。

图 9.3 表示了从发射机输出端到天线输入端之间的传输线上的驻波情况。

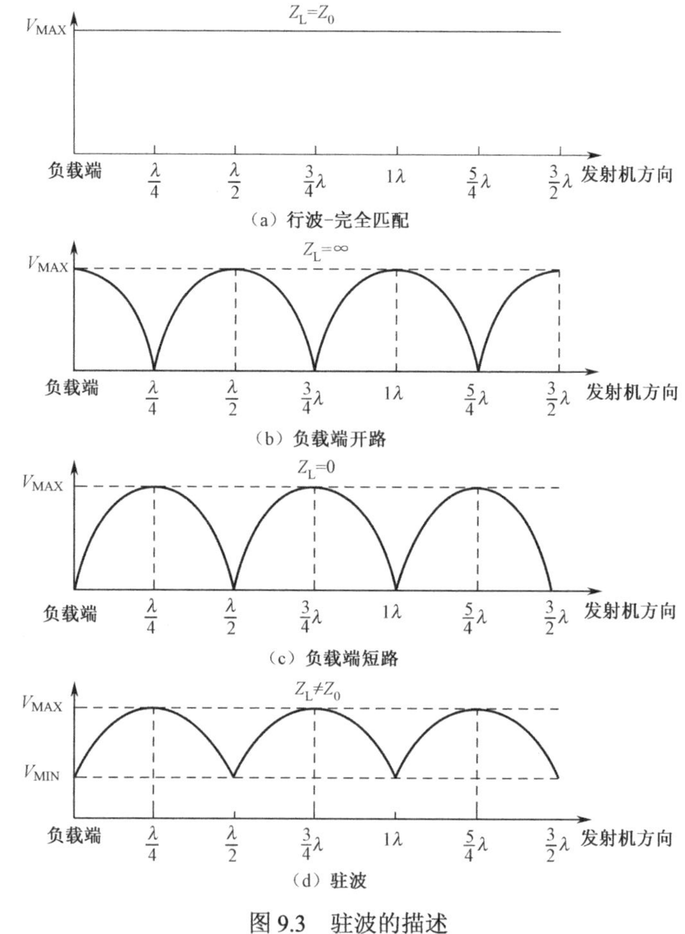

图 9.3　驻波的描述

图 9.3（a）是完全匹配的状态（$Z_L = Z_0$），传输线上没有反射，所以电压是个常数。

图 9.3（b）是负载开路的状态（$Z_L = \infty$），当功率传输到开路的负载时，被全

部反射回发射机方向。最大电压出现在负载端，最大电压（波腹点）和最小电压（波节点）在每 180°（$\lambda/2$）重复一次，而在每 90°（$\lambda/4$）变换一次，这就是微波传输线理论中十分有用的 1/2 波长重复性和 1/4 波长变换性原则。图 9.3（c）是另一种极限状态，负载端短路（$Z_L = 0$）的情况，此时在负载端出现了电流波腹点和电压波节点，同样遵循 1/2 波长重复性和 1/4 波长变换性原则。比较图 9.3（b）和 9.3（c），可以发现负载开路时，电压波节点出现在 1/4 波长的整数倍；负载短路时，电压波节点出现在 1/2 波长的整数倍。

在实际情况中，图 9.3（a）所示的完全匹配是不存在的，图 9.3（b）和 9.3（c）则意味着负载出现了故障。更多的情况如图 9.3（d）所示，即 $Z_L \neq Z_0$，既不等于零也不等于无限大，在传输线上存在着波腹点和波节点重复出现的驻波，但波节点都不等于零。我们将最大电压和最小电压之比称为驻波比：

$$\text{VSWR} = \frac{V_{\text{MAX}}}{V_{\text{MIN}}} \tag{9.3}$$

如果已知正向电压（V_F）和反射电压（V_R），则

$$\text{VSWR} = \frac{V_F + V_R}{V_F - V_R} \tag{9.4}$$

也可以通过阻抗计算 VSWR。当 $Z_L > Z_0$ 时，

$$\text{VSWR} = \frac{Z_L}{Z_0} \tag{9.5}$$

当 $Z_L < Z_0$ 时，

$$\text{VSWR} = \frac{Z_0}{Z_L} \tag{9.6}$$

如果已知正向入射功率（P_i）和反射功率（P_r），也可以计算出 VSWR：

$$\text{VSWR} = \frac{1 + \sqrt{P_r / P_i}}{1 - \sqrt{P_r / P_i}} \tag{9.7}$$

如果已知反射系数（Γ），则

$$\text{VSWR} = \frac{1 + \Gamma}{1 - \Gamma} \tag{9.8}$$

式（9.3）至式（9.8）列举了与 VSWR 相关的各个因素，通过测量最大电压和最小电压，正向电压和反射电压，阻抗，正向功率和反射功率等，都可以计算出 VSWR 值。

9.3 天馈系统的输入匹配测量

从发射机的输出向天馈系统看去，可以把整个天馈系统看作一个单端口网络。我们知道，单端口网络只有一个 S 参数，即 S_{11}，也就是输入驻波比 VSWR。这项测试比较简单，在基站现场，可以采用网络分析仪法或者功率计法来完成。

9.3.1 用网络分析仪法测量输入匹配

采用网络分析仪可以在整个发射频段内准确地测量出天馈系统的输入VSWR。近年来出现了一些专门用于现场测量的手持式网络分析仪，也称为天线和电缆分析仪。图 9.4 就是一个采用手持网络分析仪测量 824～896 MHz CDMA 蜂窝基站天馈系统输入 VSWR 的方法和测试结果。

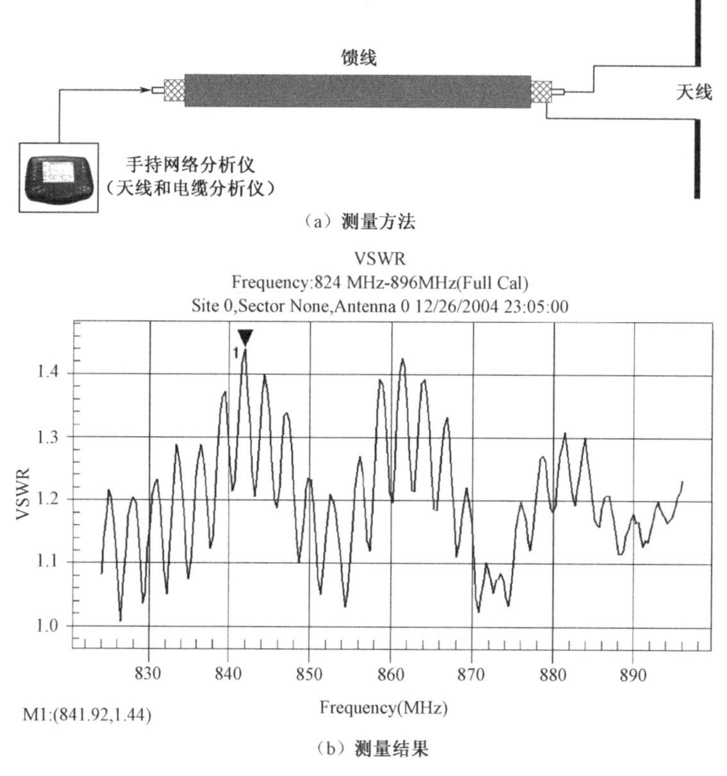

图 9.4　用网络分析仪测量天馈系统的输入匹配

测试时，将发射机的输出断开，用手持式网络分析仪取代之。测试结果显示了从 824～896 MHz 的 CDMA 上下行全频段内天馈系统的 VSWR 表现，其最大值出现在 841.92 MHz 位置，VSWR 达到了 1.44，看上去这个系统并不处在良好匹配的状态。

9.3.2 用通过式法测量输入匹配

从式（9.7）看，如果测量到正向入射功率和反射功率，也可以计算出天馈系统的 VSWR（见图 9.5）。

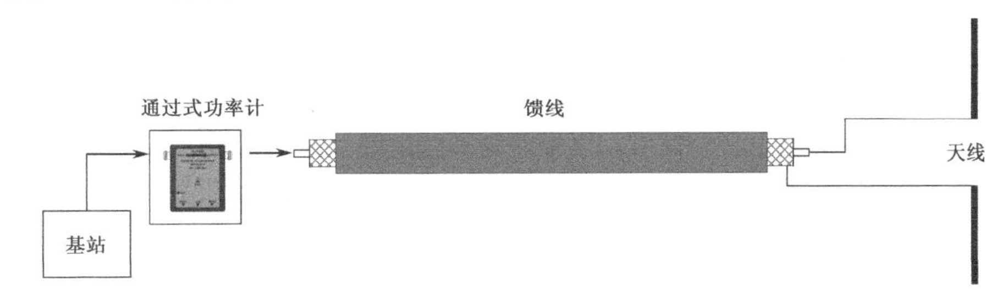

图 9.5　用通过式功率计测量天馈系统的输入匹配

在图 9.5 的测试方法中，将通过式功率计接在发射机的输出和天馈系统的输入之间。在功率计上读出正向入射功率（P_i）和反射功率（P_r），即可计算出 VSWR，也有些功率计直接计算好了 VSWR 值并在仪器上显示出来。

由于需要串入系统中进行测量，通过式功率计实际上成为了系统的一部分，所以功率计本身的插入 VSWR 一定要很小，否则会破坏系统的匹配。实际上通过式功率计本身就是一段传输线，其工作原理是在传输线旁边放置了一个方向性很高的定向耦合器来检测正向和反射功率。这是一种传统的测量方法，至今仍在广泛应用，虽然不能测量整个工作频段内的 VSWR，但是与网络分析仪测量法不同的是，在功率计法中，发射机参加了测试过程，也就是说，通过式功率计反映了发射机和天馈系统的真实匹配情况，见式（9.2）。因此说，通过式功率计法在工程上是一种有效而直接的测量方法。

另外需要注意的是，通过式功率计所测得的是传输线上某个点的驻波。图 9.3（d）表明，在不同位置所测量出的 VSWR 值是不同的，这一点在大驻波时尤为明显。所以，要提高准确测试发射机输出端口的 VSWR，根据传输线的 1/2 波长重复性原则，可以将连接发射机输出和功率计输入的测试电缆的长度做成 1/2 波长的整数倍。

9.4　天馈系统的故障定位测量

从图 9.3（d）可以发现这样一个现象：在传输线上，每个点的驻波大小是不同的。传输线的 1/4 波长变换原则告诉我们，仅仅依靠天馈系统的输入匹配测量并不能完全反映出整个天馈系统的匹配情况。另外，由于馈线存在损耗，当天线的输入端所产生的反射功率返回到测试仪器时，要比正向功率多了一些损耗。所以，要测量沿线的 VSWR，需要采用其他的方法。目前常用的方法就是故障定位测量法。

测量依然采用手持式网络分析仪（天线和电缆分析仪）来完成，其测试方法与图 9.4（a）完全相同。这种测试方法的原理是通过网络分析仪内置的信号源向天线方向发出一个信号，信号遇到不匹配的点时，其中一部分会向源的方向反射回去，仪器接收到这个反射信号后，会根据信号往返的时间和反射回来的幅度计算出在传输线沿线位置上的 VSWR 值。图 9.6 是一个故障定位的典型测试结果。

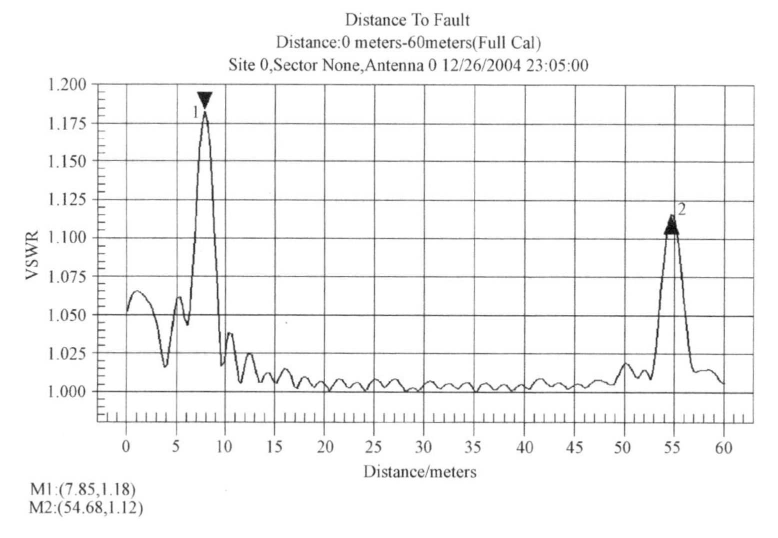

图 9.6　用网络分析仪进行天馈系统的故障定位测量

在图 9.6 中，Distance to Fault（DTF）表示故障点位置，即故障定位测量。X 轴表示仪器距离天线的距离，仪器位于 0 m 的位置，整条馈线的长度约为 55 m。Y 轴表示在传输线沿线上 VSWR 的值，在图 9.6 中 7.85 m 的位置上，VSWR = 1.18，这一点可能是天馈系统的跳线和主馈线或者避雷器的连接位置，而位于 54.68 m 处所出现的 1.12 的 VSWR 值，显然就位于天线的输入端口。

在这项测试中，要注意传输线的相速度（参见 1.1.1 节）。由于电磁波在不同介质中的传播速度是不同的，所以在故障定位测量时，必须预先在仪器中设定被测电缆的介电常数（也就是相速度），仪器根据这个参数才能准确计算出故障点的位置。显然，当被测的传输线中存在不同的电缆时，测试会存在误差。但这种方法主要是应用于工程而不是实验室分析，最终解决故障还得依靠现场工程师的经验来完成，故障定位测量可以为天馈系统的故障查找提供判断依据。

9.5　天馈系统的反射互调测量

在两个或两个以上大功率信号的作用下，天馈系统会产生反射互调，其中一个三阶互调产物会通过系统的双工器进入接收机中，从而对通信产生干扰。有关反射互调对系统的影响，读者可以参考第 10 章中的有关描述。

天馈系统的反射互调问题在近年来越来越被重视，但大部分是天线出厂前在微波暗室里进行，而很少在基站现场进行测试。实际上，互调的产生机理要比驻波复杂的多。在实际工作环境中，造成天馈系统驻波的原因有：

（1）由于雷电、水、风、紫外线、长期温度循环变化等自然现象所造成天馈系统性能的变化；

（2）由于安装（如接地夹过紧）而引起电缆外导体变形；

（3）电缆介质渗水；

（4）电缆的绝缘层损坏而导致外导体被腐蚀；

（5）接头的腐蚀；

（6）任何的接触不良。

上述的种种原因同样会导致天馈系统产生反射互调。但和驻波相比，互调产生的原因要更加“微妙”，更加难以琢磨和把握。比如，电镀层的厚度、在系统中采用了铁和镍等磁性材料、电缆的扭曲、连接力矩等，这些因素对驻波的影响或许并不大，但是对互调的变化却有着十分明显的作用。

反射互调的测量并不困难，只要将便携式的无源互调分析仪接到天馈系统的输入端，按照仪器的测试规范操作即可完成（见图 9.7）。

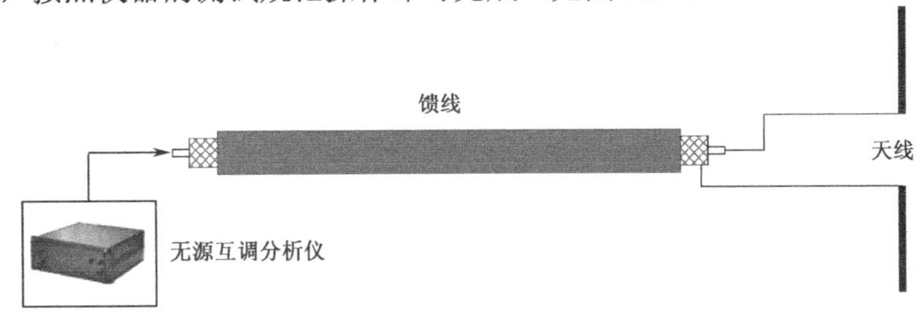

图 9.7　天馈系统的反射互调测量

反射互调的指标要求取决于系统接收机的灵敏度，若灵敏度为–105 dBm，则反射互调产物应小于–110 dBm或更小，与43 dBm相比较后的相对值为–153 dBc。

9.6 天线的隔离测量

当两个或以上基站共站工作时，在各自的天线之间会存在互相串扰，如果两台发射机工作在同一频段，可能会产生同频干扰或邻道干扰。如果发射机工作在不同的频段，也可能产生谐波或互调干扰。在第 11 章有关章节中将会描述由外部发射机所产生的互调产物，其产生原因就是天线之间的隔离不足。

天线的隔离测量时，只要把两副天线视为二端口网络，从天馈系统的输入端看，天线之间的隔离度可以用 S_{21} 和 S_{12} 参数来描述，见图 9.8（a）。

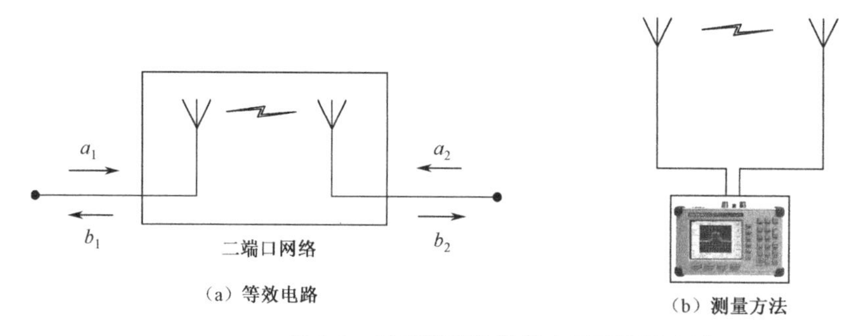

（a）等效电路　　（b）测量方法

图 9.8　天线隔离的等效电路和测量方法

在实际测试中，可以采用双端口网络分析仪来完成，见图 9.8（b）。这时所测得的是两个天馈系统输入端之间的隔离度，要换算成天线之间的隔离度，可通过发射机功率、馈线损耗和天线增益来计算。以共站的两个相同的广播电视发射系统为例，设馈线损耗 $L_{C1} = L_{C2} = 3$ dB，天线的增益 $G_1 = G_2 = 10$ dB。如果网络分析仪所测量到的传输损耗（S_{21} 或 S_{12}）为–40 dB，则两个天线之间的隔离为–40 – 2×10 + 2×3 = –54（dB）。

上例中，如果发射机的输出功率为 $P_{out1} = P_{out2} = 60$ dBm，则其中一个发射机落入另外一个系统的泄漏信号为 60 dBm– 40 dB = 20 dBm，这个信号可能会在另外一台发射机的输出端产生一个反向互调，从而产生杂散信号。

第10章 无源互调测量

无源互调是近些年来的新话题，本章从工程应用的角度较为详细地讨论无源互调的定义、类型、对通信系统的危害以及测量方法，还对一些新的无源互调问题（如多载频、反向互调的测量）进行更进一步的讨论，最后分析无源互调的测量精度。这一章或许是当前描述无源互调技术的较为详细的文章，对工程应用具有实用意义。

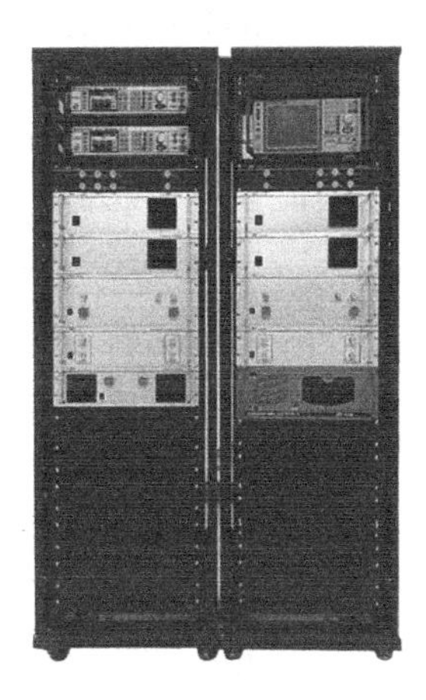

10.1 概述

无源器件会产生非线性互调失真吗？答案是肯定的！尽管还没有系统的理论分析（或许是笔者孤陋寡闻），但是在工程中已经发现在一定条件下无源器件存在互调失真，并且会对通信系统产生干扰，这种现象在数字蜂窝通信系统中尤为严重。

长期以来，有关无源器件互调失真的测量技术一直被国外公司所掌握，并垄断了该技术产品的市场。今天，这种局面发生了变化，无源互调测量的技术难关已经被中国本土的射频工程师们所攻克。不但如此，低成本的商用无源互调测量系统也已诞生。

无源互调（Passive Inter-modulation）简称 PIM，是由发射系统中各种无源器件的非线性特性而引起的。在大功率、多信道系统中，这些无源器件的非线性会产生相对于工作频率的更高次谐波，而这些谐波又会和工作频率混合产生一组新的频率，其最终结果就是在空中或者系统内部产生一组无用的频谱而影响正常的通信。

有源器件（如功率放大器和混频器）产生的互调问题始终是射频工程师所关心的；而直到 5～6 年前，大部分的射频工程师还很少提及无源器件产生的互调问题。但是随着移动通信系统新频率的不断规划，更大功率发射机的应用和接收机灵敏度的不断提高，无源互调产生的系统干扰日益严重，因此也越来越被系统运营商、系统制造商和器件制造商所关注。时至今日，解决无源互调问题已经成为移动通信行业的共识了。

移动通信在日新月异地发展着，这意味着越来越密集的基站建设，越来越多的频率资源被利用。我们暂且不去追溯移动通信的频段规划过程，但有一点可以明确的是，一旦频率规划确定，各种互调干扰的模式也就随之确定了。比如，GSM900 的三阶互调产物会落入其接收频段，而 WCDMA 的七阶互调产物才会落入其接收频段。

首先要面临系统内和各系统之间互相干扰问题的是系统运营商。从系统角度看，运营商更关注的是出现在天线端口的传导杂散辐射，而其中某些频段的杂散或许就来自某个无源器件的互调产物。

接下来，问题会被反馈给基站设备的制造商。为了降低干扰，系统工程师需要仔细审视系统中的射频电路设计，比如对末级滤波器的矩形系数提出更高的要求，以降低来自放大器和隔离器的谐波，从而减小产生互调的可能性。但是滤波器并不能解决所有问题，在以下三种情况下，滤波器对于干扰的抑制就无能为力了：

（1）落入滤波器带内（即发射频段内）的互调产物；

（2）由滤波器以后的无源器件所产生的互调产物；

（3）由滤波器自身产生的无源互调。

当然，根本解决问题的办法只能是设计和制造低互调无源器件。于是，问题最终被转给器件制造商，所有应用于大功率场合的无源器件，都要考虑无源互调问题。

本章讨论无源互调的定义、产生原因和对系统的影响，并介绍无源互调的测量方法。

10.2　无源互调的定义和表达方式

定义

无源互调是由两个或多个频率在无源器件（或线性器件）中混合所产生的新的频率分量。一个双频系统所产生的互调频率如下式所示：

$$f_{IM} = (f_1 + f_2) + (2f_2 - f_1) + (2f_1 - f_2) + (3f_2 - 2f_1) + (3f_1 - 2f_2) + \cdots \quad (10.1)$$

通常这些混合的频率产物可由其阶数来表示：$2f_2-f_1$和$2f_1-f_2$为三阶，$3f_2-2f_1$和$3f_1-2f_2$为五阶……其中$2f_2-f_1$和$2f_1-f_2$是最大的互调产物，这就是常说的三阶互调失真，而且在很多通信系统中，左侧的三阶互调产物$2f_1-f_2$会落入本系统的上行（接收）频段，所以三阶互调失真是讨论的重点。在某些系统（如WCDMA）中，由发射频段产生的七阶互调会落到上行频段中。举例如下：

例 1　GSM900：

（1）当$f_1 = 936$ MHz，$f_2 = 959$ MHz时，其三阶互调产物落入上行频段：

$$f_{IM3} = 2f_1 - f_2 = 2 \times 936\ \text{MHz} - 959\ \text{MHz} = 913\ \text{MHz};$$

（2）当$f_1 = 940$ MHz，$f_2 = 944$ MHz时，其三阶互调产物落入下行频段：

$$f_{IM3} = 2f_1 - f_2 = 2 \times 940\ \text{MHz} - 944\ \text{MHz} = 936\ \text{MHz}$$

$$f_{IM3} = 2f_2 - f_1 = 2 \times 944\ \text{MHz} - 940\ \text{MHz} = 948\ \text{MHz}$$

例 2　WCDMA：

（1）当$f_1 = 2\,150$ MHz，$f_2 = 2\,170$ MHz时，其三阶互调产物落入下行频段：

$$f_{IM3} = 2f_1 - f_2 = 2 \times 2\,150\ \text{MHz} - 2\,170\ \text{MHz} = 2\,130\ \text{MHz}$$

（2）当$f_1 = 2\,111$ MHz，$f_2 = 2\,169$ MHz时，其七阶互调产物落入上行频段：

$$f_{IM7} = 4f_1 - 3f_2 = 4 \times 2\,111\ \text{MHz} - 3 \times 2\,169\ \text{MHz} = 1\,937\ \text{MHz}$$

例 3　若DCS1800和TD-SCDMA系统共存，当$f_1 = 1\,875$ MHz，$f_2 = 2\,015$ MHz

时，其三阶互调产物落入 DCS1800 的上行频段：

$$f_{IM3} = 2f_1 - f_2 = 2 \times 1\,875\ \text{MHz} - 2\,015\ \text{MHz} = 1\,735\ \text{MHz}$$

除了上述互调产物以外，由无源器件所产生的谐波在近年来也开始被关注，如 CDMA800 下行频段中某些频点所产生的二次谐波会落入 DCS1800 的上行频段（2 × 875 MHz = 1 750 MHz）；而 GSM900 下行频段中某些频点所产生的二次谐波会落入 DCS1800 的下行频段（2 × 935 MHz = 1 870 MHz）。

所有的无源器件，包括天线、电缆和连接器、双工器和滤波器、定向耦合器、负载和衰减器、避雷器、功率分配/合成器和铁氧体环流器/隔离器等，无一例外地都会产生互调失真，因此均在本章的讨论之列。

表达方式

无源互调有两种表达方式：绝对值表达法和相对值表达法。

绝对值表达法是指以 dBm 为单位的无源互调的绝对值大小；相对值表达法则是指无源互调值与其中一个载频的比值，用 dBc 来表示。无源互调的幅度与载频功率的大小有关。

一个典型的无源互调指标是在两个+43 dBm 的载频功率同时作用到被测器件（DUT）时，DUT 产生−110 dBm 的无源互调失真（绝对值），其相对值为−153 dBc（见图 10.1）。要完整地表达一个无源互调值，必须同时体现载频功率、载频频率和互调值这三个因素，上述的例子可以表达为：−153 dBc@2×43 dBm，935 MHz/960 MHz。

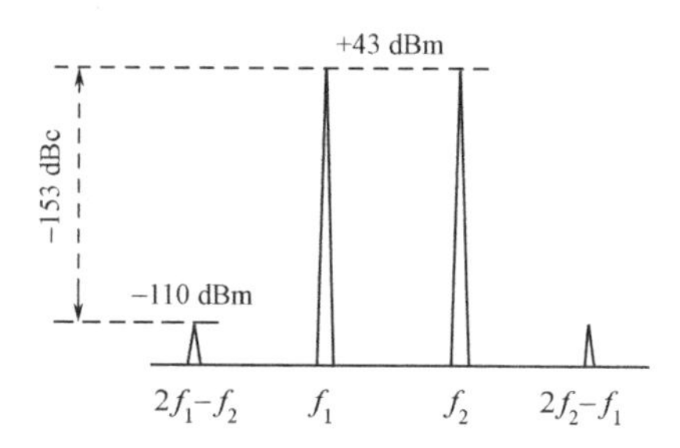

图 10.1　无源互调的表达方式

需要特别说明的是，互调产物的大小取决于载频功率。从理论上说，当载频功率电平变化 1 dB 时，三阶互调电平变化 3 dB，也就是 2 dBc。图 10.2 是一个无源器件的三阶互调产物随载频的变化规律。

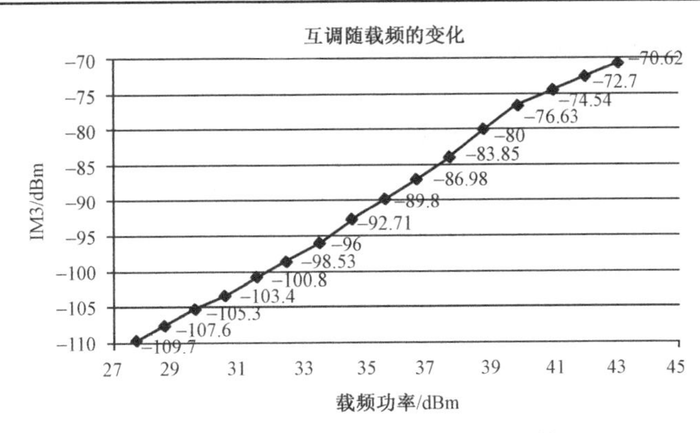

图 10.2　无源互调随载频的变化规律

10.3　无源互调的类型

正向（传输）互调

正向互调也被称为传输互调，其定义是当两个载频同时输入到一个双端口（或多端口）器件时，在输出端所产生的互调（见图 10.3）。在测试过程中，任何空闲端口必须接低互调负载。

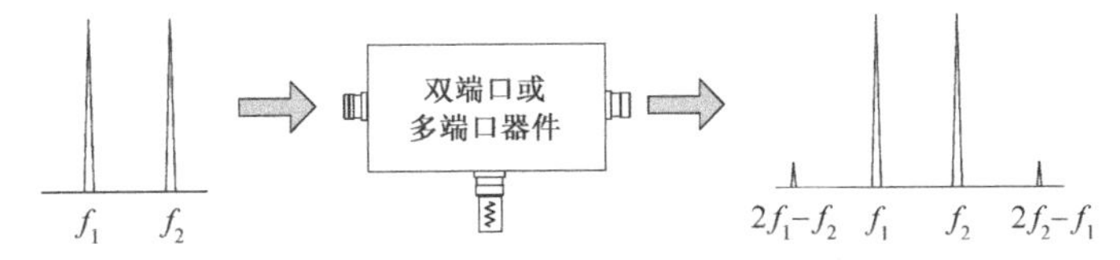

图 10.3　正向（传输）互调的定义

从频段细分，正向（传输）互调又可分为落入发射频段和落入接收频段两种，它们的区别取决于 f_1 和 f_2 的之间的差值$\varDelta$，$2f_1-f_2$ 和 f_1 之间的间隔、$2f_2-f_1$ 和 f_2 之间的间隔都等于$\varDelta$，从这个规律可以直观判断互调产物的位置。在 10.2 节中，已经举例描述了落入发射频段和落入接收频段的互调。

同样是正向（传输）互调，落入发射频段和接收频段互调的测试方法却大相径庭，这一点将在后续的章节中加以描述。

反射互调

反射互调的定义是当两个载频同时输入到一个双端口（或多端口）器件的某个端口时，从该端口反射回输入方向的互调产物，如图 10.4 所示。在测试过程中，任何空闲端口必须接低互调负载。

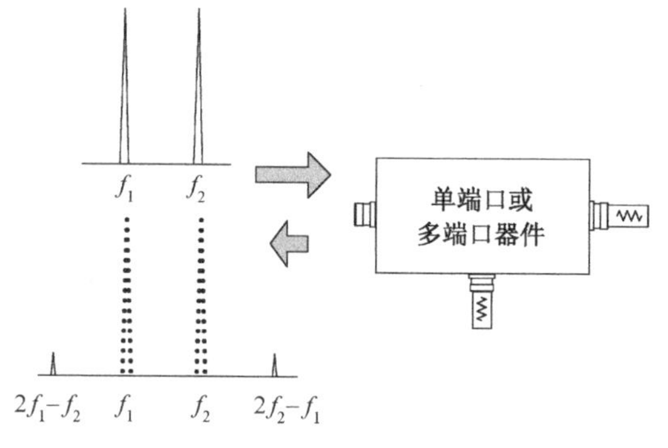

图 10.4　反射互调的定义

通常情况下，反射互调仅指落入接收频段的互调产物。这并非意味着反射互调不存在于发射频段，之所以不关注落入发射频段的反射互调，是因为这部分互调产物对系统的影响甚微。

反向互调

反向互调的定义是当两个载频分别从不同的方向同时输入到一个双端口（或多端口）器件的输入端 1 和输出端 2 时，从输出端 2 产生的互调产物（见图 10.5）。

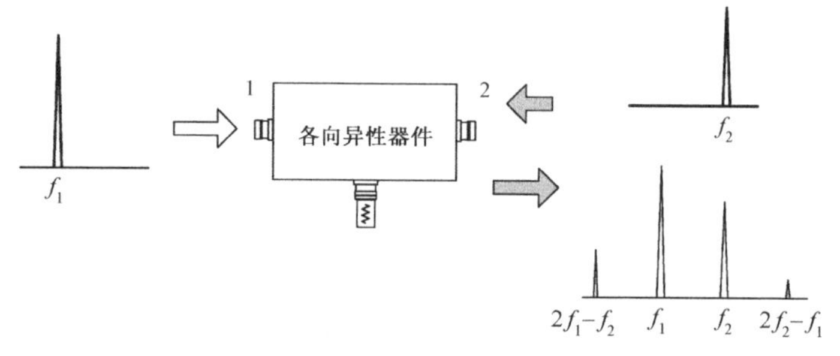

图 10.5　反向互调的定义

反向互调是近年来才被提出的，从目前的工程应用来看，反向互调的概念仅适用于各向异性器件（如铁氧体隔离器和环流器）。在 10.7.1 节中，将对反向互调的产生和测量的意义进行详细描述。

10.4　无源互调的产生原因和条件

从理论上讲，当电磁波的传输路径上出现不连续性时，就会产生互调产物。从工程角度看，无源互调产生的原因很多，以下是一些例子：

（1）当导体表面的电镀层厚度小于电磁波的趋肤深度时，由于电磁波传播的“趋肤效应”，就会产生互调产物。这种现象存在于所有的射频器件（如射频电缆和连接器）中，制造商不断地在努力寻找一个平衡点——既能保证互调指标，又能使制造成本最低化。

（2）电镀槽被污染或传输路径上电镀层的不均匀，都会导致不连续性，从而产生互调。

（3）在传输路径上采用了磁滞性材料，如镍、铁和铁氧体等，将会产生互调。

（4）传输路径上过多的接触点，接触的不可靠、虚焊和表面氧化等，都会产生互调。

在上述环境中，如果满足以下条件，就会产生无源互调：

（1）通路上同时存在两个或两个以上载频；

（2）每个载频有足够大的功率。

10.5　无源互调的危害及测量的意义

无源互调是如何影响通信系统正常工作的？

让我们以 GSM900 蜂窝通信系统为例来说明无源互调是如何影响系统的正常工作的，如图 10.6 所示。GSM900 的基站发射（下行）频段是 925～960 MHz，基站接收（上行）频段是 880～915 MHz。当基站有 2 个信道在工作时，假设其上下行频率分别为：

$$f_{TX1} = 936\text{ MHz},\ f_{RX1} = 891\text{ MHz};\ f_{TX2} = 959\text{ MHz},\ f_{RX2} = 914\text{ MHz}$$

如果在基站的射频输出通路上（如天线）存在无源互调，其三阶互调频率为：

$$f_{IM3} = 2f_{TX1} - f_{TX2} = 2 \times 936\text{ MHz} - 959\text{ MHz} = 913\text{ MHz}$$

这个频率刚好落在接收（上行）频段中。这时候，接收机收到了 3 个信号，其中 2 个有用信号 f_{RX1}、f_{RX2} 和 1 个互调信号 f_{IM3}，但是接收机并不能分辨信号的性质，它会把那个互调信号也当做有用信号来处理，于是干扰就这样产生了。

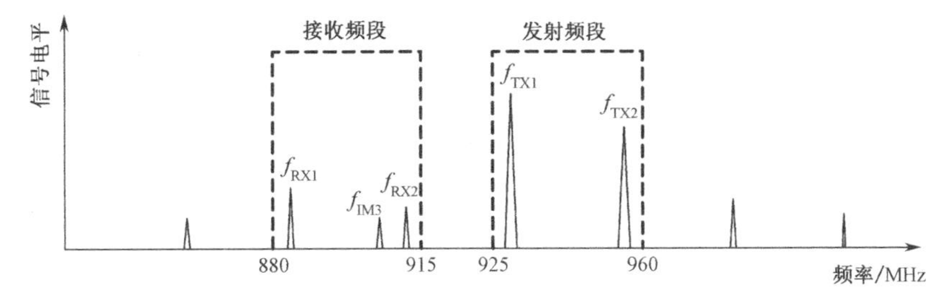

图 10.6　无源互调对通信系统正常工作的影响

另外一个无源互调干扰的例子是调频广播发射机对航空通信的干扰。假设 2 台或多台工作于 87.5～108 MHz 的调频广播发射机共用一副天线发射，则由天线共用系统所产生的无源互调可能会落入 108～137 MHz 的航空业务频段，如：

$$f_{TX1} = 104.5\ \text{MHz};\ f_{TX2} = 107.1\ \text{MHz}$$

则

$$f_{IM3} = 2f_{TX2} - f_{TX1} = 2 \times 107.1\ \text{MHz} - 104.5\ \text{MHz} = 109.7\ \text{MHz}$$

无源互调是通过什么途径影响接收机的？

图 10.7 是一个典型的蜂窝基站的前端电路，我们结合图 10.6 和图 10.7 来说明无源互调是如何影响系统的。系统中有 2 个信道在同时工作，频率分别为 936 MHz 和 959 MHz，从进入合路器开始，就开始产生了互调问题。由于合路器的隔离度不可能是无限大，所以接在功放后面的隔离器受到了来自反方向的功率 P_2' 和 P_1'的作用，并产生了反向互调进入合路器；在合路器的输出端口 2 个载频汇集的位置，也会产生互调。最终在合路器的输出端出现了一组频率，除了载频以外，还有一系列的互调产物。为了简化分析起见，图 10.7 中只列出了对系统有关的 2 个载频 f_1 和 f_2，2 个三阶互调 $2f_1-f_2$ 和 $2f_2-f_1$。

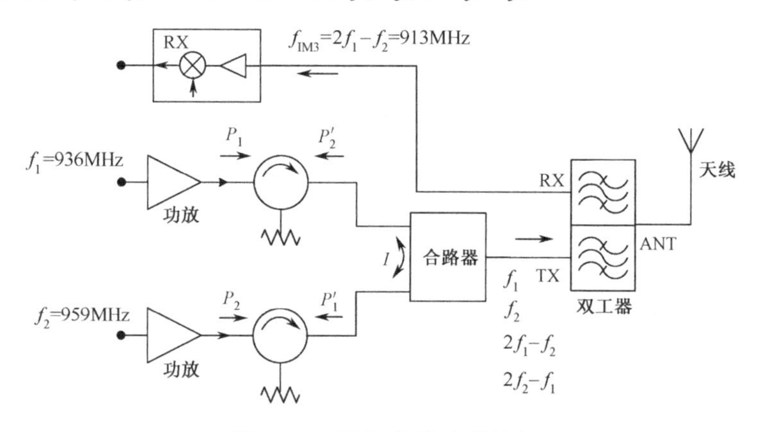

图 10.7　无源互调产生的途径

上述 4 个频率进入末级双工器的发射（TX）端，其中 2 个载频信号 f_1 和 f_2 顺利通过双工器，而 2 个互调信号 $2f_1-f_2$ 和 $2f_2-f_1$ 则大部分被双工器滤除。注意，此时出现了一个有趣的现象，双工器在滤除互调的同时，自身也在不断产生新的互调。最终 2 个载频到达双工器的天线（ANT）端，依然包含有 f_1、f_2、$2f_1-f_2$ 和 $2f_2-f_1$ 等 4 个频率分量，但是 2 个三阶互调产物实际上已经不完全是由隔离器所产生的反向互调和合路器所产生的互调了，其中还包含了双工器自身所产生的互调。

双工器及其以后的器件（包括避雷器、VSWR 监测装置、馈线和天线）的无源互调特性对于系统而言至关重要，因为这些器件后面已经没有滤波器了，它们所产生的无源互调将直接干扰系统的正常工作。当信号到达双工器的天线（ANT）端以及之后所有的器件时，都会产生 2 种互调产物——正向（传输）互调和反射互调。正向互调继续前行并通过天线辐射到空中，而反射互调则通过双工器的接收（RX）通路毫无阻挡地进入系统接收机。

从系统角度看，图 10.7 中的各种无源器件最终产生了 2 类互调，其中正向互调通过天线辐射到空中，干扰本系统接收机或者其他系统的接收机的正常工作；反射互调直接进入本系统的接收机并对其产生干扰。

为什么要测量无源互调?

对于大部分用于大功率多载频场合的无源器件来说，通常要求的无源互调值为–100 dBm 到–120 dBm（@2×43 dBm）之间，其中–153 dBc（@2×43 dBm）是一个典型指标，这个值非常小，换算成比值是 1:（2×10^{15}）。换种通俗的说法，–153 dBc 相当于一根头发丝的直径与地球到太阳之间的距离之比。虽然看上去有些夸张，但这些无源互调值已经被证明了会降低通信系统的载噪比（*C*/*I*）并且影响接收机的正常工作。要证明这一点其实非常简单：在许多移动通信系统中，接收机的灵敏度低于–100 dBm，如 GSM900 基站的接收灵敏度为–105 dBm。

有源器件（如功率放大器）产生的互调失真可以用滤波器来滤除，因为我们完全能了解互调产生的位置。无源器件则不同，在任何一个位置上的无源器件，都可能产生互调，这些互调产物显然无法用滤波器来滤除，而即使滤波器和双工器本身也会产生足够大的无源互调而干扰系统的正常工作。

要消除无源器件产生的互调失真，唯一的方法就是设计和制造低互调的无源器件。前面已经提到无源互调值非常小，相对于有源器件产生的互调失真而言，无源互调的测试要困难得多，这是无源器件的制造和测试者所面对的挑战。

10.6　无源互调的测量方法（IEC 建议）

至今国内尚未出台完整的无源互调测量标准和方法，绝大部分测试者都是参照国际电工委员会（IEC）第 46 技术委员会（Technical Committee 46）第 6 工作组（Working Group 6）所制定的 IEC62037 标准进行测试的。在这个标准中，规定了射频连接器、射频电缆和电缆组件的无源互调测试方法，同时也适用于绝大部分无源器件的测试，包括滤波器和双工器、定向耦合器、功率分配器、天线等。

在 IEC62037 中，描述了无源器件互调的两种测试方法——正向（传输）互调和反射互调。

10.6.1 正向（传输）互调的测量

正向（传输）互调的测试完全参照图 10.3 的定义进行，当两个大功率载频信号同时输入到一个二端口或多端口无源器件时，由于器件存在非线性因素，在输出端除了载频以外，还产生了一些互调产物（三阶、五阶……）。绝大部分的无源器件，如电缆组件、双工器、滤波器、定向耦合器、功率分配器和隔离器等，其测量都可以归入此类测试方法中。

图 10.8 所示是接收频段正向互调的测量方法。两个大功率载频信号 f_1 和 f_2 分别经过发射滤波器后进入合路器/双工器电路的 P_1 和 P_2 端，经过合成和滤波后，从 P_4 端输出了两个纯净的大功率载频信号（IEC 的建议是 2×43 dBm），这两个信号对应图 10.8 中的输入信号 f_1 和 f_2，被测的 N 端口器件在两个大功率载频的作用下将会产生互调，所以被测器件的输出端除了两个载频信号以外，还产生了两个互调产物 $2f_1-f_2$ 和 $2f_2-f_1$，这 4 个信号输入到输出双工器的 P_5 端。注意，被测的 N 端口器件指二端口器件（如滤波器）或者多端口器件（如功率分配器）。在测试过程中，任何空闲端口必须接低互调负载。

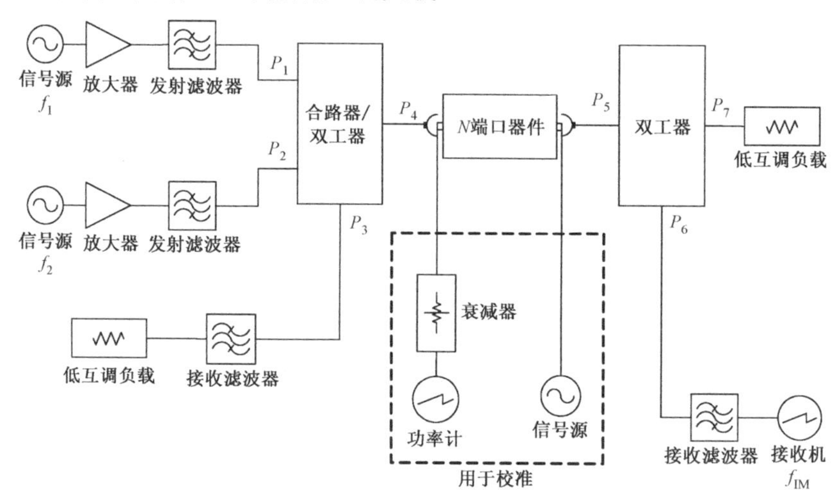

图 10.8 接收频段正向（传输）互调的测量方法

输出双工器将两个大功率载频信号 f_1 和 f_2 从 P_7 端引导到低互调负载中吸收掉，将落入到接收频段的互调产物 $2f_1-f_2$ 从 P_6 引导到接收滤波器和高灵敏度的接收机或频谱分析仪，接收机或频谱分析仪的读数即为最终的正向（传输）互调测试结果。

衰减器和终端式功率计被用来校准输入到被测器件的功率是否为 2×43 dBm 或测试者要求的其他测试功率电平。但笔者认为在这个场合下，采用可以测量多载频信号功率的通过式功率计更加合适（有关射频功率的测量，参见第 7 章）。用于校准的信号源则用于校准输出双工器的 P_5 端至接收机或频谱分析仪的通路，当然这个通路也可以用网络分析仪来校准并通过自动化测试软件来修正。

至于 $2f_2-f_1$，由于落在接收频段以外，并不被测试者所关心，所以它在这个测试电路中未作任何处理，在 P_5 端被完全反射回被测器件。由于这个信号非常小，所以不会对系统及测试结果产生影响。需要注意的是，并非所有的互调测试都可以忽略这个互调产物，互调测试环境应尽可能还原实际的应用环境，这将在后续的章节中逐渐展开讨论。

相比于接收频段的互调测量而言，落入发射频段的互调测量要困难得多。这是因为落入接收频段的互调频率和载频之间有足够大的间隔，用滤波器很容易实现彼此之间的隔离；而落入发射频段的互调频率和载频间隔非常近，有时用滤波器根本无法将二者隔离开。

图 10.9 是发射频段正向（传输）互调的测量方法。可以发现，与接收频段互调的测量方法不同的是，输出双工器改为了定向耦合器。在这个电路中，载频和互调同时进入了接收机或者频谱分析仪。接在定向耦合器的耦合端的 f_{IM} 滤波器试图将互调分量和载频分离开，但这取决于载频和互调分量之间的间隔，滤波器对过小的频率间隔（如 2 MHz）几乎无能为力。

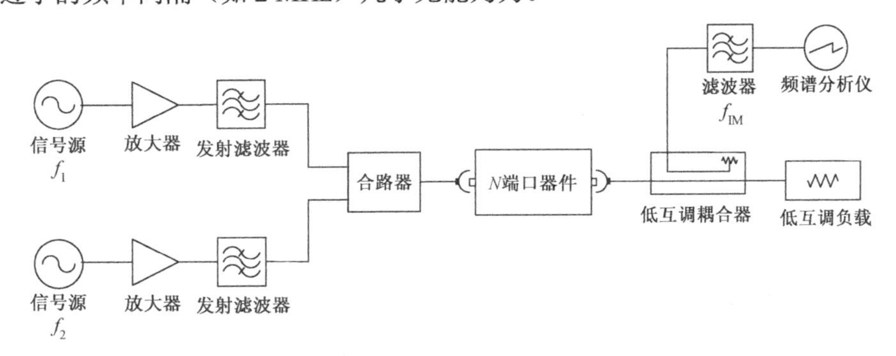

图 10.9　发射频段正向（传输）互调的测试方法

让我们首先假设图 10.9 中的接收滤波器（f_{IM}）不存在，这样载频和互调成分将同时进入频谱分析仪，所以被测的互调产物和载频之间的差值受到频谱分析仪的动态范围的限制。设图 10.9 中定向耦合器的耦合度为−70 dB，这是为了保证进入频谱分析仪的载频信号不会过大而导致频谱分析仪产生非线性，当载频幅度为

2×43 dBm 时，进入频谱分析仪的单个载频的幅度为–27 dBm。据此推算，如果频谱分析仪的 DANL 为–150 dBm，也就是说可以所测量的最小信号电平约为–140 dBm，扣除–70 dB 的耦合损耗，可测得的互调信号电平仅为–70 dBm，即–97 dBc。这样的动态范围，只能测量大互调器件（如铁氧体器件）的互调产物。

再来看看接入接收滤波器（f_{IM}）后的情况。滤波器能将载频滤除多少，定向耦合器的耦合度就可以增加多少，也就意味着可以测量更小的互调产物。在很大程度上，滤波器所起的作用取决于载频和互调成分之间的频率间隔Δ，Δ越大，正向发射频段互调的测试动态范围就越大。

在发射频段正向互调测量电路中，合路器的隔离度要高，这样可以避免两路放大器之间的互相串扰而产生系统剩余互调。此外，合路器本身的低互调性能也是保证测量精度的重要因素。

10.6.2　反射互调的测量

反射互调的测试完全参照图 10.4 中的原理进行。当两个大功率载频信号同时输入到一个单端口或多端口无源器件时，其载频被器件所吸收，而由于器件的非线性因素，在输入端方向将会产生一些互调产物（三阶、五阶……图 10.4 中只显示了三阶互调）。由于互调的流向和载频相反，所以被称为反射互调，这类似于信号传输中的驻波。天线和负载的测试可以归入此类测试方法，其他无源器件也需要测试反射互调，这取决于系统的要求，也就是要看这些器件在系统中所处的位置，如基站射频输出天馈系统中的接头和电缆组件，正向和反射互调都要测量。

图 10.10 是图 10.4 的实现方法，两个大功率载频信号 f_1 和 f_2 分别经过发射滤波器后进入合路器/双工器电路的 P_1 和 P_2 端，经过合成和滤波后，从 P_4 端输出了两个纯净的大功率载频信号（IEC 的建议是 2×43 dBm），对应图 10.4 中的输入信号 f_1 和 f_2；这两个大功率载频信号被被测器件吸收掉，或经过被测器件被低互调负载吸收掉。

被测器件所产生的与输入载频反方向的互调产物被反射回双工器的 P_4 端，其中落入到接收频段的互调产物 $2f_1-f_2$ 从 P_3 端被引导到接收滤波器和高灵敏度的接收机或频谱分析仪，接收机或频谱仪的读数即为最终的反射互调测试结果。

和正向（传输）互调测量一样，衰减器和功率计被用来校准载频的幅度，而用于校准的信号源则用于校准输出双工器的 P_4 端至接收机或频谱分析仪的通路。

至于 $2f_2-f_1$，由于落在接收频段以外，和上述的正向互调场合一样并不被测试者所关心，所以在这个测试电路中未作任何处理。

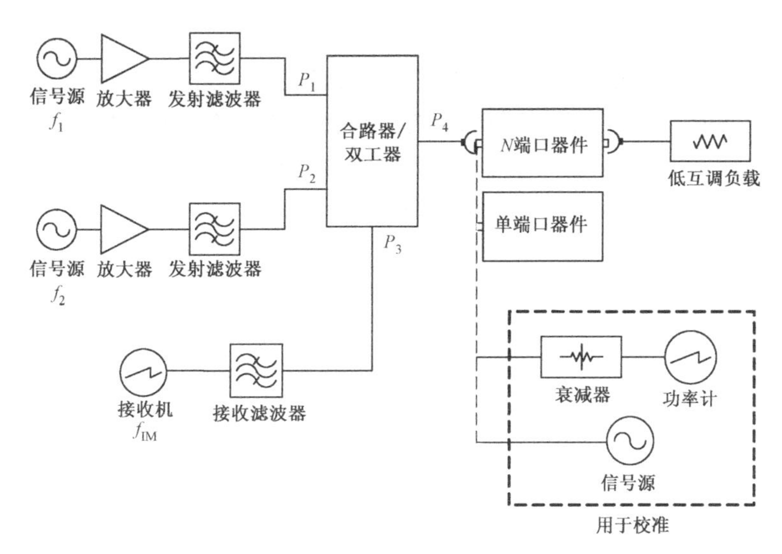

图 10.10　反射互调的产生和测试方法

10.7　新的无源互调问题

至此，我们发现无源互调从原理到测量似乎都很简单，但事实并非如此。IEC62037 仅仅向我们提供了无源互调测试的一些基本准则，而在实际测试过程中，会遇到各种各样的新问题，随着通信技术的不断发展，新的系统干扰问题不断出现，也给无源互调的测试带来了新的挑战，下面结合几个案例来讨论一些新的无源互调问题。

10.7.1　反向互调及其测量

在 10.3 节中，已经对反向互调的基本定义进行了描述，现在通过图 10.11 所示的功率合成电路来对反向互调进行定量分析。两个放大器经过一个 Wilkinson 功率合成器合成，在每个放大器的输出端各加了一个铁氧体隔离器，设计者的本意是想提高合成系统的隔离度，防止一个放大器的信号从功率合成器串入另外一个放大器的输出端从而产生有源互调，思路肯定是正确的，因为有源互调总是很大的。但是新的问题又随之产生了，两个铁氧体隔离器会产生互调吗？答案是肯定的，而且幅度也很大。

让我们先假设以下的工作条件：

- 两路输入频率为 $f_1 = 940$ MHz，$f_2 = 942$ MHz；
- 放大器输出功率 $P_1 = P_2 = +46$ dBm；

➢ 耦合器的隔离度 $I = 23$ dB。

在上述条件下，两个铁氧体隔离器要承受来自两个方向的功率，其中：

➢ f_1 通路的隔离器承受的反向功率 $P_2' = P_2 - I = 46$ dBm − 23 dB= +23 dBm；

➢ f_2 通路的隔离器承受的反向功率 $P_1' = P_1 - I = 46$ dBm − 23 dB= +23 dBm。

由此我们发现，每个隔离器都承受了一个+46 dBm 的正向功率和一个+23 dBm 的反向功率，在这两个功率的相互作用下，隔离器在输出端产生了反向互调，其频率分别为 938 MHz 和 944 MHz。

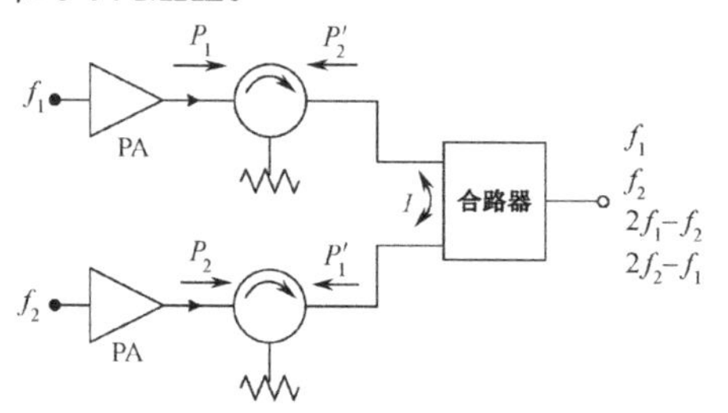

图 10.11　反向互调的产生

图 10.12（a）和图 10.12（b）分别显示了图 10.11 中 f_1 通路和 f_2 通路产生反向互调的过程。在 f_1 通路上，f_1 的幅度大于 f_2 的幅度，靠近 f_1 一侧的互调产物 $2f_1 - f_2$ 也相对较大，此时反向互调ΔIM3 指 f_1 和 $2f_1 - f_2$ 之间的差值；在 f_2 通路上，f_2 的幅度大于 f_1 的幅度，靠近 f_2 一侧的互调产物 $2f_2 - f_1$ 也相对较大，此时反向互调ΔIM3 指 f_2 和 $2f_2 - f_1$ 之间的差值。

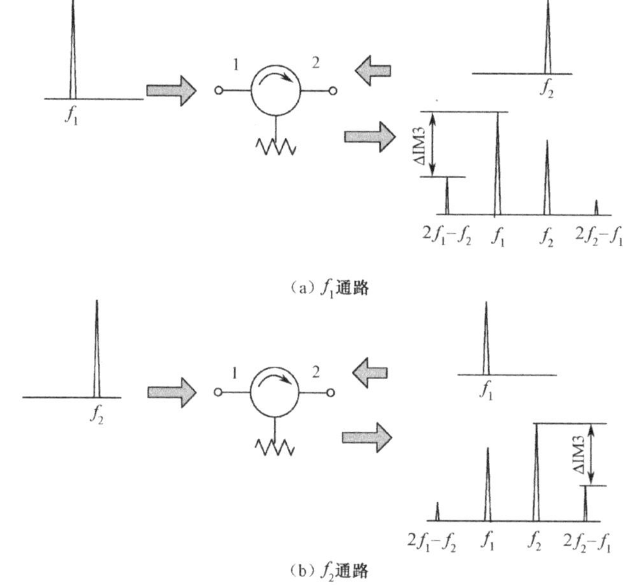

图 10.12　反向互调的分析

图 10.13 是一种铁氧体隔离器反向互调的测试方法，这是图 10.11 中 f_1 通路的一种“仿真”，这个测试环境还原了实际的应用环境。放大器 1 和 2 产生的载频功率分别从两个方向加到被测隔离器的输入端和输出端，从耦合器的耦合端输出的有载频 f_1、互调 $2f_1-f_2$ 和 $2f_2-f_1$，同时也包括 f_2。耦合端口的终端式功率计用来测量载频 f_1 的幅度，接收滤波器滤除了载频，并将互调产物送至频谱分析仪。将频谱分析仪的读数减去功率计的读数即为最终测试结果。

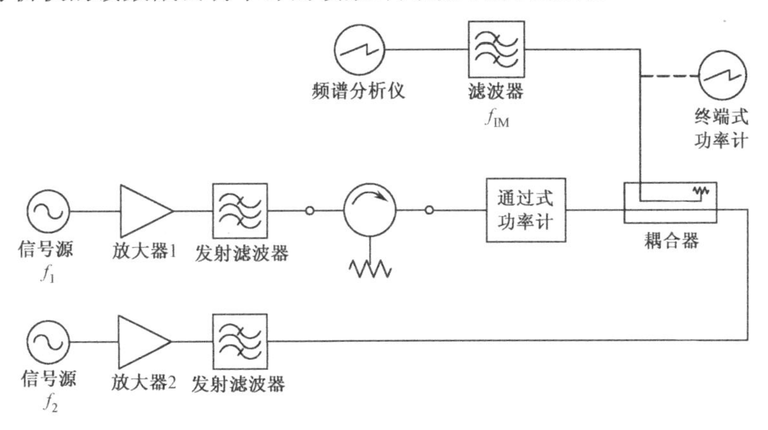

图 10.13　反向互调的测试方法

串在被测隔离器后面的通过式功率计被用于功率的精确校准。其中正向功率测量功能用于校准来自 f_1 通路的正向功率，而通过式功率计的反射测量通路则被巧妙地用来校准来自 f_2 通路的反向功率。接在定向耦合器耦合端的终端式功率计用来校准进入频谱分析仪的载频幅度，虽然其输入信号中包括了所有的频率成分，但是相比于 f_1，其他频率的幅度都非常小，故可以认为该功率计的读数就是 f_1 的幅度。

这种测试方法适用于发射频段的互调测量，也就是说频谱分析仪中同时存在着载频和互调分量。为了减少频谱分析仪的非线性因素，f_{IM} 滤波器可以滤除一部分载频；但如果载频和互调靠得太近，如 1～2 MHz，那么滤波器也起不了太大的作用，所以在实际测试电路中应尽可能采用高 Q 值的滤波器。此外要注意的是，f_2 是从耦合器的输出端反向输入的，由于定向耦合器的方向性，所以从耦合端输出的 f_2 已经有一部分被抑制掉了，从频谱分析仪所看到的 f_2 是从耦合器“泄漏”过来的，所以这个载频读数不能作为测试依据。

实测结果表明，一个经过“低互调”设计的隔离器所产生的互调（$2f_1-f_2$）幅度的典型值仅为–80～–90 dBc。

10.7.2 跨频段互调测量

随着 3G 时代的来临，为了充分共享资源，降低投资，POI（Point of Interface）系统（多系统接入平台）将在室内分布系统中被广泛应用。在 POI 系统中，第二代移动通信系统（2G）的 CDMA800、GSM900、DCS1800 制式和第三代移动通信（3G）的 WCDMA、TD-SCDMA、CDMA2000 制式共存，另外还会有 WLAN（无线局域网）的加入。POI 系统的结构十分复杂，根据不同的系统要求，可分为收发共路双向和单向，收发分路双向和单向等结构。

图 10.14 是一个收发分路双向结构的 POI 系统示意图，在这个系统中，有包括 GSM900、DCS1800、TD-SCDMA 和 WCDMA 制式的一共 10 个载频最终合成到一路输出。这些系统分别属于不同的运营商，如三个 GSM 频段中，GSM 1 为 GSM-R 的 885～889 MHz / 930～934 MHz，GSM2 为移动的 890～909 MHz / 935～954 MHz，GSM3 为联通的 909～915 MHz / 954～960 MHz。

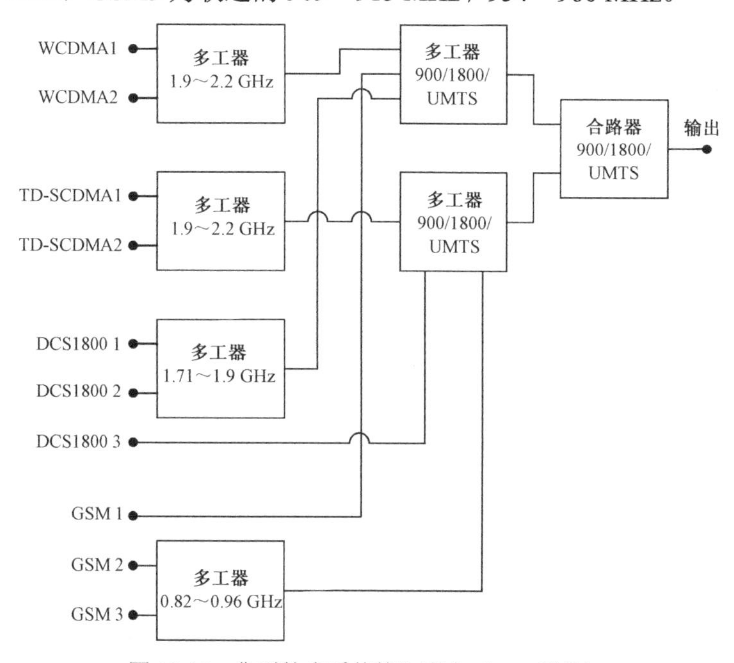

图 10.14　典型的多系统接入平台（POI 系统）

由于多载频的存在，与前面所讨论的案例相比，POI 系统的无源互调分析变得复杂了。在图 10.14 中，产生互调干扰的可能性有：

（1）同频段干扰：任意两个同频段的载频之间都有可能产生互调。从三个 GSM900 频段计算，各运营商自身的频率规划都比较合理，不会产生三阶互调。但是，当这三个频段在系统中共存时，就出现了三阶互调，如 GSM 2 中的下行

936 MHz 和 GSM 3 中的下行 959 MHz 之间产生的互调为 913 MHz，落在 GSM 3 的上行频段 909～915 MHz 内。其他频段也会存在类似情况。视频率间隔，这些互调产物可能落入各自的发射频段，也可能落入接收频段。这些互调产物产生于输入多工器的结合点。

（2）跨频段干扰：DCS1800 发射频段和 TD-SCDMA 发射频段之间产生的互调会落入 DCS1800 的接收频段；TD-SCDMA 发射频段和 WCDMA 发射频段之间产生的互调会落入 WCDMA 的接收频段。

（3）GSM900 发射频段的二次谐波会落入 DCS1800 的发射频段。

（4）如果系统中存在 CDMA800 频段，其二次谐波会落入 DCS1800 的接收频段。

有关 POI 系统的无源互调测量，目前有两种不同的观点。第一种观点认为，只要分别测量系统各输入端的反射互调，就可以说明整个系统的互调问题。笔者认为，这种测试方法很容易实现，只要在所有空闲端口加上低互调负载，用标准的无源互调测量系统分别测量输入端口的反射互调即可。但是这样所反映出来的问题尚不够全面，如 GSM 1 和 GSM 3 会在系统的输出端汇合，而这两个频段产生三阶互调落在 GSM 2 的上行频段（2×931 MHz－959 MHz＝903 MHz）。即使三个 GSM 端口的反射互调都能满足系统的要求，但是要由此来证明在系统的输出端不会产生 903 MHz 的互调产物，似乎缺乏足够的说服力。

第二种观点则要求从系统的输入端加入相应的功率，在输出端口测量所有可能出现的互调。由于模拟了真实的工作环境，所以系统运营商们倾向于这种测量方法。这种测量方法更加复杂，并且具有客户化色彩，因为要配置不同频段的滤波器来满足所有相关频段的测试要求。目前尚未出现标准化和商业化的 POI 系统无源互调测量系统。

10.7.3　谐波测量

对于大互调器件（如铁氧体隔离器、环流器、集总参数衰减器），必须考虑其谐波问题。谐波的测量具有以下意义：

（1）二次谐波 $2f$ 是产生三阶互调的必要条件之一。并非所有场合都可以采用滤波器将谐波滤除，比如在图 10.12 中所描述的产生反向互调的功率合成电路。

（2）在 POI 系统中，某些频率的二次谐波直接落入其他频段。比如，870 MHz 的二次谐波 1 740 MHz 恰好落入 DCS1800 的上行频段。

（3）在大功率测试和测量中，经常采用集总参数衰减器作为降低被测信号电平的手段；但是这种器件自身存在谐波，如果这些谐波的幅度可以与被测发射机的谐波相比拟，就会影响最终的测试精度。

10.7.4　其他需要关注的无源互调测量问题

更多的载频作用

通常，无源互调的测量是在两个载频作用下进行的。但在某些场合，需要评估无源器件在更多的载频作用下的互调表现。

图 10.15 是一个四载频隔离器的互调测量电路。在这种测试场合下，对功率放大器及合路器的要求要高于二载频测试的情况。如果要考虑宽带的通用测试，则需要采用 3 dB 电桥来实现四载频的合成，但每个载频会损失 6 dB（理论值）的功率，这样就要采用更大的功率放大器。而如果采用多工器来实现功率合成，虽然合成损耗要低于 3 dB 电桥，但整个测试系统无法做成宽带的，系统更具有个性化，其通用性受到了很大的限制。此外，位于频谱分析仪前的互调滤波器也会根据载频的不同而出现多种选择，因此最好采用高 Q 值的可调滤波器。

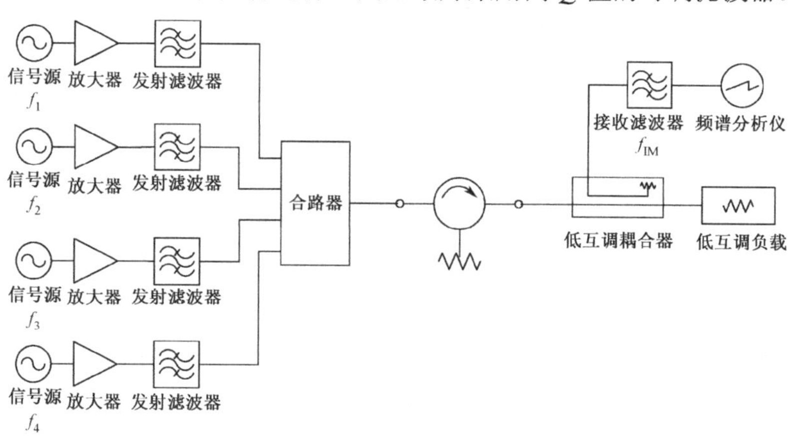

图 10.15　四载频隔离器的互调测量电路

不同的测试端功率

在前面的分析中，我们已经了解到载频和互调有着很大的关系，载频幅度变化 1 dB，互调幅度将变化 3 dB（参见图 10.2）。所以，不同的载频功率会出现不同的测试结果。在 IEC 建议的测试功率为每载频 43 dBm，这显然是考虑了 GSM 基站的标称输出功率。

随着通信的发展，出现了更高的载频功率，比如在 POI 系统中，单载频的功率可能高达 100 W，对于无源器件及其测量系统来说，无疑有了更高的要求。此外，为了提高整机的指标，整机制造商也会提高对器件的要求，而采用更大的功率（如 2×44 dBm）来检验器件的无源互调性能。

更大动态范围的互调测量

在传统的无源互调测量系统中，更多考虑了小互调器件（如电缆和连接器，滤波器，耦合器等）的互调测量，所以系统中的互调接收机主要考虑了小信号（如 –140 dBm）的快速测量，但是没有兼顾到大互调（如–35 dBm）的测量。从这个角度看，采用通用频谱分析仪作为互调接收机时，测量系统将具有更强的通用性。

10.8 你需要什么样的无源互调测量系统？

用日新月异来描述通信技术的发展速度是十分贴切的，发展的同时意味着测试者将会遇到越来越多的新挑战。经过上述的分析以及大量的测试和比较，笔者认为，无源互调测量实际上是在实验室重现器件在实际工作条件下所产生的无源互调。因此，如何能逼真地模仿实际工作环境是无源互调测量系统的关键所在，在以下的描述中，我们暂且称之为“仿真原则”。要做到这一点，必须考虑以下几大要素。

具有足够大的测试端功率幅度

测试端功率大小的设置原则应该是可能加载到 DUT 端的最大功率的上限。在 IEC 的建议中提到：除非特别说明，加载到 DUT 的测试功率为 2×43 dBm。显然，这是针对早期的基站而言的，一直到现在，这个功率等级依然可以适合大多数无源器件的测量。随着新的数字蜂窝通信标准的不断诞生，出现了更大幅度和更大动态范围的功率等级。比如，WCDMA 的峰均功率比可达 13 dB，为了满足系统的要求，放大器的 1 dB 压缩点功率要远远超过调制状态下的平均功率，也就是说，在 WCDMA 系统中，无源器件所要承受的瞬间最大功率会超过+43 dBm。因此，除了+43 dBm 以外，还有人提出了更大功率条件下的无源互调测试要求。

在常规的无源互调测试中，采用的是连续波功率。近年来，出现了高峰均功率比和宽带调制的数字蜂窝通信标准，如 WCDMA。因此，有人提出是否在调制状态下测量无源器件的互调产物，这就要求测试系统中的功率放大器具有更大的输出能力。

测试载频的数量

绝大部分无源互调测试都是在二载频的条件下进行的，但是也有四载频条件下的测试。随着无线信道的日益拥挤，多载频的无源互调测试也许会在不久的将来被列入有关的测试标准。对于无源互调测量系统，笔者认为应留出相应的扩展空间。

测试功率流的方向

将两个载频合成后从一个方向同时注入DUT，这已经是无源互调测试的惯性思维了。但是在实际应用中，系统中的器件可能要承受来自不同方向的功率，隔离器的合成应用（参见图10.11）和POI系统（参见图10.14）中都存在这种情况。这是个较新的测试课题，在早期的无源互调测量系统中并没有考虑到。

对于无源互调测量系统，应该具备可灵活设置功率流方向的能力。

测试载频配置

在传统的无源互调测试中，测试者关心的是落在接收频段的互调；而如今，越来越多的测试项目要求关心落入发射频段的互调。一些传统的无源互调测量系统只能测量落入接收频段的互调，而对于落入发射频段的互调测量则无能为力。后者是一种个性化测试项目，不同的系统制造商会根据各自的系统要求而对器件提出不同的测试要求。另外，由于多制式系统的共存，跨频段的互调干扰也将逐渐显现。

对于无源互调测量系统来说，除了接收频段外，发射频段和跨频段的互调分析和测量也是需要考虑的重要因素。

互调测试的动态范围（采用频谱分析仪还是专用接收机？）

具有“射频万用表”美誉的频谱分析仪具有很大的幅度测试范围，可以从上限一直到底噪声。从这个角度看，频谱分析仪更加适合大动态范围的互调测试，可以适应从铁氧体器件到电缆组件在内的所有无源器件的互调测量。而相比之下，一些专用接收机的测试上限受到限制，无法测量大互调。

由于工作原因，笔者接触到一些通信行业较为前沿的测试项目、测试方法和测试思路。这些方法和思路的共同特点是具有鲜明的针对性和有效性。同时，几乎所有测试方法所关注和倾向的重点都是类似的、有章可循的，虽然具体的测试方法存在细微差异。

根据无源互调测量的"仿真原则"，我们不难得出这样的结论：一套无源互调测量系统应具有组合功能，具有良好的兼容性和升级的便利性。

10.9　保证无源互调的测量精度

一个无源互调测量系统的开发是个艰巨的过程，而系统的应用则相对简单。通常测试者更关心的是测试结果的精度，令很多人感到迷惑的问题是，无源互调测量似乎无"源"可溯，因为针对同一个器件，不同的测量系统所得到的结果都会有些差异。实际上，让我们来看看 S 参数的测量，有一种说法是"没有任何两台网络分析仪的测量结果是完全一致的"。在很多场合下，评估一个器件的性能，只要确定其指标在某个范围内就可以了，比如说驻波比指标，要求小于 1.2，测试者只要从网络分析仪上测出其驻波比小于 1.2 就算合格，至于是 1.15 还是 1.17，对于这个器件已经没有太大的实质性意义了。其实无源互调的测量也是如此，定义一个指标范围是很重要的。

虽然到目前为止，还没有相应的国标公布，但是无源互调的测量精度依然是有章可循的。从无源互调的产生和测试过程，我们不难寻找到评估其测量精度的思路和方法。让我们通过图 10.16 来讨论如何在整个测试过程中掌握并降低误差。

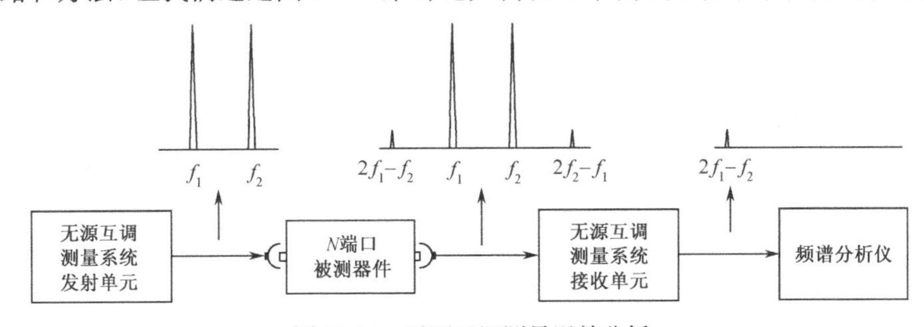

图 10.16　无源互调测量误差分析

图 10.16 将无源互调测量系统拆分为发射单元和接收单元两部分，表示了无源互调从产生到测试的全过程，包括无源互调的产生条件、无源互调的产生、载频和互调的分离、互调产物的测量四个步骤。观察整个过程，我们可以发现无源互调的测量精度取决于以下四个要素：

（1）加到被测器件的功率；

（2）系统自身的剩余互调；

（3）接收单元的通路损耗；

（4）频谱分析仪的幅度测量精度。

以下对这四个要素进行逐一分析。

保证载频功率的精确校准

首先，注入到被测器件的载频功率必须被精确地测量。足够大的载频是产生无源互调的必要条件。准确的校准测试功率与测试精度有很大的关系，从理论上说，载频变化 1 dB，互调产物会相应变化 3 dB（相对值为 2 dBc）。所以在表示一个无源互调测试结果时，必须以测试功率为参照值，如−145 dBc（@2×43 dBm）。

在 IEC 推荐的测试方法中，建议加载到 DUT 的测试功率是每载频+43 dBm，这个值也已经成为行业所遵循的标准测试功率。随着通信系统功率的不断增加，+43 dBm 的参照功率标准也并非一成不变，也可能会出现更高的参照功率标准。在某些企业内部，已经采用更高功率等级的测量标准，如+44 dBm，这对于提高其产品的指标，保证系统的抗干扰特性是大有裨益的。

要准确校准测试端的功率，用频谱分析仪不是最合适的选择，因为频谱分析仪的幅度测量精度通常为±1 dB，加上衰减器的衰减量不确定度和功率系数的影响，总的功率误差可能超过±1 dB。由此产生的系统测量误差就会超过±3 dB。

大功率测量的最佳手段莫过于使用通过式功率计，这种功率计采用了高方向性的定向耦合器，可以提供大功率在线准确测量。目前，某些通过式功率计的测量精度可达±4%，也就是说当被测功率为 20 W（+43 dBm）时，测试精度可达到+0.17/−0.18 dB，而且不存在衰减器的各种误差。

作为另外一个功率测量的误差源——多载频共存时所产生的峰均功率比的测试误差。当两个连续波功率同时存在时，可能产生的峰均比最大为 3 dB，而某些通过式功率计的测试峰均功率比可以达到 12 dB，完全可以胜任二载频的测试。

此外，通过式功率计可以同时测量正向和反射功率，其反射功率测量功能可以被巧妙地用于反向互调测量（参见图 10.13）时反向功率的校准。

减小系统的剩余互调

无源互调测量系统自身的剩余互调值是保证测量精度的关键指标之一。和其他误差不同，由系统自身的剩余互调所引起的测量误差是不可被校准和修正的。

为了能更好地理解系统剩余互调和被测器件（DUT）之间的关系，让我们先来回顾一下回波损耗（驻波）测量的情况。当测量一个较大的驻波（如 1.5）时，不同的网络分析仪的测量结果比较接近，而当测量小驻波（如 1.05）时，不同的网络分析仪的测量结果相差较大。这是因为不同的网络分析仪自身的方向性不同，方向性越高的网络分析仪，其测量精度就越高。另外一个例子是用频谱分析仪测量小信号的幅度，如果被测信号和频谱分析仪的底噪声接近，当然无法准确测量其幅度；为了能保证小信号测量精度，应设置频谱分析仪的各项参数，使其低于被测信号至少 10 dB，此时的幅度测量精度是可以被接受的。

在进行无源互调测试时，情况基本相仿。系统剩余互调和 DUT 互调之间的差值决定了最终测试结果的精度。在 IEC62037 的建议中（参考图 10.17），可接受的系统剩余互调和 DUT 互调间的差值为 10 dB，这意味着由于系统的剩余互调所导致的测量误差为+2.4/–3.3 dB。在小互调测量情况下，这个误差完全可以接受。实际上，某些 DUT（如电缆组件和连接器）的无源互调值已经接近系统自身的剩余互调了。经验表明，在不同的测试系统中所测试的同一个 DUT 的无源互调指标，在相差 5～6 dB 甚至更大时，都是可以接受的。

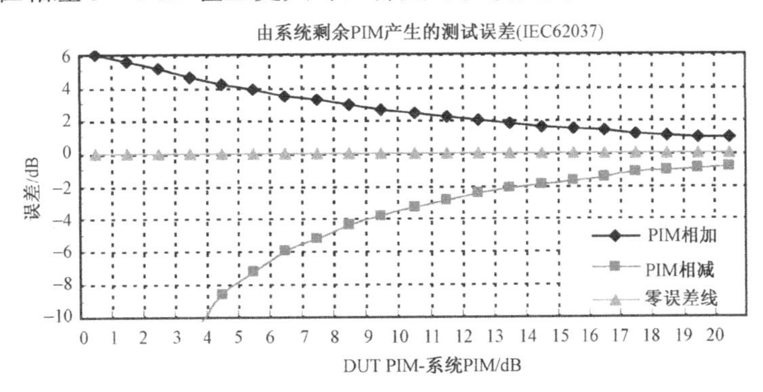

图 10.17　无源互调测量的精度分析

被测的互调值越大，由测量系统的剩余互调所引起的不确定度就越小。表 10.1 显示了不同差值情况下的测试误差。

表 10.1　由于系统剩余互调所产生的测试误差

系统剩余互调和 DUT 互调的差值/dB	测试误差/dB
10	+2.4/–3.3
15	+1.4/–1.7
20	+0.8/–0.9
25	+0.5/–0.5
30	+0.3/–0.3

从图 10.17 和表 10.1 可以发现，被测器件的无源互调越大，测量精度就越高；反之，误差就越大。

校准通路损耗

从被测器件输出的载频和互调在系统的接收单元中被分离，其中载频被系统接收单元中的低互调负载完全吸收，而需要被测量的互调产物则被单独分离出来并被送至频谱分析仪。在这个过程中，互调信号会被衰减一部分，其衰减量就是射频通路的插入损耗。

这个损耗误差很容易被校准，用网络分析仪或者图 10.8 中的校准信号源和接收机都可以准确测量出这个损耗值。

频谱分析仪的幅度测量误差

最终的互调信号被送至频谱分析仪，在第 7 章中已经提到高端频谱分析仪的幅度测量误差为±0.55 dB，而普及型频谱分析仪的幅度测量误差典型值为±1 dB。

将上述所有误差列入表 10.2 中，可以计算出一台自身剩余互调为–163 dBc（@2× 43 dBm）的无源互调测量系统分别测量互调为–153 dBc 和–143 dBc 的无源器件时的测量不确定度。

表 10.2　无源互调的测量不确定度分析

影响不确定度的因素		不确定度/dB		条　件
		正偏差	负偏差	
载频功率的幅度精度		+0.51	–0.54	采用 Bird 5012C，校准精度为+0.7/–0.8 dB
系统自身的剩余互调	DUT 互调为–153 dB 时	+2.4	–3.3	
	DUT 互调为–143 dB 时	+0.8	–0.9	
接收单元通路损耗		0	0	忽略网络分析仪或信号源的自身不确定度
频谱分析仪的幅度精度		+1	–1	普及型频谱分析仪

通过均方根法可以计算出以下两种条件下系统的总测试不确定度。

当被测器件的无源互调为–153 dBc 时：

$$测量不确定度（正偏差）=\sqrt{(+0.51)^2+(+2.4)^2+0^2+(+1)^2}=+2.65\ \text{dB}$$

$$测量不确定度（负偏差）=\sqrt{(-0.54)^2+(-3.3)^2+0^2+(-1)^2}=-3.49\ \text{dB}$$

当被测器件的无源互调为–143 dBc 时：

$$测量不确定度（正偏差）=\sqrt{(+0.51)^2+(+0.8)^2+0^2+(+1)^2}=+1.38\ \text{dB}$$

$$测量不确定度（负偏差）=-\sqrt{(-0.54)^2+(-0.9)^2+0^2+(-1)^2}=-1.45\ \text{dB}$$

10.10　无源互调测量系统介绍

根据上述的无源互调测量原则，笔者开发了全系列的无源互调测量系统，如图 10.18 所示。该系统由基础射频测量仪器、功率放大器和射频子系统三大部分组成。

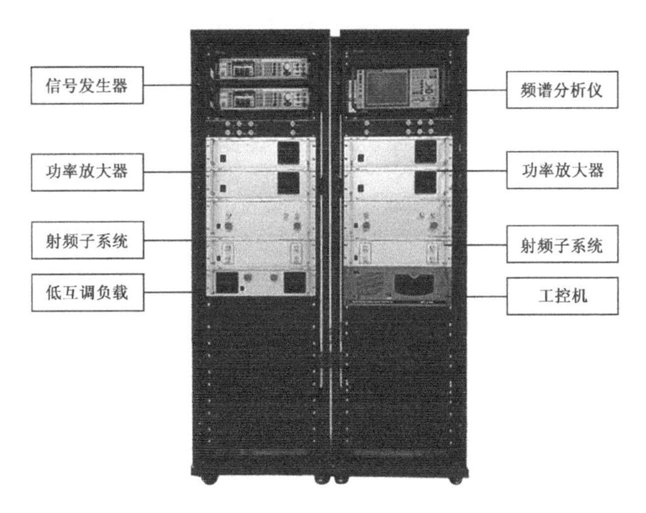

图 10.18　无源互调测量系统的构成

基础射频测量仪器

基础射频测量仪器包括射频信号源和频谱分析仪，根据实际情况，可以采用 3 GHz 以下的基础射频测量仪器，也可以采用低成本的专用信号源和接收机。要注意的是，与专用接收机相比，频谱分析仪具有更大的幅度测量范围。

射频功率放大器

射频功率放大器分为 0.82～0.96 GHz、1.70～2.20 GHz 和 2.60～2.69 GHz 频段，分别覆盖了 CDMA800/GSM900/E-GSM 频段、DCS1800/TD-SCDMA/WCDMA 频段和 LTE 频段，每个功放的 P_{1dB} 输出功率为+49 dBm。独立的射频输出端口可以完成不同功率流向所有类型的无源互调测量功能，包括同频段正向和反射互调测量，同频段反向互调测量，跨频段互调测量，谐波测量、多载频互调测量等。

如果需要更大的输出功率，系统还可以提供功率合成子系统，将输出功率合成到 150 W 以上。

射频子系统

射频子系统就是实现各种无源互调测量功能的组件，包括正向和反射接收频段互调测量，正向发射频段互调测量，反向互调测量，跨频段互调测量，谐波测量，多载频互调测量，大功率稳定性测量和大功率合成系统等。

这种系统组成结构充分体现了无源互调测量的“仿真”原则，组件的配置极为灵活，系统的扩容和升级非常方便，而且成本容易控制。

10.11　结束语

在射频测试和测量领域，无源互调测量是个新课题。但正如本书前言中所说，市场需求是推动技术创新和发展的主要动力。随着移动通信技术的发展和市场需求的增长，在工程上，无源互调测量技术已经日趋成熟。在本书第 2 版截稿时，已经出现了具有 DTP（Distance to PIM，互调点定位）功能的无源互调测量系统。同时，更高频段的无源互调问题也开始被提及，这些课题为笔者的后续研发提供了空间。

本书中所描述的内容大多是笔者近年来的实验结果，如有错误，欢迎读者批评指正。

第11章 发射系统的杂散测试

这一章讨论发射系统的杂散产生原因、对通信系统的影响和测量方法，这些内容与第10章（无源互调测量）有些关联性。

11.1 概述

任何无线电发射机在产生所需载频信号的同时，也会产生许多不需要的杂散信号，这些杂散信号会干扰其他通信系统的正常工作，也会干扰本系统接收机的正常工作；在多载频共址或共用天线的情况下，干扰现象更加复杂。ITU-R（国际电信联盟无线电通信部门）推荐了不同频段发射机需要测量的无用杂散信号的范围，见表 11.1[1]。

表 11.1 无用杂散的测量频率范围

基本频率范围（发射机频率）	无用杂散测量频率范围	
	下限	上限
9 kHz～100 MHz	9 kHz	1 GHz
100 MHz～300 MHz	9 kHz	10 次谐波
300 MHz～600 MHz	30 MHz	3 GHz
600 MHz～5.2 GHz	30 MHz	5 次谐波
5.2 GHz～13 GHz	30 MHz	26 GHz
13 GHz～150 GHz	30 MHz	2 次谐波
150 GHz～300 GHz	30 MHz	300 GHz

在本章中，将主要以蜂窝基站和广播电视发射机为例来讨论杂散产生的原因和测量方法。

殊途同归——发射系统的杂散与器件的互调特性

在前面的章节中，我们讨论了各种射频和微波器件的非线性特性，如功率放大器的互调和谐波、铁氧体隔离器/环流器的互调和谐波、滤波器/双工器的互调等。毋庸置疑，发射机和发射系统的杂散就是由这些器件所产生的。让我们以图 11.1 为例来梳理一遍杂散的产生过程。

首先，放大器的输出均含有二次以上的谐波；由于隔离器是个窄带器件，其带外衰减特性起到了“滤波器”的作用，抑制了一部分谐波，以阻止在合路器的合成端产生无源互调，同时隔离器还能防止两台放大器之间的串扰而产生互调，但是隔离器本身会产生反向互调。不管怎样，两个信号终于通过合路器后合成一路输出了，输出信号中除了两个载频以外，还产生了一组互调产物。此时，通路上出现了一个“门神”——滤波器（双工器），这个滤波器具有高 Q 值和低无源互调特性，它让两个载频信号通过并阻止了互调信号，从双工器的天线端口看，其互调产物满足了系统的要求，如–153 dBm（@2×43 dBm）。仍有一小部分互调信号从双工器的接收通路进入系统接收机，但是其幅度已经非常小了，不足以干扰接收机的正常工作。在双工器以后，还有一些无源器件，包括避雷器、馈线和天线，不过后面已经没有滤波器了，只能靠这些器件自身的低无源互调指标来保证不会产生新的足以干扰系统的互调信号。

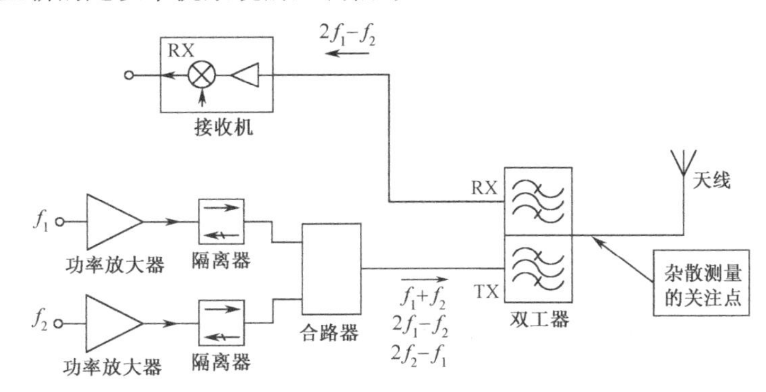

图 11.1　杂散测量的关注点

至此，让我们把关注点转到天馈系统的主馈线上并锁定于此，这是系统工程师所关心的位置，无论是反射回接收机的反射互调还是辐射到空中的传输互调，都会体现在主馈线上，器件工程师的所有努力都要在这里接受检验。

谁关心杂散？——不同测试者的关注点

无论何种发射机或者发射系统，杂散测试都可以分为带内和带外两大类。图 11.2 是 WCDMA 蜂窝通信系统的全频段频谱，根据相关国家标准和国际标准的规定，蜂窝基站的杂散测试范围是 9 kHz～12.75 GHz。我们通过这个例子来看看不同测试者对杂散的不同关注点。

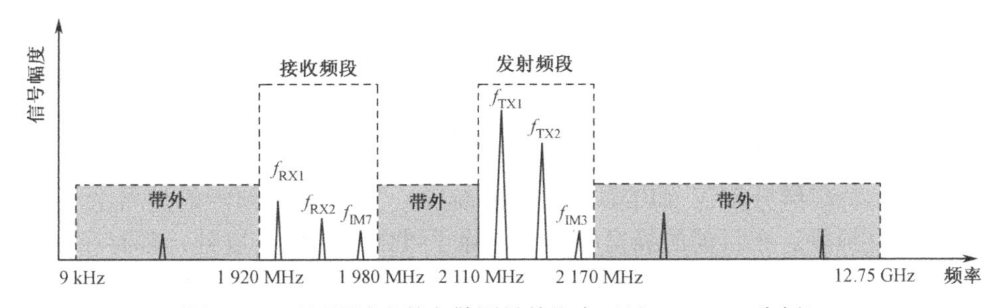

图 11.2　不同测试者的杂散测量关注点（以 WCDMA 为例）

首先是研制和生产基站设备的制造商，为了满足入网核准和运营商的验收要求，制造商必须通读各种相关的国家标准和国际标准，以及运营商的验收标准。

对于制造商而言，从 9 kHz～12.75 GHz 内全频段的频谱都需要测量，包括载频的频率准确度和稳定度、载频的占有带宽、载频的邻道功率干扰、发射频段落入接收频段的干扰、发射频段在带外产生的干扰。为了满足上述要求，制造商要充分审视所有器件的非线性特性，以及在系统装配过程中的工艺流程。

其次是入网核准的机构（如 TTL），他们会按照相关标准的规定对基站设备进行检验测试并判定是否符合入网要求。对于杂散测试，他们的关注点也是 9 kHz～12.75 GHz。

再次是系统运营商，他们更多的是关心与系统正常运营密切相关的带内指标，包括载频的占用带宽、同频干扰、邻道干扰、发射频段和接收频段的互调产物（WCDMA 的三阶互调产物会落入发射频段，而七阶互调会落入接收频段）。当与其他系统共址（如 GSM900 和 DCS1800）时，运营商还会关心 WCDMA 与这些系统的互相干扰。对于杂散测试，运营商关注更多的是带内的干扰问题。

最后是被称为“空中警察”的无线电管理机构，他们的关注点又在哪里呢？作为管理者，他们的视角要更加广阔，其关注点必然是在 9 kHz～12.75 GHz 之间的所有频段。另外一点不同的是，制造商和入网核准都是在实验室的理想环境中测试频谱和杂散的，而当无线电管理机构介入杂散测试时，被测设备已经是位于运营现场了，其测试环境要比在实验室时复杂得多，也就是说，除了被测设备本身，各系统间的干扰也是无线电管理机构的关注点。这些干扰有很强的随机性，也没有相应的测试标准可循，所以无线电管理机构需要具备更多的测试和仿真手段来查找和评估各系统间的干扰。

11.2　杂散辐射对通信系统所产生的干扰

杂散辐射对通信系统所产生的干扰类型可分为邻道干扰、收发干扰、对自身频段（发射频段）的干扰和对其他通信系统的干扰，以下将对后三种干扰现象进行讨论。邻道干扰不在本书的讨论范围，故略去未加讨论。

双工通信系统中的收发干扰

在频分双工（FDD）通信系统中，基站发射频段的信号会干扰其自身接收频段。在目前的蜂窝标准中，除了 TD-SCDMA 以外，都存在这种现象。在每个系统中，对落入接收频段的传导杂散辐射的上限都做出了相应的规定，见表 11.2。

表 11.2　落入接收频段的杂散辐射上限

系统制式	发射频段	落入接收频段的杂散辐射上限		
		接收频段	杂散辐射上限	测试带宽
CDMA[2]	869～894 MHz	824～849 MHz	–80 dBm	30 kHz
GSM900	925～960 MHz	880～915 MHz	–98 dBm	100 kHz
DCS1800	1 805～1 880 MHz	1 710～1 785 MHz	–98 dBm	100 kHz
WCDMA	2 110～2 170 MHz	1 920～1 980 MHz	–96 dBm	100 kHz

对自身频段的干扰

每种通信系统的发射频段都会对自身频段产生干扰，也就是落入发射频段的杂散。表 11.3 描述了这类干扰的上限值。

表 11.3　落入发射频段的杂散辐射上限

系统制式	发射频段	落入发射频段的杂散辐射上限	
		杂散辐射上限	测试带宽
CDMA[2]	869～894 MHz	–60 dBm	30 kHz
GSM900	925～960 MHz	–47 dBm	100 kHz
DCS1800	1 805～1 880 MHz	–57 dBm	100 kHz
TD-SCDMA	2 010～2 125 MHz	–15 dBm	1 MHz
WCDMA	2 110～2 170 MHz	–15 dBm	1 MHz

对其他通信频段的干扰

2009 年 1 月，中国的 3G 牌照尘埃落定，对于射频测试和测量工作者来说，或许多了一些新的挑战和课题。当各种制式的蜂窝基站共址时所产生的互调会落入其他通信系统而产生干扰。例如，对于 WCDMA 基站，相应的标准中详细规定了与各种基站共存时所产生的杂散信号的上限值（见表 11.4）。而对于 TD-SCDMA，也有同样的标准规定（见表 11.5）。

表 11.4　WCDMA 与其他系统共存（址）时所产生的杂散辐射上限

共存（址）情况	关注的频段	落入关注频段的杂散辐射上限	
		杂散辐射上限	测试带宽
与 GSM900 共存	921～960 MHz	–57 dBm	100 kHz
与 GSM900 共址	876～915 MHz	–98 dBm	100 kHz
与 DCS1800 共存	1 805～1 880 MHz	–47 dBm	100 kHz

续表

共存（址）情况	关注的频段	落入关注频段的杂散辐射上限	
		杂散辐射上限	`测试带宽
与 DCS1800 共址	1 710～1 785 MHz	–98 dBm	100 kHz
与 PHS 共存	1 893.5～1 919.6 MHz	–41 dBm	300 kHz
与 TD-SCDMA 共存	2 010～2 125 MHz	–52 dBm	1 MHz
与 TD-SCDMA 共址	2 010～2 125 MHz	–86 dBm	1 MHz

表 11.5　TD-SCDMA 与其他系统共存（址）时所产生的杂散辐射上限

共存（址）情况	关注的频段	落入关注频段的杂散辐射上限	
		杂散辐射上限	`测试带宽
与 GSM900 共存	876～915 MHz	–61 dBm	100 kHz
	921～960 MHz	–57 dBm	100 kHz
与 GSM900 共址	876～915 MHz	–98 dBm	100 kHz
与 DCS1800 共存	1 710～1 785 MHz	–61 dBm	100 kHz
	1 805～1 880 MHz	–47 dBm	100 kHz
与 DCS1800 共址	1 710～1 785 MHz	–98 dBm	100 kHz
与 WCDMA 共存	1 920～1 980 MHz	–43 dBm	3.84 MHz
	2 110～2 170 MHz	–52 dBm	1 MHz
与 WCDMA 共址	1 920～1 980 MHz	–80 dBm	3.84 MHz
	2 110～2 170 MHz	–52 dBm	1 MHz

在 POI 系统（多系统接入平台）中，不同制式的信号，包括中国移动的 GSM900/DCS1800/TD-SCDMA、中国联通的 GSM900/DCS1800/ WCDMA 和中国电信的 PHS/CDMA800/WLAN，此外还有 800 MHz 频段的专业集群通信系统，都可能存在于同一条馈线上，所以互相之间的干扰情况更为复杂。

11.3　发射系统产生杂散的原因

发射系统产生杂散的原因很多，而对杂散的测量正是为了寻找和分析其产生的原因，从而从根本上将其消除。反过来，了解杂散的产生原因也有利于正确的测量杂散。

由发射机自身产生的杂散

在 11.1 节中，已经讨论了发射机产生杂散的原因。在无线电发射机中，用于大功率射频通路的很多器件均存在非线性特性。比如，功率放大器会产生谐波，铁氧体隔离器会产生正向和反向互调，双工器会产生无源互调，等等（见图 11.3）。正确设计整机电路和器件的指标是降低发射机自身杂散辐射的关键。

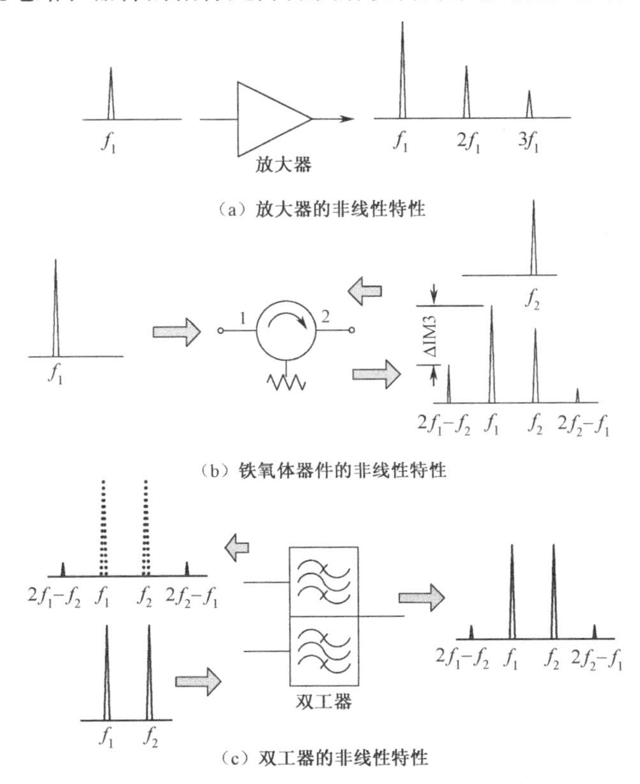

图 11.3　各类器件的非线性特性

由外部发射机所产生的互调产物

当不同的发射机共存（址）时（见图 11.4），由于天线之间的隔离度不足，其中一台发射机的工作频率会串入另一台发射机。设发射机 1 为工作发射机，发射机 2 为干扰发射机，当干扰发射机的频率 f_2 靠近工作发射机的频率 f_1 时，f_2 可能毫无阻挡地反向进入发射机 1 的发射通路，从天线、馈线、滤波器一直到输出隔离器或放大器。当隔离器或放大器受到反向功率作用时，会产生一些互调产物，如 $2f_1-f_2$ 和 $2f_2-f_1$，这些互调产物又经过发射通路从天线发射到空中，从而对其他系统产生干扰。

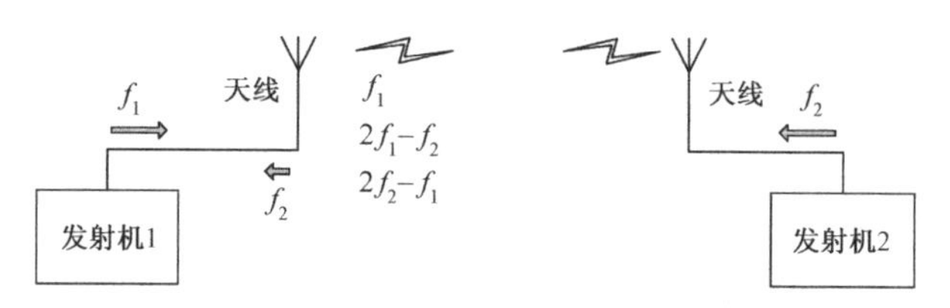

图 11.4　发射机共存（址）工作时所产生的杂散

在大功率调频广播发射台中，有时就会产生上述现象。两台或多台工作于 87.5～108 MHz 频段的大功率调频广播发射机共址发射时，会产生一些落入 108～137 MHz 民用航空通信频段的互调干扰。比如，当 f_1 = 100 MHz，f_2 = 105 MHz 时，在图 11.4 中会产生一个 110 MHz 的三阶互调信号，干扰民航通信频段。

发射合路系统的无源互调产物

图 11.5 的情况和图 11.4 有些类似，产生干扰的原因是因为发射合路器的隔离度不足，导致两台发射机之间产生互调。除此以外，在合路器输出端的互调产物（$2f_1-f_2$ 和 $2f_2-f_1$）中，除了发射机的反向互调以外，还包括了发射合路器所产生的无源互调产物。而继续前行的载频信号 f_1 和 f_2 在天馈系统中也在一直不断地产生互调信号，由于已经没有了滤波器，这些互调产物一路畅通，最终会辐射到空中对其他系统产生干扰。

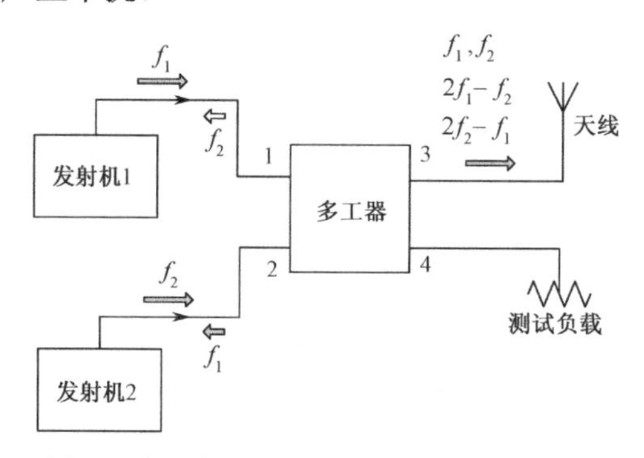

图 11.5　由多工器的无源互调所产生的杂散

在大功率状态下，由发射合路器和天馈系统所产生的无源互调对系统产生的干扰不可忽视。但目前似乎除了蜂窝通信系统以外，运营商对这类干扰似乎还不是很重视。由于工作关系，笔者参加了一些大功率调频广播发射机的杂散测试工作，图 11.6 是一个实际测试案例。

测试对象是三路合一的发射系统。在测试过程中，分别单独开启每台发射机测试其杂散时，都只测到其谐波，而且指标都在合格范围内；而当同时开启两台发射机时，就发现了互调产物；三台发射机同时开启时，出现了更多的互调产物，而其中一个互调产物 111.9 MHz 恰好落入民航频段。

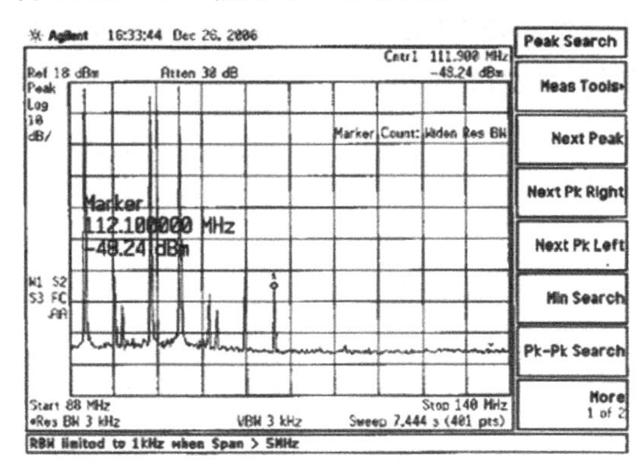

（a）发射系统的互调测试

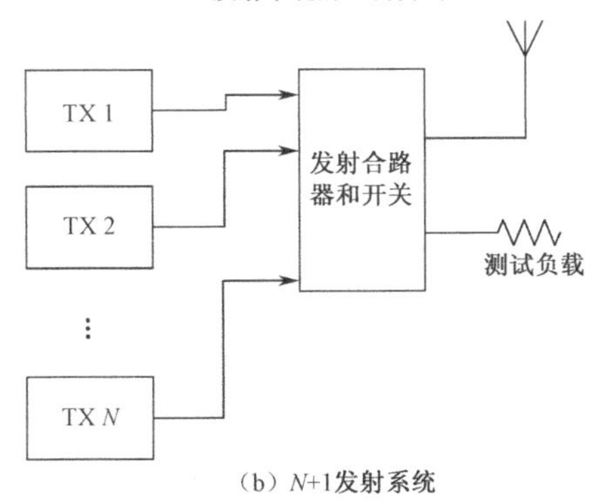

（b）N+1发射系统

图 11.6　多载频发射系统所产生的互调

11.4　发射系统杂散测试的关键

从哪里取样测试信号？

在一个发射系统中，有很多射频接口，那么究竟哪个接口是测试者所关心的呢？让我们通过图 11.5 来讨论各测试点对系统杂散测试的意义。

端口 1 和端口 2 具有同等地位，从端口 1（或 2）可以测量发射机 1（或 2）的输出载频和杂散，从多工器泄漏过来的另一台发射机的信号，以及发射机由此所产生的反向互调。而端口 3 对于系统来说是最为重要的，因为所有的载频和杂散都从这里开始辐射到空中。也就是说，无论一个发射系统有多复杂，发射主馈线是整个发射系统杂散测试的关键所在。

另外还需要提到的是，在发射机输出端可以经常见到一个监测用的耦合口，图 11.7 是一个 GSM900 蜂窝基站（BTS）输出端的典型例子。监测耦合器通常是一个定向或非定向耦合器，还有的直接在双工器的天线端口设置了一段耦合线为基站的监测提供取样信号。

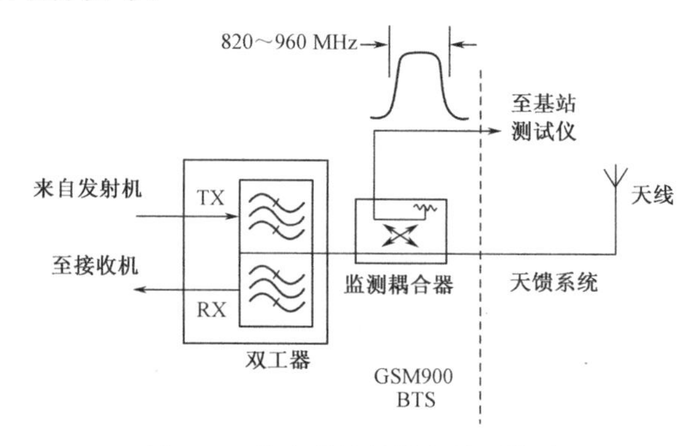

图 11.7　蜂窝基站的输出监测装置

这个耦合口通常是制造商为了监测发射机是否正常工作而设的，它只要覆盖基站的工作频率即可，这与系统运营商的关注点是吻合的，因为他们更关心的是与系统正常运营密切相关的带内指标。显然，不会有谁为了考虑到全频段（9 kHz～12.75 GHz）的杂散测量而在基站的输出端设置一个宽带定向耦合器。除了成本因素以外，从技术上也难以实现，定向耦合器的尺寸与其中心工作频率有关，一个宽带定向耦合器能做到 5～6 倍频程的带宽，如 0.5～18 GHz、40～1000 MHz 等，从技术上也很难实现覆盖 9 kHz～12.75 GHz 全频段的宽带定向耦合器。

从上述分析我们可以得出以下结论：发射系统自带的监测端口不能作为杂散测量的依据，要准确测量一个发射系统的杂散信号，唯一可取的测试点就是发射天馈系统的主馈线。也就是说，一个发射系统要实现杂散信号的在线（不中断通信）测试，从技术上几乎是不可实现的，必须断开主馈线，串入测试系统（见图 11.8），这样才能准确测量标准中所规定的全频段杂散辐射。

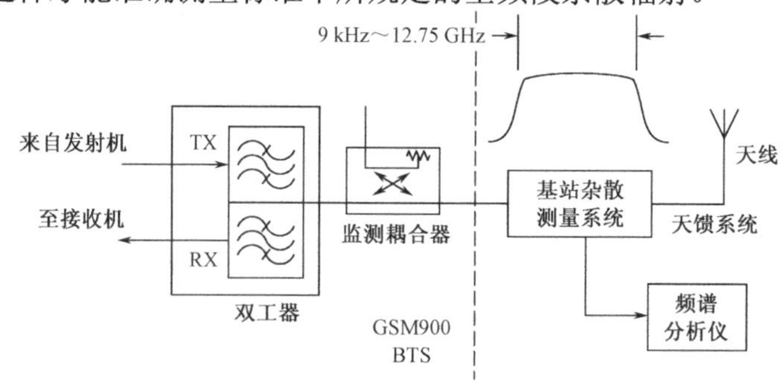

图 11.8　蜂窝基站杂散的正确接入点

在 3GPP 标准中已经对基站发射机的测试点作了明确的规定[3]。如图 11.9 所示，除非特别说明，发射机正常工作条件下的所有测试项目均应在基站机柜上的天线端口（测试点 A）完成。如果有任何的外接功率放大器、多工器、滤波器或者合成电路，那么测试点应移至图 11.9 中的 B 点。其测试点的选择原则也是发射系统的主馈线，与图 11.8 所描述的测试接入点实际上是一致的。

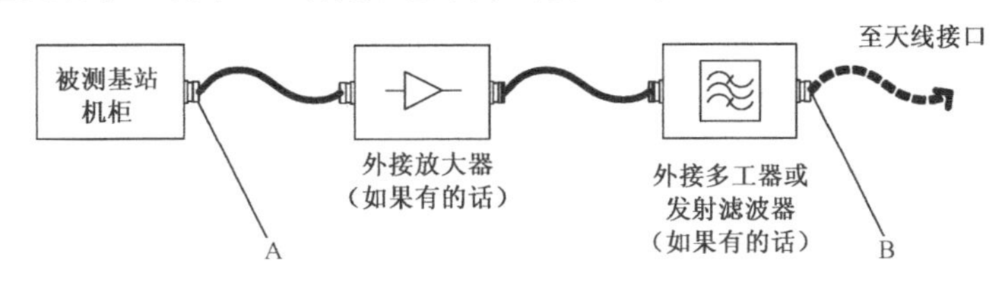

图 11.9　3GPP 规定的蜂窝基站发射机的测试点

认识频谱分析仪：被测信号要经过何种处理?

在现代射频和微波测试中，单靠一台射频仪器是无法完成测试任务的。在大部分情况下，必须通过一个测试系统才能完成测试任务，虽然测试系统有简单的也有复杂的。基站的杂散测量也是一样，虽然频谱分析仪是显示和分析杂散测试最终结果的工具，但是从杂散测量的目标看，单靠频谱分析仪是无法完成的，否则事情倒变得简单了。

我们从基站杂散测试的一个项目来分析频谱分析仪在测量中会遇到什么情况。在表 11.1 中，规定了蜂窝基站的下行载频信号所产生的落入接收频段的杂散信号的幅度容限值，如在 GSM900 频段规定为–98 dBm/100 kHz，此时我们发现载频和杂散信号的差值居然达到–141 dBc（见图 11.10）!

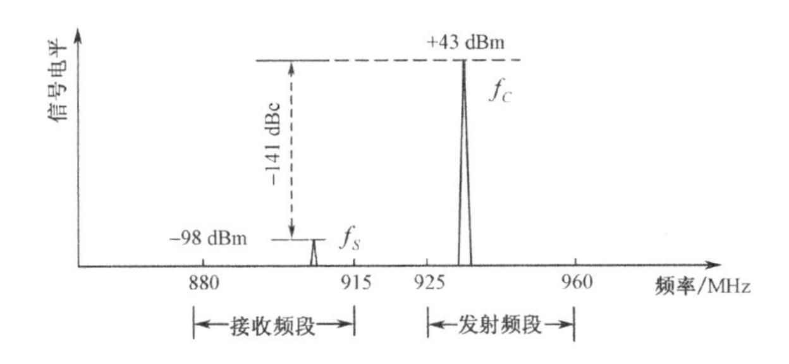

图 11.10　蜂窝基站的杂散容限值

我们知道，频谱分析仪的最大测量范围是可以测量的最大信号与最小信号的比值。大多数频谱分析仪的安全电平为+30 dBm，但是不会有人将一个+30 dBm 的信号直接输入到频谱分析仪进行测量的，而是要衰减到某个电平以下。根据经验，在不同的测试项目（单载频、谐波和互调）中，测试者通常会将输入到频谱分析仪的最大输入电平控制到 0 dBm 至–30 dBm 以下。回到图 11.10，如果用衰减器将载频抑制到–30 dBm，那么根本就无法看到杂散信号了；退而求其次，即使将载频抑制到 0 dBm，那么杂散信号也被同时抑制到–141 dBm，在 100 kHz 的测量带宽下，也已经淹没在频谱分析仪的底噪声以下而无法测量了。显然，在这类测试中，在抑制载频信号的同时，需要保留杂散信号，最简单有效的方法就是采用滤波器。

正确理解射频滤波器

在第 4 章中讨论了滤波器及其应用，以下让我们再来回顾一下滤波器与杂散测试有关的几个问题。

了解滤波器的过渡带

任何滤波器从通带到阻带之间，总是存在一个过渡带，这个过渡带的宽度不可能为零，如图 11.11 所示。假设 f_S 以下是需要测量的杂散信号，f_T 以上是需要抑制的载频信号，那么在 f_S 和 f_T 之间必然存在一个过渡带。因此，在测量临近载频附近的杂散（如 CDMA800 下行频段对 GSM900 上行频段的干扰）时，需要同时考虑被测杂散的幅度、载频的幅度和频谱分析仪的动态范围，由此来决定采用哪种滤波器以及滤波器的过渡带特性。

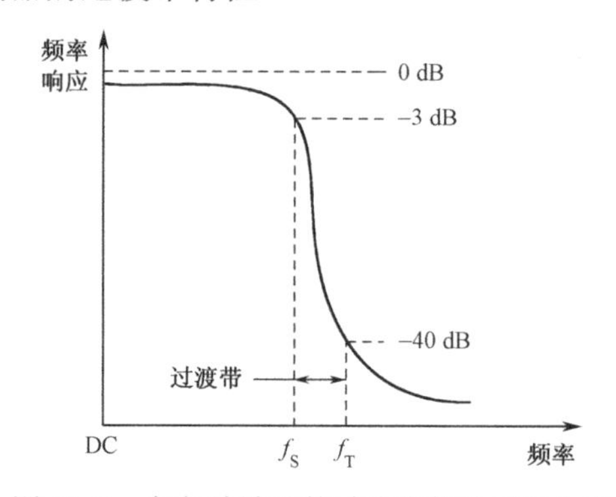

图 11.11　任何滤波器的过渡带都不可能为零

采用哪种类型的滤波器？

对于不同的杂散测试项目，要完成从 9 kHz 至 12.75 GHz 范围内的所有测量，用一个滤波器是不现实的。笔者遇到过一些测试者，希望用一个带阻滤波器来抑制载频（如 925～960 MHz），而保留 9 kHz～12.75 GHz 内的所有其他频段。这实际上是一个“不可能完成的任务”，因为带阻滤波器在设计时就不会考虑到如此宽的带宽，而且滤波器本身存在镜像响应。笔者的观点是，要测量如此宽频段的杂散，需要用一组低通、带通和高通滤波器配合才能完成测试。基于这个原则，笔者开发了一系列蜂窝基站和手机的杂散测量系统，其中一个产品如图 11.12 所示。

图 11.12　一种全自动化的基站杂散测量系统

充分了解测试通路的无源互调特性

我们知道，任何无源器件都会产生互调产物，而这些互调的大小可以与被测的杂散信号的幅度相比拟，所以在杂散测量系统通路上的任何器件都必须考虑无源互调问题。

不能使用铁氧体器件作为隔离和匹配装置

在反射式测量中，由于滤波器阻带的失配特性，为了保证被测发射机不会因为负载（滤波器）的失配而保护，需要在发射机和滤波器之间设置一个匹配和隔离电路。在这个场合，不能使用铁氧体隔离器，且不说这种器件是窄带的，它还会产生很大的互调和谐波产物，这些寄生信号会扰乱测试者的视线，给测试带来很大的误差。

计算互调频率

在多载频条件下进行杂散测试时，必须充分计算载频所产生的互调产物的频率，并比对这些频率与被测杂散频段之间的关系，这样即使落入杂散频段，也能了解误差的来源。笔者曾经设计过一个二载频的蜂窝基站杂散测量系统，经过计算发现，该蜂窝基站的系统设计者对载频的规划经过了充分的考虑，其互调产物均落在系统关心的杂散频段范围以外。

采用正确的匹配电路

无论怎样，在正确的杂散测试电路中，被测发射机和滤波器之间必须采用匹配电路。较好的选择是采用低互调设计的宽带定向耦合器，或者以低互调衰减器作为匹配电路。如果要采用常见的集总参数衰减器作为匹配电路，则必须经过严格的低互调设计，测试者必须充分了解这些器件的无源互调特性、被测系统的杂散指标以及二者的关系。

图 11.13 显示了一个未经低互调设计的集总参数衰减器的谐波特性。当衰减器的输入功率为 47 dBm 时，其输出二次谐波达到-40 dBm。如果这个谐波的幅度可以与被测发射机的杂散指标相比拟，那么可以说这个测试系统的设计是不合理的。

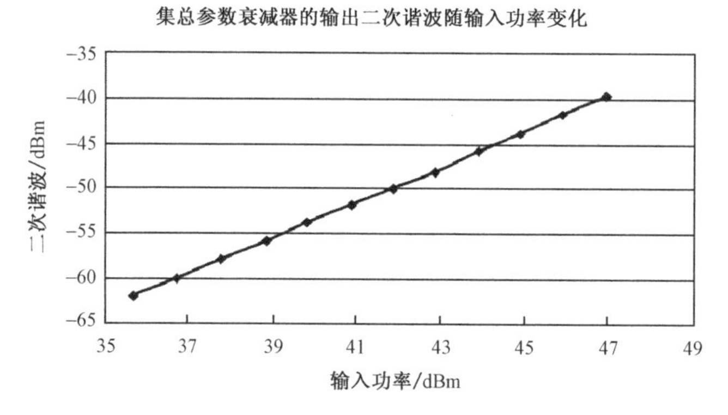

图 11.13　集总参数衰减器的谐波特性

11.5　蜂窝基站的杂散和互调干扰测试

蜂窝基站的测试项目很多，为了切合本章的主题，在这里仅对蜂窝基站的杂散和互调相关的测试方法进行讨论，而测试点均为图 11.1 或图 11.9 所示的天馈线输入端。

11.5.1　发射机 BTS 发射带内的传导杂散测试

当一个发射机工作时，发射机 BTS 发射带内天线接头处的传导性杂散辐射的测量，其测试要求和测试方框图如图 11.14 所示。在这项测试中，由于是单载频工作，所以对衰减器的要求并不是很高，但需要采用低互调设计的集总参数衰减器来满足测试要求，衰减值可选择 40 dB，如果有条件的话，可以在后面再接一个步进衰减器，以适应不同功率等级的发射机的测试要求。

这项测试要求将 BTS 配置为一个 TRX 激活并在所有时隙上以最大输出功率发射，激活峰值保持。对于偏离载频 1.8 MHz≤f＜6 MHz 且落在 TX 带内的杂散信号测试，频谱分析仪的分辨率带宽应设为 30 kHz，视频带宽则应设为约 3 倍于分辨率带宽。对于偏离载频 6 MHz 或以上且落在 TX 带内的杂散信号测试，频谱分析仪的分辨率带宽应设为 100 kHz，视频带宽则应设为约 3 倍于分辨率带宽。最终的测试结果是杂散信号不能大于–36 dBm。

这里要特别注意的是二次谐波的测量。如果采用图 11.13 所示的衰减器作为匹配电路，而被测发射机的输出功率是 50 W，此时我们发现由衰减器所产生的二次谐波仅比被测发射机的指标要求低 4 dB，这将导致测试误差。根据射频测试的 10 dB 原则，这个衰减器需经过低互调设计，其二次谐波必须小于–46 dBm。

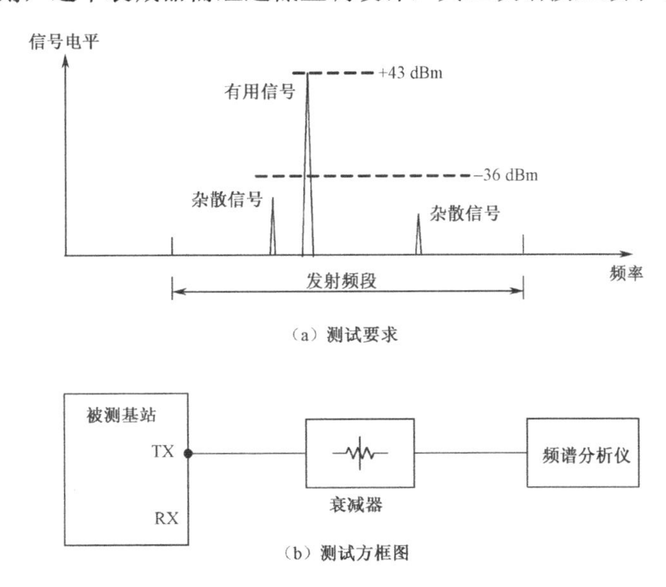

图 11.14　BTS 发射带内的传导杂散测试

11.5.2　发射机 BTS 发射带外的传导杂散的测试

与带内杂散相比，发射带外杂散的测试更加复杂，因为带外杂散的测试要求带宽是 9 kHz～12.75 GHz。除了带宽以外，在这项测试中还出现了图 11.10 中所描述的大动态范围的情况，单靠衰减器已经无法胜任。此时，图 11.12 所示的杂散测量系统就派上了用场。

图 11.15 所示的测试要求和方法用于测量发射机 BTS 发射带外天线接头处的传导性杂散辐射。这个测试系统可以支持多载频条件下的带外杂散测试。

该测试要求将 BTS 配置为激活所有发射机并在所有时隙上以最大输出功率发射。表 11.6 规定了 GSM 基站发射机带外杂散辐射的测试条件。在此条件下，要求发射机带外杂散辐射在 1 GHz 以下不能超过–36 dBm，在 1 GHz 以上不能超过–30 dBm。

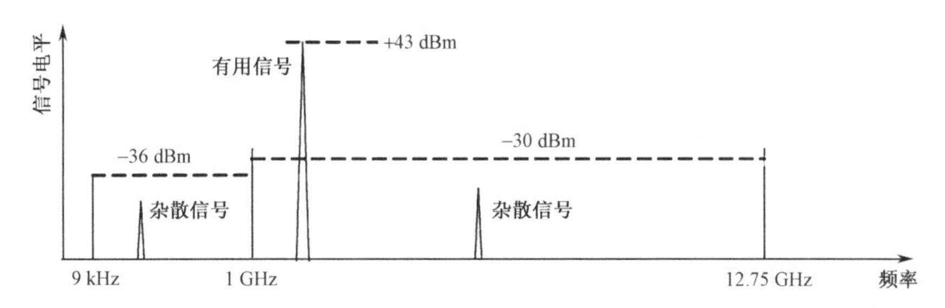

（a）测试要求（接收频段和其他通信频段除外）

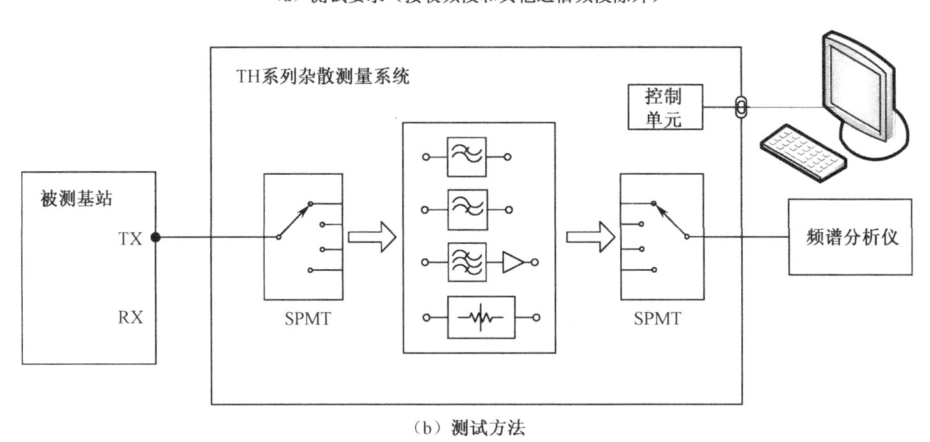

（b）测试方法

图 11.15　BTS 发射带外的传导杂散测试

表 11.6　BTS 发射机带外杂散的测试条件

频　带	与载频的间隔	分辨率带宽
9 kHz～50 MHz	—	10 kHz
50～500 MHz	—	100 kHz
500 MHz～12.75 GHz，相应发射频带之外（至相应发射频带边缘的频偏）	≥2 MHz	30 kHz
	≥5 MHz	100 kHz
	≥10 MHz	300 kHz
	≥20 MHz	1 MHz
	≥30 MHz	3 MHz

需要说明的是，不同的通信制式和不同的制造商对于杂散测试的要求不尽相同。在笔者设计过的杂散测量系统中，有一个系统在 9 kHz～12.75 GHz 的频率范围内细分为二十几个测试频段，对每个频段的杂散辐射都提出了限制要求。从杂散测试的目的看，无非是为了避免对其他系统的干扰。随着 3G 网络的建设，不同制式发射机共站和共址的情况会越来越多，由于测试要求更高，测试方法也与本节所讨论的不同，与落入系统接收带内的杂散测试一样，将在下面进行讨论。

11.5.3　BTS 系统内部接收带内杂散和互调的测试及系统间的干扰测试

在 11.5.2 节的讨论中，还有一项非常重要的测试项目留在本节单独讨论，这就是落入系统内部接收频段内杂散和互调的测试。在蜂窝基站杂散和互调测试中，这个项目可能是运营商最为关心的，因为这直接影响到系统的正常运行。图 11.16（a）描述了 GSM900 基站在其接收频段及共站址的 DCS1800 接收频段所产生的杂散，表 11.7 则对杂散要求进行了细化。从表 11.7 中可以看出，系统对于接收频段的保护要求要远远高于 9 kHz～12.75 GHz 内的任何其他频段。

表 11.7　GSM900 BTS 系统内部及共站址的系统接收频段的杂散辐射容限

BTS 类型	杂散容限/dBm	
	GSM900 接收频段（880～915 MHz）	GSM1800 接收频段（1710～1785 MHz）
正常 BTS	–98	–98
微蜂窝 BTS M1	–91	–96
微蜂窝 BTS M2	–86	–91
微蜂窝 BTS M3	–81	–86

图 11.16（a）显示，被测杂散与载频之间有着极大的幅度差（–141 dBc），并且被测杂散信号的幅度也非常小（–98 dBm），这几乎接近无源互调测试的要求，不仅单靠频谱分析仪无法完成，就是普通的反射式测试法也无法胜任。图 11.16（b）是一种推荐的吸收式测试方法，在这个测试电路中，载频和杂散被完全分离，载频通过 TX 通路被低互调负载吸收，而杂散则通过相应的 RX 通路被无损耗地送至频谱分析仪。因为杂散信号非常小，如果频谱分析仪无法读到，可以加一个低噪声放大器来配合测试。

图 11.16（b）的测试方法还适合多载频条件下的互调干扰测试，同样地，两个或多个载频通过 TX 通路被低互调负载吸收，而落入接收频段的互调信号则被相应的 RX 通路分离出来并送至频谱分析仪。

需要特别注意的是，在这个测试电路中，从基站的测试端开始到 RX 通路的输出端，所有环节都必须采用低互调产品，包括所有的连接基站测试端到滤波器的电缆、滤波器和低互调负载。测试系统自身的剩余无源互调必须小于–150 dBc，否则测试系统自身所产生的无源互调产物将会与被测的互调叠加同时进入频谱分析仪而导致测试误差。

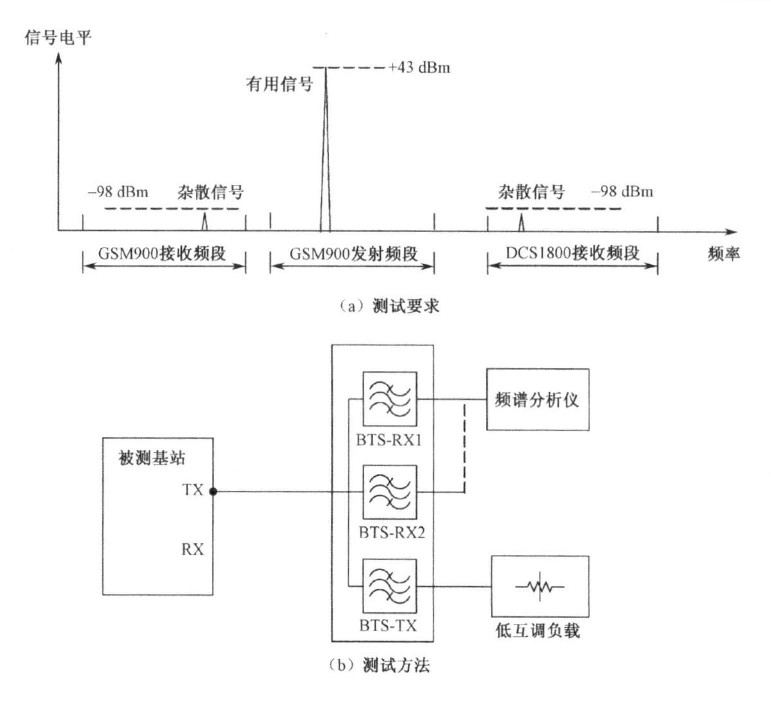

图 11.16　BTS 系统内部接收带内杂散和互调测试

11.5.4　与其他系统共存或共址时干扰的测试

随着 3G 网络的不断增加，各系统间共存和共站址时所出现的干扰问题也会同时出现。在各类蜂窝基站标准中，对于落入其他系统的杂散辐射容限作了详细的规定，在表 11.8 和表 11.9 中，规定了 TD-SCDMA 系统与其他系统共存和共址时的杂散辐射标准。可以发现，标准中对各种系统的保护做了相对细致的规定，从集群系统、蜂窝系统、Wi-Fi 到 WiMAX 系统，均在考虑之列。

表 11.8　TD-SCDMA BTS 系统与其他系统共存时的杂散辐射容限

频 率 范 围	最大电平	测量带宽
806 MHz～821 MHz	−61 dBm	100 kHz
825 MHz～835 MHz	−61 dBm	100 kHz
851 MHz～866 MHz	−57 dBm	100 kHz
870 MHz～880 MHz	−57 dBm	100 kHz
885 MHz～915 MHz	−61 dBm	100 kHz
930 MHz～960 MHz	−57 dBm	100 kHz
1 710 MHz～1 755 MHz	−61 dBm	100 kHz

续表

频 率 范 围	最大电平	测量带宽
1 755 MHz～1 785 MHz	–49 dBm	1 MHz
1 785 MHz～1 805 MHz	–61 dBm	100 kHz
1 805 MHz～1 850 MHz	–47 dBm	100 kHz
1 850 MHz～1 880 MHz	–58 dBm	1 MHz
1 880 MHz～1 920 MHz	–52 dBm	1 MHz
1 920 MHz～1 980 MHz	–49 dBm	1 MHz
2 110 MHz～2 170 MHz	–52 dBm	1 MHz
2 300 MHz～2 400 MHz	–52 dBm	1 MHz
2 500 MHz～2 690 MHz	–52 dBm	1 MHz
3 300 MHz～3 600 MHz	–52 dBm	1 MHz

表 11.9　TD-SCDMA BTS 系统与其他系统共址时的杂散辐射容限

频 率 范 围	最大电平	测量带宽
806 MHz～821 MHz	–98 dBm	100 kHz
825 MHz～835 MHz	–98 dBm	100 kHz
851 MHz～866 MHz	–57 dBm	100 kHz
870 MHz～880 MHz	–57 dBm	100 kHz
885 MHz～915 MHz	–98 dBm	100 kHz
930 MHz～960 MHz	–57 dBm	100 kHz
1 710 MHz～1 755 MHz	–98 dBm	100 kHz
1 755 MHz～1 785 MHz	–86 dBm	1 MHz
1 785 MHz～1 805 MHz	–98 dBm	100 kHz
1 805 MHz～1 850 MHz	–47 dBm	100 kHz
1 850 MHz～1 880 MHz	–58 dBm	1 MHz
1 880 MHz～1 920 MHz	–86 dBm	1 MHz
1 920 MHz～1 980 MHz	–86 dBm	1 MHz
2 110 MHz～2 170 MHz	–52 dBm	1 MHz
2 300 MHz～2 400 MHz	–86 dBm	1 MHz
2 500 MHz～2 690 MHz	–86 dBm	1 MHz
3 300 MHz～3 600 MHz	–86 dBm	1 MHz

这个项目的测试并不困难，其测试方法与图 11.16（b）中所示完全一致，只是根据不同的频段要设置相应的滤波器，因此要完成蜂窝系统共存或共址时的干扰测试是一个烦琐的过程，有条件应采用自动化测试系统来提高测试效率。

11.5.5　BTS 的互调衰减测试

这项测试是验证当干扰信号通过天线接头来到发射机时，RF 发射设备能够将其非线性器件内产生的互调信号限制在规定电平以下。图 11.17 是 BTS 互调衰减的测试要求和测试方法，如果有用信号（载频）f_0 不变，改变干扰信号的频率 $f_0 + \Delta$，则互调产物可能落入发射频段（图 11.17（a）），也可能落入接收频段（图 11.17（b））；图 11.17（c）是实现上述要求的测试方法，在被测发射机的输出端连接一个耦合器，用于从反方向将干扰信号加到被测发射机，干扰信号的幅度应比有用信号小 30 dB。被测发射机的末级非线性器件在这个干扰信号的作用下，产生了互调信号。根据干扰信号频率的不同，如果互调信号落入发射频段，则载频信号、干扰信号和互调产物一并通过 TX 通路和低互调衰减器进入频谱分析仪；如果互调信号落入接收频段，则载频信号和干扰信号通过 TX 通路被低互调负载（图 11.17（c）中的低互调衰减器）吸收掉，而互调则通过 RX 通路进入频谱分析仪。

落入发射频段的互调产物应比载频小 70 dB 或者不大于–36 dBm 的绝对值；而落入接收频段的互调产物要求则要苛刻些，见表 11.10。

回顾第 10 章（无源互调测量）中的 10.3 节，我们发现曾经讨论过的反向互调的概念在这里派上了用场。上述测试要求中所提到的干扰信号通过天线接头反向输入到发射机，并作用到发射机中的非线性器件，这些器件指的就是功率放大器或者其输出端的铁氧体隔离器，由这些非线性器件所产生的互调与反向互调的产生机理是完全一致的。

在测量 GSM 基站落入发射频段的互调时，分别将干扰信号的频率设置为偏离载频（频偏Δ）0.8 MHz、2.0 MHz、3.2 MHz 和 6.2 MHz 时进行测量，测量所有三阶和五阶互调产物。在对偏离 TRX 频率 6 MHz 以上频率互调产物的峰值功率进行测量时，测量带宽设为 300 kHz，零扫频，检波方式为 RMS 检波，在整个时隙上进行测量。应在足够多的时隙上进行测量，以确保结果的一致性。在对偏离 TRX 频率 1.8 MHz 以内频率互调产物的峰值功率进行测量时，测量带宽和视频设为 30 kHz，检波方式为 RMS 检波，在时隙有用部分的 50%～90%上进行平均，但不包括时隙的中间部分，在至少 200 个激活时隙上进行平均。在对偏离 TRX 频率 1.8～6 MHz 之间频率互调产物的峰值功率进行测量时，测量带宽设为 100 kHz，扫频模式，检波方式为 RMS 检波，在 200 次扫频上平均，扫频时间至少为 75 ms。在从发射频带边缘到偏离载频 6 MHz 的范围内，测得的互调产物不能超过–70 dBc 和–36 dBm 中较大的值。

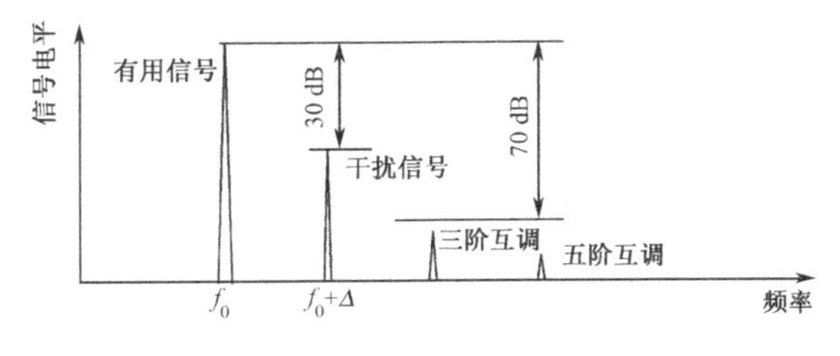

（a）落入发射频段的互调测试要求

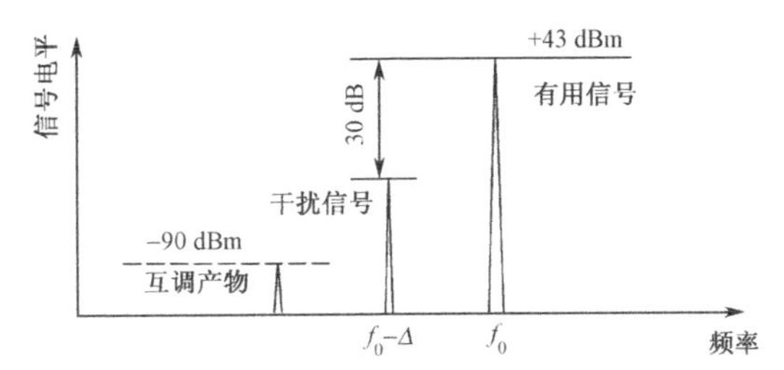

（b）落入接收频段的互调测试要求

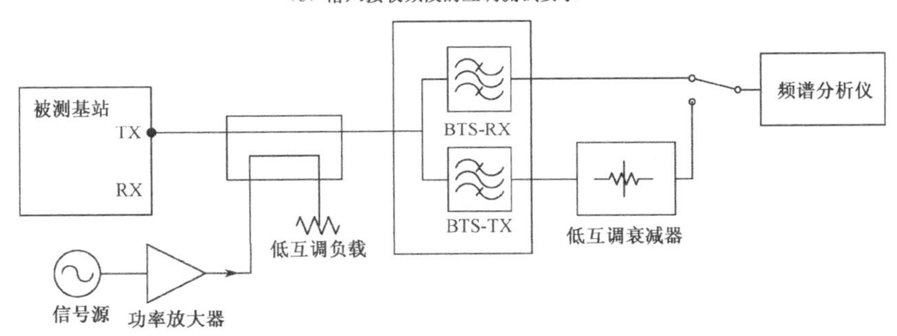

（c）兼容发射和接收频段互调衰减测试的方法

图 11.17　BTS 的互调衰减测试要求及方法

对于接收频段的互调测量，要通过设置载频和干扰信号的频率，使得最低阶互调产物（三阶互调）落入接收频段，其最大互调电平应满足表 11.10 中的规定。

表 11.10　接收频段内互调电平容限

基 站 类 型	接收频段内互调电平容限/dBm	
	GSM 900	DCS 1800
正常 BTS	−98	−98
微蜂窝 BTS M1	−91	−96
微蜂窝 BTS M2	−86	−91
微蜂窝 BTS M3	−81	−86
Pico-BTS P1	−70	−80
R-GSM 900 BTS	−89	—

参考文献

[1] RECOMMENDATION ITU-R SM.329-10 Unwanted emissions in the spurious domain.

[2] YDC 014—2008　800MHz CDMA 1x 数字蜂窝移动通信网设备技术要求：基站子系统.

[3] 3GPP TS 25.141 V3.6.0　3rd Generation Partnership Project; Technical Specification Group Radio Access Networks; Base station conformance testing (FDD), clause 6.1, 2001-06.

第12章 功率放大器的测量

本章简要讨论功率放大器的测量问题，包括谐波、杂散、反向互调和输出匹配的测量。

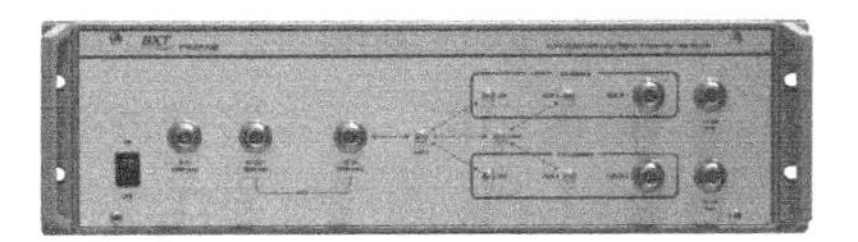

在第 6 章中，对射频功率放大器的基本指标和定义作了描述，本章主要讨论功率放大器的测试和测量问题。

12.1　功率放大器的谐波测量

当放大器过激励或者工作于非线性区时，放大器的输出中会出现谐波失真。如果放大器的输入信号是纯净的，即只有 f_1，我们希望放大器的输出也只有 f_1。但这只是理想，在实际情况中，放大器会产生 $2f_1$、$3f_1$、$4f_1$ 等谐波。谐波是直接干扰其他通信系统和产生互调的主要原因。图 12.1 是两种典型的功率放大器谐波测量方法。

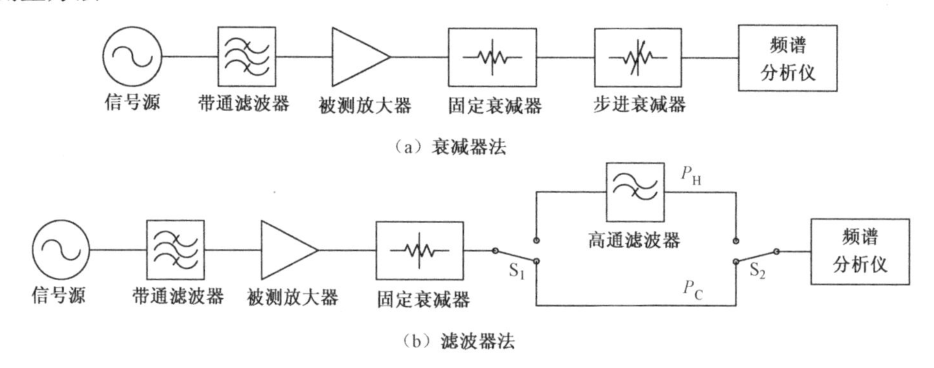

图 12.1　功率放大器的谐波测量方法

首先，为放大器提供激励的信号源输出频谱必须十分纯净，通常信号源的输出频谱纯度不能满足放大器的测试要求，所以应在信号源的输出端接一个带通滤波器或低通滤波器，前者具有更好的带外抑制，而后者具有更宽的通带范围，可以根据实际要求来选择。放大器输出端的衰减器是为了降低放大器的输出功率，使之适合频谱分析仪的输入电平要求。正如第 11 章中所描述的那样，集总参数衰减器自身存在二次谐波（参见图 11.13），所以在选择衰减器时需要审视。通常，在功率放大器的测试场合，集总参数衰减器基本上可以满足要求。

因为频谱分析仪本身存在非线性因素，有时很难判别所测到的谐波是被测放大器产生的还是频谱分析仪自身所产生的。这时可以在频谱分析仪前接一个步进衰减器（见图 12.1（a）），如果改变衰减器的衰减量，载频和谐波不是呈 1:1 的规律变化，则说明谐波是由频谱分析仪产生的。当频谱分析仪进入非线性工作区时，载频和谐波呈 1:2 的规律变化。

在图 12.1（a）的测试方法中，载频和谐波被同时衰减，所以谐波测量受到频谱分析仪动态范围的限制。为了进一步提高测试动态，可以采用图 12.1（b）

的测试方法，在频谱分析仪的前端设置两个通路，其中当开关 S_1 和 S_2 置于直通通路时，频谱分析仪测量到载频的幅度 P_C；当开关置于高通滤波器通路时，滤波器会滤除载频，保留被测的谐波 P_H。如果 P_C 和 P_H 都以 dBm 为单位，那么谐波可用下式计算：

$$\mathrm{THD(dBc)} = P_H - P_C \tag{12.1}$$

12.2　放大器的正向互调失真测量

当两个或多个载频信号输入到放大器时，放大器的输出除了载频信号以外，还会产生一些互调产物。描述这些互调产物的实用方法就是测量放大器的二阶截获点（IP2）和三阶截获点（IP3）。图 12.2 是典型的放大器正向互调测量系统。

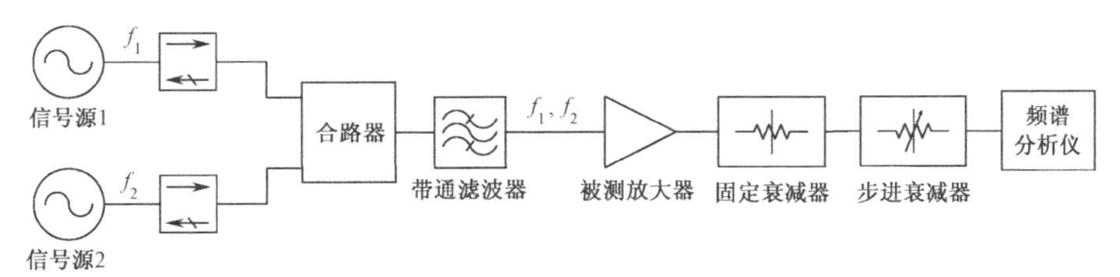

图 12.2　典型的放大器正向互调测量系统

信号源 1 和 2 分别产生两个载频信号 f_1 和 f_2，并在线性合路器中合成，合路器前的隔离器作用是提高隔离度，以防止两个信号源之间产生互调。合路器以后的带通滤波器可以滤除两个载频合成后所产生的互调，以保证最终输入到放大器的测试信号的纯度。放大器后面的衰减器的作用与谐波测试（图 12.1）完全一样。为了保证互调测量的精度，两个载频之间的幅度差应小于 0.5 dB。

放大器的输出频谱在频谱分析仪上显示，见图 12.3，其中图 12.3（a）是二阶互调的情况，图 12.3（b）是三阶互调的情况。在这两种情况下，载频 f_1 和 f_2 的幅度是相等的。在测试要求中，f_1 和 f_2 的频率间隔是根据放大器的频率范围和类型由制造商指定的，如 0.1 MHz、0.5 MHz、1 MHz 和 2 MHz 等。

测试二阶截获点时要关注的是二阶互调产物 f_1+f_2 和 f_2-f_1。设放大器的输入为 P_{IN}（dBm），增益为 G（dB），从频谱分析仪可以测量到每载频的幅度为 $P_{IN}+G$（dBm），二阶互调的幅度为 P_{IM2}（dBm），二阶互调的相对值为 IMD2（dBc），则可以计算出 IP2（dBm）为：

$$\mathrm{IP2} = P_{IN} + \mathrm{IMD2} \tag{12.2}$$

或

$$\mathrm{IP2} = 2P_{IN} + G - P_{IM2} \tag{12.3}$$

三阶截获点的测试方法与上述相同，但是关注的是三阶互调产物 $2f_1-f_2$ 和 $2f_2-f_1$。输入三阶截获点为：

$$\mathrm{IP3}=P_{\mathrm{IN}}+\frac{\mathrm{IMD3}}{2} \tag{12.4}$$

对于窄带放大器，通常只需测量三阶截获点，因为更高阶和二阶的互调产物落到放大器的带宽以外，而宽带放大器则需要考虑二阶截获点。

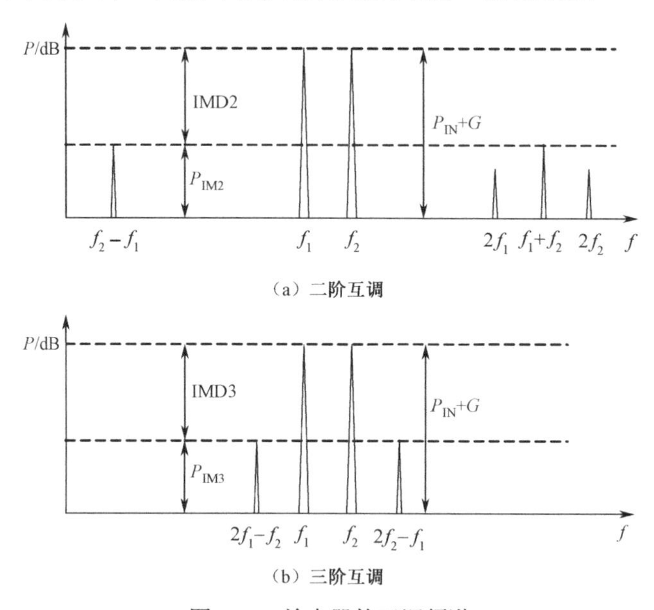

图 12.3　放大器的互调频谱

12.3　放大器的反向互调失真测量

当放大器受到一个来自输出端的反向功率时，也会产生互调失真。虽然反向互调失真的概念和测试方法较少被提到，但实际上，射频工程师们在很多场合是关注到这个问题的，比如在图 12.2 的正向互调测试中，要求合路器有很高的隔离度，如果自身隔离度不够，还要外加隔离器。另外一个例子是在多路发射机的合成系统中，对多工器的隔离度有很高的要求。这些都是为了减小反向功率加到放大器输出端时所产生的互调失真。

图 12.4 是放大器反向互调的测试方法。其中被测放大器以 f_1 频率工作，而测试放大器将频率为 f_2 的功率从反向加入到放大器的输出端。f_2 的功率要小于 f_1 的功率，至于小多少，要参照实际的应用环境由使用者来定义。比如在蜂窝基站测试中，要求反向信号功率的幅度比被测放大器的输出功率小 30 dB。

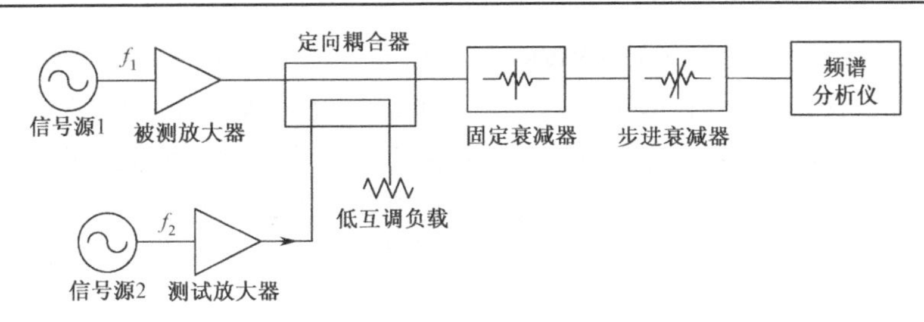

图 12.4　放大器的反向互调测量

反向互调的测试结果见图 12.5。通常只考虑三阶互调产物，被测放大器的输出功率与最大的三阶互调产物之间的差值即为反向互调值。

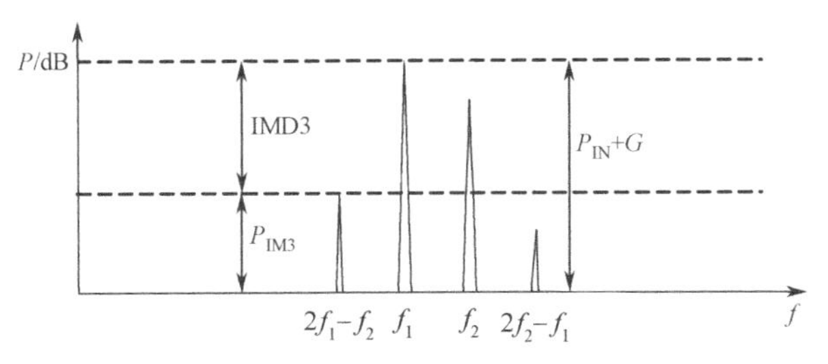

图 12.5　放大器的反向互调测试结果

在第 10 章（无源互调测量）中所讨论的各向异性器件的反向互调问题与之类似，实际上在很多功率放大器的末级就采用了铁氧体环流器，有兴趣的读者可以对照阅读。

12.4　放大器的输出匹配测量

我们先从图 12.6 来了解功率放大器的输出匹配，假设图中描述的是一个微带结构的功率放大器。

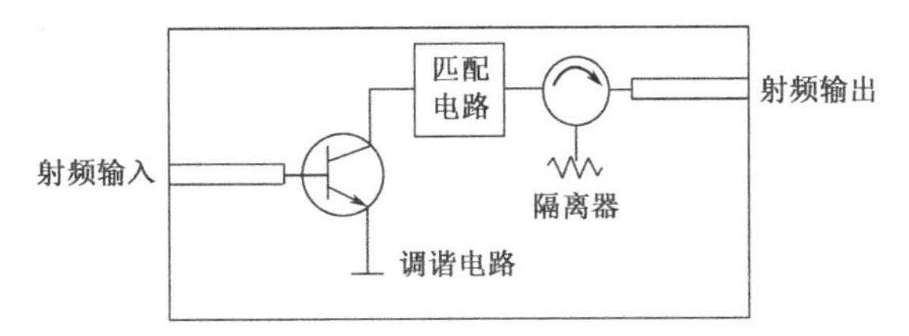

图 12.6　功率放大器的输出匹配

功率放大器的输出匹配调试是个烦琐的过程，为了降低生产和调试的成本，设计者往往喜欢在放大器的输出端加一个微带结构的铁氧体隔离器。隔离器真是个“好东西”（这是因为它具有各向异性特性，详见第 5 章），它可以将接在其输入端的负载失配（如 VSWR=3）“掩盖”掉，从输出端往回看，VSWR 神奇地变成了 1.25 以下！但实际上，调谐电路与隔离器之间的 VSWR（=3）依然存在，如此大的 VSWR 将会影响功率管的工作寿命，并且降低整机的效率。

图 12.7 是推荐的一种放大器输出匹配的调试方法。首先将微带隔离器移去，代之以一段 50 Ω微带短路线，此时放大器的真实 VSWR 完全暴露于接在其输出端的 S_{22} 测量装置上，在此状态下，调试放大器的输出匹配电路（见图 12.7（a））。一旦放大器的输出调至良好的匹配状态（如 VSWR<2），就可去掉那段用于调试的微带短路线，将微带隔离器再接入放大器中（见图 12.7（b）），并用 S_{22} 测量装置测量放大器的输出 VSWR。

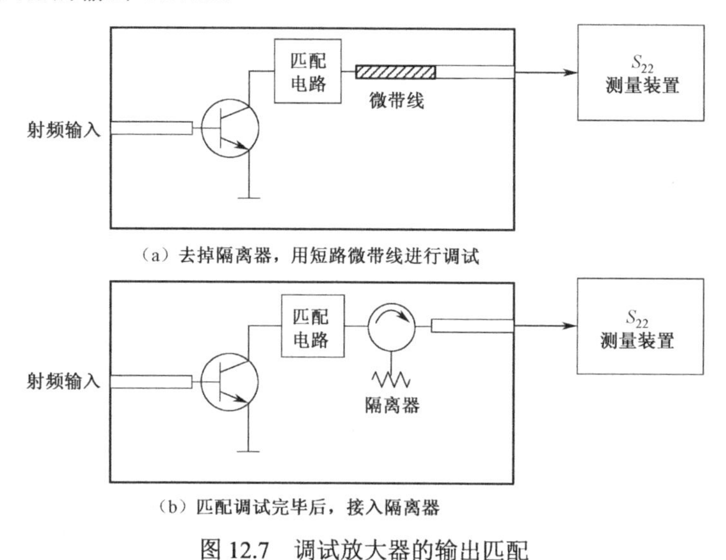

（a）去掉隔离器，用短路微带线进行调试

（b）匹配调试完毕后，接入隔离器

图 12.7　调试放大器的输出匹配

放大器的良好输出匹配，对于保证放大器的稳定工作和提高放大器的效率有着重要的意义。

第13章 频谱分析仪基本原理及应用

本章讨论频谱分析仪的基本工作原理以及应用中的一些技巧。

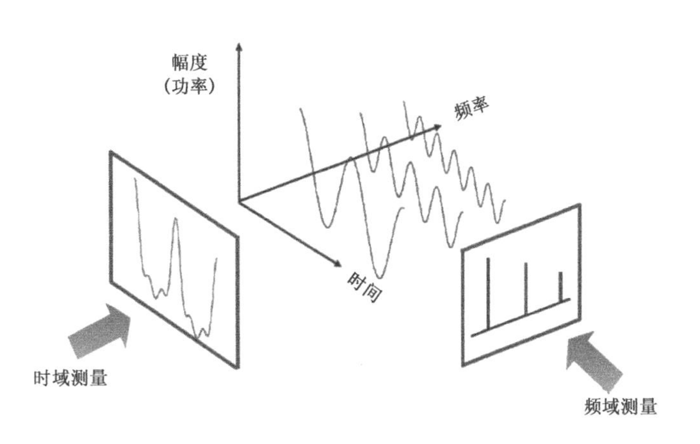

13.1 概述

13.1.1 时域和频域

时域（Time Domain）是真实世界，是唯一实际存在的域。人们的经历都是在时域中发展和验证的，因而人们已经习惯于事件的发生都按时间的先后顺序。时域是描述数学函数或物理信号对时间的关系。例如，一个信号的时域波形可以表达信号随着时间的变化。

频域（Frequency Domain）是描述信号在频率方面特性时用到的一种坐标系。对任何一个事物的描述都需要从多个方面进行，每一方面的描述仅为我们认识这个事物提供部分信息。例如，眼前有一辆汽车，可以从颜色、长度、高度等方面来描述，也可以从排量、品牌、价格等方面来加以描述。对于一个信号来说，它也有很多方面的特性，如：信号强度随时间的变化规律（时域特性），信号是由哪些单一频率的信号合成的（频域特性），如图 13.1 所示。

在对信号进行时域分析时，有一些信号的时域参数相同，但并不能说明信号就完全相同。因为信号不仅随时间变化，还与频率、相位等信息有关，这就需要进一步分析信号的频率结构，并在频率域中对信号进行描述。动态信号从时域变换到频域，主要通过傅里叶级数和傅里叶变换来实现：周期信号靠傅里叶级数，非周期信号靠傅里叶变换。

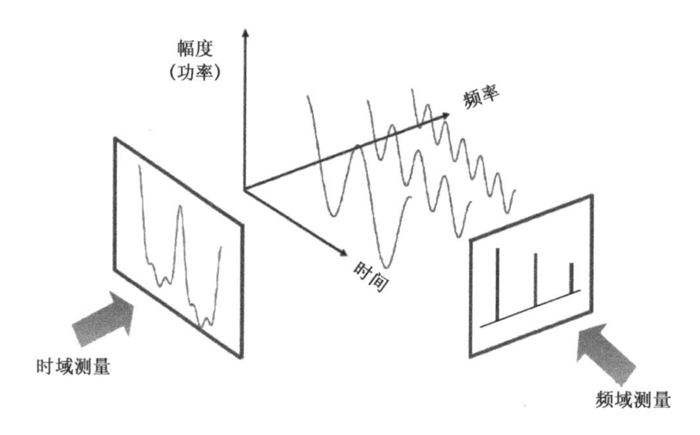

图 13.1　时域和频域

傅里叶变换理论告诉我们，时域中的任何电信号都可以由一个或多个具有适当频率、幅度和相位的正弦波叠加而成。换句话说，任何时域信号都可以变换成相应的频域信号，通过频域测量可以得到信号在某个特定频率上的能量值。通过适当的滤波，我们能将图 13.1 中的波形分解成若干个独立的正弦波或频谱分量，然后就可以对它们进行单独分析。每个正弦波都用幅度和相位加以表征。如果我们要分析的信号是周期信号，傅里叶理论指出，所包含的正弦波的频域间隔是 $1/T$，其中 T 是信号的周期。

在电子测试测量领域，信号分析方法主要分时域测试、频域测试和解调测试，针对不同的被测设备（EUT）或被测器件（DUT），完成相应的参数测试，如表 13.1 所示。

表 13.1　三种信号分析方法的比较

信号分析方法	分 析 技 术	典型测试参数
频域测试	分析信号包含的频率成分，各频率分量的频率和功率参数	信号功率，信号占用频率带宽，信号带外杂散，信号邻道功率比（ACPR）
时域测试	分析信号参数随时间变化的过程	信号功率控制过程，锁相环频率锁定时间，脉冲信号的上升和下降时间等
解调测试	信号的调制特性，信号的调制精度	模拟调频信号调制失真，数字调制信号矢量误差

13.1.2　频域测试

频谱分析仪是通用的多功能测量仪器，是完成频域测试的主要工具，其应用范围很广，其测试对象是电子系统及电路中存在的各种信号。图 13.2 所示是典型的数字通信系统（收发信机）中信号的处理过程。在各个处理环节上，会有不同形式、不同特性的信号出现。这些信号参数特性的变化通过频域的分析可以得到直接的反映。

发射机利用调制处理将所要传输的信息调制到载波上。电子系统中的正弦波信号会因为通过调制处理而包含更多的信息，这种信号的变换会通过频谱的特性表现出来。图 13.2 所示为接收机处理过程中信号频谱特性的变化过程。接收机通过天线接收的信号中包含需要的信号和干扰信号；滤波器的处理将接收信号中的干扰成分进行抑制；为完成基带解调电路的处理，输出的射频或微波信号经过与本振（本地振荡器）的混频处理变换为中频信号；混频形成的杂波通过中频滤波器进行滤除；中频调制信号经过 IQ 解调器的处理，消除调制信号中的载波成分得到基带 IQ 信号，通过 IQ 信号电压的分析来测试信号的幅度和相位信息，完成解调处理的整个过程。这些处理的过程通过对每个处理环节的信号频谱分析得到直接的反映。

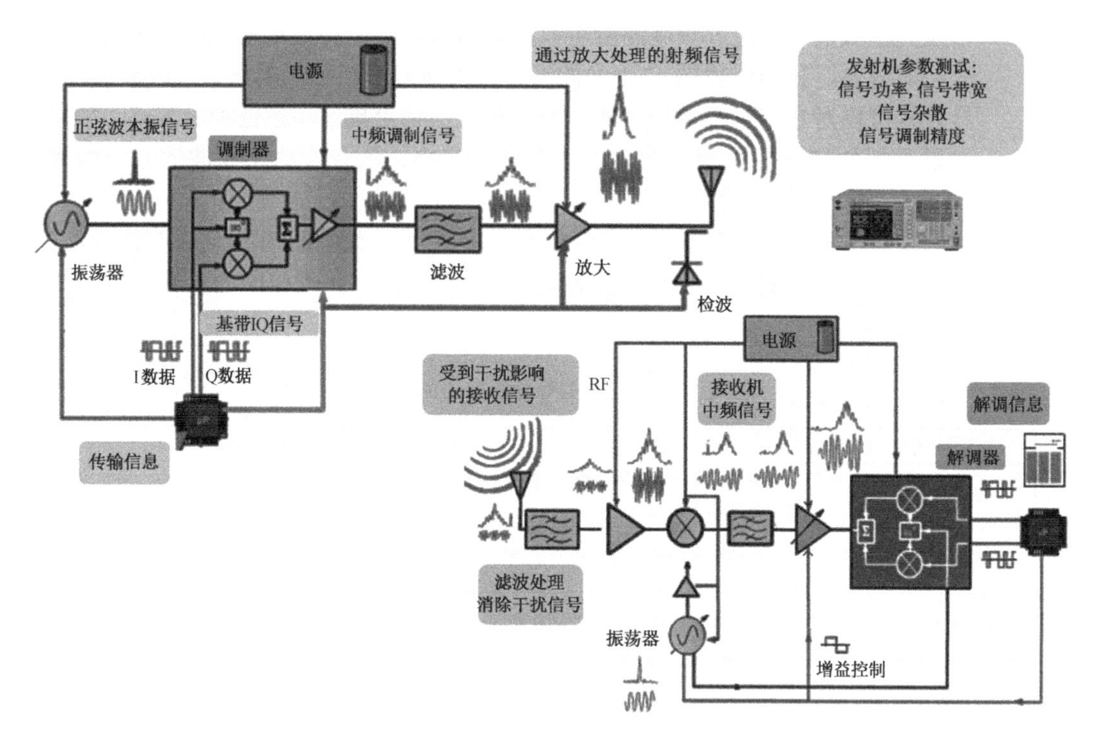

图 13.2　典型的数字通信系统中的信号处理过程

通过对信号的测试，可以反映各种产生信号和处理信号的部件或系统的性能。例如，频谱分析仪可以对发射机进行多项测量，包含信号频率、功率、失真、增益和噪声等特性。在图 13.2 所示的普通发射机中，混频器的本振输入、变频损耗、失真产物等都通过连接一台频谱分析仪就可以进行分析。在前置放大器的输入和输出端口进行测量，能测出增益、平坦度、噪声系数和失真。

13.2　频谱分析仪的分类

频谱分析仪的功能是要分辨输入信号中各个频率成分并测量各频率成分的频率和功率。按照频谱分析仪的工作原理，当前主流的频谱分析仪分为扫频超外差式和快速傅里叶变换（FFT）式两大类。虽然这两类都是显示幅度和频率的关系特性的，但它们获得数据的方式以及数据所描述的内容有很大的区别。主要区别在于：FFT 分析仪可以同时显示所有频率成分的测量结果；而扫频式分析仪只能在其滤波器或本振扫描和捕捉感兴趣的信号时，顺序显示测量结果。

扫频超外差式频谱分析仪

扫频超外差式频谱分析仪是把固定中频的窄带中频放大器作为频率选择滤波器，把本振（LO）作为扫频器件，输出本振信号频率从低到高输出连续扫过，与输入的被测信号中各频谱分量逐个混频，使之依次变为相对应的中频频谱分量，经检波和放大后显示在屏幕上，如图 13.3 所示。

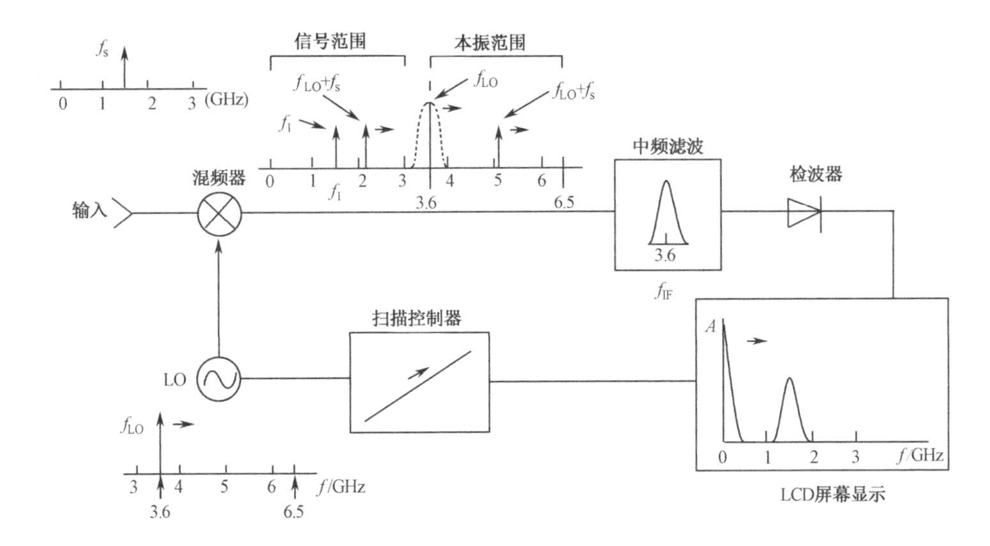

图 13.3　扫频式超外差式频谱分析仪工作原理

扫频振荡器技术的发展，尤其是频率合成器技术的发展，使扫频振荡器的扫频范围极宽，带来的好处是即使不借助于外加混频器，其频率范围也可以直接从几 Hz 调到 40 GHz 以上。

FFT 式频谱分析仪

FFT式频谱分析仪是随着现代FPGA技术而发展起来的一种新式频谱分析仪，由于采用快速傅里叶变换（FFT）来实现实时频谱测量，它经常被称为实时频谱分析仪。FFT 技术并不是实时频谱分析仪的专利，它在传统的扫频式频谱仪上也有所应用；但是实时频谱仪所采用的 FFT 技术与传统频谱仪相比有着许多不同之处，同时其测量方式和显示结果也有所不同。与传统频谱仪相比，它的最大特点在于在信号处理过程中能够完全利用所采集的时域采样点，实现无缝的频谱测量和触发。由于实时频谱仪具备无缝处理能力，使得它在频谱监测、研发诊断以及雷达系统设计中有着广泛的应用。FFT 式频谱分析仪的原理框图如图 13.4 所示。

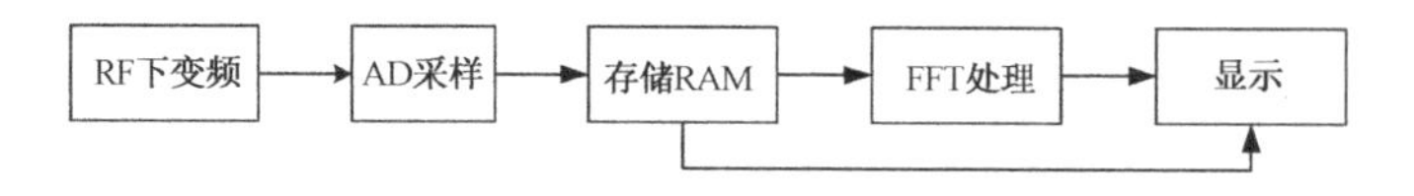

图 13.4　FFT 式频谱分析仪原理框图

两种频谱分析仪的区别

首先，频谱仪分析仪的信号处理过程主要包括两步，即数据采样和信号处理。实时频谱仪为了保证信号不丢失，其信号处理速度需要高于采样速度。

其次，为了保证信号处理的连续性和实时性，实时频谱仪的处理速度必须保持恒定。传统频谱仪的 FFT 计算在 CPU 中进行，容易受到计算机中其他程序和任务的干扰。实时频谱仪普遍采用专用 FPGA 进行 FFT 计算，这样的硬件实现既可以保证高速度，又可以保证速度稳定性。

第三，频率模板触发 FMT（Frequency Mask Trigger）是实时频谱仪的主要特性之一，它能够根据特定频谱分量大小作为触发条件，从而帮助工程师观察特定时刻的信号形态。传统的扫频式频谱仪和矢量信号分析仪一般只具备功率或者电平触发，不能根据特定频谱的出现情况触发测量，因此对转瞬即逝的偶发信号无能为力。因此，传统扫频频谱仪和实时频谱分析仪各自有着自己的应用场景。

最后，就是丰富的显示功能。传统频谱仪的显示专注于频率和幅度的二维显示，只能观察到测量时刻的频谱曲线。而实时频谱仪普遍具备时间、频率、幅度的三维显示，甚至支持数字余辉和频谱密度显示，从而帮助测试者观察到信号的前后变化及长时间统计结果。

13.3　扫频超外差式频谱分析仪的测量原理

在扫频超外差式频谱分析仪中，输入信号进入频谱仪后经过输入衰减器和预选器或低通滤波器，与本振（LO）混频，将混频产物中等于中频（IF）的信号送到检波器，检波器输出视频信号通过放大、采样、数字化后在屏幕上显示。频谱仪依靠中频滤波器分辨各频率成分，检波器测量信号功率，依靠本振和显示横坐标的对应关系得到信号频率值。典型的扫频超外差式频谱分析仪的系统框图如图 13.5 所示。

输入衰减器

输入衰减器是信号在频谱仪中的第一级处理，其内部电路如图 13.6 所示。可调衰减器前面的电容用于隔直流，以免输入直流电压损坏混频器，但是带来了仪表的低频响应（如 100 Hz）性能下降，所以又设置了一路直通通路。在一些中高端频谱仪中，为确保测量精度长久稳定，还内置了高精度参考信号作为校准信号源，以便仪表能够进行周期性的自检。

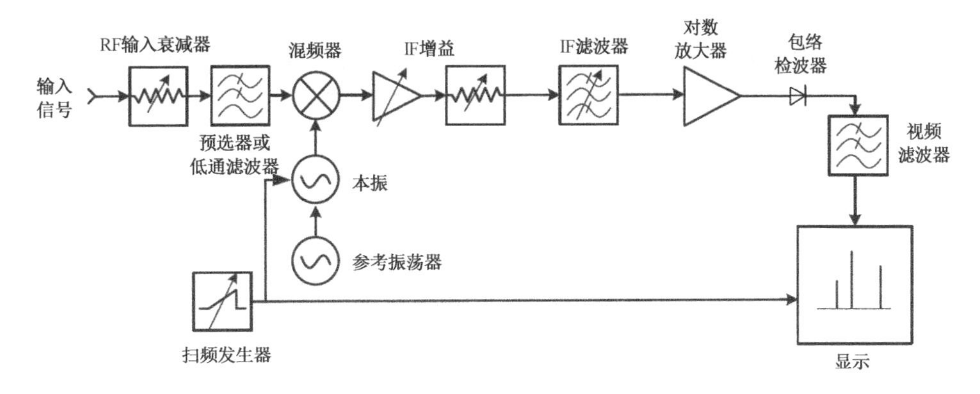

图 13.5　扫频超外差式频谱分析仪的系统框图

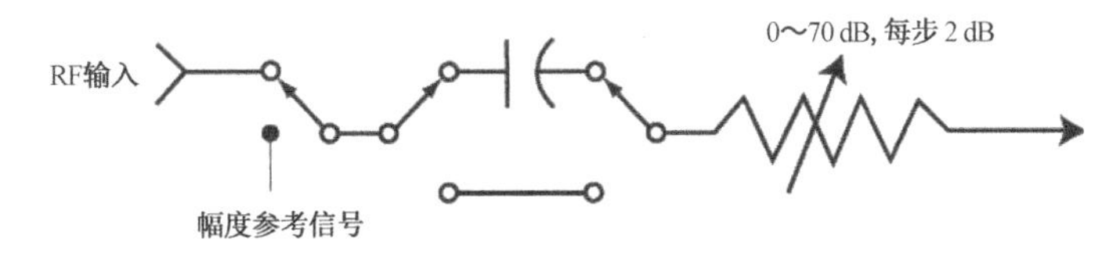

图 13.6　频谱仪输入衰减器的内部电路

频谱分析仪输入衰减器用来实现两个功能：一是保证频谱仪在宽频范围内保持良好的匹配特性；二是保护混频及其他中频处理电路，防止部件损坏和产生过大非线性失真。当改变输入衰减器设置时，信号电平会受到影响，如衰减由 10 dB 变为 20 dB 时，信号幅度被人为减小 10 dB，相应检波输出也会降低；为补偿该变化，频谱仪内部会利用放大器将信号放大，以补偿衰减影响。所以，当在改变衰减器设置时，输入信号在频谱仪上的读数显示并不发生变化，变化的是底噪和内部产生的失真信号。

频谱仪的输入衰减器设置有手动设置和自动设置两种模式。自动设置衰减器的原则，是保证：

$$\text{输入信号电平（Ref Level）} - \text{衰减器设置（Attenuation）} \leqslant \text{混频器工作电平（Mixer Level）} \tag{13.1}$$

在自动设置状态下，衰减器的设置值受参考电平的设置值影响。

低通滤波器或预选器

低通滤波器和预选器滤除带外信号进入混频器，以免产生过多落入中频带宽内的无用信号。测试频率位于低频段（< 3 GHz）的一般采用低通滤波器，微波

频段（> 3 GHz）则采用可调预选器。

混频器

混频器完成信号的频谱搬移，也就是将不同频率的输入信号变化到相应频率。在混频过程中会存在镜像干扰问题，例如：

当输入信号频率为800 MHz，本振信号频率为780 MHz时，中频信号频率为

$$800\ \text{MHz} - 780\ \text{MHz} = 20\ \text{MHz}$$

则镜像干扰信号频率

$$780\ \text{MHz} - 20\ \text{MHz} = 760\ \text{MHz}$$

760 MHz 信号是 800 MHz 信号的镜像干扰。镜像干扰所带来的测量问题，是无法判断频谱仪的中频信号是760 MHz信号的响应还是800 MHz信号的响应，需要采用相应的方法来解决这个问题，如低通滤波器和带通预选器（又称跟踪滤波器）。

中频滤波器

中频滤波器是频谱分析仪中关键部件，频谱仪主要依靠该滤波器来分辨不同频率信号，许多关键指标都和中频滤波器的带宽和形状有关。

可通过对仪器面板上 RBW 参数的设置来调节中频滤波器。RBW 可自动和手动设置；自动状态下，RBW 由扫频宽度（Span）决定。RBW 影响频谱仪的显示噪声电平、频率分辨率和测试速度。在绝大多数测试标准和规范中都规定了 RBW 的设置，该指标直接影响测试结果。

检波器

检波器将输入信号功率转换为输出视频电压，该电压值对应于输入信号功率。针对不同特性的输入信号（正弦信号、噪音信号、随机调制信号等），需采用不同的检波方式才能准确地测量该信号的功率。

视频滤波器

视频滤波器对检波器输出的视频信号进行低通滤波处理，减小视频带宽可以对频谱显示中的噪声抖动进行平滑，从而减小显示噪声的抖动方位，有利于频谱仪发现淹没在噪声中的小功率 CW 信号，从而提高测量的可重复性。

可通过对仪器面板上 VBW 参数的设置来调节视频滤波器。VBW 可自动和手动设置；自动状态下，VBW 由 RBW 决定，两者存在一定的比值关系。VBW 设置影响信号显示频谱的平滑程度和测试速度。

13.4　频谱分析仪的基本性能指标

频谱分析仪作为分析仪表，其基本性能要求包括频率和幅度两方面的指标。频率方面的指标又分为频率测量范围和频率分辨率，幅度方面的指标有灵敏度、内部失真和动态范围。此外，频谱仪的性能还包含测量精度和测量速度。

13.4.1　频率测量范围

测量谐波失真或搜索信号，要求频率范围从低于基波扩展到超过多次谐波。测量交调失真则要求较窄的扫频宽度（Span），以便观察邻近的交调失真产物。因此，足够宽的频率范围或扫描范围是选择频谱仪的最基本要求；第二个要求是频率分辨率，测量双音互调对分辨率提出了严格的要求。

频谱分析仪频率测量范围由其本振决定。通过采用本振的谐波可以扩展频谱分析仪的分析频率范围，当然，还可以采用外混频方法将其分析频率范围扩展至更高（75 GHz，110 GHz，324 GHz）。

13.4.2　频率分辨率

只有当频谱分析仪的分辨能力足够高时，才会在屏幕上正确反映信号的特性，很多信号测试应用要求频谱分析仪具有尽量高的频率分辨率。频谱分析仪的频率分辨率与其内部的中频滤波器和本振性能有关。其中，中频滤波器的影响包含滤波器类型、带宽和形状因子，本振剩余调频（Residual FM）和噪声边带也是确定有用分辨率时应考虑的因素。

中频滤波器的影响

依次分析每一项影响因素，首先要注意的事情是在频谱仪上理想的 CW 信号不可能显示为无限细的线，而是有一定宽度。当调谐通过信号时，其形状是频谱分析仪自身分辨带宽（IF 滤波器）形状的显示，即单点频率信号在频谱上测试显示结果为中频滤波器的频响形状。

中频滤波器的形状由其带宽和矩形系数定义。将中频滤波器的 3 dB 带宽定义为RBW，在频谱仪技术指标中给出的一般都是指3 dB带宽，其他应用（如EMC）定义滤波器带宽为 6 dB 带宽。RBW 越小，其频率分辨率越高，频谱分析仪的 RBW 即为其分辨等幅信号的能力。一般来说，两个等幅信号如果其间隔大于或等于所选用分辨率带宽的 3 dB 带宽，就可以将它们分辨出来，如图 13.7 所示。

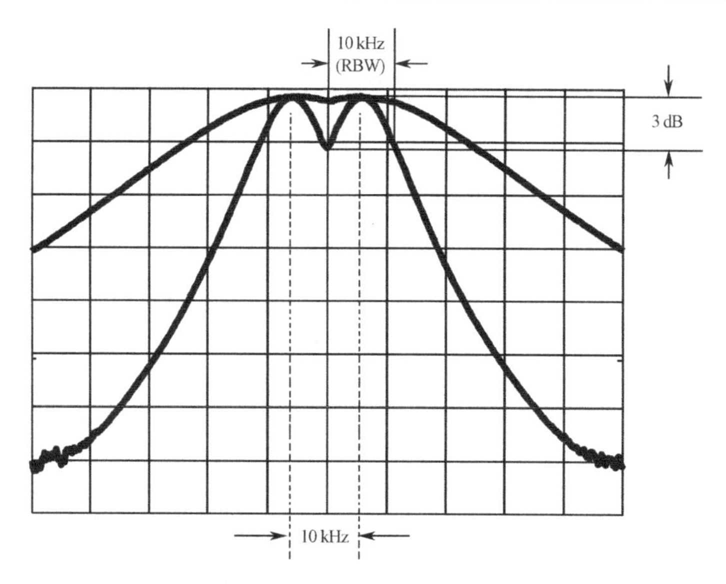

图 13.7　对等幅信号的测试

矩形系数被定义为（60dB BW）/（3dB BW）。如果频谱仪采用模拟滤波器，则其矩形系数通常为 15∶1 或 11∶1；若采用数字滤波器，则为 5∶1。通常我们需测量不等幅信号，小信号有可能被掩埋在大信号的边带内，如图 13.8 所示。对于幅度相差 60 dB 的两个信号，其间隔至少是 60 dB 带宽的一半(用近似 3 dB 下降)。因此，滤波器的矩形系数是决定不等幅信号分辨率的关键。

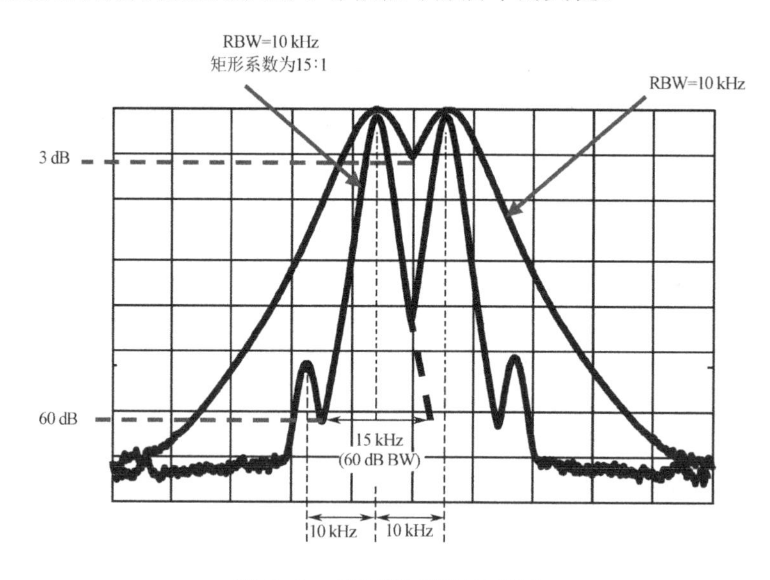

图 13.8　对不等幅信号的测试

图 13.8 所示是对相隔 10 kHz 而幅度下降 50 dB 的失真产物的测试。如果 RBW 设为 3 kHz，滤波器矩形系数为 15:1，于是滤波器下降 60 dB 的带宽是 45 kHz，失真产物便隐藏在测试信号的响应边带下。如果采用较窄的滤波器（如 1 kHz）的 RBW，则 60 dB 带宽为 15 kHz，失真产物距离是容易被观察到的（因为 60 dB 带宽的一半是 7.5 kHz，小于边带的间隔）。因此，对于该测量，分辨率带宽 RBW 应设置为不大于 1 kHz。

本振寄生调频的影响

影响分辨率的另一个因素是频谱分析仪本地振荡器的频率稳定度，尤其是第一级本振的稳定度。剩余调频使显示的信号模糊不清，以至在规定的剩余调频之内无法分辨两个信号；而频谱仪的分辨率带宽不可能窄到能够观察到它自身的不稳定度。频谱分析仪的剩余调频决定了可允许的最小分辨率带宽，也决定了等幅信号的最小间隔。

采用锁相环本振可以提高剩余调频指标，从而降低最小可分辨带宽。频率本振性能对分辨率有影响，是因为中频信号来源于输入信号与本振信号的混频，两个信号中的噪声是功率相加的关系。例如：输入信号相位噪声性能为–110 dBc/Hz（10 kHz 频偏），混频本振相位噪声性能为–110 dBc/Hz（10 kHz 频偏），则混频输出中频信号相位噪声性能为–107 dBc/Hz（10 kHz 频偏）。

13.4.3　灵敏度

频谱分析仪在不加任何信号时会显示噪声电平，它自身产生的噪声大部分来自中频放大器的第一级。频谱分析仪的灵敏度指标关系到仪表对弱信号的检测能力。若一个信号的电平等于显示的平均噪声电平，则它将以近似 3 dB 突起显示在平均噪声电平之上，这一信号被认为是最小的可测量信号电平；但是若不用视频滤波器平均噪声，则并不总能看到这一现象。

频谱分析仪的灵敏度定义为在一定的分辨带宽下显示的平均噪声电平（DANL）。“平均”意味着噪声信号的幅度随时间和频率都是随机变化的，要对噪声功率进行定量测试，只能得到其平均值。频谱分析仪的灵敏度是其重要指标，与 RBW、VBW 和衰减器设值有关，它从不同方面可以反映频谱分析仪内部噪声对测试的影响：

- 当输入信号功率电平小于频谱仪噪声电平时，该信号不会被显示，频谱分析仪对该小信号没有测试能力；
- 当输入信号幅度大于频谱仪噪声时，其噪声会叠加在输入信号上，即最终显示信号电平为输入信号电平和频谱仪噪声的功率和；

➢ 若被测试信号功率比频谱仪内部噪声功率大 10~20 dB 以上，频谱分析仪内部噪声的影响可忽略不计。

明确了频谱分析仪产生噪声的原因和噪声对测试的影响，下面分析仪表设置将影响的噪声电平的因素。

输入衰减（ATTEN）设置

频谱分析仪输入衰减器衰减量每增加 10 dB，频谱仪显示噪声电平就提高 10 dB。输入信号的电平不随衰减增加而下降，这是因为当衰减器降低加到检波器的信号电平时，中放（IF）增益同时增加 10 dB 来补偿这个损失，从而使仪表显示的信号幅度保持不变。但是，噪声信号也会受到放大器的影响，其电平被放大 10 dB。所以，虽然输入衰减器不影响内部噪声电平，但是由于第一级中放放大了噪声而影响加到混频器的信号电平，并降低了信噪比。

提高频谱仪灵敏度的方法之一，就是用尽可能小的输入衰减以得到最好的灵敏度。

分辨带宽（RBW）设置

仪表内部产生的噪声是宽带白噪声，即它在整个频率范围内的电平是平坦的随机噪声，与分辨带宽滤波器相比它的频带是宽的。因此，分辨带宽滤波器只通过一小部分噪声能量到包络检波器。如果分辨带宽增加（或减小）10 倍，则增加（或减小）10 倍的噪声能量到达检波器，并且显示的平均噪声电平将增加（或减小）10 dB。

显示的噪声电平和分辨带宽（RBW）之间的关系是：

$$\Delta L_{\text{Noise}}(\text{dB}) = 10\lg(\text{RBW2}/\text{RBW1}) \tag{13.2}$$

RBW 从 100 kHz 变到 10 kHz，则有：

$$\Delta L_{\text{Noise}}(\text{dB}) = 10\lg(10\ \text{kHz}/100\ \text{kHz}) = -10\ \text{dB}$$

结果噪声电平的变化为减小了 10 dB。

频谱分析仪中频滤波器会对中放产生的宽带白噪声有频带抑制功能，所以 RBW 越小，通过中频滤波器的噪声能量越小，则通过检波后显示噪声的电平就越低。频谱分析仪的噪声是在一定的分辨带宽下定义的，其最低噪声电平（和最慢扫描时间）是在最小分辨带宽下得到的。

目前市场上有些频谱仪采用全数字化技术的中频电路，其中频滤波器完全采用数字滤波器，相应带来了指标的改善，包括较小的 RBW 变化步进（1 Hz～3 MHz）、优良的中频滤波器矩形系数（4.1∶1）、良好的电路一致性、高精度、测量速度快、可扩展性好（可增加处理软件完成信号解调）。

视频带宽（VBW）设置

频谱分析仪显示出信号加噪声，因此当信号接近噪声电平时，附加的噪声叠加在扫描线上，致使更难稳定地读取信号值。视频滤波器是在检波之后的低通滤波器，其信号幅度由于随时间和频率都是随机波动的，通过检波处理输出为交流（AC）信号，这些 AC 信号反映到显示上就是轨迹线的抖动。通过视频滤波器的低通处理，用以平滑（Smoothing）噪声起伏。虽然它不能改善灵敏度，但能改善鉴别力和在低信噪比情况下测量的可重复性。减小 VBW 不会对显示的 CW 信号频谱造成影响，因为 CW 信号检波输出为 DC 信号，DC 信号通过低通滤波处理时，不会被滤波器带宽所影响。需要注意的是：减小 VBW 可以对噪声信号进行平滑，但并不是得到该噪声信号的功率平均值。一般设置视频带宽小于 0.1～0.01 倍分辨带宽。

前置放大器（PreAmp）设置

内部前置放大器一般作为仪器的选件供用户选配，其工作频率一般低于 3 GHz，由仪器面板按钮设置打开或关闭。对于更高频段，需要外接外置放大器来提高频谱分析仪的灵敏度：

$$\text{灵敏度的改善} = \text{放大器件增益} - \text{放大器噪声系数} \tag{13.3}$$

总结一下提高频谱仪测试灵敏度的技术方法：

- 最小的分辨带宽；
- 最小的输入衰减；
- 充分利用视频滤波器；
- 打开前置放大器。

以上这些提高灵敏度的设置可能与其他测量要求存在矛盾：

- 较小的分辨带宽会大大增加测量的时间；
- 0 dB 输入衰减会增加输入驻波比，降低测量精度；
- 增加前置放大器会影响频谱分析仪的动态范围指标。

检波方式

频谱分析仪准确测量出一个信号功率的过程和正确测试方法如下：

（1）信号通过变频处理；

（2）通过中频带通滤波处理，设置 RBW；

（3）通过检波处理，得到信号的包络信息，包络电压大小反映信号幅度的高低；

（4）通过对数放大器，将信号的幅度参数转换为对数单位；

（5）视频滤波处理，对包络电压信号进行低通平滑处理，减小包络电压信号的抖动范围，设置 VBW；

（6）检波方式处理，根据不同检波方式设置（即设置 Detector），对包络电压信号进行参数提取，提取参数的结果对应仪表显示信号的幅度。

信号功率的测试过程如图 13.9 所示。

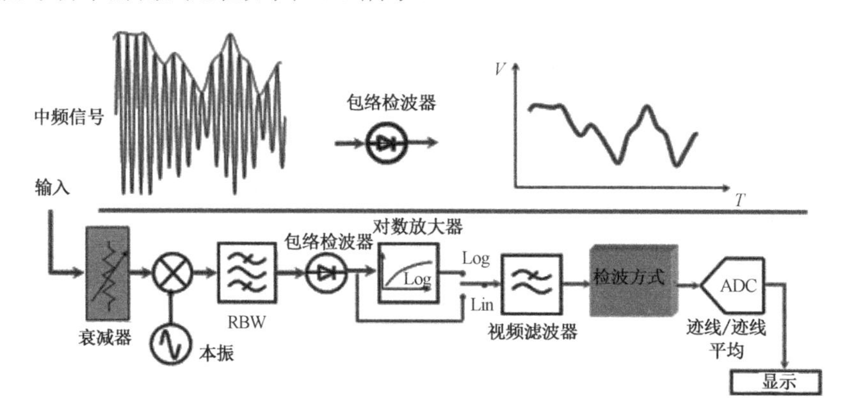

图 13.9　信号功率的测量过程

基于以上信号测试过程，最终信号幅度的测试结果会与相关参数的设置有关，不同性质信号功率的测试结果与检波方式、平均方式有关。

频谱分析仪测试的信号在时间上存在的方式是连续变化的，这样的信号通过检波器输出的结果也应为时间上连续的信号。频谱分析仪测量轨迹线是由离散点内插连接的曲线，这些离散点的频率位置由频率扫宽和扫描点数确定，而其幅度值与检波方式（Detector Type）有关。采用不同检波的抽取方式，得到信号的幅度读值是不同的，如图 13.10 所示。根据不同的测试对象，需要选择不同的检波方式。

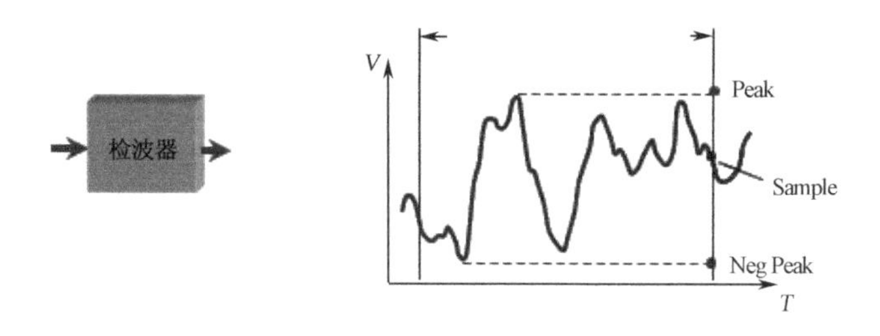

图 13.10　信号功率测量中的检波方式

频谱分析仪最终显示的信号功率，实际上是包络检波器输出连续电压通过量化抽取后得到的数值，这种抽取的方式称为检波方式。对不同性质的信号需采用不同检波方式：

- Peak（最大值检波）：抽取每段包络电压的最大值，该方式适合点频信号测试和信号搜索测试；
- Sample（抽样检波）：等间隔抽取每段包络的电压数值，如果频谱仪没有平均值检波方式，则该方式适合随机变化信号的频谱测试应用；
- Neg Peak（负峰值检波）：抽取每段包络电压的最小值，该方式适合小功率信号测试；
- Avg（平均值检波）：将每个频率时间段中所有采样点数值进行平均处理后作为显示结果，该方式最适合随机变化信号的频谱测试，其中存在不同的平均处理方式；
- RMS（均方根检波）：采用平均值检波方式，对信号线性功率进行平均处理，该方式适合于类似噪声的调制信号的平均功率和 ACPR（邻道功率比）等指标的测试。

平均方式

为减小测量过程中的噪声和类似噪声信号的显示方差，频谱分析仪要对测量信号做平均处理。在频谱分析仪的平均处理过程中，有三种不同的平均处理方法，即对数平均、电压平均和功率平均。

对数平均（Log）又称视频平均，是对对数值的平均处理，适合于噪声环境下弱 CW 信号的测试。对数平均对 CW 信号功率不会有影响，而会对噪声信号进行平滑处理，窄 VBW 和 Trace 平均就是对数平均。

电压平均（Lin）适合于对猝发（Burst）信号的上升/下降速度进行测量，如 EMI 测试应用中宽带干扰背景下窄带信号的测试。

功率平均（Pwr）是对信号功率做线性平均处理后再转化为对数，是对平均结果的对数处理，只有采用功率平均法才能得到被测噪声信号的平均功率值。

采用不同的平均方法会对测量结果产生直接影响，对于图 13.11 所示的被测信号：

- 对数平均结果 = （0 dBm + 6 dBm)/2 = 3 dBm;
- 功率平均结果 $= 10\lg\left[\dfrac{(1\,\text{mW}+4\,\text{mW})/2}{1\,\text{mW}}\right] = 10\lg\dfrac{2.5\,\text{mW}}{1\,\text{mW}} = 3.98\,\text{dBm}$。

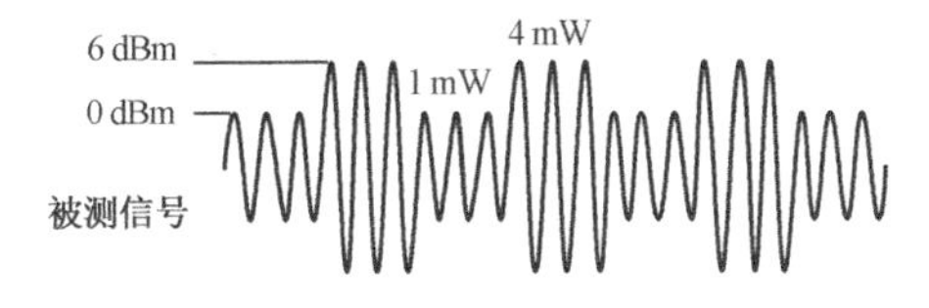

图 13.11　被测信号示例

对许多信号进行检测时，例如 CDMA、WCDMA 信号等，需要采用均方根（RMS）检波方式，RMS 检波的具体含义为：（1）测量为平均值检波方式；（2）平均的方法为功率平均。这种检波方式适合于类似于噪声的调制信号的平均功率和 ACPR 等指标的测试。频谱仪要对类似噪声的调制信号进行平均功率测试时，需将其 VBW 值设为 RBW 值的 3 倍以上，以消除 Log 平均的影响。频谱仪的 Channel power 测试功能会自动完成以上设置。

前面明确了频谱分析仪测量中各个设置参数的具体含义。下面总结一下针对不同信号的测试，如何正确选择不同的检波方式、平均方式、RBW 及 VBW 设置，如表 13.2 所示。

表 13.2　不同被测信号时被测量的选择和设置

被测信号	检波方式	平均方式	VBW 处理	Trace Avg
连续谱调制信号	RMS	Pwr	VBW≥3RBW	Pwr(RMS)
CW 信号，离散信号	Peak	Log	尽量小	Log-pwr(video)
GSM 信号的输出射频频谱（ORFS）	Average	Log	VBW≥3RBW	Log-pwr(video)
ACPR	Average	Pwr	VBW≥3RBW	Pwr(RMS)
信号包络、上升/下降时间	Sample	Lin	VBW≥3RBW	电压
噪声测试	Sample	Pwr	VBW≥3RBW	Pwr(RMS)

13.4.4　内部失真

频谱分析仪通常应用于测试信号的各阶失真，如信号的谐波抑制、交调测试、调制信号的 ACPR 指标等。在对信号进行读值之前，需要先考察一下频谱分析仪显示结果的真实性，即显示结果是来源于被测信号还是来源于仪器内部产生的失真。任何非线性器件都会产生非线性失真（如图 13.12 所示），不管它是由频谱分析仪内部（第一混频器、前置放大器）产生的失真，还是由被测器件产生的失真，都会反映在频谱分析仪测试结果中。在频谱分析仪的测试处理过程中，其变频处理、放大处理、ADC 处理等环节都会存在非线性，造成仪表寄生的失真成分，引起测试误差。对于利用频谱分析仪来测试各种信号，希望仪表内部产生的各种失真越小越好。

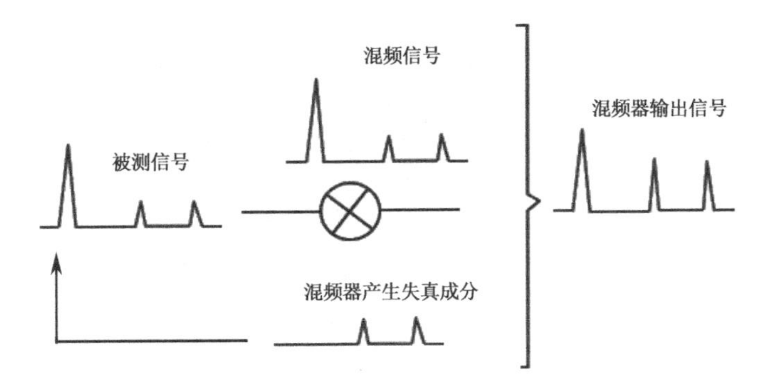

图 13.12　混频器及其他处理过程的非线性作用

要减小频谱分析仪测试所产生的失真，首先要研究失真信号变化的规律。失真测量大多是相对于基波信号（载波或双音信号）进行的。当基波功率降低 1 dB 时，二阶失真降低 2 dB，三阶失真降低 3 dB。但是，相对于基波，二阶失真降低了 1 dB，三阶失真降低了 2 dB，基波和二阶失真比之间对应关系为 1∶1，基波和三阶失真比之间存在 2∶1 的对应关系。二阶失真随基波上升呈平方关系增加，而三阶失真随基波呈三次方增加。这就意味着在频谱分析仪的对数标度上，二阶失真电平变化的速度是基波变化速度的 2 倍，三阶失真电平变化的速度是基波变化速度的 3 倍，如图 13.13 所示。

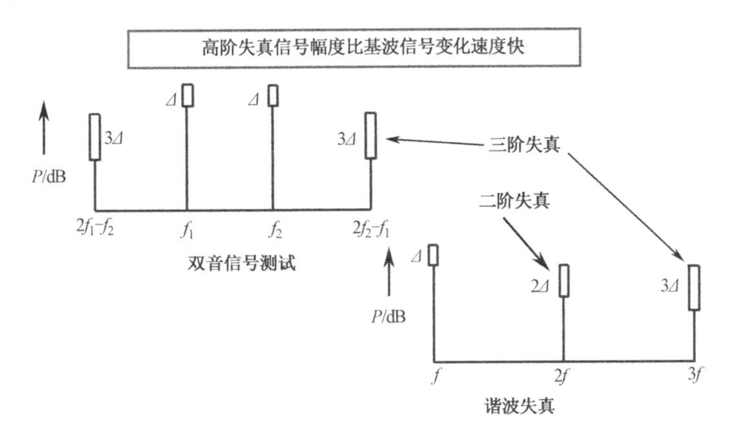

图 13.13　高阶失真信号与基波信号变化关系

知道了失真的特性，就可以在动态范围上画出由基波产生的二阶和三阶失真产物与基波信号的相对关系，如图 13.14 所示，这些对应关系适合所有非线性器件。失真信号变化关系图是对这种关系的具体说明。X 轴表示第一混频器的信号功率（在这种情况下为单音或双音信号）；Y 轴为频谱分析仪内部产生的失真电平和基波信号的功率比值，以 dBc 表示。这些曲线是信号与失真的对比曲线。

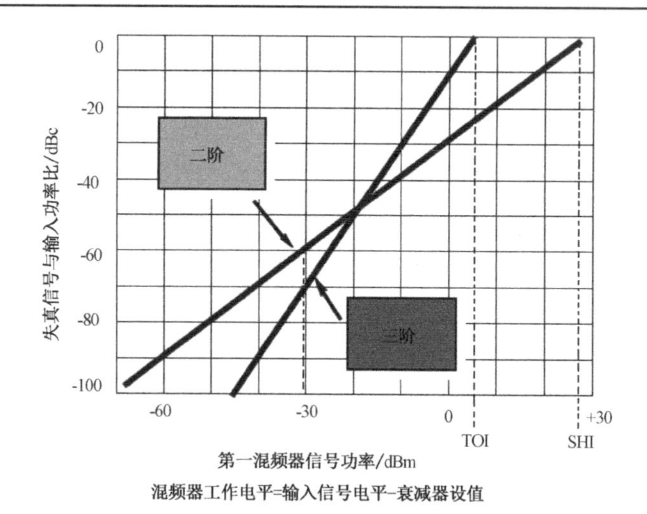

图 13.14　非线性引起失真信号变化规律

假设混频器的输入基波信号幅度为–30 dBm，则由于混频器的非线性作用，会使输出中出现新的频率成分：二阶非线性带来二次谐波，谐波幅度为–90 dBm，二阶失真与基波信号的幅度比为–60 dBc；三阶非线性带来三次谐波，谐波幅度为–100 dBm，三阶失真与基波信号的幅度比为–70 dBc。

当输入信号幅度增加 10 dB 而变为–20 dBm 时，各阶失真产物的变化为：二次谐波增加 20 dB，为–70 dBm，二阶失真与基波信号的幅度比为–50 dBc；三次谐波增加 30 dB，为–70 dBm，三阶失真与基波信号的幅度比为–50 dBc。所以，二阶失真变化线斜率为 1，三阶失真变化线斜率为 2。

通过推算，可得到非线性器件的 TOI（三阶截获点）和 SHI（二阶截获点），这些指标反映当器件输入信号幅度持续增加，直到所产生的失真和基波信号幅度相同时输入信号的幅度。当然这只是推导的结果，实际器件的工作电平不会达到该电平。对于不同的频谱分析仪，在确定的输入信号电平下，若仪表所产生的失真小，对应的 TOI 和 SHI 也相应会提高。

图 13.14 告诉我们：

➢　频谱分析仪混频器工作电平越低，其产生的非线性产物越小；
➢　对于失真测试，其最大的动态范围对应于混频器最小的工作功率电平；
➢　要减小混频工作电平，需要增加衰减器设值。

13.4.5　动态范围

频谱分析仪动态范围是一个包含面很宽的概念。简单地说，动态范围就是频谱仪同时测量大信号和小信号的能力。例如，当频谱仪在测量一个 10 dBm 的大信号时，其灵敏度和失真指标能否保证其准确测量邻近的一个–100 dBm 杂散信号。

关于动态范围更多具体的定义，如 13.15 所示。

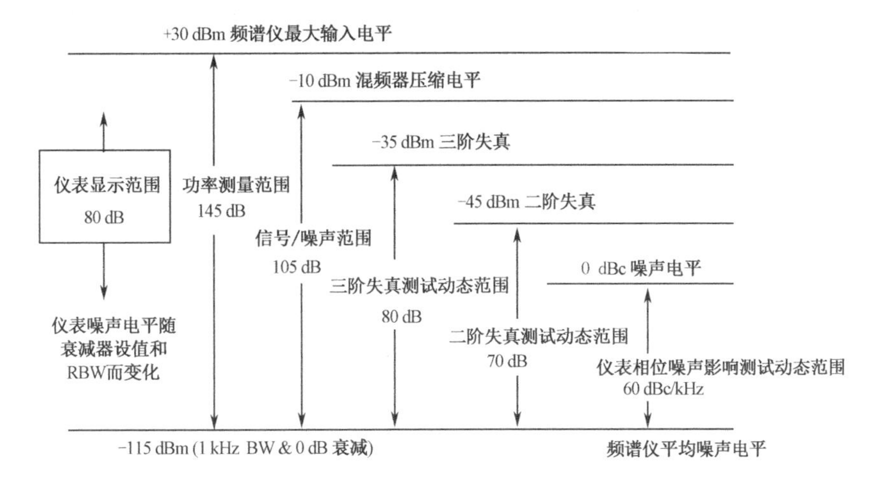

图 13.15　频谱分析仪动态范围指标定义

显示动态范围

频谱仪可正确表示信号电平的范围，它有 10 个显示格，每格代表 10 dB，如：参考电平为 0 dBm，0～9 格表示 0～–90 dBm；而最下一格需表示–90～–130 dBm，所以是不准确的显示范围。

无失真测试动态范围（二阶、三阶）

此动态范围指在保证仪表可以正确测量基波信号的情况下，频谱仪可测量的二次谐波或三次谐波的能力。例如，当输入信号为 0 dBm 基波时，频谱仪内部产生的二阶非线性失真为–110 dBm，则其二阶无失真动态范围为 100 dB。

测试动态范围

测试动态范围即频谱仪可以分开测试信号的能力：当测量大信号时，可将衰减器设为高值；当要对小信号进行测试时，可通过滤波器对大信号进行抑制，同时将衰减器设为尽量低的值，提高测试精度。

回顾一下，衰减器设值会影响频谱分析仪的灵敏度指标。正如图 13.14 中的失真产物随混频器功率而变化一样，也能画出信噪比（*S*/*N*）随混频器功率的变化曲线，这就是噪声或灵敏度的动态范围图。

噪声动态范围图告诉我们：在一个动态范围图上同时画出信号对噪声和信号对失真的曲线，如图 13.16 所示，最大的动态范围处于曲线的交点处，这时内部产生的失真电平位于仪表平均噪声电平的位置，频谱分析仪的测试动态范围最大，最佳的混频器电平使仪表具有最大的测试动态范围。对于确定的三阶失真和二阶失真测试，就是频谱仪的三阶失真测试动态范围和二阶测试动态范围。

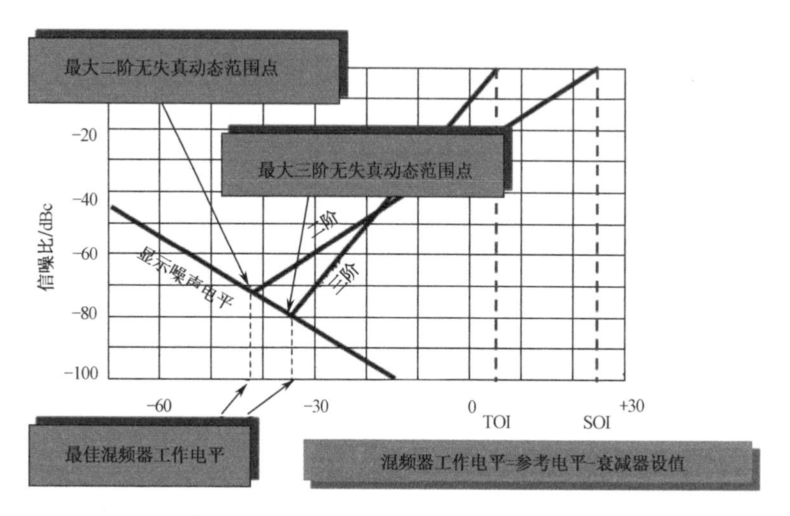

图 13.16　动态范围与失真和噪声的关系

例如，频谱仪表输入的双音信号（Tones）幅度为 0 dBm，仪表衰减器有 10 dB 步进和变化范围，这样可选取设置仪表的混频电平为 0、−10、−20 和−30 dBm 等。那需要多大的混频器电平保证仪表具有足够的动态范围，从而观测到−50 dBc 失真产物呢？无论如何，保持尽可能低的内部噪声和失真产物可使测量误差减至最小。这样，根据图 13.16，加到混频器的驱动电平取−30～−40 dBm 之间将使测量误差最小（由于有最高的信噪比和最高的信号失真比）。假如可选取−30 dBm 或−40 dBm 的混频器电平，选取−40 dBm（混频器电平处在交点左边）为好，因为内部产生的任何失真产物低于噪声电平，观察不到，得到的是“无寄生显示”。

总结前面的分析，在利用频谱仪测试信号失真（二次谐波、三次谐波等）的过程中，频谱仪显示的失真产物实际上包含三个成分：被测失真（真实测试对象）、仪表产生的失真和仪表噪声。所有这三个信号都是客观存在的，为得到正确的测试结果，希望仪表内部失真和噪声都尽量小，而这两个信号的幅度都和仪表的衰减器设置有关。

通过图 13.16 的分析，可得到以下结论：一方面，为了最好的信噪比，希望混频器的驱动电平尽可能大；但另一方面，希望产生的内部失真最小，这就要求混频器有尽可能低的驱动电平。因此，最大的动态范围使噪声和产生的内部失真相同，频谱仪的衰减器设值要在这两点间折中。具体测试中，到底对频谱仪内部失真的要求为多少？作为一种近似，通过被测指标的分析来确定仪表的要求。例如：被测二次谐波的最小要求电平为–40 dBc，而对于三次谐波和交调失真为–50 dBc。希望仪表产生的附加成分（包含谐波失真和噪声）比真实输入信号低 20 dB，这时仪表给测试结果带来的误差为 0.04 dB。（无论如何，为了减小仪表内部存在的附加成分所引起的测量误差，内部失真必须远低于测试技术指标。）

在实际测试中，可以通过改变输入衰减器测试来确定频谱仪的最佳混频器电平，而不需进行计算。改变衰减器确定最佳混频电平的具体过程是持续增加衰减，直到信号或失真电平与以前的值相比不变化。此时再稍增加衰减器使混频器电平稍低于最佳混频器电平，这是利用输入衰减器得到的最好混频电平。有的频谱仪可以通过噪声抵消技术来减低仪表内部噪声对测试的影响，扩展测量动态范围。噪声抵消的具体过程是仪表首先对内部噪声进行测试，在实际测试被测量信号时，将信号中内部噪声部分消除。

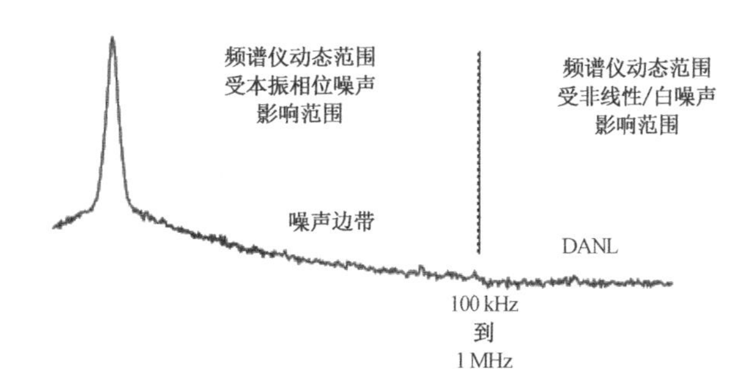

图 13.17　近端测试动态范围受本振相位噪声影响

通过对图 13.17 频谱图的观察，可以看到：在偏离载波 0.1～10 MHz 范围内测试的动态范围是不同的。在偏移载波信号近端，测试动态范围会受到本振相位噪声的影响而变差。

在偏移载波大于 1 MHz 频率范围内，仪表测试动态范围：

仪表压缩电平–仪表噪声=（–3 dBm）–（–120 dBm）

= 117 dB（10Hz RBW）

在这个区域内，容易测量–60 dBc 的杂波。离开载波 1 MHz 之外，灵敏度不受噪声边带的影响，因此可用较宽的分辨带宽和较快的扫描时间进行测量。

在离开载波 100 kHz 之内，由于存在噪声边带使灵敏度降低。因此，测量需要较窄的分辨带宽和较慢的扫描时间。有时候因为噪声边带太高而不能进行测量。

分析一个频谱分析仪测试动态范围的具体例子如图 13.18 所示。

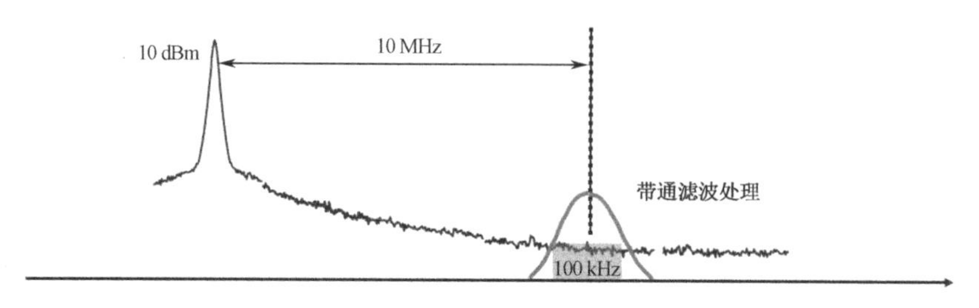

图 13.18 一个频谱分析仪测试动态范围的具体例子

仪表在被测频段的灵敏度为–155 dBm，测试对象是一个 100 kHz 频率带宽内的杂散信号，要求其幅度小于–95 dBm，该信号偏移 10 MHz 处存在一个 10 dBm 的大信号，所以这是个大信号背景下一个弱信号的测试问题。因为输入信号中包含大信号，该信号也会进入仪表的处理通道，不管当前频率扫宽的设置是否可以观察到该信号，仪表的输入衰减器设置必须考虑该大功率信号的存在。所以仪表输入衰减器设置为 20 dB，这样保证混频器工作电平在规定范围内。

频谱仪的测试灵敏度是在 0 dB 衰减下得到的定义，在输入衰减为 20 dB 的条件下，噪声电平会恶化 20 dB，变为：

$$-155\ \text{dBm/Hz}+20\ \text{dB}=-135\ \text{dBm/Hz}$$

相应 100 kHz 带宽内，噪声电平为：

$$-135\ \text{dBm/Hz}+10\lg(100\times10^3)=-135+50=-85\ \text{dBm/100 kHz}$$

被测信号要求为–95 dBm，所以此时仪表的灵敏度不能保证对该信号的测试。

回忆一下提高频谱分析仪灵敏度的技术方法：减小 RBW；减小衰减器；减小 VBW。因为测试对象是噪声，其功率与测量带宽有关，所以仪表的 RBW 不能更改。因此，现在只能通过减小衰减器设值来提高测试动态范围，在小衰减状态下，输入信号中的大功率成分会使仪表过载而造成失真，为消除其影响，只能通过带通或陷波处理来抑制大信号。实际上，这是频谱仪的分时测量动态范围，可以和仪表的功率测试范围（最大输入电平–灵敏度）相同。

13.4.6 测量精度

频谱仪测量信号的基本参数为信号幅度和频率，所以频谱仪的测量精度包含频率测量精度和幅度测量精度。根据是针对一个信号还是两个信号进行测量，又分为绝对测量指标和相对测量指标。得益于许多先进技术的采用，特别是中频信号数字处理技术，使得现代频谱分析仪测试精度和传统频谱仪相比有很大提高。

频率测量误差

频谱仪频率精度指标的具体计算过程是对起频率测量过程的直接反映，频率测量精度指标中包含本振频率和中频频率的贡献。频谱仪内部本振需要具备频率扫描功能，实际扫描过程中本振频率会与参考源及扫描特性线性有关。基于各种频率测量方式，在频谱仪扫描过程中，本振信号实际频率精度和扫宽直接相关，从而造成频率读值精度较差。有的频谱分析仪利用计数器功能，在实际测量过程中，当需要得到某个被测信号频率时，会采用计数器测量本振信号和中频信号实际频率，这样可大大提高频谱分析仪测量信号频率的精度，但测量速度会受到一定影响。

关于频率测量的问题，频谱分析仪可准确测量点频 CW 信号的频率。对于各种常见数字调制信号，当调制数据为随机码时，这种信号的频谱呈连续分布，所以需要通过解调来确定其载波的准确频率。

幅度测量误差

影响频谱仪幅度测试精度的因素有许多，包括输入端口驻波比、射频和中频电路频响误差、参考电平误差、显示刻度保真度误差、RBW 切换误差和校准参考源误差。

根据测试信号分布的范围，频响误差分为段内频响误差和频段切换误差，频率段大划分在仪表技术数据中会得到明确。被测输入信号中包含幅度不同的各频率成分，这些信号大小不同，理想的频谱仪在处理这些信号时应该保证相同的增益，而实际上，信号在处理过程中，电路对大小不同的输入信号处理的增益不同，造成仪表刻度保真度误差，带来误差的主要电路有对数放大器、ADC 电路、检波器等。

当信号处于频谱仪屏幕不同的显示位置时存在刻度保真度误差。

中频放大器增益不同会影响信号在频谱仪上显示的位置，参考电平处，频谱仪经过校准，当信号显示位置不在参考点平处时，频谱分析仪存在中频增益误差。

频谱仪是宽带测量仪表，测试频率范围会覆盖很宽，这会导致仪表测试频率响应误差，在诸多影响频谱仪幅度测量精度的因素中，频响误差的影响较大。为提高幅度测量精度，常采用以下技术手段：

- 调整频谱仪的 Ref level（参考电平），使被测信号处在尽量接近于 Ref level 的位置；
- 定期利用内部参考信号进行自校（Alignment）处理。

频谱分析仪的幅度补偿功能可以对被测信号与仪表间各种连接的影响进行补偿，最终保证被测信号幅度测量精度。对各种外连接的补偿可以减小频响的影响。

13.4.7 测试速度

当需要得到频域的高分辨率时，需要减小 RBW 设值，但减小 RBW 会对仪表的测试带来其他影响。较窄的滤波器所需的响应时间较长。当扫描时间太快时，频谱仪的分辨带宽滤波器不能够充分响应，并且幅度和频率的显示值变为不正确，即幅度下降，频率向上移。为了保持正确的读数状态，应该遵循以下的扫描时间设置：

- 扫描时间≥*k* • (Span/ ResBW 2)　　　　（VBW>ResBW）
- 扫描时间≥*k* • (Span/(ResBW) • (VBW))　　　　（VBW<ResBW）

这里，对于同步调谐模拟滤波器，$k \geq 2.5$；对于利用数字信号处理技术的频谱分析仪，$k<1$；对于平顶滤波器，$10 \leq k \leq 20$。同步调谐模拟滤波器的扫描时间比平顶滤波器快 3.33～6.67 倍，而“数字”分辨带宽滤波器的扫描时间快 4～100 倍。频谱分析仪能自动联锁（Auto Coupled）扫描时间，根据选取的频率间隔和分辨带宽自动地选择最快可允许的扫描时间。如果手动选取的扫描时间太快，仪表会显示出错信息。

结论：RBW 减小，频谱分析仪测试分辨率将提高，但测试速度下降。任何测试的设置都是在这两者间折中。

参考文献

[1] [美]库姆斯，主编. 电子仪器手册[M]. 张伦，等，译. 北京：科学出版社，2006.

[2] [美] 罗伯特.A.威特，著. 频谱和网络测量[M]. 李景威，张伦，译. 北京：科学技术文献出版社，1997.

[3] Agilent Technologies, Inc. Agilent Spectrum Analyzer Basics[R/DK]. Santa clara: Agilent Technologeis, Inc.[2005-01-04].

[4] 安捷伦科技（中国）有限公司. ESA 系列通用频谱分析仪培训教材[R/DK]. 北京：安捷伦科技（中国）有限公司.[2004-05]

第14章 电磁环境测试

本章主要讨论电磁环境测试的基本原理、电磁环境测试系统的组成，以及各部件的作用和测试方法。

14.1　电磁环境及其测试目的

14.1.1　电磁环境概述

我们生活在自然环境中，比较关注可感知的环境条件，如气象环境、噪声环境等。在我们的周围还有一个看不见、摸不着的环境，这就是本章将要讨论的电磁环境。

电磁环境（Electromagnetic Environment）是指存在于给定场所的所有电磁现象的总和[1]。其中包含了两层含义，即指定的区域和该区域电磁现象的总和。这里所说的电磁现象，包括自然界的电磁现象和人为电磁现象。电磁现象与时间有关，对它的描述可能需要用统计的方法。百度对此的进一步解释是："电磁环境由空间、时间和频谱三个要素组成，可以简单地理解成电磁场现象，即环境中普遍存在的电磁感应、干扰现象。"

随着社会的进步和无线电通信事业的飞速发展，各种无线电业务层出不穷，无线电台站数量急剧增加，无线电频谱资源日趋紧张，人们所处的环境以及无线电设备周围的电磁环境变得越来越复杂。一方面，针对无线电设备，为避免电磁信号之间的相互干扰，人们必须掌握和了解现有频谱资源的使用情况，规范无线电台（站）的设置、使用和管理；在各类无线电设备的设计研制、组网、频率分配、台站设置审批等过程中，只有合理地规划和布局，努力做到电磁兼容，才能保证正常通信秩序，了解和保护电磁环境是保证无线电设备正常工作的前提。另一方面，为了减少电磁辐射对人体和其他生物的潜在危害，研究和评价电磁环境及其变化趋势也日益重要。本章所讨论的电磁环境及其测试，均针对指定区域的无线电设备而言。

14.1.2　电磁环境测试的目的和内容

无线电设备的增加，以及非法无线电台站的存在，导致电磁环境日趋复杂，无线电干扰时有发生。这里所说的干扰，在 GB 13622—2012《无线电管理术语》中定义为："由于一种或多种发射、辐射、感应或其组合所产生的无用能量对无线电通信系统的接收产生的影响，这种影响的后果表现为性能下降，误解，或信息丢失。如无该种无用能量，此种后果则可避免。"为避免无线电干扰发生，一是消除现有干扰信号，对干扰信号进行查处，这是政府的行政职能；二是避免未来可能产生的干扰，从技术层面把干扰消除在系统被扰或成为干扰源之前，最有效的手段是进行电磁兼容分析，评估电磁环境对拟建无线电通信系统的影响，以及拟建无线电通信系统对现有电磁环境的影响，从而采取相应的技术措施，预防干扰发生。

作为无线频谱资源的用户，必须重视拟建无线电通信系统在建设前的电磁兼容分析工作；作为无线电频谱管理机构，必须重视用频系统在区域、时间和业务间的电磁兼容分析工作。电磁兼容分析工作包括现场电磁环境测试和理论分析计算两部分内容，而理论分析计算是建立在现场电磁环境测试数据之上的，所以电磁环境测试是电磁兼容分析工作的基础。从应用角度，根据相关法规，对于重要无线电通信系统和大型无线电通信网络建设项目，申请无线电频率和设置使用无线电台（站）应按照要求进行电磁环境测试，提供拟建站址电磁环境测试报告；从管理角度，电磁环境测试是电磁频谱管理的一项基础性工作，是无线电台站选址、频率指配、无线电管制和电磁环境评估等电磁频谱管理工作不可或缺的环节。

电磁环境测试从目的来说可分为两类：干扰分析测试（针对具体频率或频段）和全景测试（针对较宽频段）。干扰分析测试针对应用需求，一般在待建无线电通信系统的设计、报批、验收等环节开展，其测试报告围绕拟建系统能否正常工作以及它是否影响周边台站正常工作来编制，无线电用户涉及的大多是这类测试；全景测试则针对管理需求，一般是无线电频谱管理机构开展（无线电频谱监测在我国有的省区是一项行政许可，必须批准才能开展），其测试报告围绕区域内一个或多个频段电磁环境整体情况的评估来编制，无线电用户较少涉及。

当然，电磁兼容分析也可以通过纯理论计算进行，根据 ITU 文件和我国国标的相关方法进行计算即可。但理论计算值一方面有许多假设理想条件，另一方面干扰源的有关参数因保密、竞争、排他等因素而往往不易完全得到，地形对无线电波传播的影响难以全面精确分析，导致计算难以完成，或者干扰源设备实际工作指标变化，导致计算失真。因此，干扰分析大多通过实测来进行。

14.2　电磁环境测试系统的组成及测试方法

14.2.1　电磁环境测试系统的组成

在开展电磁环境测试之前，应结合拟建系统的业务特点、工作参数以及国家相关标准规定、频率指配意见等，搭建相应的测试系统。

测试系统的设备应符合 GB/T 6113.101—2008《无线电骚扰和抗扰度测量设备和测量方法规范》的要求。测试系统的灵敏度应当至少优于被测频段或拟建系统的最大允许干扰场强（或功率）6 dB 以上[2]。以下分几方面对电磁环境测试系统进行描述。

电磁环境测试系统的分类

电磁环境测试系统可分为手动和自动两大类。

手动电磁环境测试系统的组成如图 14.1 所示。在测试环节，需人工转动测试天线、设置频谱分析仪/接收机参数、保存测试数据，工作量较大，能测试的次数和记录的数据有限；在分析环节，需人工对测试数据进行分析处理，计算环节较多，易出错。总的来说，手动电磁环境测试系统对测试人员要求较高，用它来进行电磁兼容分析时比较麻烦。

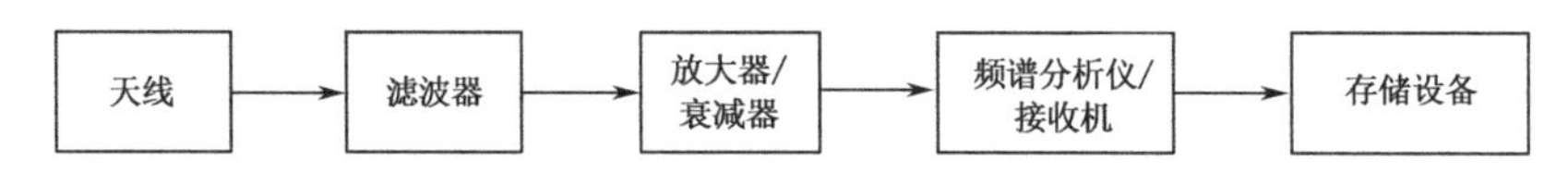

图 14.1　手动电磁环境测试系统的组成

自动电磁环境测试系统由硬件和软件两部分组成，如图 14.2 所示。其中，硬件部分在手动测试系统的基础上增加了计算机、伺服控制器、可编程云台等设备；软件部分包括测试软件和分析软件两部分。自动测试系统在进行电磁环境测试时，只需人工输入初始参数，即可自动完成电磁环境测试和干扰分析，并能自动生成相应的电磁环境测试报告。自动测试系统使用方便，一致性好，工作量小，不易出错，对测试人员要求相对要低，在实际工作中应尽量采用自动测试系统。

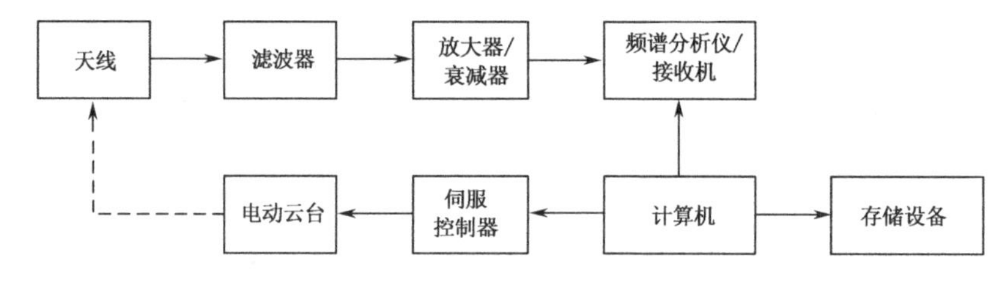

图 14.2　自动电磁环境测试系统

测试系统各组成部件概述

测试天线

测试天线是辐射和接收电磁波的变换装置。在电磁环境测试中，测试天线即为接收天线，其作用是将空中传播的无线电信号以尽可能大的电平传送到接收机的输入端，并把噪声和干扰信号减至最小。电磁环境测试天线应根据测试频段和业务特点选用，见表 14.1。

表 14.1　电磁环境测试天线的选用

测试频段	选用测试天线的类型
30 Hz～30 MHz	有源环形天线
30～300 MHz	双锥天线
200 MHz～2 GHz	对数周期天线或双锥天线
1～18 GHz	双脊喇叭天线或抛物面天线
12～40 GHz	抛物面天线或喇叭天线

测试天线可根据工作频段范围而分为窄带天线和宽带天线。通常，窄带天线增益较高，宽带天线适应性更好。一般来说，工作频率越高的天线，其方向性越强。

为了得到最好的接收效果，天线的极化应与入射信号波前的极化一致，同时天线阻抗应与传输线及接收机输入端的阻抗相匹配。

电磁环境测试系统通常需要设计为可搬移使用，因此设备的便携性是使用者较为关心的。在电磁环境测试设备中，天线的尺寸是设计者无法控制的，因为其尺寸取决于工作波长，当天线的工作频段和增益等指标要求确定后，尺寸也就随之确定了；1 GHz 以上的天线体积较小，而 1 GHz 以下天线的尺寸则相对较大。图 14.3 所示是一些典型的电磁环境测试天线。

（a）环形天线（10 kHz～30 MHz）

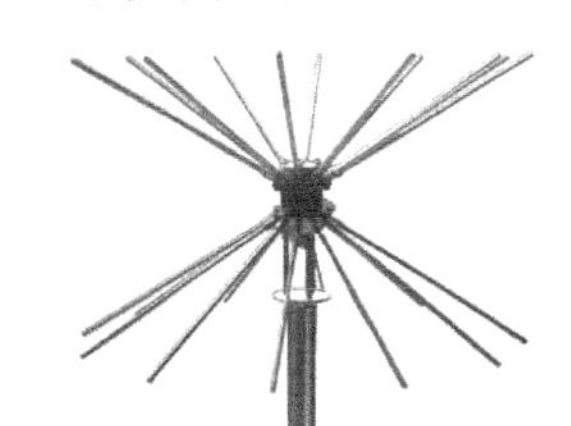

（b）双锥天线（200～3000 MHz）

（c）对数周期天线（200～2000 MHz）

（d）双脊喇叭天线（1～20 GHz）

（e）抛物面天线（18～40 GHz）

图 14.3　典型的电磁环境测试天线

滤波器

在电磁环境测试过程中，测试系统很可能处于复杂的环境中，其具体表现为：

大信号和微弱信号同时进入频谱分析仪或接收机。频谱分析仪和接收机自身存在非线性特性：当接收到足够强的单载频大信号时，频谱分析仪自身会产生谐波；当接收到足够强的两个载频以上的大信号时，频谱分析仪自身会产生互调。如果这些谐波和互调产物位于被测信号附近，则无论是手动测试还是自动测试，测试者和测试软件均无法判别哪些是所要关心的测试信号，哪些是频谱分析仪自身产生的假信号！

当遇到这种情况时，测试结果的可信度将会大打折扣。在实际测试中，通常接入滤波器来解决此类问题。以下是两个典型案例。

案例一：高铁 GRM-R 清频测试。

在高铁 GSM-R 清频测试中，需要测试 GSM-R 下行频段 930～934 MHz 的使用情况。在测试过程中，GSM900 下行频段信号 935～954 MHz 也会落入测试接收机中，接收机在 935～954 MHz 多载频的作用下，会在 930～934 MHz 频段产生互调产物，这些互调产物和被测信号混在一起，使测试者无法做出正确的判断。

其解决方案是在测试接收机输入端接入 930～934 MHz 的带通滤波器。由于与 935～960 MHz 的边缘只有 1 MHz 的频率间隔，这个滤波器的实现并不容易，实际的调试结果是对 935 MHz 抑制了 16 dB，很好地解决了上述问题。图 14.4 示意了这个滤波器的外形、特性曲线以及加滤波器前后的频谱图。

（a）外形（P/N BPF-930934N）

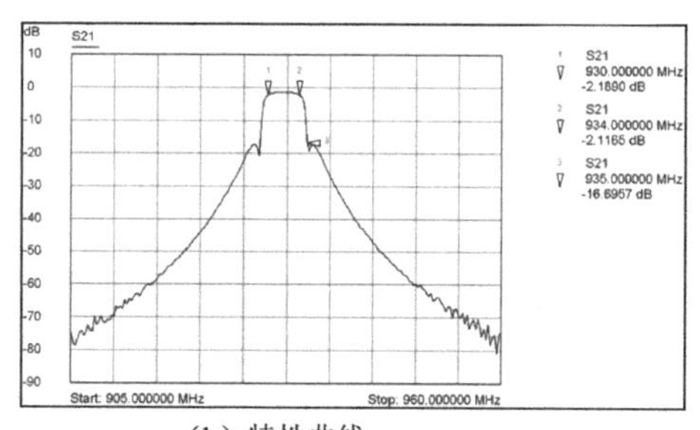

（b）特性曲线

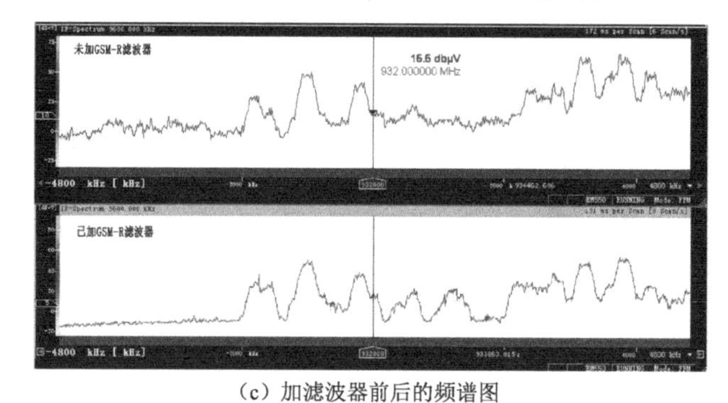

（c）加滤波器前后的频谱图

图 14.4　用于 GSM-R 清频测试的带通滤波器

从图 14.4（c）可发现加滤波器前后频谱图的变化：在未加滤波器之前，频谱图的背景噪声较高；而加了滤波器以后，背景噪声明显降低，在中心频率左侧背景噪声降低了约 17 dB，中心频率右侧降低了约 12 dB。这个案例说明，在电磁环境测试的很多场合中，滤波器将起到雪中送炭的作用，滤波器可以保证测试结果的可信度。

案例二：民航 108～137 MHz 频段电磁环境测试。

在民航 108～137 MHz 频段的电磁环境测试中，测试接收机同时会收到来自 87.5～108 MHz 频段调频广播发射机的大信号，导致接收机在 108～137 MHz 频段产生大量假信号，严重干扰测试结果。解决方案是在接收机前端接入 87.5～108 MHz 的带阻滤波器，或者 108～137 MHz 的带通滤波器，由于产生干扰的信号频段与被测信号频段之间没有间隔，单靠一个滤波器无法胜任，因此需要这两个滤波器配合使用，以保证最终测试结果的可信度。图 14.5 和图 14.6 所示分别是这两种滤波器的外形和特性曲线。

（a）外形（P/N BSF-88108N）

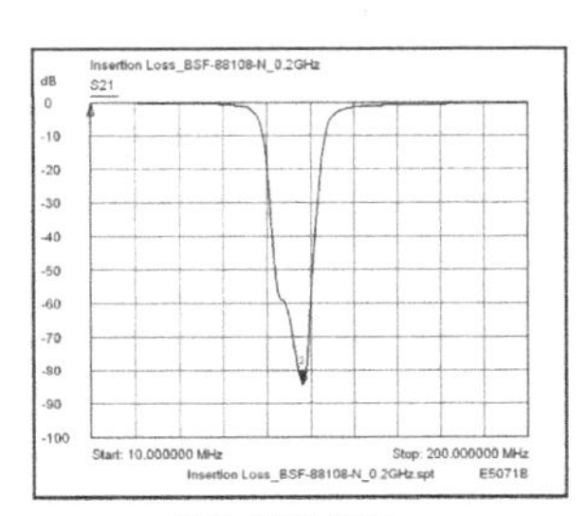

（b）特性曲线

图 14.5　抑制 87.5～108 MHz 的带阻滤波器

（a）外形（P/N BPF-108137N）

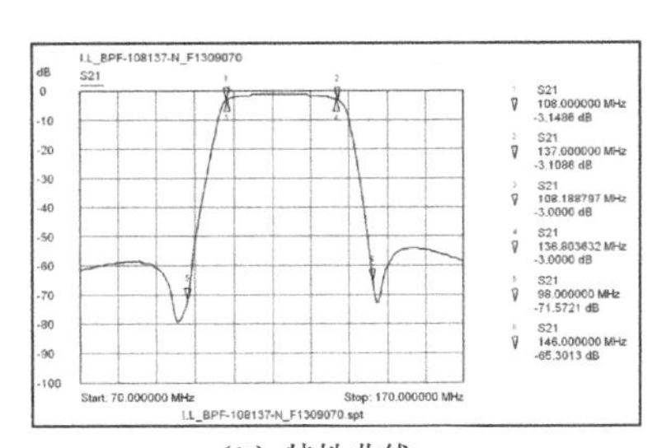

（b）特性曲线

图 14.6　用于民航通信测试的 108～137 MHz 带通滤波器

在电磁环境测试中，很多场合滤波器是必需的，使用者可以根据测试要求来选择滤波器，必要时还需提出要求定制。

放大器和衰减器

放大器能够增强测试系统接收微弱信号的能力：一方面，提高测试系统灵敏度；另一方面，降低对测试天线增益及高度的要求，降低对测试天线口径的要求，使测试天线携带更方便。例如，可用喇叭天线替代抛物面天线，在整个测试系统的灵敏度不变的情况下，减轻测试人员的工作强度。目前，测试常用的放大器主要是低噪声放大器，分为窄带放大器和宽带放大器两类。窄带放大器增益较高，一般可以达到 40～50 dB，较好的可达 55 dB；其噪声系数指标也可以做得比较好，可以低于 1 dB，但覆盖的频段较窄。宽带放大器的噪声系数指标则不如窄带放大器。

低噪声放大器的主要指标有噪声系数、线性输出功率、增益及平坦度、工作频带等。测试系统中低噪声放大器的噪声系数当然是越低越好，但是噪声系数与成本有关，通常需要在成本、实际应用要求和指标之间寻找平衡点。关于不同增益低噪声放大器的作用，可用图 14.7 来描述。

在图 14.7 中，为分析问题方便，假设放大器是理想的。左侧是起始状态，需要测量一个–150 dBm 的微弱信号，其中–174 dBm 是自然界客观存在的底噪声（Noise）；DANL 为–135 dBm，此时被测信号淹没在 DANL 以下。现在我们接入一个 G=15 dB 的低噪声放大器，–174 dBm 的底噪声被放大到–159 dBm，被测信号被放大到–135 dBm，与 DANL 相等，在屏幕上看不到；将放大器的增益增加到 G=25 dB，此时–174 dBm 被放大到–149 dBm，被测信号被放大到–125 dBm，已经比 DANL 超过了 10 dB，屏幕上已经可以看到被测信号了，射频测试的 10 dB 原则告诉我们，在这个测试场合，放大器的增益是最佳的；继续增加放大器的增益到 G=39 dB，此时–174 dBm 已经被放大到刚好与 DANL 平齐，在这种情况下，测试者会感觉屏幕看得“最舒服”；接下来，继续增加放大器增益到 G=50 dB，此时–174 dBm 被放大到–124 dBm，超过了 DANL，此时你会发现频谱仪的底噪声被抬高了，被测信号被放大到–100 dBm，但屏幕上的整体显示并没有变化，在这种情况下，测试者可以改变频谱分析仪的 RBW 参数，以增加测试速度。

通过上述分析，我们可以这样认为：放大器增益的选择不能一概而论，但测试者总是希望增益高些；高增益不影响测试结果，但会增加测试速度，只要不产生自激或者因信号过大而导致频谱分析仪的非线性即可。另外，通过上述分析，我们还可以发现在测试和测量中，放大器的噪声系数的影响是抬高整体的底噪声，只要满足 10 dB 原则，对测试结果就不会产生影响。

用于电磁环境测试的低噪声放大器，可以根据实际应用而设计为多种结构。图 14.8 示意了几种常见低噪声放大器的外形。

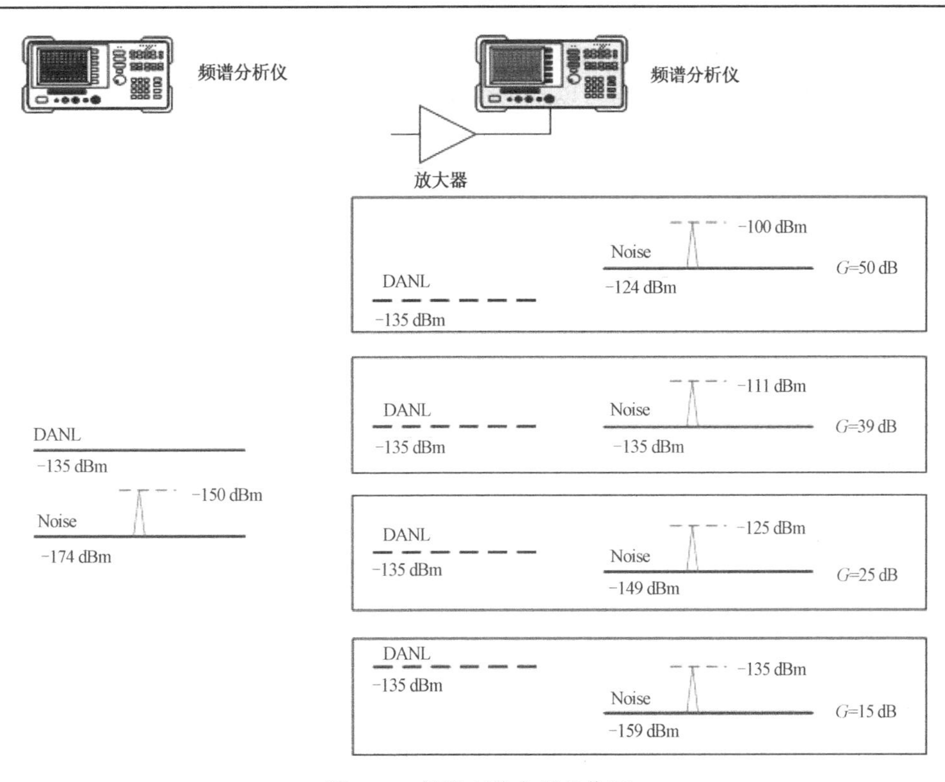

图 14.7　低噪声放大器的作用

（a）内置电池的放大器

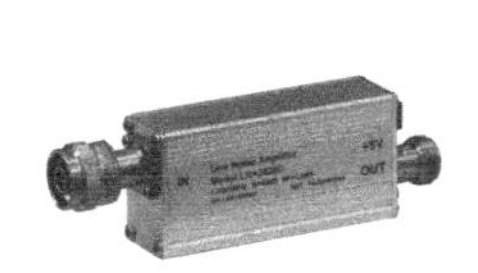

（b）小型化的放大器

（c）内置开关预选滤波器的放大器

图 14.8　用于电磁环境测试的几种典型的低噪声放大器

图 14.8（a）所示是一种内置电池的放大器，它可以在没有交流电的情况下工作 12 小时以上；电池供电所带来的另一个好处是至少在放大器环节消除了交流市电可能产生的干扰现象，为系统提供更加良好的电性能。在某些场合下，为了减少连接天线和放大器之间的电缆（电缆的损耗将直接转换为噪声系数），可以采用小型化的放大器直接拧在天线的输出端口，见图 14.8（b）。放大器还可以和滤波器做在一个机箱内，见图 14.8（c），这种带开关预选滤波器的放大器在提高系统接收灵敏度的同时又大大提高了测试系统的动态范围。图 14.9 示意了一个 S 频段滤波放大器的特性，这种放大器（BXT P/N LNA2661A）具有 40 dB 的增

益，噪声系数小于 1.5 dB，具有非常良好的滤波特性，其 50dB∶1dB 仅为 1.5∶1。采用这种滤波放大器可以轻易实现微弱信号的测试，如图（b）中显示的–159 dBm 的测试。

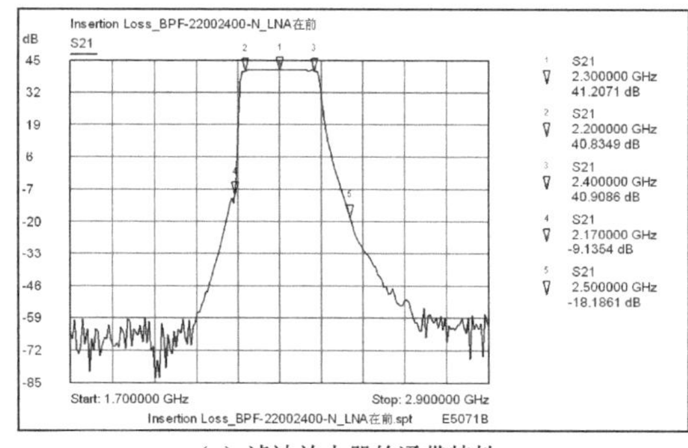

（a）滤波放大器的通带特性

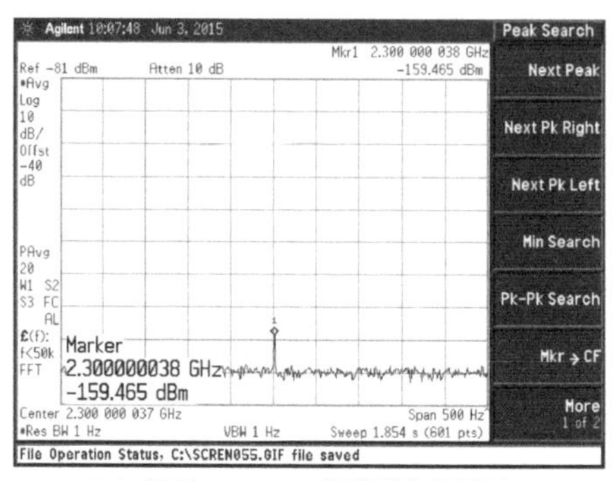

（b）低至–159 dBm 的微弱信号测试

图 14.9　采用滤波放大器实现极微弱信号的测试

各种结构的低噪声放大器可实现以下功能：

➢ 超宽带——最大可同时覆盖 0.1～40 GHz；
➢ 满足某个专用频段——如应用于民航通信测试的 108～137 MHz，并内置带通滤波器；
➢ 超低噪声系数——低至 0.5 dB。

与放大器的作用相反的是衰减器，它能够降低信号强度。当信号强度较大或未知时，可在频谱分析仪/接收机的输入端加入衰减器。这一方面是为了保护接收机前端不被损坏，另一方面使接收机射频前端工作于线性状态。目前，大部分频谱分析仪和测量接收机都内置有衰减器，处于自动状态时可自动设置衰减量。当然，需要采用衰减器的场合，也就不需要放大器了。

由于衰减器会增大系统的噪声系数，从保护频谱分析仪不受大功率信号烧毁的角度看，还可以采用限幅器，这种器件可以让低于某个电平以下的信号通过，而对高于某个电平的信号进行限幅。

放大器和衰减器应符合测试频段及系统灵敏度的要求。

频谱分析仪/测量接收机

频谱分析仪是现场电磁环境测试中最重要的仪器，它能够测定所观察频段内信号的频率、带宽、幅值及其他特征。频谱分析仪既可以手工操作，也可由计算机控制操作，实现自动测试。目前，在无线电磁环境测试领域使用较多的是 R/S 公司、Agilent 公司的系列频谱分析仪，常见的测试频率范围低端从几十 Hz 开始，高端则有 3.6 GHz、8.4 GHz、13.6 GHz、26.5 GHz 和 43 GHz 等，其灵敏度随频段范围和分辨带宽的不同而变化。

测量接收机由于不具备信号分析功能，在干扰分析类现场电磁环境测试中较少使用。

随着微波器件技术的发展和集成化程度的不断提高，近年来出现了模块化的频谱分析仪。这类产品的性能指标并不亚于台式频谱分析仪，而是将显示部分省略了，采用软件控制。对于需要轻便、易于运输和搬移的电磁环境测试系统而言，这类产品的问世可大大缩小整个系统的体积和重量，在设计中，可以将频谱分析仪集成到便携式计算机中，也可以将放大器、滤波器、开关等和频谱分析仪集成到一个机箱内部由计算机来控制所有仪器和器件的工作。图 14.10 所示是将频谱分析仪、放大器、滤波器、射频开关、路由控制器等设备都集成到一个便携式电脑中的电磁环境测试平台，它具有良好的机动性能，加上可编程云台和天线，就可以在现场完成电磁环境测试任务。

可编程云台

可编程云台内部的主要部件包括伺服电机和微波旋转关节。其中，伺服电机由计算机软件控制，完成水平 0°～360°旋转；而微波旋转关节则保持连接在云台上的射频电缆保持静止不动，这一点至关重要，因为射频电缆无论是在弯曲还是切向扭曲的情况下，都非常容易损坏。为了保证整个系统的便携性，通常采用水平旋转自动控制、俯仰角手动调节的模式。在电磁环境测试系统中，对伺服电机精度的要求很高，其定位误差必须控制在测试天线的半功率角范围内，频率范围越高，要求的控制精度也就越高；测试中，一般要求定位误差不大于 1°。图 14.11 所示是一种典型的可编程云台。

图 14.10　一体化电磁环境测试平台

图 14.11　典型的可编程云台（P/N TP26CP3）

自动化测试软件

在电磁环境测试系统中，自动化测试软件可以说是其灵魂。该软件由测试软件和分析软件两部分组成。如果是手动测试系统，则只有分析软件，或者完全由人工进行分析计算。测试软件主要完成频谱分析仪参数设置、控制天线转动、下达测试指令、读取和存储测试数据等功能；分析软件主要完成电磁兼容分析、生成电磁环境测试报告的功能。

其他测试附件

电磁环境测试系统中还包括低损耗电缆、LAN 连接电缆、USB 连接电缆、IEEE488 卡及连接电缆、RS-232 连接电缆、三脚架、手动云台、GPS、电子罗盘、俯仰角仪、摄像机或照相机、测距仪、成套射频转接器、发电机及储油桶、至少 30m 长的 220V 电源线及插座、存储 U 盘、有线键盘/鼠标等附件。

测试系统灵敏度

测试系统灵敏度是指测试系统对微弱信号的接收能力，而不是仅指频谱分析仪的灵敏度。测试系统灵敏度的计算通常分为理论计算和工程计算两种。

理论计算通常按下述公式来计算测试系统灵敏度：

$$N=10\lg(kBT) \tag{14.1}$$

其中，$k=1.38\times10^{-23}$J/K 为玻耳兹曼常数，B 为频谱仪 IF 滤波器带宽（RBW）的 1.2 倍，T 为折算到放大器输入端的系统的噪声温度。由于需要知道天线的噪声温度、LNA 的等效噪声温度、频谱分析仪的等效噪声温度等参数，而天线的噪声温度随测试地点的地形反射、俯仰角、环境温度等参数的变化而变化，频谱仪的等效噪声温度随 RBW 的变化而变化，计算起来均较为复杂，故估算中一般不采用理论计算。

工程计算采用从频谱分析仪读数倒推的方法：在测试系统连接完毕且低噪声放大器加电后，由频谱分析仪读出的背景噪声电平值，加上馈线损耗，再减去放大器的增益，得到的数值即确定为折算到放大器输入端的测试系统的灵敏度。此方法读出的热噪声电平值已经加入了天线、馈线、低噪声放大器的等效热噪声，而不仅是频谱分析仪的热噪声电平值。同时需要注意的是：频谱分析仪的功率测量检波方式应采用有效值检波；若采用均值检波，则应把频谱分析仪电平值读数加上 2.5 dB 再计算。工程计算方法比较简便，且反映了测试系统的真实情况，在估算中得到广泛应用[3]。

不同频段、不同业务的电磁环境测试任务，对测试系统灵敏度的要求是不同的。

测试系统实例

一套完整的电磁环境测试系统（见图 14.12）应包括天线、可编程云台、滤波器、放大器、频谱分析仪（计算机）、电子罗盘、GPS（或北斗）接收机等。这套便携式的设备可以完成各种电磁环境测试任务，系统组成描述如下：

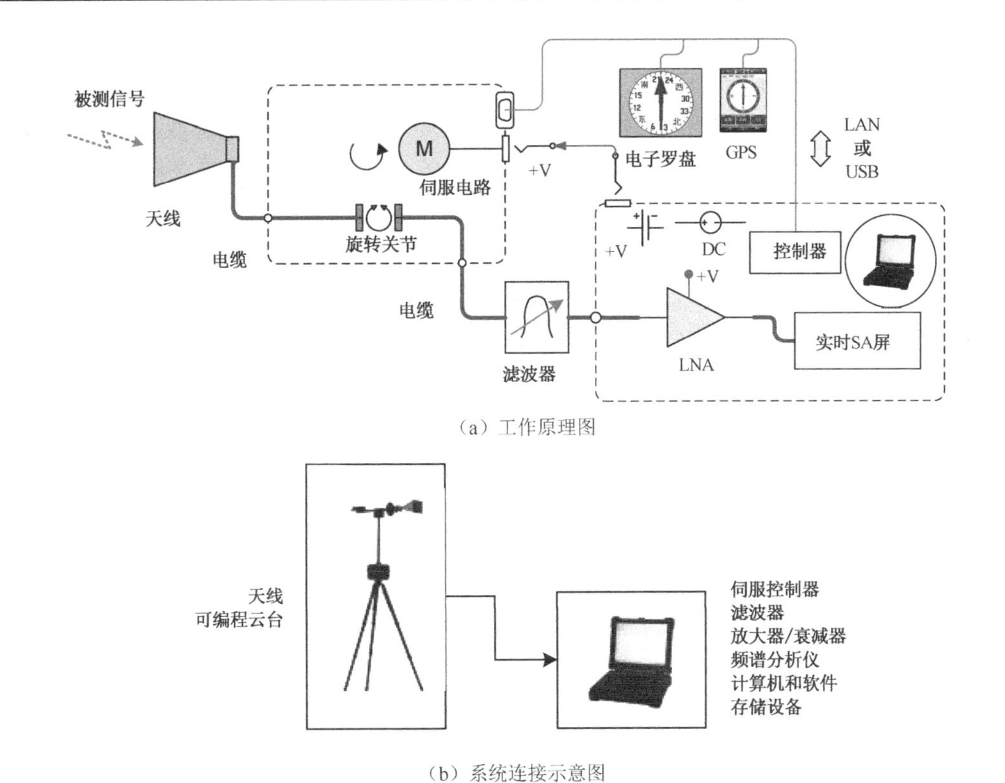

（a）工作原理图

（b）系统连接示意图

图 14.12　典型的电磁环境测试系统实例

- 天线：可采用图 14.3 所示的天线，其中标配的 AH-0120N 覆盖了 1～20 GHz 频段，其增益为 6～15 dB，可以完成很多测试任务。测试者可以根据具体的测试任务来选择携带哪一副天线进行测试。
- 可编程云台：参见图 14.11，这种云台可以覆盖 DC～20 GHz（P/N TP20CP3）、DC～26.5 GHz（P/N TP26CP3）或者 DC～40 GHz（P/N TP40CP3），使用者可以根据不同的要求选择；其步进角的精度在±0.5°以内，提供超过 500 万次的旋转寿命。
- 滤波器：在电磁环境测试系统中滤波器是非常重要、不可或缺的部件。测试者可根据日常工作的实际要求来配置成套的滤波器；也可以配置超宽带的可编程滤波器（P/N PBPF-0118N），这种滤波器可以覆盖 1～18 GHz 频段，由计算机控制快速跟踪切换测试频段。
- 低噪声放大器（LNA）：低噪声放大器可以成套配置；也可以配备一台超宽带放大器（如 P/N LNA2612），这种放大器可以覆盖 0.1～26.5 GHz 频段，其增益典型值为 45 dB，噪声系数典型值为 3.5 dB。

- 频谱分析仪：为了实现系统的便携性，一个实时频谱分析仪被内置于笔记本电脑中，同时，低噪声放大器也可以集成进去。这种高度集成化的设计，大大提高了整套电磁环境测试系统的便携性。这种配置可以完成 9 kHz～12.4 GHz 的测试任务，同时，也支持更高频率的外置频谱分析仪。
- 计算机和软件：配置了高性能的便携式计算机，就可以通过软件控制可编程云台、电子罗盘、GPS 以及开关预选放大器的工作，同时还可为系统中所有设备供电。系统的灵魂——软件被设计成一个工作平台，各类用户的应用和工作流程都可以体现在这个平台上，方便用户使用。
- 测试电缆组件：测试电缆组件采用高可靠性的铠装微波测试电缆组件，这种组件十分适合野外使用。

实际使用时，用户可以在现场快速安装整套测试系统。接通电源后，可以在计算机工作平台上选择相关的软件图标并打开，可以人工配置相关测试参数，也可以选择预选设置好的测试方案；然后单击开始测试按钮，系统可以自动完成测试任务并生成测试报告。上述配置的电磁环境测试系统可以完成大量的测试任务。

14.2.2　测试方法

上面我们讨论了典型的电磁环境测试系统中设备的情况；但在实际测试中，测试者还需要具备一些技巧。以下经验和方法可以帮助读者更好地完成电磁环境测试任务。

测试时段要求

为了能反映各频段通信信道的衰落特性，参照国家标准和 ITU 对无线电监测的有关规定，在每个地域和频段的有效测试时间应包括上午、下午和晚上等不同时段，或者与拟开展业务同时段。

测试时段应当避开大功率发射设备的检修时段。例如，广播和电视发射设备国内通常每星期二下午停机检修，所以测试应避开星期二下午。

测试系统的安装要求

（1）测试天线应放置距地面至少 1.5 m 以上的位置，周围不能有近距离反射物体或较大的反射物体。

（2）测试仪器和设备之间必须用性能良好的低损耗电缆连接。天线、馈线、测试仪器输入电路之间的电压驻波比应小于 2.0。

（3）低噪声放大器与频谱仪连接时，机壳应事先良好接地。

（4）若使用发电机供电，发电机应尽可能地远离测试天线和设备。

测试步骤

（1）测试天线应放在与拟建系统天线基本一致的高度上，按图 14.12 测试系统的组成连接测试仪器，应在良好接地后再开启电源。

（2）将频谱分析仪射频衰减置于最大挡，先断开低噪声放大器，或者先接入衰减器，确认无强干扰场后再按图 14.12 连接系统。

（3）粗测：确认无强干扰后，先将频谱分析仪观察范围设为欲测频段，再选取合适的分辨率带宽、视频带宽和检波方式，用最大保持方式测试。一般情况下 VBW≤RBW/3≤SPAN/100，将测试天线置于 0°仰角，在 360°全方位上，选用不同极化方式，一边缓慢转动天线，一边观察测试设备的指示，记录干扰信号最大时的方位和功率电平值，保存频谱图。

（4）精测：

①干扰信号测量：在每个有干扰的方位及频率点上，将被测信号中心频率置于频谱仪显示的中心，选取合适的 SPAN、RBW、VBW，调整频谱仪输入衰减器和参考电平，使信号接近显示的顶部[4]。

➢　进入占用带宽测量模式，设置适合的检波方式，测量信号的占用带宽；

➢　进入信道功率测量模式，读取频谱仪显示的干扰电平功率值。

测试期间应反复调节测试天线的方位角和俯仰角，变换极化方式，在干扰信号最大时，记录频谱仪的读数和测试天线的极化方式、方位角、俯仰角，保存频谱图。

②预定工作方位测量：在拟建台站预定工作载波及合适带宽范围内，在天线预定工作方位上，反复测量，重点观察。其间应反复调节测试天线方位角（一般在±20°以内）和俯仰角（一般在±5°以内），选用不同极化方式，记录干扰信号最大时频谱仪的读数和测试天线的极化方式、方位角、俯仰角，保存频谱图。

测试中的注意事项

（1）要随时保证测试系统的线性。如果外来干扰信号过强，将使放大器或接收机前端处于非线性状态，所测出的干扰数据会失真。

（2）由于反射作用，可能会使某些地点或某些高度所测得的干扰电平值较大。当发现某些信号特别强时，应在附近选择不同地点或改变测试天线高度再次测量。

（3）从频谱仪噪声电平 $N=10\lg(kBT)$（k 为玻耳兹曼常数，B 为频谱仪 IF 滤波器带宽的 1.2 倍，T 为频谱仪输入端的等效噪声温度）可知，减小 RBW 可以降低频谱仪的本底噪声，提高测试系统的灵敏度，但同时降低了测试速度。也就是说，可通过牺牲测量速度来提高系统捕捉微弱信号的能力。

（4）检波方式选择：根据频谱仪各种检波方式的工作原理，一般情况下，对于大多数幅度调制和频率调制的连续波信号的功率测量，应采用有效值检波或均值检波；对于噪声信号进行功率测量，应采用抽样检波；对脉冲调制信号的功率测量，应采用峰值检波[2, 3]。

（5）测量（高灵敏度）时真假信号的识别：在低噪声放大器前端加接固定衰减量（如 10 dB）的衰减器，若信号幅值的下降远大于衰减器的衰减量，则为假信号。如果确定存在假信号，可以接入被测频段的带通滤波器进行测试。

（6）测量信号功率时，一般来说频谱仪 RBW 取值约为 SPAN 的 1%～3%，以保证更高的测量精度[4]。

（7）如果环境条件有降低测量准确度的倾向，则应使用测试系统进行成组测量，然后对所得结果取平均值，往往可使准确度得到一定程度的改善。

需要特别说明的是，上述测试经验都按照手动工作模式进行描述，这是为了方便读者进一步了解电磁环境测试系统和测试方法。在实际测试中，如果选择了自动化测试系统，则上述大部分工作均由软件控制自动完成，不需要人工干预。

14.3 现场预判和测试报告

14.3.1 测试数据现场预判和记录

根据上述步骤完成了测试流程，并非万事大吉了，还需要在现场审视测试结果；如果发现异常，则需要重复测试。以下经验同样可以帮助读者完成后续的工作。

现场初步判断

测试中若发现有异常数据，如噪声电平异常（过高或过低）、无任何信号、信号特别强、信号带宽很窄或很宽等情况，必须现场对测试数据进行预判，并根据预判结果进行验证，必要时调整或改进测试方案。如果不在现场对测试数据做初步判断，那么在报告编制阶段才发现数据有问题或电磁环境不满足要求，就难以判断是数据有问题还是电磁环境有问题，因而只能重新测试，从而带来浪费、麻烦和效率低下。

背景噪声的判断

通用电磁环境测试系统在没有测量到信号时，其指示的功率电平值往往代表的是系统的灵敏度，而不是该频段背景噪声的电平值；只有背景噪声电平值高于系统灵敏度时，其指示的功率电平值才是背景噪声电平值。虽然大多数情况下指示的功率电平值不是背景噪声电平值，但仍然具有参考价值，至少表明干扰信号（如果有的话）的功率电平值低于指示的值。当然，这种情况下如果存在真实干扰信号，也可以说测试系统的灵敏度不够。

系统自身电磁泄漏

测试系统自身，包括频谱仪、放大器、计算机、可编程云台、汽油发电机、打印机、电源适配器、鼠标键盘等，都可能存在电磁泄漏。测试系统及附件应在实验室环境中测定自身电磁泄漏，如果存在，应尽量避免使用。测试现场如果必须重新加入或组合设备，应逐一甄别所有收到的信号。

现场测试的记录

测试时，应现场记录测试点的地名、经纬度、海拔高度、温湿度、360°遮蔽角等测试点信息；详细记录干扰源的方位角、俯仰角，测试天线的极化方式，频谱仪检波方式，以及频谱图号等测试数据。记录应人工签字确认。

14.3.2　测试报告编制

电磁环境测试报告应符合国家的相关标准和规定，结论客观、严谨、明确。

适用的相关国家标准和规范

无线电台站类已颁布的国家标准有：

- GB 6364—2013《航空无线电导航台站电磁环境要求》；
- GB 13613—1992《对海中远程无线电导航台站电磁环境要求》；
- GB 13615—1992《地球站电磁环境保护要求》；
- GB 13616—1992《微波接力站电磁环境保护要求》；
- GB 13618—1992《对空情报雷达站电磁环境防护要求》；
- GB/T 14431—1993《无线电业务要求的信号干扰保护比与最低可用场强》；
- GJB 4595—1992（GJBz 20093—1992）《VHF/UHF 航空无线电台站电磁环境要求》；
- GJB 2081—1994《87～108 MHz 频段广播业务和 108～137 MHz 频段航空业务之间的兼容》；
- AP-118-TM-2013-01《民用机场与地面航空无线电台（站）电磁环境测

试规范》等。

无线电监测站类已颁布的国家标准有：

- GB 13614—1992《短波无线电测向台（站）电磁环境要求》；
- GB/T 25003—2010《VHF/UHF 频段无线电监测站电磁环境保护要求和测试方法》等。

分析计算

将测试数据按国家相关标准和规定进行计算，与不同的干扰标准进行分析比较，判断测试点干扰电平是否满足要求，得到电磁环境测试的结论。

在处理测试数据时，对放大器和衰减器所引起的测试偏差应予以修正。当频谱仪读数接近于频谱仪本底噪声时，应加以修正；否则，测试值和实际值之间将有较大的误差。

若测试系统 RBW 与拟建系统中频带宽不一致，应做归一化处理。

应确定干扰源，避免假象干扰。

编制报告

按国家相关标准、规范和规定所要求的格式和内容编制测试报告。

报告应包含测试机构资质的相关信息，以及测试设备计量检定的相关信息。

报告至少应包含测试系统连接框图及参数、拟建系统工作参数、测试数据、测试点信息、引用的相关标准规范和规定，有简要的结果分析与明确的结论。若背景电平或干扰电平超过干扰标准，应分析其来源；如果可能，应提出预防和解决的措施。频谱图中应当至少包含“参考电平”、“分辨率带宽”、“频率范围”等信息，并注明测试地点和时间[2]。

报告中应当有编写人、审核人和批准人的签字，并加盖测试单位印章或测试专用章；报告中应有明确的有效期。

如果是自动化测试软件，均应包括上述的内容。

14.4　测试需要关注的其他事项

资质方面

- 机构：开展电磁环境测试和出具电磁环境测试报告的机构，必须具有 CMA 计量认证资质，并在质量技术监督部门授权、批准的范围内开展测试活动。
- 设备：电磁环境测试所用的仪器设备必须经过具备资质的机构检定合

格，且在有效期内。

- 标准及规范：依据和采用的国家标准、行业标准、行业规范和行政依据必须现行有效。

相关信息方面

提前了解相关信息，可将测试准备工作做得更充分。最需要关注的是拟定测试点的地理信息及周边台站信息、待建系统工作参数等；电源、车辆、人员配备、测试时段、餐饮准备、相关配合要求等，也需要周密计划，以使测试工作能按计划顺利开展。

测试前应首先对拟测区域及周边的电磁环境进行调查，包括干扰源种类、方位、各种工作及电气参数、工作状态等。可以先查询无线电管理部门的台站数据库资料，或向拟建单位了解详细情况，根据调查结果制定测试计划，同时在测试中可以利用已知数据验证测试系统工作是否正常，从而提高测试数据的准确性和可靠性。

测试前必须根据待建系统工作参数、测试区域地理状况、拟建系统工作特点等因素选择一个或多个测试点。

电磁环境测试地点最好选在拟建系统站址处，能在天线拟架设处更好。如果该站址实在不具备测试条件，也可在站址附近高度相当且相对开阔的地方进行，如楼顶；但测试系统灵敏度应有足够的裕量，以弥补由于高度不同而引起的绕射损耗。

测试系统方面

测试系统灵敏度的估算

在了解到拟建系统的工作概况、工作参数等信息后，测试人员必须对拟建的测试系统进行灵敏度估算并进行检查测试，判断测试系统是否满足测试的要求。如果测试系统灵敏度不足，应更换更高灵敏度的频谱仪、更高增益的测试天线或更高增益低噪声系数的放大器。测试系统灵敏度应当有适当的裕量。

测试系统抑制失真的能力

抑制失真的能力对于测试系统非常重要，否则在电磁环境比较复杂的测试点，所得的测试数据可能出现严重的失真，导致对测试结果的误判。

系统可能出现的失真有强信号阻塞、接收互调、限幅失真等，这些失真既可能出现在测试接收设备（测试接收机、频谱分析仪）中，也可能出现在有源天线、外置低噪声放大器中。搭建测试系统时可通过以下方式来增强系统抑制失真的能力[5]：

- 尽量避免使用有源天线；
- 采用窄带天线或窄带低噪声放大器（避免带外强信号的干扰）；
- 有针对性地采用射频预处理装置（无源衰减器、滤波器等）。

电平功率换算

在进行电磁环境测试时应注意：频谱分析仪的功率电平读数不是所测得的信号的实际功率电平，要根据具体测试系统参数进行换算[3]。

仪器仪表的安全

在接通仪器仪表电源之前，一定要确定电源的电压是否为仪表的正常工作电压，并确认系统全部连接好之后再打开设备电源。测试过程中遇到下雨或有雷电，应立即切断设备电源，将设备置于避雨处，确保设备安全。

拟定测试方案时应拟定设备清单，明确设备型号及数量。测试完成后应照单清点收回，防止设备丢失。

现场环境方面

电磁环境测试工作是一项具体而细致的工作，在测试过程中，测试地点周围的电磁环境、仪器仪表、天线、放大器等的参数的变化，以及人员、车辆的移动，移动电话的使用，都会对电磁环境测试产生影响。测试过程中应做到：

- 尽量保障测试系统所处环境的温度及湿度相对稳定，系统加电预热时间足够；
- 尽量保证测试系统周围一定区域内的物理环境相对固定，避免车辆、人员的频繁移动所导致的遮挡和反射频繁变化的现象出现；
- 尽量保证测试系统周围一定区域内的人员不使用无线电发射装置，如移动电话、对讲机、无线上网设备、WiFi 设备、蓝牙设备、无线鼠标及键盘等，以避免因近距离无线电发射装置而产生的非真实现场信号。

结束语

电磁环境测试是一项具体、细致的工作。测试者需要具备高度的工作责任心，积极了解相关情况，拟定合理的测试方案，认真准备，按照规范开展测试，严格现场要求，仔细做好记录；发现异常情况要进行分析和比对，排除假象，而又不遗漏真实信号；客观、严谨地编制测试报告。在不断的实践中培养和提高分析和解决问题的能力。

参考文献：

[1] 国际电工技术委员会. IEC60050-161-1990　电磁兼容术语（GB/T 4365—2003 引用）.
[2] AP-118-TM-2013-01　民用机场与地面航空无线电台（站）电磁环境测试规范.
[3] 李景春. 微波站电磁环境测试. 邮电设计技术，2002（11）：40-43.
[4] 李景春，牛刚，黄嘉. 微波信号功率频谱分析仪测量方法. 邮电设计技术，2003(3):13-20.
[5] 马方立. 电磁环境及其测试方法研究. //谢飞波，等. 2011 年全国无线电应用与管理学术大会论文集. 北京：电子工业出版社，2011.
[6] 马士贻. 地球站电磁环境保护要求. 宣贯材料，1992.
[7] 梁奎端，刘吉克. 微波接力站电磁环境保护要求. 宣贯材料，1993.

第15章 射频测量的不确定度分析和评估

本章讨论测量不确定度的评估，通过评定发射功率和频率误差的不确定度实例去理解如何在实际工作中进行测量结果的报告和判定。通过不确定度的分析，也可以对测量方法、测量系统以及人员的能力做一个合理的评价。

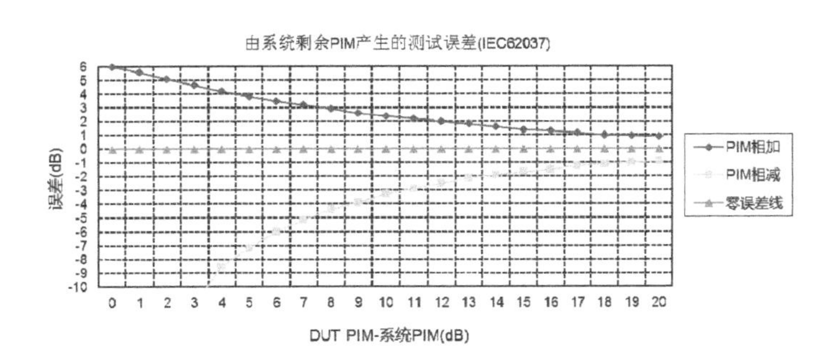

15.1　测量的基本问题

让我们先从一个简单的实验开始：一台信号源标称输出 100 mW 功率，分别采用频谱仪和功率计进行测试，测得结果分别为 89 mW 和 95 mW，试问测试结果应该如何评价？

15.1.1　测量目的

我们把“通过实验获得并可合理赋予某量一个或多个量值的过程”，称为测量。

从事测量的人员经常遇到的问题，就是如何对自己的测量结果进行评价。正如本章开头所述的实验，在实验过程中产生了 3 个数值，哪一个结果才是测量人员心目中期待的“真值”呢？

过去，测量人员习惯采用测量误差来衡量测量的准确度，包括使用“绝对误差”和“相对误差”等概念。测量误差常常简称为误差，被定义为“测得的量值减去参考量值”，这和 JJF 1001—1998 中将误差定义为“测量结果减去被测量的真值”有所改变：新定义中的参考量值可以是真值，也可以是测量不确定度可忽略不计的测得值或是给定的约定量值。

另一方面，由于真值只是一个理想概念，实际上是不可知的。通过完善的测量可逼近真值，但任何测量都会有缺陷，因此真值是得不到的。

因此，在没有约定量（真）值为参考量值的情况下（此时只能以真值为参考量值），由于真值无法确定，误差也就无法准确地得到。故在实际工作中，误差只能用于已知约定真值的情况。

我们再来看上述实验，当我们约定信号源的标称输出为参考量值时，功率计比频谱仪的测得值更接近于信号源值（这里仅针对结果，不讨论测量原理），即通常所说的“功率计比频谱仪测得准”。但是，当我们约定功率计测量结果为参考量值时，则信号源输出功率值比频谱仪测得值更接近于功率计测得值，此时就表现出“信号源比频谱仪准”的现象。前一种情况通常用于测量比对，此时功率计和频谱仪分别代表两种不同的测试系统、两个测试过程或者两个测试实验室；后一种情况通常发生在仪器校准中。因此可以看出，所谓的“哪个准”取决于约定的参考量值。

可见，为了能统一地评价测量结果的质量，改变由于“误差”这一术语在逻辑概念和评定方法上不统一而引起混乱，并使测试结果间缺乏可比性的情况，国际计量局（BIPM）在 1980 年征求了 32 个国家计量研究院和 5 个国际组织的意见后，发出了推荐采用测量不确定度来评定测量结果的建议书。经过连续几年的推动和修订，测量不确定度及其评定不仅适用于计量领域，也可以应用于一切与测量有关的其他领域，各领域分别起草了相应的测量不确定度评定的指导文件。

15.1.2　误差和不确定度的区别

如果用钢板尺测量某一物体的长度，得到的测量结果是 14.5 mm，为了测量更为准确而改用卡尺进行测量，并假设得到的测量结果仍为 14.5 mm。不少人可能会认为由于卡尺的测量准确度较高，而测量误差更小一些。但实际上由于两者的测量结果相同，参考量值也相同，根据误差的定义，误差表示两个量值的差值，因此它们的测量误差是相同的。但是两者的测量不确定度则是不同的，如果分别用两种方法进行多次反复测量，则两者的测量结果的分散性无疑是不同的。

虽然测量误差和测量不确定度都可用来描述结果，即测量误差是描述测量结果对参考量值的偏离，而测量不确定度则描述被测量值的分散性，但两者在数值上并无确定的关系。测量结果可能非常接近于参考量值，此时其误差很小，但由于对不确定度来源认识不足，评定得到的不确定度可能很大。也可能测量误差实际上较大，但由于分析估计不足，评定得到的不确定度可能很小，例如在存在还未发现的较大系统误差的情况下。

测量不确定度与测量仪器、测量方法、测量程序以及数据处理方法有关，而与在重复性条件下得到的具体测量结果的数值大小无关。在重复性条件下进行测量时，不同测量结果的不确定度是相同的，但它们的误差会因测量结果而不同。

测量误差和不确定度的主要区别见表 15.1。

表 15.1　测量误差和不确定度的主要区别

序号	内容	测 量 误 差	测量不确定度
1	定义	表明测量结果偏离参考量值，是一个确定的值。在数轴上表示一个点	表明赋予被测量量值的分散性，是一个区间。用标准偏差、标准偏差的特定倍数，或者说明了包含概率的区间的半宽度来表示。数轴上表示为一个区间
2	分类	按在测量结果中出现的概率，分为随机误差和系统误差，它们都是无限多次测量的理想概念	按是否用统计方法求得，分为 A 类评定和 B 类评定，它们都以标准不确定度表示。在评定测量不确定度时，一般不必区分其性质。若需要区分时，应表述为“由随机效应引入的测量不确定度分量”和“由系统效应引入的测量不确定度分量”

续表

序号	内容	测 量 误 差	测量不确定度
3	可操作性	当用真值作为参考量值时，误差是未知的，并且随机误差和系统误差均与无限多次测量结果的平均值有关	测量不确定度可以由人们根据实验、资料、经验等信息进行评定，从而可以定量确定测量不确定度的值
4	数值符号	非正即负（或零），不能用正负号（±）表示	是一个无符号的参数，恒取正值。当由方差求得时，取其正平方根
5	合成方法	各误差分量的代数和	当各分量彼此不相关时用方和根法合成，否则应考虑加入相关项
6	结果修正	当已知系统误差的估计值时，可以对测量结果进行修正，修正值等于负的系统误差	由于测量不确定度表示一个区间，因此无法用测量不确定度对结果进行修正。当对已修正的测量结果进行不确定度评定时，应考虑修正不完善而引入的不确定度分量
7	结果说明	误差是客观存在的，不以人的认识程度而转移。误差属于给定的测量结果，相同的测量结果具有相同的误差，而与得到该测量结果的测量仪器和测量方法无关	测量不确定度与人们对被测量、影响量以及测量过程的认知有关。在相同的条件下进行测量时，合理赋予被测量的任何值，均具有相同的测量不确定度，即不确定度仅与测量方法有关
8	实验标准差	来源于给定的测量结果，它不表示被测量估计值的随机误差	来源于合理赋予的被测量之值，表示同一观测量中任一估计值的标准不确定度
9	自由度	不存在	可作为不确定度评定可靠程度的指标。它是与评定得到的不确定度的相对标准不确定度有关的参数
10	包含概率	不存在	当了解分布时，可按包含概率给出包含区间

15.1.3　测量仪器的误差和不确定度

测量仪器的性能可以用示值误差和最大允许误差来表示。

测量仪器的示值误差定义为“测量仪器示值与对应输入量的参考量值之差”。同型号的不同仪器，它们的示值误差一般是不同的。示值误差必须通过检定或校准才能得到。同时，即使同一台仪器，对应于测量范围内不同测量点的示值误差也可能是各不相同的。

已知测量仪器的示值误差后，就能对测量结果进行修正，修正后的测量结果的不确定度就与修正值的不确定度有关，也就是说与检定或校准所得到的示值误差的不确定度有关。

测量仪器的最大允许误差定义为“对给定的测量仪器，由规范或规程所允许的相对于已知参考量值的测量误差的极限值”。与示值误差不同，仪器的最大允许误差是由技术规格书等规定的，它是指在规定的条件下，由规程等技术文件所规定的该型号仪器允许误差的极限值。它不是通过检定或校准得到的，是对仪器示值误差的规定范围，不能作为修正值使用。

测量仪器的最大允许误差不是测量不确定度，它给出仪器示值误差的合格区间，但它可以作为评定测量不确定度的依据。当直接采用仪器的示值作为测量结果时（即不加修正值使用），由测量仪器所引入的不确定度分量可根据该仪器的最大允许误差按 B 类评定方法（稍后予以描述）得到。

15.2　测量不确定度的评定与表示

15.2.1　测量不确定度的表示方式

通常，不确定度的表示方式可以分为标准不确定度、合成不确定度和扩展不确定度三种。

以标准偏差表示的测量不确定度称为标准不确定度。测量不确定度一般由若干分量组成，每个分量用其概率分布的标准偏差估计值表征。标准不确定度一般用 u_i 表示。

由在一个测量模型中各输入量的标准不确定度而获得的输出量的标准不确定度称为合成不确定度。在无线电领域中，一般认为各标准不确定度分量之间均不相关，因此合成不确定度可以将各标准不确定度分量采用 RSS 计算公式（平方和根法）进行合并计算。

将合成标准不确定度与一个大于 1 的数字因子的乘积，称为扩展不确定度。该因子取决于测量模型中输出量的概率分布类型以及所选取的包含概率（称为包含因子，通常用 k 表示）。包含因子的取值和包含区间和包含概率有关。当被测量值以一定的概率落入某区间时，该区间就称为包含区间，在较早的不确定度文献中有时会称之为置信区间。值得注意的是，包含区间不一定以测得值为中心。

15.2.2　测量不确定度的评定方法

根据 JJF1059.1-2012，将测量不确定的评定方法称为 GUM 法。用该方法评定测量不确定度的一般流程如图 15.1 所示。

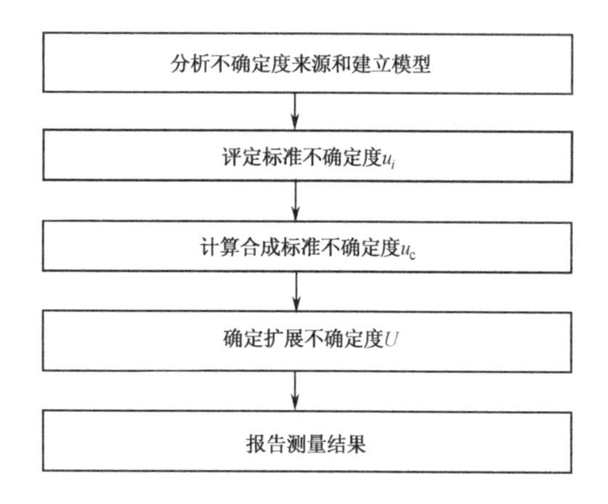

图 15-1　用 GUM 法评定测量不确定度的一般流程

不确定度的评定方法分为 A 类评定和 B 类评定。A 类评定是根据对 X_i 的一系列测得值 x_i 得到实验标准偏差的方法，是一种用统计的手段进行评估的方法；B 类评定是根据有关信息估计的先验概率分布得到标准偏差估计值的方法。

无论 A 类评定还是 B 类评定都与产生不确定度的原因无关，也不能称之为随机不确定度和系统不确定度。

标准不确定度的 A 类评定

对在规定测量条件下测得的量值用统计分析的方法进行的测量不确定度分量的评定，称为不确定度的 A 类评定，简称 A 类评定。

规定测量条件是指重复性测量条件、期间精密度测量条件或复现性测量条件。

贝塞尔公式法

在重复性条件或复现性条件下对同一被测量独立重复测量 n 次，得到 n 个测得值 $x_i(i=1,2,\cdots,n)$，被测量 X 的最佳估计值是 n 个独立测得值的算术平均值 $\overline{x}$，计算公式为：

$$\overline{x}=\frac{1}{n}\sum_{i=1}^{n}(x_i) \tag{15.1}$$

单个测得值 x_k 的实验方差 $s^2(x_k)$ 计算公式为：

$$s^2(x_k)=\frac{1}{n-1}\sum_{i=1}^{n}(x_i-\overline{x})^2 \tag{15.2}$$

单个测得值 x_k 的实验标准偏差 $s(x_k)$ 计算公式为：

$$s(x_k)=\sqrt{\frac{1}{n-1}\sum_{i=1}^{n}(x_i-\overline{x})^2} \tag{15.3}$$

式（15.3）就是贝塞尔公式，自由度 υ 为 $n-1$。实验标准偏差 $s(x_k)$表征了测得值 x 的分散性。

被测估计值 $\overline{x}$ 的 A 类标准不确定度 $u_A(\overline{x})$ 计算公式为：

$$u_A(\overline{x})=s(\overline{x})=s(x_k)/\sqrt{n} \tag{15.4}$$

实验标准偏差 $s(\overline{x})$ 表征了被测估计值 $\overline{x}$ 的分散性。

贝塞尔公式是无线电领域中 A 类评定最常用的方法。除此之外，JJF1059.1-2012 还提供另外一种方法——极差法，下面仅做简单介绍。

极差法

一般在测量次数较少时，可采用极差法评定获得 $s(x_k)$。在复现性条件下，对 X_i 进行 n 次独立重复测量，测得值中的最大值与最小值之差称为极差，用符号 R 表示。

在 X_i 可以估计接近正态分布的前提下，单个测得值 x_k 的实验标准偏差 $s(x_k)$ 可按公式近似地评定为：

$$s(x_k)=R/C \tag{15.5}$$

式中，R 为极差，C 为极差系数。

被测量估计值的标准不确定度公式为：

$$u_A(\overline{x})=s(\overline{x})=s(x_k)/\sqrt{n}=\frac{R}{C\sqrt{n}} \tag{15.6}$$

对于检测实验室的日常检测工作而言，如果测量系统稳定，测量重复性无明显变化，就可以预先评估该测量方法的不确定度。在随后的实际工作中，只要保持与预先评估时相同的测量系统，相同的测量程序、测量人员、操作条件和地点，就可以在对实际测量的不确定度评定时进行简化，具体如下：

假定对被测件实际测量 m 次，$1\leqslant m\leqslant n$，其中 n 为预先评估时的测量次数，一般应不小于 10，以 m 次独立测量的算术平均值作为被测量的估计值，则该被测量估计值由于重复性导致的 A 类标准不确定度公式为：

$$u(\overline{x})=s(\overline{x})=s(x)/\sqrt{m} \tag{15.7}$$

如果实际测量次数为 1（单次测量），即 $m=1$，则不确定度公式可以简化为：

$$u_A(\overline{x})=s(\overline{x})=s(x) \tag{15.8}$$

即在该情况下，可以利用预先评估的不确定度结果。

值得注意的是，在实际工作中，同一个测试岗位，往往会由多名测试人员轮换或者同时承担。因此，在预先评估不确定度时，应让承担本岗位的所有测试人员都进行独立的测试，得到的测量值均应纳入 A 类评定范围，以此时评估所得到的不确定度结果作为预估值在实际工作中加以利用，则更加方便和准确。

标准不确定度的 B 类评定

用不同于 A 类评定的方法对不确定度分量进行评定，称为 B 类评定方法。它根据有关的信息或经验来判断被测量的可能值区间[$\bar{x}-a, x+a$]，这些信息可以是基于权威机构发布的量值、有证标准物质的量值、校准证书、仪器的漂移、经检定的测量仪器的准确度等级和人员经验推断的极限值等。

假设已知被测量值的概率分布，根据概率分布所要求的概率 p 可确定包含因子（也称置信因子）k，则 B 类标准不确定度 u_B 可由公式得到：

$$u_B = a/k \tag{15.9}$$

式中，a 为被测量可能值区间的半宽度。

在无线电测试中，B 类分量主要来自于测试仪表和器件，因此区间半宽度主要是从仪器及器件的技术规格书上获取，通常是允许误差限的绝对值。当技术规格书丢失或无法获得技术规格时，也可以通过校准报告将量值传递下来。例如，E4417A 功率计参考电平精度为±1.2%，则表示半宽区间 a=1.2%。

当从仪器技术规格书中查阅技术规格时，需注意制造商提供的技术规格形式，尤其是国外仪器制造商经常会以不确定度的形式给出技术规格，这时需掌握其提供的不确定度分量的类型和含义。

k 的确定方法

当已知扩展不确定度是合成不确定度的若干倍时，该倍数就是包含因子 k。正态分布情况下概率 p 与包含因子 k 间的关系见表 15.2，常用非正态分布的包含因子 k 及 B 类不确定度 $u_B(x)$见表 15.3。

表 15.2　正态分布情况下概率 p 与包含因子 k 间的关系

p	0.50	0.68	0.90	0.95	0.9545	0.99	0.9973
k	0.675	1	1.645	1.960	2	2.576	3

表 15.3　常用非正态分布的包含因子 k 及 B 类不确定度 $u_B(x)$

分 布 类 别	p/%	k	$u_B(x)$
三角	100	$\sqrt{6}$	$a/\sqrt{6}$
梯形（β=0.71）	100	2	$a/2$
矩形（均匀）	100	$\sqrt{3}$	$a/\sqrt{3}$
反正弦	100	$\sqrt{2}$	$a/\sqrt{2}$
两点	100	1	a

表 15.3 中β为梯形的上底与下底之比，对于梯形分布来说，$k=\sqrt{6/(1+\beta^2)}$。

概率分布的不同情况假设

（1）被测量受许多随机影响量的影响，当它们各自的效应为同等量级时，不论各影响量的概率分布是什么形式，被测量的随机变化都近似为正态分布。

（2）如果有证证书或报告所给出的不确定度是具有包含概率为 0.95、0.99 的扩展不确定度 U_{p}（即给出 U_{95}、U_{99}），则此时可按正态分布评定，除非另有说明。

（3）当利用有关信息或经验估计出被测量可能值区间的上限和下限，其值在区间外的可能性为零时，若被测量值落在该区间内的任意值处的可能性相同，则可假设其分布为均匀分布（或称矩形分布、等概率分布）；若被测量落在该区间中心的可能性最大，则假设其分布为三角分布；若落在区间中心的可能性最小，而落在区间上下限的可能性最大，则可假设其分布为反正弦分布。

（4）已知被测量的分布由两个不同大小的均匀分布合成时，可假设为梯形分布。

（5）若对被测量的可能值在区间内的情况缺乏了解，一般假设其分布为均匀分布。

（6）在实际工作中，可依据同行专家的研究结果或经验来假设概率分布。

在无线电测量过程中，一般会涉及的概率分布有：

- 由数据修约、测量仪器最大允差或分辨力、参考数据的误差限导致的不确定度，通常假设为均匀分布。
- 无线电测量中失配引起的不确定度，一般假设为反正弦分布。

合成不确定度的计算

在无线电测量中，通常采用仪表或测试系统直接测量并读取测量结果，此时影响该次测量的合成不确定度公式为：

$$u_c(x)=\sqrt{\sum_{i=1}^{N}u_i^2} \tag{15.10}$$

该公式基于在各u_i间互不相关，且单位相同；当输入量间相关时，需要考虑它们的协方差，此时计算和公式将变得很复杂。

扩展不确定度的确定

扩展不确定度 U 由合成不确定度 u_{c} 乘以包含因子 k 得到：

$$U=ku_{\mathrm{c}} \tag{15.11}$$

测量结果可表示为：$Y=y\pm U$，其中 y 是被测量 Y 的估计值，被测量 Y 的可能值以较高的包含概率落在 $[y-U, y+U]$ 区间内。被测量的值落在包含区间内的包含概率取决于包含因子 k 的值，k 值一般取 2 或 3。

15.2.3 测量不确定度与测量结果符合性评价

测量不确定度是一个与测量结果相关联的参数，用于表征合理地赋予被测量之间的分散性。因此，不确定度的报告会影响着测量结果合格性的判定。

根据 CNAS（中国合格评定国家认可委员会）CL-07《测量不确定度的要求》，扩展不确定度的数值不应超过两位有效数字，并且满足以下要求：

➢ 最终报告的测量结果的末位，应与扩展不确定度的末位对齐；

➢ 应根据通用的规则进行数值修约，并符合 GUM 第 7 章的规定。

除非另有规定，测试结果应当与扩展不确定度同时报告，置信概率应当为 95%左右。

一般在检测中，总会约定该次检测按某个特定的测试规范进行，当规范要求测量结果做出符合性声明（即测量结果是否符合规范）时，在很多情况下不确定度对符合性声明会产生影响：

最简单的情况，是规范本身清楚地说明测试结果经在给定的置信概率下的不确定度扩展后，不应超出某个限值或者在某个或多个规定的限定值内。在这些情况下，符合性评定是比较直观的。

在多数情况下，规范要求在报告中对测量结果做出符合性声明，但没有指明进行符合性评价时需考虑不确定度的影响。在这种情况下，可以在不考虑不确定度的情况下，根据测试结果是否在规定限值范围内做出符合性判断，但会存在一定的风险，只在必要时进行不确定度评估。

当没有相应的准则、测试规范、客户要求或实施规则时，建议采用下列方式：

（1）当测试结果以 95%的置信概率延伸扩展不确定度半宽度后仍不超过规定限值时，则可以声明符合规范要求（见图 15-2 情况 A）；

（2）如果测试结果向下或向上延伸扩展不确定度半宽度后，仍超出规定限值的上限，则可以声明不符合规范要求（见图 15-2 情况 E）；

（3）在不可能测试同一个产品单元的多个样品的情况下，测得的单一值若非常接近规定限值，扩展不确定度半宽度与规定限值交叠，这时在规定的置信度上不能确定是否符合规范，应当报告测试结果与扩展不确定度，并声明无法证实符合或不符合规范（见图 15-2 情况 B、D）；

（4）如果测试结果恰好为规定限值，则在指定的置信度水平上不可能做出是否符合规范的声明，这时应当报告测试结果与扩展不确定度，并说明在指定的置信度水平上无法证实符合或不符合规范（见图 15-2 情况 C）。

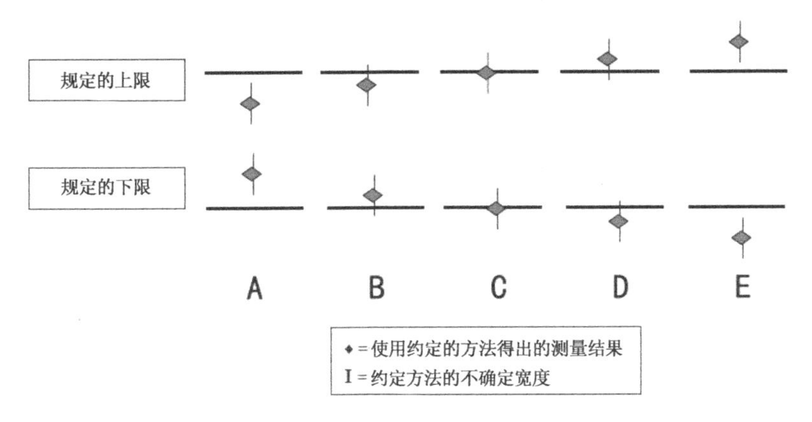

图 15-2　测试结果的不同情况

若发生图 15-2 中的情况 B 和 D，则在报告测量结果时，应附加如下陈述：“测试结果高出（低于）规定限值的部分小于测量不确定度，则在 95%的置信概率上不能声明符合或是不符合规范。但是，如果置信概率可以小于 95%，则有可能做出符合或是不符合的声明。”

若发生图 15-2 中的情况 C，则在报告测量结果时，应附加如下陈述：“由于测试结果等于规定限值，因此不可能在指定的置信度水平上声明符合或不符合规范。”

15.3　发射功率测量的不确定度评估

15.3.1　理想的直接功率测量评估

单表直接测量是无线电测量中最为常见和经典的测试方式，被测件（EUT）通过线缆与测量仪表直接相连，仪表用于测量并显示结果，如图 15-3 所示。

本节评估实例选用 Keysight 公司的 E4417A 功率计和 E9321A 功率探头作为发射功率的测量仪表。

为了帮助读者理解评估过程，评估中我们先假设线缆衰减为 0，线缆两端连接均为完全匹配的理想状态。

评估中的其他条件为：EUT 发射功率为 12 dBm，发射频率为 1 000 MHz。

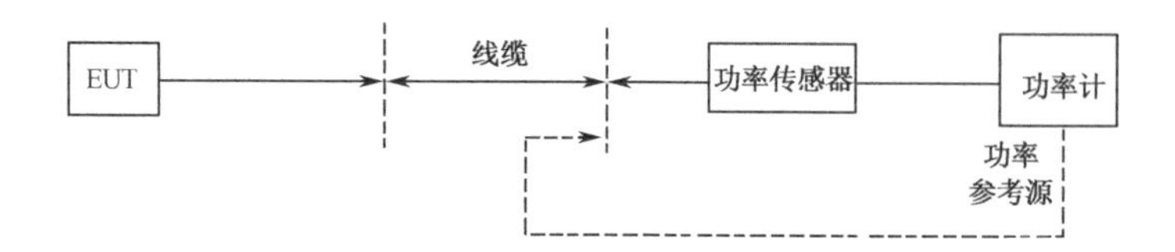

图 15-3　直通式功率测量连接图

数学模型如下：

$$P = P_0 + \Delta P + \delta P_S + \delta P_M + \delta P_T + \delta P_V \qquad (15.12)$$

式中：P_0 为实际测得功率值，ΔP 为链路损耗补偿值，δP_S 为测试仪表、器件精度引入的修正值，δP_M 为失配引入的修正值，δP_T 为环境温度变化引入的修正值，δP_V 为被测样品供电电压变化引入的修正值。

下面对上述数学模型中等式右边各影响量的不确定度分量进行评估和计算。

功率值引入的不确定度分量 $u(P_0)$

这项不确定度分量采用 A 类评估，要求在重复性条件下，将 EUT 进行 10 次独立测量，测量结果列于表 15.4。

表 15.4　测量结果

测量序号（i）	1	2	3	4	5	6	7	8	9	10
测量结果 x_i/dBm	12.4	12.3	12.3	12.4	12.4	12.3	12.3	12.4	12.4	12.3

算术平均值：P=12.35 dBm

实验标准差：$s(P)= \sum_{i=1}^{n}\left(x_i - \overline{x}\right)^2 \Big/ (n-1)$ =0.05 dBm

假设 EUT 和测量仪表都比较稳定，在实际应用中通常以单次测量值作为最终的测量结果，所以在不确定度评估时采用单次测量的实验标准差来表示标准不确定度：

$$u(P_0)=s(P)=0.05 \text{ dBm}$$

根据欧标 ETSI TR 100 028-1《Electromagnietic compatibility and Radio spectrum Matters (ERM); Uncertainties in the measurement of mobile radio equipment characteristics; Part 1》给出的不确定度单位转换关系（如表 15.5 所示），将“功率%”与 dB 进行转换，则

$$u(P_0)=\frac{s(P)}{|\overline{P}|}\times 100\%\times\frac{1}{23.0}=\frac{0.05}{12.35}\times 100\%\times\frac{1}{23.0}\approx 0.018\ \text{dB}$$

表 15.5　无线电领域标准不确定度单位转换关系

转换前单位	转换因子	转换后单位
dB	11.5	电压%
dB	23.0	功率%
功率%	0.0435	dB
功率%	0.5	电压%
电压%	2.0	功率%
电压%	0.0870	dB

测试仪表的精度引入的不确定度分量 $u(\delta P_S)$

根据 E4417A 功率计及 E9321A 功率传感器的技术规格书，对发射功率的测量结果有影响的分量如表 15.6 所示。

表 15.6　对发射功率的测量结果有影响的分量

仪　表	不确定度来源	技 术 规 格	说　明
E4417A	功率计参考电平精度	精度：±1.2%	
E9321A	校准因子	扩展不确定度：±2.1%（k=2）	提供的校准因子基于 1 000 MHz、−10 dBm 的测量信号，且当被测功率大于 0 dBm 时，校准因子的不确定度增加±0.1%/dB
E9321A	测量范围	标准不确定度：±0.45%	测量范围：+10 dBm～+20 dBm
E9321A	线性因子	±4.2%	
E9321A 和 E4417A	校准时的失配	VSWR：E9321A，1.12；E4417 参考源，1.06	E9321A 的频率范围：50 MHz～2 GHz

分别对上述影响测量结果的来源进行标准不确定度评估：

E4417A 功率计参考电平标准不确定度分量为

$$u_{\text{参考电平}}=\frac{1.2}{\sqrt{3}\times 23.0}\ \text{dB}\approx 0.03\ \text{dB}$$

E9321A 功率计探头校准因子的标准不确定度分量为

$$u_{\text{校准因子}}=\frac{2.1\%+0.1\%\times 12}{2}=1.65\%$$

或

$$u_{\text{校准因子}}=\frac{1.65}{23.0}\text{ dB}\approx 0.072\text{ dB}$$

测量范围的标准不确定度分量为

$$u_{\text{量程}}=\frac{0.45}{23.0}\text{ dB}\approx 0.020\text{ dB}$$

测量线性因子标准不确定度分量为

$$u_{\text{线性因子}}=\frac{4.2}{\sqrt{3}\times 23.0}\text{ dB}\approx 0.105\text{ dB}$$

校准时的失配：参考源反射系数 0.03(d)，功率传感器反射系数为 0.06(d)，则

$$u_{\text{校准失配}}=\frac{0.03\times 0.06\times 100}{\sqrt{2}\times 11.5}\text{ dB}\approx 0.01\text{ dB}$$

因此，功率计及探头各分量的标准不确定度如表 15.7 所示。

表 15.7　功率计及探头各分量的标准不确定度

影响测量结果的分量	标准不确定度/dB
$u_{\text{参考电平}}$	0.03
$u_{\text{校准因子}}$	0.072
$u_{\text{量程}}$	0.020
$u_{\text{线性因子}}$	0.105
$u_{\text{校准失配}}$	0.01

合成不确定度为：

$$u_{C\text{ 功率计及功率探头}}=\sqrt{u^2_{\text{参考电平}}+u^2_{\text{校准因子}}+u^2_{\text{量程}}+u^2_{\text{线性因子}}+u^2_{\text{校准失配}}}$$

$$u(\delta P_s)=\sqrt{0.03^2+0.072^2+0.02^2+0.105^2+0.01^2}\text{ dB}=0.133\text{ dB}$$

环境温度变化引入的不确定度分量 $u(\delta P_T)$

假设测试过程中，实验室的环境温度波动范围为±1℃，根据 ETSI TR 100 028-2 表 F.1（如表 15.8 所示）及 ETSI TR 100 028-2 中 D4.2.1 公式：

$$u_{\text{jconverted}} = \sqrt{u_{\text{j1}}^2 (A^2 + u_{\text{ja}}^2)} \tag{15.13}$$

式中，A 为影响量的均值，u_{ja} 为影响量的标准差，u_{j1} 测试过程中周边环境温度的标准不确定度。则：

$$u(\delta P_T) = \frac{\sqrt{\left(\frac{1}{\sqrt{3}}\right)(4.0^2 + 1.2^2)}}{23.0}\ \text{dB} = 0.105\ \text{dB}$$

表 15.8　EUT 影响量及其不确定度

EUT 影响量	均值	标　准　量
载波功率		
反射系数	0.5	0.2
温度影响量	4.0%	1.2%/°C
负载周期误差	0	2 % (p)
供电电压影响量	0	3 % (p)/V
温度影响量	0.02	0.01×10^{-6}/℃

被测样品供电电压变化引入的不确定度分量 $u(\delta P_V)$

假设在测试过程中，EUT 的供电电压波动范围为±0.1 V，查表 F.1 得知该影响量的均值为 10%(p)/V，标准差为 3%(p)/V，则：

$$u(\delta P_V) = \frac{0.1\text{V} \times \sqrt{(10\%/\text{V})^2 + (3\%/\text{V})^2}}{\sqrt{3} \times 23.0}\ \text{dB}=0.026\ \text{dB}$$

理想情况下不确定度概算表如表 15.9 所示。

表 15.9　理想情况下不确定度概算表

分　量	概率分布	灵敏系数	不确定度分量值/dB
$u(P_0)$	正态	1.0	0.018
$u(\delta P_S)$	均匀	1.0	0.133
$u(\Delta P)$	正态	1.0	0（假定为无损状态）
$u(\delta P_M)$	反正弦	1.0	0（假定为完全匹配）
$u(\delta P_T)$	均匀	1.0	0.105
$u(\delta P_V)$	均匀	1.0	0.026
合成标准不确定度 $u_c(P)$			0.17
扩展不确定度 $U(k=2)$			0.34

15.3.2　存在功率失配和插入损耗的功率测量评估

在射频测试中，匹配问题是影响测量准确度的重要因素。理论上，当互连设备的特性阻抗相等时，若没有反射信号，则这个连接是匹配的，这是测试的理想状态。然而在实际中，像 15.3.1 节所描述的理想的直接测量是不存在的，所以不可避免地存在不匹配的因素，即失配误差。因此，准确分析失配误差引起的不确定度，对评估测试结果及其不确定度有着极其重要的作用，特别是在功率测试中更是如此。

失配分为两大类：一是功率失配，即在测试连接中任意两个直接相连的器件由于阻抗不匹配而引起的失配；二是衰减测试中的失配误差。在实际测试链路中都会存在一个衰减网络，必须通过测量这个网络的衰减值来校准链路，才能知道负载实际吸收的功率值。测量这个衰减值的过程中产生的误差就是第二类失配误差，测量出的衰减值我们通常称之为插入损耗。

本节就结合这两种情况进行不确定度的评估。

采用的数学模型如下：

$$P = P_0 + \Delta P + \delta P_S + \delta P_M + \delta P_T + \delta P_V \qquad (15.14)$$

式中，P_0 为实际测得功率值，ΔP 为链路损耗补偿值，δP_S 为测试仪表、器件精度引入的修正值，δP_M 为失配引入的修正值，δP_T 为环境温度变化引入的修正值，δP_V 为被测样品供电电压变化引入的修正值。

基于 15.3.1 节的评估结果，本节需要评估的不确定度分量为 δP_S、ΔP 和 δP_M。测试过程中选用 Agilent 公司的 8491B 20dB 衰减器。

测试仪表精度及器件引入的不确定度分量 $u(\delta P_S)$

查 8491B 衰减器技术资料，其 DC～12 GHz 频率范围内的精度为±0.6 dB，则

$$u_{\text{衰减器}} = \frac{0.6}{\sqrt{3}}\ \text{dB} = 0.346\ \text{dB}$$

不确定度分量 $u(\delta P_S)$ 为

$$u(\delta P_s) = \sqrt{u^2_{\text{c功率计及功率传感器}} + u^2_{\text{衰减器}}} = \sqrt{0.133^2 + 0.346^2}\ \text{dB} = 0.37\ \text{dB}$$

测量插入损耗引入的不确定度分量 $u(\Delta P)$

测试中的链路衰减网络包括测试电缆和衰减器两部分。为测得该衰减网络的实际插入损耗，采用参考电缆校准法，即引入一根参考电缆，进行两次功率测量，再将两次测量值相减，得到被校链路的损耗值。链路结构如图 15-4 和图 15-5 所示。

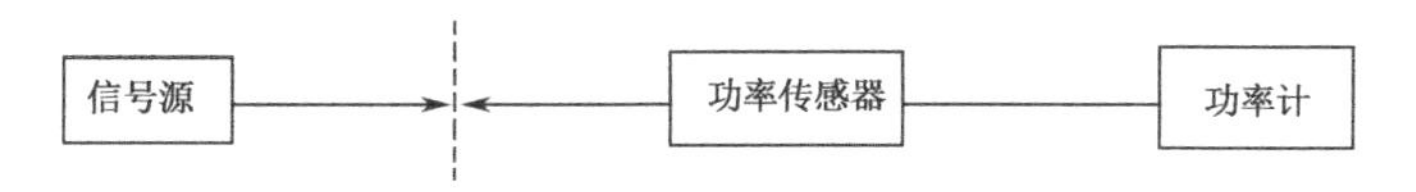

图 15-4　第一次测量链路损耗连接图

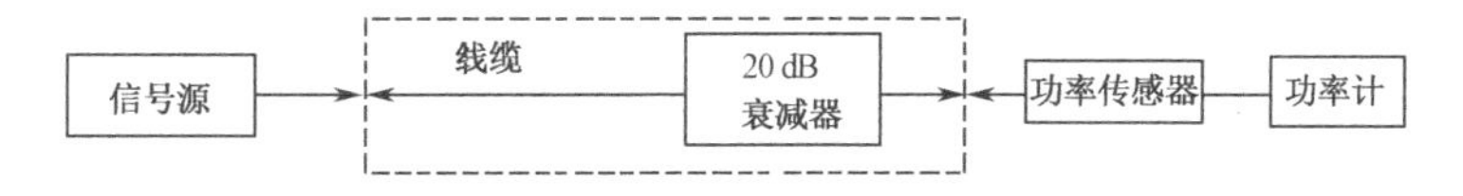

图 15-5　第二次测量链路损耗连接图

在测量插入损耗过程中，产生的失配误差所引入的不确定度分量需要进行评估，评估过程如下所述。

各器件驻波比及反射系数如表 15.10 所示。

表 15.10　各器件驻波比及反射系数

仪表及器件	驻波比	反射系数
衰减器 8491B	1.20	0.09
信号源	1.14	0.07
功率计探头 E9321A	1.12	0.06

由于进行了两次功率测量而得到了链路的插入损耗，因此不确定度分析也分为两部分：

第一部分为图 15-4 所示的测量，以信号源与功率计直连作为参考测量，并且假设直连衰减 ATT 为 0 dB。

根据欧标 ETSI TR 100 028-1《Electromagnetic compatibility and Radio spectrum Matters (ERM); Uncertainties in the measurement of mobile radio equipment characteristics; Part 1》公式 6.2：

$$u_{\text{失配}}=\frac{|\Gamma_{\text{信号源}}|\times|\Gamma_{\text{负载}}|\times|S_{12}|\times|S_{21}|\times 100\%}{\sqrt{2}}\ V\% \qquad (15.15)$$

其中：$S_{21}=10^{-\frac{ATT}{20}}$，并且失配引起的不确定度分量服从反正弦分布。则：

$$u_{m参考}=\frac{0.07\times0.06\times1\times1\times100}{\sqrt{2}}=0.297\%$$

$$u_{m参考}=\frac{0.297}{11.5}\ dB=0.026\ dB$$

第二部分为图 15-5 所示的测量，在参考测量的链路中加入衰减网络，为方便计算，假设衰减网络的插入损耗为 20 dB，且忽略线缆损耗。则：

$$u_{m信号源\text{-}衰减器}=\frac{0.07\times0.09\times100}{\sqrt{2}\times11.5}\ dB=0.039\ dB$$

$$u_{m衰减器\text{-}功率计}=\frac{0.09\times0.06\times100}{\sqrt{2}\times11.5}\ dB=0.033\ dB$$

$$u_{m信号源\text{-}功率计}=\frac{0.07\times0.06\times0.1\times0.1\times100}{\sqrt{2}\times11.5}\ dB=0.0003\ dB$$

则合成不确定度为：

$$u_{c失配}=\sqrt{u^2_{m参考}+u^2_{m信号源\text{-}衰减器}+u^2_{m衰减器\text{-}功率传感器}+u^2_{m信号器\text{-}功率传感器}}$$

$$=\sqrt{0.026^2+0.039^2+0.033^2+0.0003^2}\ dB=0.057\ dB$$

考虑功率计的测量范围和测量线性因子的不确定度分量，则：

$$u(\Delta P)=\sqrt{u^2_{c失配}+u^2_{量程}+u^2_{线性因子}}$$

$$=\sqrt{0.057^2+0.020^2+0.105^2}\ dB=0.121\ dB$$

失配引入的不确定度分量 $u(\delta P_M)$

用 EUT 代替信号源，如图 15-6 所示。由于 EUT、衰减网络、功率计的阻抗不匹配，造成失配，从而造成测量结果的分散性。

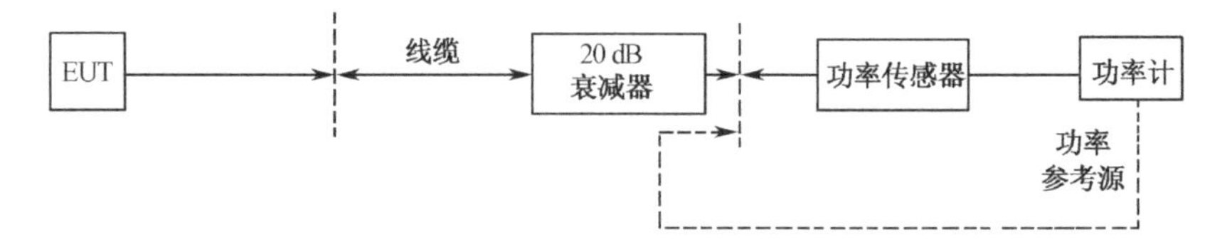

图 15-6 衰减链路的功率测量连接图

假定 EUT 反射系数为 0.5，功率探头反射系数为 0.06，衰减器反射系数为

0.09，衰减器 S 参数值为 0.1，则：

$$u_{\text{EUT-衰减器}}=\frac{0.5\times 0.09\times 100}{\sqrt{2}\times 11.5}\text{ dB}=0.277\text{ dB}$$

$$u_{\text{衰减器-功率探头}}=\frac{0.09\times 0.06\times 100}{\sqrt{2}\times 11.5}\text{ dB}=0.033\text{ dB}$$

$$u_{\text{EUT-功率探头}}=\frac{0.5\times 0.06\times 0.1\times 0.1\times 100}{\sqrt{2}\times 11.5}\text{ dB}=0.002\text{ dB}$$

合成不确定度 $u(\delta P_M)$ 为：

$$u(\delta P_M)=\sqrt{u^2_{\text{EUT-衰减器}}+u^2_{\text{衰减器-功率探头}}+u^2_{\text{EUT-功率探头}}}$$

$$=\sqrt{0.277^2+0.033^2+0.002^2}\text{ dB}=0.280\text{ dB}$$

存在失配时的不确定度概算表如表 15.11 所示。

表 15.11　存在失配时的不确定度概算表

分　量	概率分布	灵敏系数	不确定度分量值/dB
$u(P_0)$	正态	1.0	0.018
$u(\delta P_S)$	均匀	1.0	0.370
$u(\Delta P)$	正态	1.0	0.121
$u(\delta P_M)$	反正弦	1.0	0.280
$u(\delta P_T)$	均匀	1.0	0.105
$u(\delta P_V)$	均匀	1.0	0.026
合成标准不确定度 $u_c(P)$			0.49
扩展不确定度 U（k=2）			0.98

15.4　频率误差测量的不确定度评估

发射所占频带的中心频率偏离指配频率，或者发射的特征频率偏离参考频率，其最大容许偏差称为频率容限。频率容限以百万分之几或以若干赫兹表示。

发射频率误差是无线电测量的一项重要参数，一般可以按照下式计算：

$$\text{偏差}=(f-f_0)/f_0 \tag{15.16}$$

其中：f_0 为标称发射频率。

本节以测试数字对讲机的频率误差为例，对该测试项的测量不确定度进行评估。

测试连接图如图 15-7 所示，通过射频电缆将对讲机直接和综合测试仪连接，由仪表直接读取对讲机的发射频率误差。其中的测量仪表采用 IFR 3920 综合测试仪。

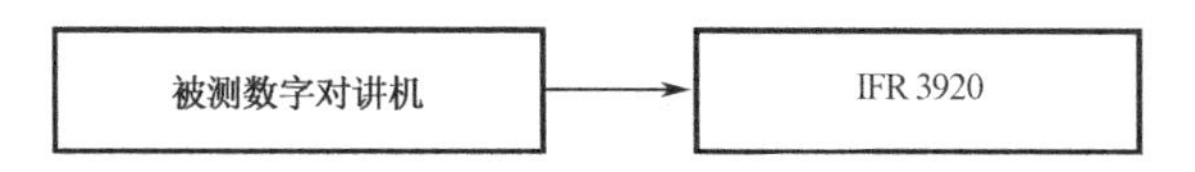

图 15-7　数字对讲机测试连接图

假设数字对讲机的发射频率为 400.000 MHz。由 IFR3920 的技术规格书查得如下指标：

- 在 0～55℃条件下，温度稳定性产生的频率漂移为$\pm1\times10^{-8}$；
- 预热时间低于 5 分钟时，频率基准的漂移为$\pm2\times10^{-8}$；
- 频率计精度：频率基准±1 个计数。

发射频率误差测量评估的数学模型如下：

$$F = F_0 + \delta F_S + \delta F_T \quad (15.17)$$

式中，F_0 为实际测得的误差值，δF_S 为测试仪表自身精度引入的修正值，δF_T 为环境温度变化引入的修正值。

误差值 F_0 引入的不确定度分量 $u(F_0)$

该项不确定度分量的评估要求在重复性条件下，将同一被测手机进行 10 次独立测量，测得值如下：

发射频率/MHz	测试结果/Hz									
400.000	−20	−13	−1.9	−3.1	−4.3	−14	4.3	11	−12	13

算术平均值：$\overline{F} = -4$ Hz

实验标准差：$s(F) = \sqrt{\dfrac{\sum_{i=1}^{n}\left(x_i - \overline{x}\right)^2}{n-1}}$ Hz =11.001 Hz

采用单次测量值作为最终的测量结果，所以采用单次测量的实验标准差来表示标准不确定度，即

$$u(\overline{F}) = s(F) = 11.001 \text{ Hz}$$

测试仪表精度引入的不确定度分量 $u(\delta F_S)$

设定仪表显示最小读数为 1 Hz，则频率计分辨率误差为 0.5 Hz，因而由分辨

率引入的不确定度为

$$u_{分辨率}=\frac{0.5\ \text{Hz}}{\sqrt{3}}=0.289\ \text{Hz}$$

由频率计精度引入的不确定度误差为：

频率基准=温稳温漂+开机温漂

$$=400\times10^6\text{Hz}\times1\times10^{-8}+400\times10^6\text{Hz}\times2\times10^{-8}=12\ \text{Hz}$$

频率计精度=频率基准+1 Hz=12 Hz+1 Hz =13 Hz

$$u_{测量精度}=\frac{13\ \text{Hz}}{\sqrt{3}}=7.506\ \text{Hz}$$

则合成不确定度为：$u(\delta F_S)=\sqrt{u_{分辨率}^2+u_{测量精度}^2}=7.511\ \text{Hz}$

这里需要说明：技术规格书通常会提供频率基准的年老化率，但通常是指仪表连续工作或开机一个月或若干较长时间后的漂移性能。在本例中是按仪表开机预热半小时（未达到年老化率指标）进行测试的，因此按照温漂最差的指标进行估算。

实际工作中的不确定度评定应按实际测试条件引用技术规格来进行评估。

环境温度引入的不确定度分量 $u(\delta F_T)$

实验室的环境温度波动范围为±1℃，根据表 15.18，数字对讲机发射频率为 400 MHz，则

$$u(\delta F_T)=\frac{1^\circ\text{C}\times\sqrt{(0.02\times10^{-6}\times F/^\circ\text{C})^2+(0.01\times10^{-6}\times F/^\circ\text{C})^2}}{\sqrt{3}}$$

$$=\frac{1^\circ\text{C}\times\sqrt{\left(0.02\times10^{-6}\times400\times10^6\text{Hz}/^\circ\text{C}\right)^2+\left(0.01\times10^{-6}\times400\times10^6\text{Hz}/^\circ\text{C}\right)^2}}{\sqrt{3}}$$

$$=5.16\ \text{Hz}$$

频率误差测量的不确定度概算表如表 15.12 所示。

表 15.12　频率误差测量的不确定度概算表

分　量	概率分布	灵敏系数	不确定度分量值/Hz
$u(F_0)$	正态	1.0	11.001
$u(\delta F_S)$	均匀	1.0	7.511
$u(\delta F_T)$	均匀	1.0	5.16
合成标准不确定度 $u_c(F)$			14.3
扩展不确定度 U（k=2）			29

附录A 常用数据和公式

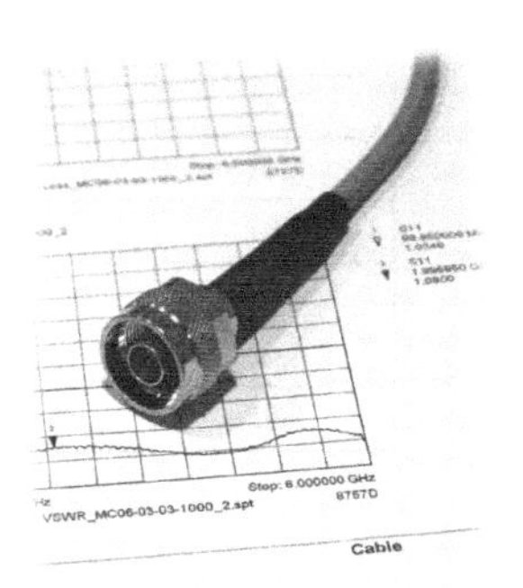

A.1 VSWR 和回波损耗、反射系数、失配损耗、匹配效率之间的关系

VSWR	回波损耗/dB	反射系数	失配损耗/dB	匹配效率/%
1.011	45	0.006	0.000	100.00
1.020	40	0.010	0.000	99.99
1.036	35	0.018	0.001	99.97
1.065	30	0.032	0.004	99.90
1.074	29	0.035	0.005	99.87
1.08	28	0.040	0.007	99.84
1.09	27	0.045	0.009	99.80
1.11	26	0.050	0.011	99.75
1.12	25	0.056	0.014	99.68
1.13	24	0.063	0.017	99.60
1.15	23	0.071	0.022	99.50
1.17	22	0.079	0.027	99.37
1.20	21	0.089	0.035	99.21
1.22	20	0.100	0.044	99.00
1.25	19	0.112	0.055	98.74
1.29	18	0.126	0.069	98.42
1.33	17	0.141	0.088	98.00
1.38	16	0.158	0.110	97.49
1.43	15	0.178	0.140	96.84
1.50	14	0.200	0.176	96.02
1.58	13	0.224	0.223	94.99
1.67	12	0.251	0.283	93.69
1.78	11	0.282	0.359	92.06
1.92	10	0.316	0.458	90.00
2.10	9	0.355	0.584	87.41
2.32	8	0.398	0.749	84.15
2.61	7	0.447	0.967	80.05
3.01	6	0.501	1.256	74.88
3.57	5	0.562	1.651	68.38
4.42	4	0.631	2.205	60.19
5.85	3	0.708	3.021	49.88

A.2 dBm 和 mW（W）之间的关系

dBm	mW	dBm	mW	dBm	mW	dBm	W
−20	0.010	0	1.000	+20	100	+40	10.00
−19	0.012	+1	1.250	+21	120	+41	12.60
−18	0.016	+2	1.580	+22	159	+42	15.80
−17	0.020	+3	2.000	+23	200	+43	20.00
−16	0.025	+4	2.510	+24	251	+44	25.10
−15	0.032	+5	3.160	+25	316	+45	31.60
−14	0.040	+6	3.980	+26	398	+46	39.80
−13	0.050	+7	5.010	+27	501	+47	50.10
−12	0.063	+8	6.300	+28	631	+48	63.10
−11	0.079	+9	7.940	+29	794	+49	79.40
−10	0.100	+10	10.00	+30	1 000	+50	100.0
−9	0.013	+11	12.60	+31	1 260	+51	126.0
−8	0.016	+12	15.80	+32	1 590	+52	158.0
−7	0.200	+13	19.90	+33	2 000	+53	200.0
−6	0.250	+14	25.10	+34	2 550	+54	251.0
−5	0.316	+15	31.60	+35	3 160	+55	316.0
−4	0.398	+16	39.80	+36	3 910	+56	398.0
−3	0.501	+17	50.10	+37	5 010	+57	501.0
−2	0.630	+18	63.10	+38	6 310	+58	631.0
−1	0.794	+19	79.40	+39	7 940	+59	794.0

A.3 常见射频同轴电缆

常见射频同轴电缆的技术条件

电缆型号	内导体 直径/mm	介质 外径/mm	外导体 外径/mm	护套 外径/mm	阻抗/Ω 相速/%	工作电压 /kV（rms）	温度范围 /℃
RG316	SCCS 7 / 0.17 0.51	PTFE 1.52	1 SC 1.98	FEP-IX 2.49	50 69.5	1.2	−55～+200
RG223	SC 0.9	PE 2.95	2 SC 4.11	PVC-IIA 5.38	50 65.9	1.9	−40～+85
RG142	SCCS 0.94	PTFE 2.95	2 SC 4.11	FEP-IX 4.95	50 69.5	1.9	−55～+200

续表

电缆型号	内导体 直径/mm	介质 外径/mm	外导体 外径/mm	护套 外径/mm	阻抗/Ω 相速/%	工作电压 /kV（rms）	温度范围 /℃
RG214	SC 7 / 0.75 2.26	PE 7.24	2 SC 8.71	PVC-IIA 10.8	50 65.9	5.0	−40～+85
RG393	SC 7 / 0.79 2.39	PE 7.24	2 SC 8.71	FEP-IX 9.91	50 69.5	5.0	−55～+200
RG405 (.086")	SCCS 0.51	PTFE 1.68	铜 2.2	N/A	50 69.5	1.5	−55～+125
RG402 (.141")	SCCS 0.92	PTFE 2.99	铜 3.58	N/A	50 69.5	1.9	−55～+125
RG401 (.250")	SC 1.63	PTFE 5.31	铜 6.35	N/A	50 69.5	3.0	−55～+125

注：SCCS——镀银铜包钢；SC——镀银铜线。

常见射频同轴电缆的损耗和功率容量

电缆型号	[损耗/（dB/m）]/[功率容量/W]						
	0.1 GHz	1 GHz	2 GHz	3 GHz	5 GHz	10 GHz	18 GHz
RG316	0.26 580	0.85 173	1.25 118	1.54 93	—	—	—
RG223	0.13 333	0.43 97	0.65 66	0.82 52	—	—	—
RG142	0.13 1 726	0.43 504	0.62 340	0.79 267	—	—	
RG214	0.066 961	0.23 266	0.36 175	0.46 135	—	—	
RG393	0.066 4 584	0.23 1275	0.36 838	0.46 649	—	—	
RG405 (.086")	0.19 411	0.62 130	0.91 92	1.13 75	1.15 58	2.25 41	3.19 31
RG402 (.141")	0.11 1 423	0.37 450	0.54 318	0.68 260	0.93 201	1.43 142	2.09 106
RG401 (.250")	0.06 4 427	0.22 1 400	0.34 990	0.44 808	0.61 626	0.98 443	1.49 330

A.4 方向性误差

方向性/dB	VSWR			回波损耗/dB			正向功率误差（W）		反射功率误差（W）	
	最小值	实际值	最大值	最小值	实际值	最大值				
20	1.00	1.05	1.28	-Infinity	−32.3	−18.1	−0.5%	0.5%	−100%	2501%
25	1.00	1.05	1.18	-Infinity	−32.3	−21.9	−0.3%	0.3%	−100%	993%
30	1.00	1.05	1.12	-Infinity	−32.3	−25.0	−0.2%	0.2%	−100%	427%
35	1.01	1.05	1.09	−43.6	−32.3	−27.5	−0.1%	0.1%	−93%	199%
40	1.03	1.05	1.07	−36.8	−32.3	−29.3	0.0%	0.0%	−65%	99%
20	1.00	1.10	1.35	-Infinity	−26.4	−16.6	−1.0%	1.0%	−100%	861%
25	1.00	1.10	1.23	-Infinity	−26.4	−19.6	−0.5%	0.5%	−100%	376%
30	1.03	1.10	1.17	−35.9	−26.4	−22.0	−0.3%	0.3%	−89%	177%
35	1.06	1.10	1.14	−30.5	−26.4	−23.7	−0.2%	0.2%	−61%	89%
40	1.08	1.10	1.12	−28.5	−26.4	−24.8	−0.1%	0.1%	−38%	46%
20	1.00	1.20	1.48	-Infinity	−20.8	−14.3	−1.8%	1.8%	−100%	341%
25	1.07	1.20	1.35	−29.2	−20.8	−16.6	−1.0%	1.0%	−85%	162%
30	1.13	1.20	1.28	−24.6	−20.8	−18.2	−0.6%	0.6%	−57%	82%
35	1.16	1.20	1.24	−22.7	−20.8	−19.3	−0.3%	0.3%	−35%	43%
40	1.18	1.20	1.22	−21.8	−20.8	−19.9	−0.2%	0.2%	−21%	23%
20	1.06	1.30	1.61	−30.4	−17.7	−12.6	−2.6%	2.6%	−95%	212%
25	1.16	1.30	1.46	−22.7	−17.7	−14.5	−1.5%	1.5%	−68%	105%
30	1.22	1.30	1.39	−20.1	−17.7	−15.8	−0.8%	0.8%	−43%	54%
35	1.25	1.30	1.35	−19.0	−17.7	−16.6	−0.5%	0.5%	−25%	29%
40	1.27	1.30	1.33	−18.4	−17.7	−17.0	−0.3%	0.3%	−15%	16%
20	1.14	1.40	1.74	−23.7	−15.6	−11.3	−3.3%	3.4%	−84%	156%
25	1.25	1.40	1.58	−19.2	−15.6	−13.0	−1.9%	1.9%	−56%	79%
30	1.31	1.40	1.50	−17.4	−15.6	−14.0	−1.1%	1.1%	−34%	42%
35	1.35	1.40	1.45	−16.6	−15.6	−14.7	−0.6%	0.6%	−20%	22%
40	1.37	1.40	1.43	−16.1	−15.6	−15.0	−0.3%	0.3%	−12%	12%
20	1.22	1.50	1.88	−20.2	−14.0	−10.3	−4.0%	4.0%	−75%	125%
25	1.33	1.50	1.70	−16.9	−14.0	−11.7	−2.2%	2.3%	−48%	64%
30	1.40	1.50	1.61	−15.5	−14.0	−12.6	−1.3%	1.3%	−29%	34%
35	1.44	1.50	1.56	−14.8	−14.0	−13.2	−0.7%	0.7%	−17%	19%
40	1.47	1.50	1.53	−14.4	−14.0	−13.5	−0.4%	0.4%	−10%	10%
20	1.37	1.70	2.17	−16.2	−11.7	−8.7	−5.1%	5.3%	−62%	92%
25	1.50	1.70	1.94	−14.0	−11.7	−9.9	−2.9%	2.9%	−39%	48%

续表

方向性/dB	VSWR			回波损耗/dB			正向功率误差（W）		反射功率误差（W）	
	最小值	实际值	最大值	最小值	实际值	最大值				
30	1.58	1.70	1.83	–12.9	–11.7	–10.7	–1.6%	1.6%	–23%	26%
35	1.63	1.70	1.77	–12.4	–11.7	–11.1	–0.9%	0.9%	–13%	14%
40	1.66	1.70	1.74	–12.1	–11.7	–11.4	–0.5%	0.5%	–8%	8%
20	1.58	2.00	2.63	–12.9	–9.5	–7.0	–6.6%	6.8%	–51%	69%
25	1.75	2.00	2.32	–11.3	–9.5	–8.0	–3.7%	3.8%	–31%	37%
30	1.85	2.00	2.17	–10.5	–9.5	–8.7	–2.1%	2.1%	–18%	20%
35	1.91	2.00	2.09	–10.1	–9.5	–9.0	–1.2%	1.2%	–10%	11%
40	1.95	2.00	2.05	–9.8	–9.5	–9.3	–0.7%	0.7%	–6%	6%